全国第十八次
银杏学术研讨会论文集

中国林学会银杏分会
安 陆 市 林 业 局 编

中国林业出版社

图书在版编目（CIP）数据

全国第十八次银杏学术研讨会论文集/中国林学会银杏分会，安陆市林业局编.
-北京：中国林业出版社，2010.12
ISBN 978-7-5038-6019-5

Ⅰ.①全… Ⅱ.①中…②安… Ⅲ.①银杏-学术会议-文集 Ⅳ.①S664.3-53

中国版本图书馆 CIP 数据核字（2010）第 241280 号

责任编辑：何增明　张　华

出版　中国林业出版社（100009　北京市西城区德内大街刘海胡同 7 号）
E-mail：cfphz@public.bta.net.cn　电话：（010）83227584
发行　新华书店北京发行所
印刷　北京顺诚彩色印刷有限公司
版次　2011 年 3 月第 1 版
印次　2011 年 3 月第 1 次
开本　787mm × 1092mm　1/16
印张　19.5
字数　499 千字
印数　1 ~ 1000 册
定价　79.00 元

《全国第十八次银杏学术研讨会论文集》

编 委 会

前 言

首届中国银杏节暨全国第十八次银杏学术研讨会于2009年11月17～20日在湖北省安陆市隆重召开。来自湖北、江苏、山东、河南、陕西、北京、天津、四川、湖南、江西、浙江、安徽等12个省（直辖市）的500多名代表参加了会议。

大会在安陆市银杏广场举行了“首届中国银杏节”开幕仪式，中国林学会常务副秘书长李岩泉同志主持，中共安陆市委书记周先来同志致欢迎辞，国家林业局总工程师卓榕生同志致开幕辞，湖北省人大常委会副主任刘友凡同志、湖北省林业局党组成员、总工程师洪石同志分别讲话，进行了“湖北安陆古银杏国家森林公园”授牌仪式和盛大的文艺演出。会议期间，开展了银杏产品、作品的综合展览，包括银杏新产品、摄影艺术、漫画艺术和盆景艺术等内容。

大会组织参观了王义贞镇钱冲古银杏群落、杨家冲古银杏群落及南京林业大学银杏实验示范园，同时观光了红色景点新四军旧址。中国林学会银杏分会会长、南京林业大学校长曹福亮教授代表银杏分会理事会做大会工作报告，并作主题发言，报告总结了一年来取得的成绩，分析了存在的问题，提出了未来发展的思路和目标。大会共收到论文50多篇，论文整体水平较高，内容丰富，既着重银杏产业的开发与优化升级，又有银杏基础科学与应用基础研究。经过理事会学术委员会评审出优秀论文一等奖6篇，二等奖15篇，优秀奖22篇。会议采用主题报告、学术报告、自由发言、会后讨论等多种方式进行学术交流，收到了良好的效果。经充分地讨论，大会形成了以下几点共识：（1）以安陆发展银杏的模式为典范，带动全国银杏产区更多的市级、省级、国家级银杏森林公园的建设申报，推动银杏文化产业的发展；（2）以成立全国银杏产业联谊会为契机，配合国家林业产业化工程，引领银杏事业全面发展；（3）以大型企业为龙头，以深加工、精加工、综合开发为重点，市场营销为主线，推进银杏产业链的延伸与扩大；（4）加强银杏良种基因库建设，现有种植基地的管理，为高端银杏产品开发提供优良的种质资源；（5）进一步加强银杏分子生物学、遗传育种等基础研究工作，为银杏事业健康、持续、稳步发展和高技术产业的形成奠定坚实的基础。

编者

2010年11月

目　录

银杏基础研究

银杏培育技术

银杏加工技术

银杏产业

银杏文化

银杏基础研究

10个叶籽银杏染色体核型分析*

韩晨静　邢世岩　郭媛媛　张　芳　周继磊
（山东农业大学林学院，山东泰安　271018）

摘要：以幼叶为试材，对来自河南、广西、云南、湖北、山东等8省（自治区）的10个叶籽银杏种质进行核型分析及倍性鉴定。结果表明：①该10个种质的染色体数目均为2n＝2x＝24；②核型主要由中部着丝粒染色体（m）和近中部着丝粒染色体（sm）组成，共有2A、3A、2B和3B四类核型；③染色体长度组成中以中短（M_1）、中长（M_2）染色体为主，稀有长（L）染色体；④方差分析表明：SY_2和HB的染色体长度比（3.97、1.87）及GX_3和SY_2的核型不对称系数、臂比值（68.65%和2.36，62.14%和1.72）差异显著；⑤WY较原始，GX_3的进化程度最高。本研究对核型与进化的关系进行了分析和探讨。

关键词：叶籽银杏；种质；染色体；核型

Analysis of Karyotype on Ten *Ginkgo biloba* var. *epiphylla* Mak. Germplasms

Han Chenjing　Xing Shiyan　Guo Yuanyuan　Zhang Fang　Zhou Jilei
(College of Forestry, Shandong Agricultural University, Tai'an　271018)

Abstract: The karyotype and ploidy of the ten *Ginkgo biloba* var. *epiphylla* Mak. germplasms with the young leaves, which come from Henan, Guangxi, Yunnan, Hubei, etc. 8 provinces were analysised. The results showed that: ①the chromosome number of these ten germplasms was all for 2n = 2x = 24; ②the karyotype was mainly composed two parts: median centromere chromosome (m) and nearly median centromere chromosome (sm); the karyotype can be divided into 4 types: 2A, 3A, 2B and 3B. ③ the relative length formulae on chromosome were main medium-short (M_1) and medium-long (M_2), long chromosome (L) rarely; ④it can be seen from the Duncan's test that there were significant differents between SY_2 and HB on length ratio, which were 3.97 and 1.87, respectively, as well as GX_3 and SY_2 on asymmetrical karyotype coefficient and arm ratio, which were 68.65%, 2.36 and 62.14%, 1.72, respectively, and the rest had no obvious difference. ⑤the WY germplasms was more originative, while the evolution extent of GX_3 was maximum. This study analysised and explored the relationship be-

* 基金项目：国家自然科学基金资助项目（30671707和30872040）
E-mail: xingsy@sdau.edu.cn

tween karyotype and evolution.

Key words: *Ginkgo biloba* var. *epiphylla* Mak.; Germplasms; Chromosome; Karyotype

银杏(*Ginkgo biloba* L.)原产我国，是著名的孑遗植物，俗称"活化石"。1891年，Shirai首先发现了在叶片上着生胚珠的叶籽银杏(Shirai，1891)。1927年，日本植物分类学家Makino(牧野富太郎)首次把叶籽银杏定为一个变种：*Ginkgo biloba* L. var. *epiphylla* Mak.，并为后人引用(郭善基等，1984；彭日三，1995)。1982年，董春耀在山东省沂源县发现的我国第一株叶籽银杏(郭善基等，1984)。目前，我国已报道的叶籽银杏有32株(李保进，2008)。

核型分析是探讨植物亲缘关系和系统演化的一种有效方法(梁国鲁等，1999)。20世纪上半叶，诸多学者对银杏染色体形态及性染色体进行了研究。Ishikawa(1910)最早发现银杏染色体为2n=24。Sax和Sax(1933)首次绘制了银杏雌配子体染色体图，Tanaka等(1952)观察了雌雄株的染色体，但均未发现性染色体。1954年，Newcomer和Lee在各自研究中分别发现了雌雄株银杏染色体的差异。陈瑞阳等(1993)以核型分析、C带和Ag-NOR染色体技术对雌雄株进行研究，得出雄株简式为2n=24=22A+ZZ，雌株简式为2n=24=22A+WZ。邢世岩等(2007)对中国、法国、美国等地21个银杏特异种质进行了核型分析，认为中国的"叶籽银杏"比日本的"叶籽银杏"更原始。本研究以河南、广西、云南、湖北、山东等8省(自治区)的10株叶籽银杏为试材，对其染色体核型及倍性水平进行观察，同时对各种质间的亲缘关系及进化趋势进行研究。

1 材料和方法

材料取自山东农业大学叶籽银杏种质资源库，共10个种质(表1)。

表1 叶籽银杏种质的来源及特征

Tab.1 Sources and characters of *Ginkgo biloba* var. *epiphylla* Mak. germplasms

编号 code	来源 sources	树高(m) height	胸径(cm) DBH	冠幅(m×m) crown width	树龄(a) tree age
DZ	河南邓州	18.00	105.00	20.20×22.50	大于1000
GX_3	广西兴安	12.50	64.00	10.00×11.50	80
HB	湖北安陆	27.60	214.00	26.90×27.50	1040
SM	福建三明	17.59	120.00	15.00×16.00	100
SY_1	沂源叶籽银杏实生子代(表达)	19.00	45.00	15.00×12.00	40
SY_2	沂源叶籽银杏实生子代(没表达)	20.00	47.00	11.00×18.00	40
TG	山西太谷	24.00	80.00	15.00×15.00	大于300
WY	四川万源	30.00	150.00	11.00×13.00	大于300
TC_1	云南腾冲	13.50	102.00	5.00×6.00	300
YZ_1	山东沂源	25.00	102.20	20.50×16.30	800

2007年从嫁接的2年树上采集幼叶立即浸于饱和对二氯苯溶液中预处理8h，之后用卡诺固定液固定12~24h，1mol/L盐酸解离10min，改良卡宝品红染色、压片。在Nikon E 200

光学显微镜 10×40、10×100 下观察处于分裂中期的染色体形态并照相。每个材料至少观察 30 个细胞，以 5 个典型细胞的平均值得出核型的数值。

核型分析采用 Levan 等(1964)两点四区系统法，核型分类依据 Stebbins(1971)的对称性标准及李懋学等(1985)的核型分析标准，染色体相对长度组成用 Kuo 等(1972)方法计算与命名，即染色体相对长度系数(index of relative length，IRL)>1.26 为长染色体(L)，1.01<IRL<1.25 为中长染色体(M_2)，0.76<IRL<1.00 为中短染色体(M_1)，IRL<0.76 为短染色体(S)，共 4 种类型。核型不对称系数(asymmetrical karyotype coefficient，As. K. c)按 Arano 等(1963；1975)方法计算，即 As. K. c(%)= 长臂总长/全组染色体总长。染色体长度比 = 最长/最短；臂比 = 长臂/短臂。分别以长度比(LR)和核型不对称系数(As. K. c)为纵坐标，以平均臂比(MAR)为横坐标做二维进化趋势图。

2 结果与分析

2.1 染色体倍性观察

经观察发现，供试 10 个叶籽银杏的染色体数均为 2n=2x=24(图 1)，这与前人所研究的银杏的染色体数(Ishikawa，1910；陈学森等，1996)及邢世岩等(2007)研究的叶籽银杏的染色体数均一致，银杏在其漫长的演化过程中，染色体数目并没有改变。

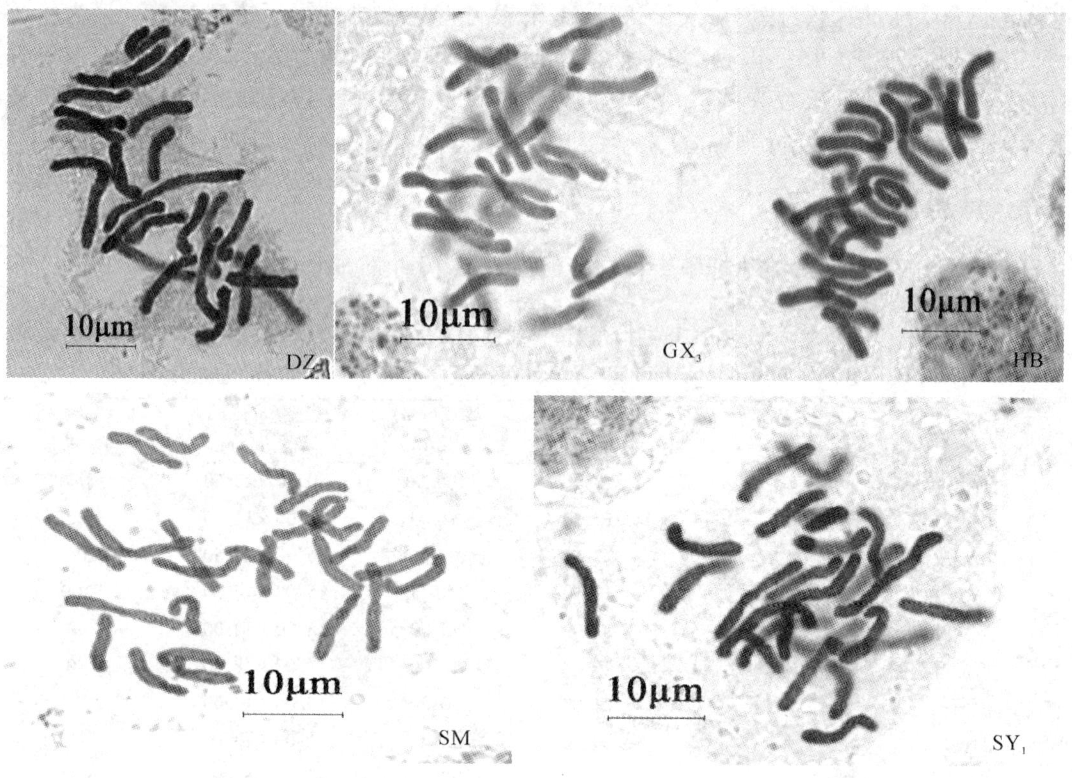

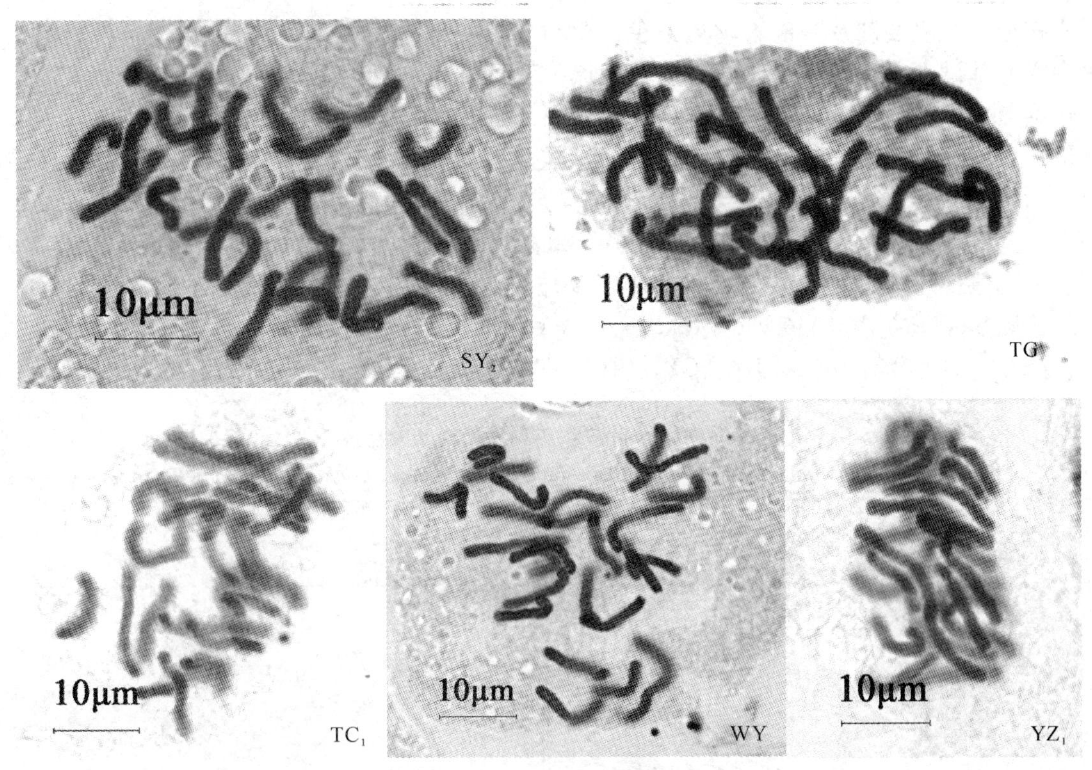

图1 10个叶籽银杏的染色体数

Fig. 1 The karyotype of ten *Ginkgo biloba* var. *epiphylla* germplasms

2.2 核型分析

10个种质的核型参数如表2所示，叶籽银杏染色体相对长度范围为2.09～7.05。以中短和中长染色体为主，仅DZ和TC_1具2对长染色体，其余均具1对长染色体(表3)。

表2 10个叶籽银杏种质核型比较

Tab. 2 Comparison of karyotypes in ten *Ginkgo biloba* var. *epiphylla* Mak. germplasms

种质 germplasms	相对长度范围 the range of relative length	染色体长度比（最长/最短） length ratio	平均臂比 arm ratio (mean)	核型公式 karyotype formulae	核型类型 karyotype type	核型不对称系数 asymmetrical karyotype coefficient(%)
DZ	3.01～7.05	2.34	2.22	2n = 24 = 4m + 20sm	3B	67.28
GX_3	3.00～7.03	2.36	2.36	2n = 24 = 2m + 20sm + 2st	3B	68.65
HB	3.25～6.09	1.87	2.29	2n = 24 = 4m + 18sm + 2st	3A	67.80
SM	3.24～6.34	1.96	2.16	2n = 24 = 2m + 22sm	3A	66.41
SY_1	3.05～6.24	2.03	2.06	2n = 24 = 2m + 22sm	2B	66.90
SY_2	2.09～6.97	3.97	1.72	2n = 24 = 12m + 12sm	2B	62.14
TG	2.80～6.50	2.33	2.10	2n = 24 = 6m + 18sm	2B	66.11
WY	3.32～6.52	1.96	1.94	2n = 24 = 8m + 16sm	2A	64.47
TC_1	2.46～6.79	2.76	2.10	2n = 24 = 4m + 16sm + 4st	3B	65.40
YZ_1	2.74～6.64	2.42	1.96	2n = 24 = 12m + 10sm + 2st	2B	64.49

核型组成主要涉及中部着丝粒染色体(m)和近中部着丝粒染色体(sm)。而各类核型均表现在此基础上不同程度的差异。据着丝点位置可将10个叶籽银杏种质分为2大类：第一类包括DZ、SM、SY_1、SY_2、TG及WY，其染色体形态的相似之处在于均具中部着丝粒染色体(m)和近中部着丝粒染色体(sm)；第二大类包括GX_3、HB、TC_1、YZ_1，其染色体形态组成包括中部着丝粒染色体(m)、近中部着丝粒染色体(sm)和近端部着丝粒染色体(st)。HB、SM、WY的染色体长度比(最长/最短)小于2，其余种质均大于2，其中SY_2最大，为3.97。平均臂比值：除SY_2、WY、YZ_1的值小于2外，其余种质均大于2。

按照Stebbins(1971)核型对称标准，有4种类型的核型：仅WY为2A，HB、SM为3A，SY_1、SY_2、TG、YZ_1为2B，DZ、GX_3、TC_1为3B。

表3　10个叶籽银杏种质相对长度组成

Tab. 3　Relative length formulae(RLF) on chromosome of ten *Ginkgo biloba* var. *epiphylla* Mak. germplasms

种质 germplasms	相对长度组成 RLF	种质 germplasms	相对长度组成 RLF
DZ	$1S+8M_1+1M_2+2L$	SY_2	$2S+4M_1+5M_2+1L$
GX_3	$1S+7M_1+3M_2+1L$	TG	$7M_1+4M_2+1L$
HB	$7M_1+4M_2+1L$	WY	$8M_1+3M_2+1L$
SM	$8M_1+3M_2+1L$	TC_1	$2S+4M_1+4M_2+2L$
SY_1	$1S+7M_1+3M_2+1L$	YZ_1	$1S+6M_1+4M_2+1L$

2.3　核型指标邓肯检验

对叶籽银杏各种质的核型各指标进行邓肯检验发现：染色体长度比(最长/最短)中SY_2最大(3.97)，HB最小(1.87)，两者差异明显，其余种质差异不大；GX_3的核型不对称系数和臂比值分别为68.65%和2.36，而SY_2则分别为62.14%和1.72，两者差异明显，其他种质差别不大。

表4　10种叶籽银杏种质核型指标邓肯检验

Tab. 4　The Duncan's test of karyotypes in ten *Ginkgo biloba* var. *epiphylla* Mak. germplasms

种质 germplasms	最长/最短 L/S	臂比值 arm ratio	核型不对称系数 AKC(%)	种质 germplasms	最长/最短 L/S	臂比值 arm ratio	核型不对称系数 AKC(%)
DZ	2.34AB	2.22A	67.28AB	SY_2	3.97A	1.72B	62.14C
GX_3	2.36AB	2.36A	68.65A	TG	2.33AB	2.10AB	66.11AB
HB	1.87B	2.29A	67.80AB	WY	1.96B	1.94AB	64.47BC
SM	1.96B	2.16A	66.41AB	TC_1	2.76AB	2.10AB	65.40ABC
SY_1	2.03B	2.06AB	66.90AB	YZ_1	2.42AB	1.96AB	64.49BC

2.4　核型进化趋势分析

Stebbins(1971)认为，核型不对称性同植物体某些器官形态上的特化或专化有一定的联系，可反映核型或植物的进化程度。长度比(LR)和平均臂比(MAR)能够反应不同种质间核型的不对称性，两者越大则其核型越不对称，即在分别以长度比(LR)和核型不对称系数(AKC)为纵坐标，以平均臂比为横坐标的二维进化趋势图中，越偏右上方的种质其核型不对称性越高，进化程度有高的趋势。

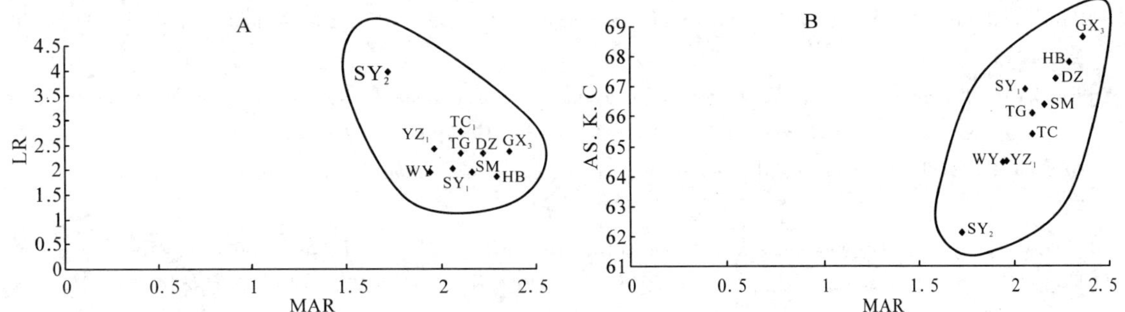

图 2 叶籽银杏各种质染色体核型进化趋势

Fig. 2 Evolution trend of chromosome karyotype in *Ginkgo biloba* var. *epiphylla* Mak. germplasms

从二维进化趋势图(图2A)看出：SY_2是沂源叶籽银杏实生子代中没表达出叶生胚珠性状种质，最为特殊，独为一类。从图A、B中均可看出，叶籽银杏中，GX_3的进化程度最高，其次是DZ、HB，WY的进化程度最低，即较原始，其次是YZ_1。

3 结论与讨论

该10个种质的叶籽银杏的染色体数均为2n = 2x = 24，未发现染色体非整倍和多倍体，这与Ishikawa(1910)、陈学森等(1996)所描述的银杏及邢世岩等(2007)对叶籽银杏的观察结果一致。证明这一物种的遗传相对稳定。可见，叶籽银杏的表型变异并非是染色体数目不同所致。

1931年，Levitzky最先根据他对毛茛科翠雀族(Hell eboreae)的研究，提出核型对称与不对称的概念，随后，Stebbins(1971)丰富和发展了这一概念。他们的基本观点是：核型进化的基本趋势是由对称向不对称发展的，处于比较古老或原始的植物，大多具有较对称的核型(李懋学和张赞平，1996)。银杏同其他裸子植物核型比较，银杏较苏铁进化，但比松柏类原始(Tanaka，1980)。王伏雄(1983)在裸子植物形态解剖中也得出了相同的结论。因此，该供试材料中WY最为原始，核型类型为2A，而其余种质集中在3A、2B和3B；同时从进化趋势图上也可以看出：WY的叶籽银杏进化程度最低，广西兴安(GX_3)的进化程度最高。邢世岩等(2007)认为中国叶籽银杏和日本叶籽银杏的核型基本一致，均为4m + 8sm + 12st。本实验中10个叶籽银杏种质中，仅GX_3、HB、TC_1、YZ_1 4个种质具有3种形态的染色体m、sm、st，且核型公式不一；其余种质仅具m和sm。

参考文献

[1]Shirai M. Abnormal Ginkgo tree[J]. Bot. Mag. Tokyo. 1891，5(56)：341 - 342(in Japanese).

[2]郭善基，李健．沂源县织女洞的叶籽银杏[J]．山东林业科技，1984，(2)：24 - 25.

[3]彭日三．叶籽银杏[J]．甘肃林业科技，1995，20(1)：58－60.
[4]李保进．叶籽银杏 matK 和 ITS 序列分析及系统发育研究[J]．山东农业大学硕士论文．2008.
[5]梁国鲁，任振川，阎勇等．四川8个枇杷品种染色体变异研究[J]．园艺学报，1999，26(2)：71－76.
[6]Ishikawa M. Ueber die zahl der chromosomen von *Ginkgo biloba* L. [J]. Bot Mag(Tokyo), 1910, 24: 225－226.
[7]Sax K and Sax HJ. Chromosome number and morphology in the conifers. J. [J]. Arnold Arboretum, 1993, 14: 356－375.
[8]Tanaka N, Takemasa N Sinoto Y. Karyotype analysis in gymnospermae. I. Karyotype and chromosome bridge in the young leaf meristem of *Ginkgo biloba* L. [J]. Cytologia, 1952, 17: 112－123.
[9]Newcomer EH. The karyotype and possible sex chromosome of *Ginkgo biloba*[J]. Amer. J. Bot., 1954, 542－545.
[10]Lee L. L. Sex chromosomes in *Ginkgo biloba*[J]. Amer. J. Bot., 1954, 41: 545－549.
[11]陈瑞阳主编．中国主要经济植物染色体图谱：第一册，中国果树及其近缘植物染色体图谱[M]．北京：万国学术出版社，1993.
[12]邢世岩，高进红，姜岳忠等．银杏特异种质核型进化趋势[J]．林业科学，2007，43 (1)：21－27.
[13]Levan A, Fredgak, Sandberg A A. Nomenclature for centromeric position on chromosomes[J]. Hereditas, 1964, 52: 201－220.
[14]Stebbins G L. Chromosal evolution in higher plants. London: Edward Arnold Ltd., 1971: 87－89.
[15]李懋学，陈瑞阳．关于植物核型分析的标准化问题[J]．武汉植物学研究，1985，3(4)：297－302.
[16]Kuo S R, Wang T T, Huang T C. Karyotype analysis of some formosan gymnosperms[J]. Taiwania, 1972, 17(1): 66－80.
[17]Arano H. Cytological studies in subfamily Carduoideae(Compositae) of Japan[J]. IX Bot Mag (Tokyo), 1963, 76: 128－140.
[18]Arano H, Saito H. Cytological studies in family Campulaceae Ⅱ: Karyotype in *Adencphora*(Ⅰ)[J]. La Kromosomo, 1975, 99: 3072－3081.
[19]陈学森，邓秀新，章文才等．中国银杏品种资源染色体数目及核型研究初报[J]．华中农业大学学报，1996，15(6)：590－594.
[20]李懋学，张赞平编著．作物染色体及其研究技术[M]．北京：中国农业出版社，1993，19－20.
[21]Tanaka R. C banding treatment for the chromosomes of some gymnosperms[J]. Bot mag, 1980, 93: 167－170.
[22]王伏雄，陈祖铿．银杏胚胎发育的研究——兼论银杏目的亲缘关系[J]．植物学报，1983，25(3)：199－206.

基于 EST 银杏光合作用相关基因表达分析

王义强[1]　谭晓风[2]　孙吉康[1]　周小慧[1]　邢伟一[1]　艾斌凌[1]

([1] 中南林业科技大学生命科学与技术学院，湖南长沙　410004

[2] 中南林业科技大学经济林国家林业局重点实验室，湖南长沙　410004)

摘要： 以成熟银杏雌性叶为材料构建 cDNA 文库，随机挑取 2000 个克隆进行 3′端测序，并将所得序列与核酸数据库进行同源性比较。结果显示，银杏叶组织与能量代谢相关的基因 ESTs 为 130 条，其中光合作用基因 ESTs 为 97 条，占总数的 75%。与能量贮藏相关的基因主要有：核酮糖二磷酸羧化酶/加氧酶(RuBisCO)小亚基，核酮糖二磷酸羧化酶/加氧酶激化酶(RA)，光系统亚单位 I，PSI 反应中心亚单位，PSII 捕光叶绿素 a/b 结合蛋白，PSI 叶绿素 a/b 结合蛋白。与能量释放相关的基因主要有：3-羟甲基戊二酸单酰 CoA 合酶，磷酸甘油醛脱氢酶 ESTs，乙醇酸氧化酶(光呼吸途径的关键酶)。其中，RuBisCO 基因表达相当丰富，其中 30 个克隆子的 EST 序列与落叶松(*Larix laricina*) RuBisCO 同源。这些结果为揭示银杏光合作用过程中的基因表达和生理过程提供了科学依据。

关键词： 银杏叶；光合作用；EST 文库；表达基因

植物光合作用是一切生命的物质基础和能量源泉，它通过光反应和暗反应两个阶段完成，同时伴随光呼吸过程[1]。本文以中国银杏雌树成熟叶为材料成功地构建了 cDNA 文库，在此基础上经过大量测序和序列分析，对光合作用相关基因的表达进行了鉴定，以期为分离克隆相关基因进行进一步研究奠定了理论和技术基础。

1　材料与方法

1.1　材料

成熟叶来源于湖南银杏梅核品种优良单株。于 8 月下旬当银杏叶完全成熟、果实接近成熟时，在树冠的中部采集无病虫危害的正常发育叶片，-70℃超低温保存，作为建库材料。

1.2　方法

1.2.1　银杏叶的 mRNA 提取

取 -70℃超低温保存的银杏叶样，在液氮中研磨成粉末状，加入变性裂解液裂解细胞，抽提出总 RNA；采用 Oligotex mRNA midi kit 从总 RNA 中分离纯化出含有 PolyA 的 mRNA[2, 3]。

1.2.2　cDNA 文库构建

mRNA 分离纯化后，在 SuperScript II - RT 反转录酶和其他酶的作用下合成第一链 cDNA 和第二链 cDNA；经双链末端补平、加接头、酶切后，回收 cDNA；然后将 cDNA 片段与载体 pBluescriptⅡ连接；最后将重组 cDNA 转入大肠杆菌菌株 DH10B 中，构建成银杏叶 cDNA

文库[4,5]。

1.2.3　EST 文库构建

从 cDNA 文库中随机挑选了 2000 个阳性克隆穿刺培养，进行 3' 端测序，构建 EST 文库[5]。测序单位为北京华大基因研究中心。

1.2.4　生物信息学分析

采用 NCBI 的 BLAST 软件对所测核苷酸序列与 GenBank 中的非冗余数据库(non-redundant database，NR)比对。这一数据库是去除 GenBank、EMBL 和 DDBJ 中所有相同核酸序列整合后获得的最为全面的已知基因的数据库，其中还包括部分基因组的序列，同时参照 EST、STS、GSS 等数据库。重点对黄酮类合成相关功能基因进行同源性比较[6]。

2　结果与分析

2.1　银杏叶中表达的光合作用相关基因

结果显示，银杏叶组织与能量代谢相关的基因 ESTs 为 130 条，其中光合作用基因 ESTs 为 97 条，占总数的 75%。与能量贮藏相关的基因主要有：核酮糖二磷酸羧化酶/加氧酶(RuBisCO)小亚基 ESTs 24 条，核酮糖二磷酸羧化酶/加氧酶激化酶(RA)ESTs 5 条，光系统亚单位 I ESTs 6 条，PSI 反应中心亚单位 ESTs 3 条，PSII 捕光叶绿素 a/b 结合蛋白 ESTs 19 条，PSI 叶绿素 a/b 结合蛋白 ESTs 10 条。与能量释放相关的基因主要有：3-羟甲基戊二酸单酰 CoA 合酶 ESTs 4 条，磷酸甘油醛脱氢酶 ESTs 3 条，乙醇酸氧化酶(光呼吸途径的关键酶) ESTs 3 条。其中，RuBisCO 基因表达相当丰富，其中 30 个克隆子的 EST 序列与落叶松(*Larix laricina*) RuBisCO 同源。

2.2　银杏叶中光反应相关的基因表达

光反应发生在植物细胞叶绿体的基粒片层，从光合色素吸收光能激发开始，经过电子传递，水的光解，最后是光能转化成化学能，以 ATP 和 NADPH 的形式贮存。光反应包括 2 个步骤：(1)光能的吸收、传递和转换的过程(原初反应)；(2)电能转变为活跃的化学能的过程(电子传递和光合磷酸化)。

从实验分析中我们发现，银杏成熟叶光反应相关的基因大量表达，这些基因主要有 PSII 捕光叶绿素 a/b 结合蛋白、放氧复合体蛋白、质体蓝素(PC)、PSI 捕光叶绿素 a/b 结合蛋白、PSI 反应中心亚单位、铁硫蛋白、铁氧蛋白还原酶、ATP 合成酶等(表 1)。

2.2.1　PSII 捕光叶绿素 a/b 结合蛋白

PSII 捕光叶绿素 a/b 结合蛋白在银杏叶中表达最为丰富，共获得 19 个克隆子，其中 18 个克隆子与银杏 PSII 捕光叶绿素 a/b 结合蛋白高度同源，相似性为 99%；另 1 个克隆子与长白松(*Pinus sylvestris*)捕光复合物蛋白 *lhcb*5 同源，相似性为 66%，说明此克隆子是 PSII 捕光叶绿素 a/b 结合蛋白亚单位，

2.2.2　放氧复合体蛋白

银杏叶放氧复合体蛋白获得了 4 个相关单体，分别是 33kD 蛋白前体、放氧增强蛋白、放氧增强蛋白 1 前体、放氧增强蛋白 3－2 前体。2 个克隆子与马铃薯(*Solanum tuberosum*) 33kD 蛋白前体同源性高；放氧增强蛋白、放氧增强蛋白 1 前体、放氧增强蛋白 3－2 前体均仅有 1 个克隆子，分别与烟草(*Nicotiana tabacum*)、木榄(*Bruguiera gymnorrhiza*)、芜菁(*Brassica rapa*)的相应基因同源[7]。

2.2.3 质体蓝素(PC)

质体蓝素(PC)是光合反应中电子从PSII传送至PSI的关键蛋白。本实验中获得3个克隆子，其中2个克隆子与银杏(*Ginkgo biloba*)自身质体蓝素基因同源，另一个克隆子与马铃薯(*Solanum commersonii*)质体蓝素前体基因同源。

2.2.4 PSI捕光叶绿素a/b结合蛋白

PSI捕光叶绿素a/b结合蛋白在银杏中表达丰富，本次实验共获得10个克隆子，其中5个克隆子与欧洲云杉(*Picea abies*)叶绿素a/b结合蛋白基因同源、1个克隆子与长白松(*Pinus sylvestris*)叶绿素a/b结合蛋白I基因同源、1个克隆子与长白松(*Pinus sylvestris*)叶绿素a/b结合蛋白III同源、1个克隆子与水稻(*Oryza sativa*)捕光叶绿素a/b结合蛋白基因同源、1个克隆子与烟草(*Nicotiana tabacum*)捕光叶绿素a/b结合蛋白同源。从比对植物种类多样性分析，银杏叶PSI捕光叶绿素a/b结合蛋白可能存在多基因家族。

2.2.5 PSI反应中心蛋白亚单位

本次实验获得PSI反应中心蛋白5个克隆子，分属于5个亚单位。1个克隆子与黄瓜(*Cucumis sativus*)PSI亚单位同源，1个克隆子与黄瓜(*Cucumis sativus*) PSI亚单位XI同源，1个克隆子与脐橙(*Citrus sinensis*) PSI亚单位II同源，1个克隆子与脐橙(*Citrus sinensis*) PSI亚单位III同源，1个克隆子与西加云杉(*Picea sitchensis*) PSI亚单位II同源。

2.2.6 铁硫蛋白

银杏叶中铁硫蛋白基因仅获得1个克隆子，其EST序列与烟草(*Nicotiana tabacum*) Rieske铁硫蛋白高度同源，BLASTX分值为327、期望值为3E-88、相似性为87%。

2.2.7 铁氧蛋白还原酶(FNR)

银杏叶铁氧蛋白还原酶(FNR)基因仅获得1个克隆子，其EST序列与菠菜(*Spinacia oleracea* ‘Fd-NADP’)还原酶有一定同源性，BLASTX分值为84、期望值为1E-23、相似性为66%。

2.2.8 ATP合成酶

银杏叶ATP合成酶基因仅获得1个克隆子，其EST序列与银杏(*Ginkgo biloba*)自身ATP合成酶α链有较高同源性，BLASTX分值为102、期望值为6E-53、相似性为93%。

表1 银杏叶光反应相关基因BLASTX分析

Tab. 1 BLASTX analysis of genes involved in ginkgo leaves light-reaction

基因功能	银杏比对蛋白	比对植物	分值 score	期望值 e-value	相似性 ID/%	丰度
PSII捕光叶绿素a/b结合蛋白	捕光复合物蛋白b5 Lhcb5 protein	长白松 *Pinus sylvestris*	173	4E-42	66	1
	PSII捕光叶绿素a/b结合蛋白	银杏 *Ginkgo biloba*	379	7E-104	99	18
放氧复合体	33kD蛋白前体	马铃薯 *Solanum tuberosum*	258	1E-67	78	2

（续）

基因功能	银杏比对蛋白	比对植物	分值 score	期望值 e-value	相似性 ID/%	丰度
	放氧增强蛋白 1	烟草 *Nicotiana tabacum*	274	2E-72	84	1
	放氧增强蛋白 1 前体	木榄 *Bruguiera gymnorrhiza*	177	2E-43	87	1
	放氧增强蛋白 3-2 前体	芜菁 *Brassica rapa*	177	3E-43	77	1
质体蓝素（PC）	质体蓝素 Plastocyanin	银杏 *Ginkgo biloba*	200	6E-50	100	2
	质体蓝素前体	马铃薯 *Solanum commersonii*	127	3E-28	54	1
PSI 捕光叶绿素 a/b 结合蛋白	捕光叶绿素 A-B 结合蛋白 II 前体	欧洲云杉 *Picea abies*	413	4E-114	93	5
	叶绿素 a/b 结合蛋白 I Type1 chlorophyll a / b-binding protein	长白松 *Pinus sylvestris*	190	2E-47	86	1
	叶绿素 a/b 结合蛋白 III TypeIII chlorophylla / b-binding protein	长白松 *Pinus sylvestris*	173	7E-42	89	1
	捕光叶绿素 a/b 结合蛋白	水稻 *Oryza sativa*	118	1E-25	58	1
	捕光叶绿素 a/b 结合蛋白	烟草 *Nicotiana tabacum*	143	5E-52	89	1
PSI 反应中心亚单位	PSI 亚单位	黄瓜 *Cucumis sativus*	221	2E-56	79	6
	亚单位 II	脐橙 *Citrus sinensis*	264	3E-69	73	2
	亚单位 II	西加云杉 *Picea sitchensis*	162	5E-39	62	1
	亚单位 III	脐橙 *Citrus sinensis*	102	1E-20	87	1
	亚单位 XI	黄瓜 *Cucumis sativus*	189	7E-47	78	1
铁硫蛋白	Rieske 铁硫蛋白	烟草 *Nicotiana tabacum*	327	3E-88	87	1
铁氧蛋白还原酶（FNR）	Fd-NADP 还原酶	菠菜 *Spinacia oleracea* ‘Fd－NADP’	84	1E-23	66	1
ATP 合成酶	ATP 合成酶 α 链	银杏 *Ginkgo biloba*	102	6E-53	93	1

2.3 银杏叶暗反应相关的基因表达

光合作用暗反应发生在叶绿体的基质中，由一系列酶促反应把二氧化碳同化为有机物，活跃的化学能转变为稳定的化学能。暗反应分 3 个阶段：(1)CO_2的固定，核酮糖二磷酸羧化酶/加氧酶(RuBisCO)促使 CO_2 与二磷酸核酮糖结合形成 6 碳化合物，进一步断裂形成 2 个分子 3-磷酸甘油酸；(2)3-磷酸甘油酸在 ATP 和 NADPH 的作用下还原成磷酸甘油醛；(3)一部分 3-磷酸甘油醛形成 1,6-二磷酸果糖，大部分 3-磷酸甘油醛又形成二磷酸核酮糖，再次固定 CO_2，进入下一次循环。此过程又称卡尔文循环。

从实验分析中我们发现，银杏成熟叶中与暗反应相关的基因大量表达，这些基因主要是核酮糖二磷酸羧化酶/加氧酶(RuBisCO)[8]、核酮糖二磷酸羧化酶/加氧酶激酶 RuBisCO activase(RA)、甘油醛-3-磷酸脱氢酶(Glyceraldehyde-3-phosphate dehydrogenase, GAPDH)、核桐糖-5-磷酸异构酶(Ribulose-5-phosphate-3-epimerase)、丙糖磷酸异构酶(Triosephosphate isomerase, TIM)，其中高丰度表达的基因是核酮糖二磷酸羧化酶/加氧酶(RuBisCO)，所测 EST 序列数为 31 条(表2)。

2.3.1 核酮糖二磷酸羧化/加氧酶(RuBisCO)

经 BLASTX 比对发现，银杏叶中 RuBisCO 基因表达相当丰富，其中 30 个克隆子的 EST 序列与落叶松(*Larix laricina*) RuBisCO 高度同源，BLASTX 分值为 266、期望值为 6E-70、相似性为 76%；1 个克隆子的 EST 与黑松(*Pinus thunbergii*)中 RuBisCO 有较高同源性，BLASTX 分值为 134、期望值为 2E-30、相似性为 90%。

2.3.2 核酮糖二磷酸羧化/加氧酶激酶(RA)

本次实验获得核酮糖二磷酸羧化/加氧酶激酶(RA)基因 5 个克隆子，经 BLASTX 比较，2 个克隆子 ESTs 序列与苹果(*Malus × domestica*)RuBisCO activase (RA)高度同源，2 个克隆子 ESTs 序列与鲁桑(*Morus alba*) RuBisCO activase(RA)高度同源，1 个克隆子 EST 序列与地中海松(*Pinus halepensis*) RuBisCO activase(RA)高度同源。从比对植物种类多样性来分析，银杏核酮糖二磷酸羧化/加氧酶激酶(RA) 可能存在多基因家族[9]。

2.3.3 甘油醛-3-磷酸脱氢酶(GAPDH)

本次实验获得甘油醛-3-磷酸脱氢酶基因 5 个克隆子，经 BLASTX 比较，2 个克隆子 EST 序列与黑松(*Pinus thunbergii*) GAPDH 高度同源，1 个克隆子 EST 序列与豌豆(*Pisum sativum*) GAPDHB 高度同源；1 个克隆子 EST 序列与长白松(*Pinus sylvestris*) GAPDH 高度同源；1 个克隆子 EST 序列与水稻(*Oryza sativa*) GAPDH 有较高的同源性；1 个克隆子 EST 序列与拟南芥(*Arabidopsis thaliana*) GAPDH2 有一定的同源性。分析说明，银杏甘油醛-3-磷酸脱氢酶中可能存在多基因家族。

2.3.4 核桐糖-5-磷酸异构酶

银杏叶核桐糖-5-磷酸异构酶仅获得 1 个克隆子，其 EST 序列与豌豆(*Pisum sativum*)核桐糖-5-磷酸异构酶 Ribulose-5-phosphate-3-epimerase 高度同源，BLASTX 分值为 209、期望值为 9E-53、相似性为 81%。

2.3.5 丙糖磷酸异构酶(TIM)

银杏叶丙糖磷酸异构酶基因仅获得 1 个克隆子，其 EST 序列与菠菜(*Spinacia oleracea*) TIM 基因高度同源，BLASTX 分值为 185、期望值为 1E-45、相似性为 84%[10]。

表 2　银杏叶暗反应相关基因 BLASTX 分析

Tab. 2　BLASTX analysis of genes involved in ginkgo leaves dark-reaction

基因功能	银杏比对蛋白	比对植物	分值 score	期望值 e-value	相似性 ID/%	丰度
核酮糖二磷酸羧化/加氧酶 RuBisCO	核酮糖二磷酸羧化/加氧酶小亚基 RuBisCO small subunit	落叶松 *Larix laricina*	262	1.00E-68	75	30
	核酮糖二磷酸羧化酶/加氧酶小亚基 RuBisCO small subunit	黑松 *Pinus thunbergii*	134	2E-30	90	1
核酮糖二磷酸羧化/加氧酶激酶	核酮糖二磷酸羧化/加氧酶激酶 RuBisCO activase(RA)	苹果 *Malus × domestica*	250	3E-65	67	2
	核酮糖二磷酸羧化酶/加氧酶激酶	鲁桑 *Morus alba*	247	2E-64	80	2
	核酮糖二磷酸羧化酶/加氧酶激酶	地中海松 *Pinus halepensis*	317	3E-85	90	1
甘油醛-3-磷酸脱氢酶	Glyceraldehyde-3-phosphate dehydrogenase(GAPDH)	黑松 *Pinus thunbergii*	211	2E-53	93	1
	Glyceraldehyde-3-phosphate dehydrogenase B(GAPDHB)	豌豆 *Pisum sativum*	193	6E-48	85	1
	Glyceraldehyde-phosphate dehydrogenase(GAPDH)	长白松 *Pinus sylvestris*	213	4E-54	70	1
	NADH-dependent glyceraldehyde-3-phosphate dehydrogenase(GAPDH)	水稻 *Oryza sativa*	137	1E-39	94	1
	Glyceraldehyde-3-phosphate dehydrogenase 2($GAPDH_2$)	拟南芥 *Arabidopsis thaliana*	87.8	6E-33	74	1
核桐糖-5-磷酸异构酶	Ribulose-5-phosphate-3-epimerase	豌豆 *Pisum sativum*	209	9E-53	81	1
丙糖磷酸异构酶	Triosephosphate isomerase(TIM)	菠菜 *Spinacia oleracea*	185	1E-45	84	1

2.4　银杏叶光呼吸相关的基因表达

植物细胞在光下吸收氧气、放出二氧化碳的过程称为光呼吸(photorespiration)。光呼吸是一个生物氧化过程，被氧化的底物是乙醇酸(glycolate)，全过程需要由叶绿体、过氧化物酶体和线粒体 3 种细胞器协同完成。光呼吸和光合作用是伴随发生的，二者不仅在代谢途径上互相联系，而且在代谢调节上也是相互制约的，光合速率、光呼吸和产量之间存在一定的关系，即光合作用强则光呼吸比较弱，净光合速率也大，产量高。光呼吸导致小麦、水稻等 C3 植物净光合速率降低了 25% ~50%，开展光呼吸代谢及其调控基因的研究有着重要的意义。

从实验分析中我们发现，银杏叶中与光呼吸相关的基因有一定量的表达，这些基因主要是乙醇酸氧化酶(glycolate oxidase)、丝氨酸-乙醛酸转氨酶(serine-glyoxylate aminotransferase)、3-磷酸丝氨酸磷酯酶(phosphoserine phosphatase，PSP)，其中表达丰度较高的基因是乙醇酸氧化酶(glycolate oxidase)，所测 EST 序列数为 5 条(表 3)。

2.4.1 乙醇酸氧化酶(glycolate oxidase，GO)

经 BLASTX 比对发现，银杏叶乙醇酸氧化酶基因表达较丰富，其中 3 个克隆子的 EST 序列与马蹄莲(*Zantedeschia aethiopica*)乙醇酸氧化酶 glycolate oxidase 基因同源，1 个克隆子的 EST 与海岸松(*Pinus pinaster*)乙醇酸氧化酶(s)-2-hydroxy-acid oxidase 基因同源，另 1 克隆子的 EST 与栽培大豆 Glycine max 乙醇酸氧化酶 peroxisomal glycolate oxidase 基因同源，说明银杏叶中 GO 可能存在多基因家族。

2.4.2 丝氨酸-乙醛酸转氨酶(serine-glyoxylate aminotransferase，SGAT)

经 BLASTX 比对发现，银杏叶 SGAT 基因仅获得 1 个克隆子(克隆号为 ginkgochina-5144)，其 EST 序列与贝母(Fritillaria agrestis)丝氨酸-乙醛酸转氨酶 serine-glyoxylate aminotransferase 基因同源高，分值为 283、期望值为 4E-75、相似性为 90%。

2.4.3 3-磷酸丝氨酸磷酯酶(phosphoserine phosphatase，PSP)

经 BLASTX 比对发现，银杏叶 PSP 基因仅获得 1 个克隆子，其 EST 序列与拟南芥(*Arabidopsis thaliana*) PSP 基因同源，分值为 266、期望值为 5E-70、相似性为 77%。

表 3 银杏叶光呼吸相关基因 BLASTX 分析

Tab. 3 BLASTX analysis of genes involved in photorespiration of ginkgo leaves

基因功能	银杏比对蛋白	比对植物	分值 Score	期望值 E-value	相似性 ID/%	丰度
乙醇酸氧化酶	glycolate oxidase	马蹄莲 *Zantedeschia aethiopica*	345	1E-93	92	3
	(s)-2-hydroxy-acid oxidase	海岸松 *Pinus pinaster*	86.7	5E-16	80	1
	peroxisomal glycolate oxidase	栽培大豆 *Glycine max*	217	3E-55	89	1
丝氨酸-乙醛酸转氨酶	serine-glyoxylate aminotransferase	贝母 *Fritillaria agrestis*	283	4E-75	90	1
3-磷酸丝氨酸磷酯酶	phosphoserine phosphatase，PSP	拟南芥 *Arabidopsis thaliana*	266	5E-70	71	1

3 讨论

从以上光合作用相关基因表达的分析可以发现，PSII 捕光叶绿素 a/b 结合蛋白、核酮糖二磷酸羧化/加氧酶(RuBisCO)表达非常丰富。PSII 捕光叶绿素 a/b 结合蛋白主要吸收近红光，其能量通过其光合电子传递生成 H^+ 质子化学电位梯度，并驱动 ATP 合成酶生成 ATP，

为暗反应提供固定 CO_2 所需能量；核酮糖二磷酸羧化/加氧酶主要与 CO_2 反应生成 2 个 3-磷酸甘油酸分子而固定 CO_2。两者基因的表达占光合作用基因表达总数的44.3%，说明成熟银杏叶能量固定代谢和物质合成代谢反应旺盛。

参考文献

[1] Li XP, Björkman O, Shih C, *et al.* A pigment-binding protein essential for regulation of photosynthetic light harvesting [J]. Nature, 2000, 403: 391 - 395.

[2] Chomczynski P, Sacchi N. Single-step method of RNA isolation by acid guanidinium thiocyanate-phenol-chloroformextraction [J]. Anal. Biochem., 1987, 162(1): 156 - 159.

[3] Kris NL amabert, Valerie M Williamson. cDNA library construction from small amounts of RNA using agnetic beads and PCR[J]. Nucleic Acids Research, 1993, 21(3): 775 - 776.

[4] 萨姆布鲁克. 分子克隆实验指南(第3版)[M]. 北京：科学出版社，2003: 909 - 916

[5] Dresselhaus T, Lorz H, Kranz E. Representative cDNA libraries from a few plant cells [J]. Plant Mol. Biol., 1994, 5: 605 - 610.

[6] Mishra RN, Ramesha A, Kaul T, *et al.* A modified cDNA subtraction to identify differentially expressed genes from plants with universal application to other eukaryotes[J]. Anal Biochem, 2005, 345: 149 - 157.

[7] Papageorgiou GC, Murata N. The unusually strong stabilizing effects of glycine betaine on the structure and function of the oxygen-evolving Photosystem II complex [J]. Photosynthesis Research, 1995, 44: 243 - 252.

[8] Whitney SM, Andrews TJ. The gene for the Ribulose-1, 5-Bisphosphate Carboxylase/Oxygenase (Rubisco) Small Subunit relocated to the plastid genome of tobacco directs the synthesis of small subunits that assemble into Rubisco [J]. Plant Cell, 2001, 13: 193 - 205.

[9] Sims AH, Robson GD, Hoyle DC, *et al.* Use of expressed sequence tag analysis and cDNA microarrays of the filamentous fungus *Aspergillus nidulans* [J]. Fungal Genetics and Biology, 2004, 41: 199 - 212.

[10] Bradbeer JW. The activities of the photosynthetic carbon cycle enzymes of greening bean leaves [J]. New Phytol, 1969, 68: 233 - 245.

银杏 EPSP 合酶的基因克隆及表达分析*

程 华[1,2] 曹福亮[2] 李琳玲[1] 许 锋[3] 王 燕[3] 姜德志[3] 程水源[1①]

（[1]黄冈师范学院生命科学与工程学院，湖北黄冈 438000；[2]南京林业大学森林资源与环境学院，江苏南京 210037；[3]长江大学园艺园林学院，湖北荆州 434025）

摘要：本研究以银杏品种家佛手叶为试材，采用 CTAB 法提取银杏叶片 RNA，利用 RACE 技术从银杏叶中克隆到 EPSP 合酶基因（*GbEPSP*）的 cDNA 序列。得到 *GbEPSP* 的 cDNA 长 1404bp，包含最大阅读框（ORF）为 1035bp，编码一个 344 氨基酸多肽序列；通过软件 DNAssist 2.2 预测编码蛋白质 36.87KD，其等电点为 5.75。进化树分析结果表明银杏 EPSP 合酶蛋白质序列与其他物种的 EPSP 合酶同源性较高。不同组织表达分析显示，*EPSPs* 基因在银杏的叶和果中表达量最高，其次为茎，根中表达水平最低。草甘膦处理能显著诱导银杏 *EPSPs* 基因表达量升高，紫外能上调银杏 *EPSPs* 基因表达，ABA 则诱导 *GbEPSPs* 表达量先升后降；温度对 *GbEPSPs* 具有不同的诱导作用，其中 42℃ 高温诱导最显著，4h 达最大值，后又迅速降低。

关键词：银杏；EPSP 合酶；基因克隆；RACE 技术

Cloning and Expression Analysis of EPSP Synthase Gene from *Ginkgo biloba*

Cheng Hua[1,2] Cao Fuliang[2] Li Linling[1] Xu Feng[3]
Wang Yan[3] Jiang Dezhi[3] Cheng Shuiyuan[1①]

([1]College of life science and Engineering, Huang Gang Normal University, Huanggang 438000, China; [2] College of Forest Resources and Environment, Nanjing Forestry University, Nanjing 210037, China; [3]College of Horticulture and Gardening, Yangtze University, Jingzhou 434025, China)

Abstract Ginkgo (*Ginkgo biloba* L.) is Chinese rare species, one of the effective ingredients of medicinal is flavonoid compounds, which have important medicinal value. RNA were isolated respectively from *Ginkgo biloba* leaves by CTAB method; the RACE technology was used for cloning the full-length cDNA of EPSP synthase gene from ginkgo for the first time. Ginkgo EPSP synthase gene is a total length of 1404 bp, its cDNA largest reading frame (ORF) is 1035bp,

---

* 基金项目：教育部新世纪优秀人才支持计划（NCET-04-0746）和湖北省教育厅重大科技项目（Z200627002）

①通讯作者：程水源（1965.05-），博士，博士生导师。主要从事银杏次生代谢生理及分子生物学研究。Email：s_y_cheng@sina.com

encoding a 344 amino acid peptide sequence. DNAssist 2. 2 software predicted that it coded a protein of 36. 87KD, and its isoelectric point was 5. 75. Phylogenetic tree analysis showed that the homology of *ginkgo* EPSP synthase protein sequences was higher with the EPSP synthase of other species. RT-PCR analysis showed that *GbEPSPs* expressed in leaves, stems, roots and fruits, and had the highest expression in leaves and fruits, the next in stems, the least expression had been found in roots. The expression of *GbEPSPs* could be induced by glyphorose and UV-B. ABA could improve the expression of *GbEPSPs* first, but deduce later. Different temperature have different effects in the content of *GbEPSP* gene.

Key Words: *Ginkgo biloba*; EPSP synthase; Gene cloning; RACE technology

烯醇式丙酮基莽草酸-3-磷酸合成酶(5-enolpyruvylshikimate-3-phosphate synthase, EPSPs)是莽草酸途径中催化莽草酸-3-磷酸(S3P)和磷酸烯醇式丙酮酸(PEP)合成EPSP的关键酶[1]。而EPSP又是芳香族氨基酸合成前体物质。在细菌、藻类、真菌和高等植物中，莽草酸途径是合成芳香族氨基酸的必需途径。芳香族氨基酸参与植物体内一些生物碱、香豆素、类黄酮、木质素、酚类物质等的次生代谢。而黄酮类化合物在生物体内合成代谢是从苯丙氨酸解氨酶催化苯丙氨酸脱氨基反应开始的[2]。

银杏(*Ginkgo biloba* L.)是我国的珍贵树种，其有效药用成分之一黄酮类化合物具有重要的药用价值。黄酮类物质是由芳香族氨基酸转化而来，EPSP合酶是芳香族氨基酸合成途径中的一个关键酶[3]。因此，EPSP合酶活性的变化影响到芳香族氨基酸的合成，从而可能影响黄酮类物质的合成。目前对*EPSPs*基因的研究主要集中于抗除草剂方面的研究，而对于其在类黄酮合成方面的研究较少。本文克隆并分析了银杏*EPSPs*基因，并研究了其在不同处理条件下，*EPSPs*的表达变化情况。银杏*EPSPs*基因的克隆对了解该基因的结构、进化及其表达调控具有重要意义，同时也为提高银杏叶片类黄酮含量的调控及遗传改良提供了一个新的研究途径。

1 材料与方法

1.1 材料

用于不同组织分析及基因克隆银杏材料采集于长江大学银杏苗圃园，品种为‘家佛手’，12年生嫁接树。茎采集于2008年5月中旬根蘖苗嫩茎，根和叶采集于5月中旬，果采集于7月上旬。

所有诱导处理的银杏材料均采集于黄冈师范学院温室‘家佛手’一年生盆栽苗(2008年7月)。

大肠杆菌TOP10为本实验室保存，pMD18-T购自TaKaRa。

限制性内切酶、Taq酶、SMART™ RACE cDNA Amplification Kit均为TaKaRa公司产品；DIG-High Prime DNA Labeling and Detection Starter Kit购自Roch；SuperscriptⅡ反转录酶为Invitrogen公司产品；杂交膜使用Millipore公司的PVDF膜；胶回收试剂盒为TIANGEN公司离心柱型琼脂糖凝胶DNA回收试剂盒；PCR耗材购自TaKaRa生物工程(大连)有限公司；ABA和SA为Sigma公司产品；农达(41%草甘膦异丙胺盐水剂)购自孟山都公司；氨苄青霉素钠盐购自上海生工生物工程技术服务有限公司；基因克隆引物合成和测序由上海生工生物技术有限公司完成，引物序列见表1，引物扩增程序见表2；其他试剂均为国产分析纯。

1.2 DNA 提取及 Southern 杂交

用 CTAB 法提银杏幼叶 DNA，DNA 提取液的成分与魏春红等人提取的完全相同[2,3]。Southern 杂交中，基因组分别使用 *Dra* Ⅰ、*Sac* Ⅰ、*Sma* Ⅰ和 *Hind* Ⅲ酶切，探针浓度、杂交操作参考 DIG-High Prime DNA Labeling and Detection Starter Kit 试剂盒。

1.3 总 RNA 提取、反转录

银杏不同组织采集后放入液氮中速冻并转入-70℃超低温冰箱保存。不同组织总 RNA 提取采用蔡荣等的 CTAB 法[2,4]。总 RNA 用1%的琼脂糖凝胶电泳检测。反转录 cDNA 合成采用 Invitrogen 的 SuperscriptⅡ反转录酶操作；5'RACE 和 3'RACE 反转录 cDNA 模板合成参考 Clontech 公司的 SMART™ RACE cDNA Amplification Kit 说明书操作。

表1 银杏 *EPSPs* 克隆及分析用引物

Tab. 1 The gene clone and analysis primers of *GbEPSPs*

引物名称 name of primers	编号 serial number	序列 primer sequences(5'-3')
简并引物 degenerated primers	GbEPSP	GATGCWTCDAGTGCYAGYTAYTTC
	GbEPAP	AAWGCCATKGCCATYCKGTGATC
RACE 扩增引物 RACE primers	EPSP3R1	CAATGACTCTTGCCGTGGTTGCTCTT
	EPSP3R2	TAGAAGAGGGACCTGACTATTGC
	EPSP5R1	GTTTGCGACATCCCTTATGGCTGTT
	EPSP5R2	GTGCCACACCCTTCTACAGTTAC
合成探针及 RT-PCR 引物 probe and RT-PCR primers	EPSPS1	GAACGGTCAAACTTTCTGGCTC
	EPSPS2	GGGTATGTACAGCCTGAGTTCT
GAPDH 引物 GAPDH primers	GAPU	TAGGAATCCCGAGGAAATACC
	GAPD	TTCACGCCAACAACGAACATG

1.4 诱导处理

草甘膦处理：农达稀释到浓度约为5mmol/L 的草甘膦浓度，喷洒处理银杏盆栽苗，分别于处理后4、8、12、16、20和24h 采取盆栽苗叶片液氮中保存。清水处理做对照。

激素处理：选择 ABA 和 SA，浓度都为10μmol·L^{-1}，采取喷洒处理盆栽苗，处理后分别于12、24、36、48和60h 采取盆栽苗叶片液氮中保存。清水处理作为对照组。

紫外(UV-B)处理：选用50mW·M^{-2}强度紫外照射，分别于2、4、6和8h 采集盆栽苗叶片液氮保存，提取 RNA 进行实时定量分析。普通光照培养作为对照组。

温度处理：4℃低温作为处理温度。盆栽苗放入4℃培养箱中，分别于4、8、12和16h 后采取叶片液氮保存。选取36℃、40℃和44℃作为高温处理温度。分别处理4、8、12和16h 后采取叶片液氮保存。上述温度处理中，常温培养(25℃)盆栽苗作为对照组。

以上每组不同处理及对应对照条件下取3株银杏苗样品，每样品重复测定3次，测定值用平均值加标准差表示。

1.5 表达检测

分别提取来自于12年生银杏嫁接苗的根、茎、叶和幼果的RNA用于半定量RT-PCR分析*GbEPSPs*基因的组织表达特异性。分别提取来自于草甘膦、ABA、SA、UV-B、低温和高温不同处理时间的叶片，以及与之相对应对照样品的RNA，用于RT-PCR分析*GbEPSPs*基因响应非生物胁迫下的表达模式。银杏保守基因3-磷酸甘油醛脱氢酶基因(*GAPDH*)作为参照基因校正和标准化目的基因[4]。扩增产物电泳后用Fluor-S MutiImager进行扫描，并用Quantity One做光密度值分析。目的基因(*GbEPSPs*)相对表达量用目的基因RT-PCR扩增结果光密度值比内参基因mRNA光密度值倍数来表示。

1.6 生物信息学分析

用生物信息学序列比对软件Vector NTI Suite 10.0软件进行不同物种间同源基因的核苷酸序列比对，测序片段的拼接。MEGA4.1绘制系统发育树。用Primer Premier 5.0和Oligo 6生物学软件设计引物。利用BlastP(http://www.ncbi.nlm.nih.gov/BLAST/)进行同源性搜索。ProtParam (http://au.expasy.org/tools/ protparam.html)计算蛋白的分子量及等电点。

表2　PCR扩增程序

Tab. 2　The processes of PCR

PCR名称 procedure of PCR	PCR引物 name of primers for PCR	程　序 PCR procedure
简并PCR Degenerated PCR	GbEPSP, GbEPAP	94℃, 30s; 52~63℃(12梯度), 40s; 72℃, 1min; 32个循环
5' 末端扩增 5'RACE	EPSP5R1, UPM	98℃, 10s; 68℃, 2min; 32个循环
	EPSP5R2, NUP	94℃, 30s; 59℃, 40s; 72℃, 1min; 33个循环
3' 末端扩增 3'RACE	EPSP3R1, UPM	98℃, 10s; 68℃, 2min; 32个循环
	EPSP3R2, NUP	94℃, 30s; 57℃, 40s; 72℃, 1min; 33个循环
探针合成 Probe Synthesize	EPSPS1, EPSPS2	94℃, 30s; 58℃, 30s; 72℃, 1min; 35个循环

注：简并PCR中退火温度依次从53~64℃，共设置12个温度梯度。

Note: Thedegeneracy PCR set 12 gradient, from 53℃ to 64℃.

2 结果与分析

2.1 GbEPSPs cDNA的克隆及其序列特征分析

用简并引物GbEPSP和GbEPAP对反转录cDNA模板进行简并PCR扩增，反应得到一条473bp的扩增片段，扩增结果经NCBI比对分析为银杏EPSPs序列片段。根据测序结果分别设计5'和3'RACE引物：EPSP5R1、EPSP5R2、EPSP3R1和EPSP3R2。扩增结果测序拼接得到1403bp *GbEPSP*序列(Genebank登录号GU084139，包含一个1035bp最大读码框)。*GbEPSP* ORF序列编码一个344个氨基酸残基的多肽序列，预测分子量为36.87kDa，等电点(IP)为5.75。

GbEPSPs氨基酸序列与薤白(*Allium macrostemon*)的同源性最高，为85.1%。与其他植物的同源性略低，在81%~84%之间(图1)。说明EPSPs在进化上属于较保守的酶类，是植物基本代谢途径的关键酶。

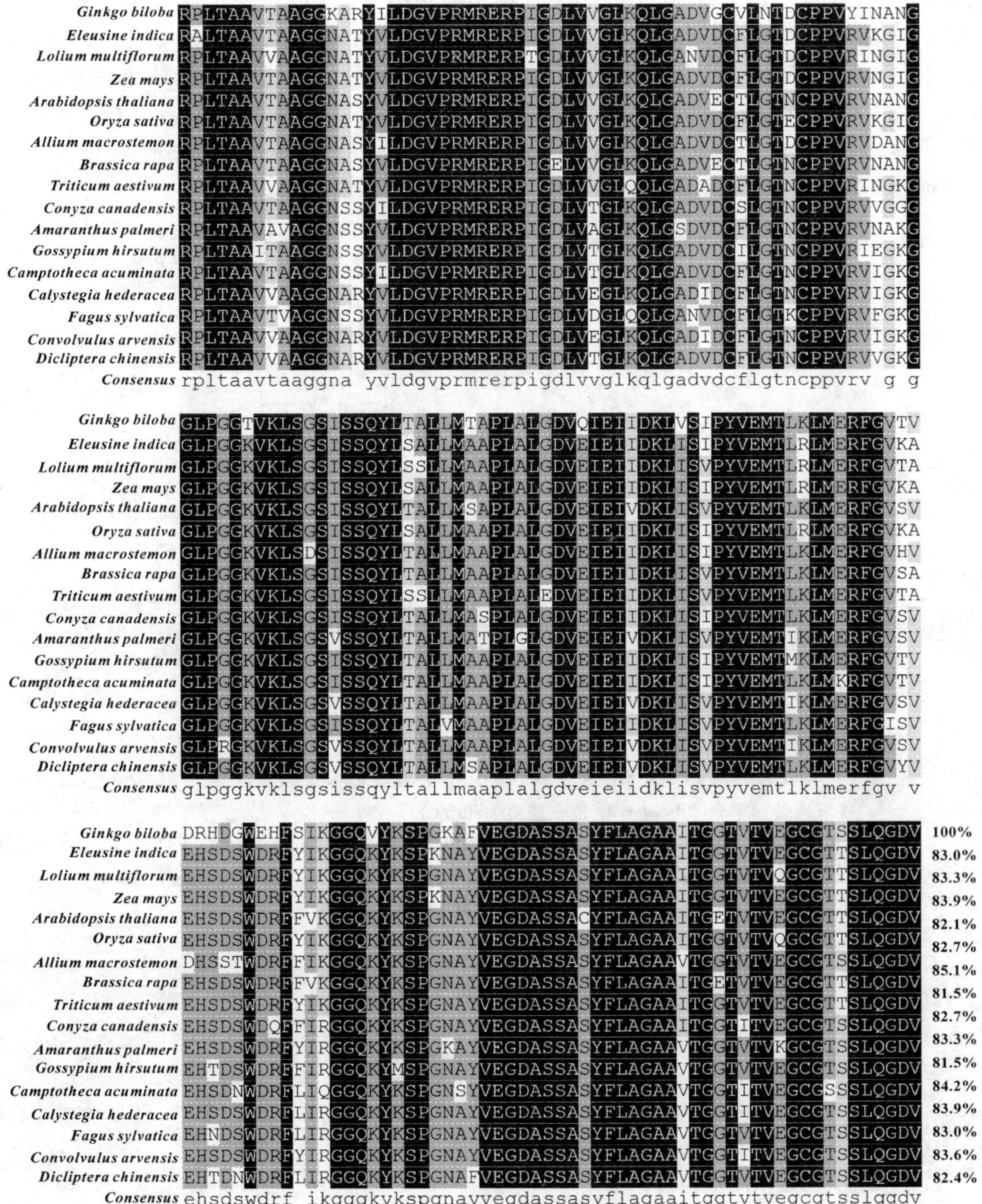

图 1 GbEPSPs 氨基酸序列同源性比较分析

Fig. 1 GbEPSPs amino acid sequences alignment

2.2 GbEPSPs 进化树分析

用近邻相接法(Mega 4.1)对不同植物 GbEPSPs 氨基酸序列作进化树分析，节点处数字代表 bootstrap 值，重复检测 1000 次。进化树下方为相对进化距离。在选取的分析物种中，

EPSPs 被分为两大类(图 2)：植物和菌类。被子植物中，双子叶植物喜树(*Camptotheca acuminata*)、陆地棉(*Gossypium hirsutum*)、拟南芥(*Arabidopsis thaliana*)等聚为一组，单子叶植物小麦(*Triticum aestivum*)、水稻(*Oryza sativa*)等聚为一组，与双子叶植物分化时间集中在 0.07 左右；银杏作为裸子植物为一组，与被子植物的进化分歧时间较早，在 0.08 ~ 0.09 之间；霍乱弧菌(*Vibrio cholerae*)和耶尔森氏菌(*Yersinia rohdei*)作为较原始的菌类单独为一组，与其他分析物种进化分歧时间大于 0.25。

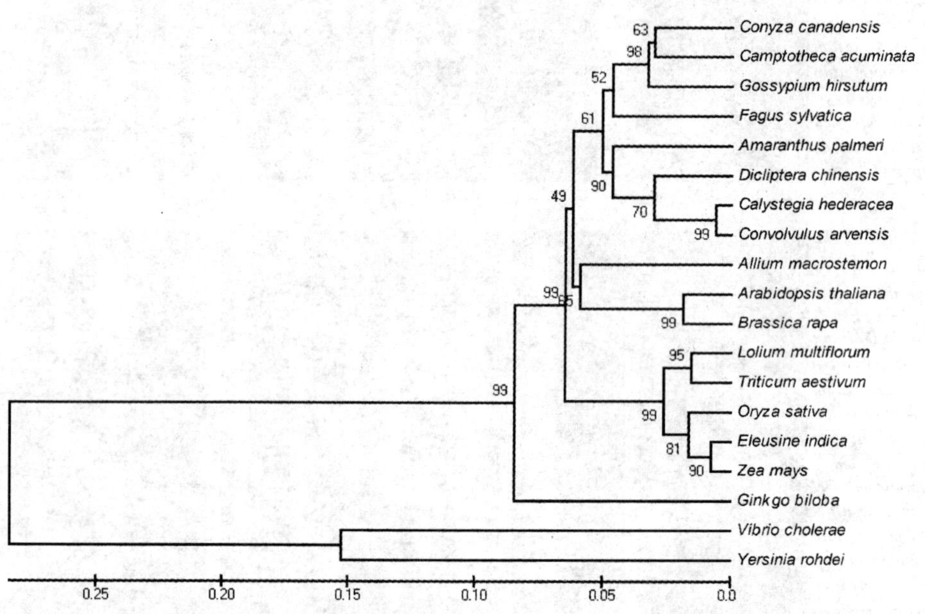

图 2　植物和细菌 EPSPs 系统发生树(基于 Neighbor-Joining 方法构建，MEGA4. 1. 各节点处数字表示 bootstrap 值，重复 1000 次)

Fig. 2　The phylogenetic tree analysis of EPSPs from plants and bacteria. (The tree was constructed by the Neighbor-Joining method, MEGA4. 1. The numbers at each node represented the bootstrap value, with 1000 replicates)

2.3　*GbEPSPs* Southern 印迹分析

初步检测 *GbEPSPs* 基因在基因组中的拷贝数，设计了一对引物用以扩增 *EPSPs* 的一段插入序列作为杂交探针。选择一段不含 *Dra* Ⅰ、*Sac* Ⅰ、*Sma* Ⅰ和 *Hind* Ⅲ酶切位点的 *GbEPSPs* 基因组外显子序列作为杂交探针，Southern 分析结果显示每个基因组酶切产物在 0.5 ~ 9.0kb 之间有 2 个以上杂交条带(图 3)，杂交条带较明显。这说明在银杏中，*EPSPs* 基因有多个拷贝，属于一个小的多基因家族。

2.4　*GbEPSPs* 不同组织表达分析

定量分析显示，银杏 *EPSPs* 基因在银杏的根、茎、叶和果中都有表达，但表达量有差异。*EPSPs* 在银杏叶片和果中表达量最高，其次为茎，根部的表达量最低(图 4)。

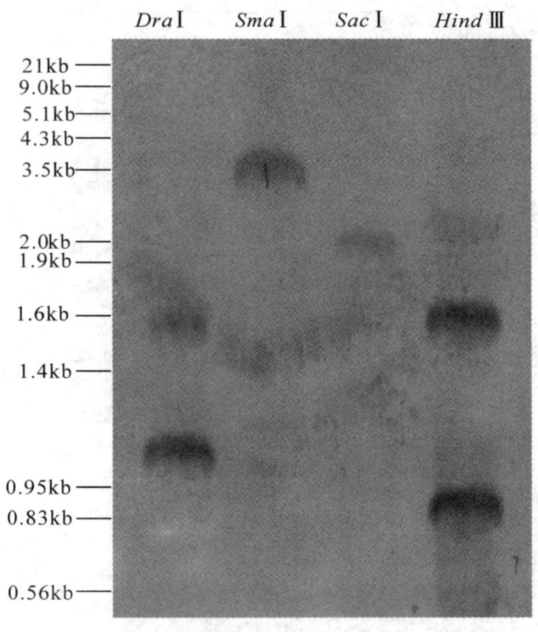

图3 GbEPSPs southern 杂交分析

Fig. 3 Genomic blot analysis of *GbEPSPs*

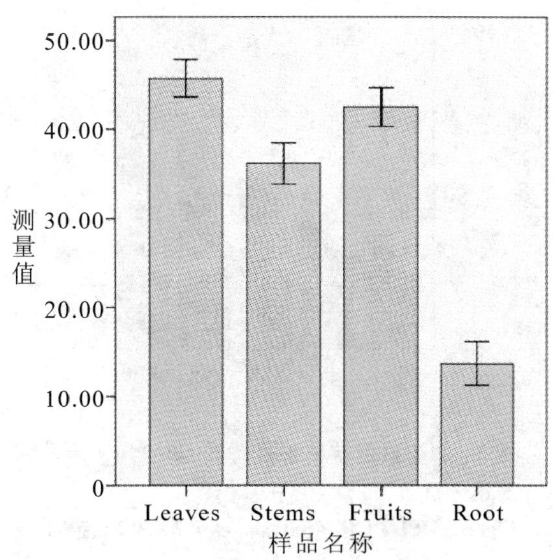

图4 银杏不同组织 *GbEPSPs* 基因 RT-PCR 表达分析

Fig. 4 RT-PCR analysis of the expression of *GbEPSPs* in different organs

2.5 *GbEPSPs* 诱导表达分析

草甘膦处理结果显示，银杏 *EPSPs* 能够迅速被草甘膦诱导表达，表达量随处理时间增加而不断提高。在处理24h后表达量已升高至对照水平4倍左右(图5)。

紫外处理能够诱导 *EPSPs* 的表达，在紫外处理8h左右时，*EPSPs* 表达量已达到最大值，约为对照的2.5倍，之后又平稳下降(图6)。

植物激素的诱导结果显示，银杏 *EPSPs* 能够迅速被 ABA 诱导表达，表达量随时间增加而积累，处理12h后 *GbEPSPs* 表达量达到最高，为对照的2倍左右。之后又有所下降。而 SA 对 *GbEPSPs* 则没有明显诱导(图7)。

温度胁迫处理显示，4℃处理对 *GbEPSPs* 表达的影响较为明显，在低温处理8h，表达量一直处于明显上升，8h后又有明显降低。而高温处理则对 *GbEPSPs* 有不同的诱导作用，36℃对 *GbEPSPs* 无明显诱导，在培养8h后有微弱上升。40℃高温下，银杏 *EPSPs* 的表达在8h取样点时达到最大值，8h后表达量基本稳定在对照4倍量的水平。而42℃高温处理则显著提高了 *GbEPSPs* 表达量，4h *GbEPSPs* 转录量已上升到最大值，但在6h取样点时，表达量明显下调，至10h、12h表达量已下降到对照水平1.5倍，并保持稳定(图8)。

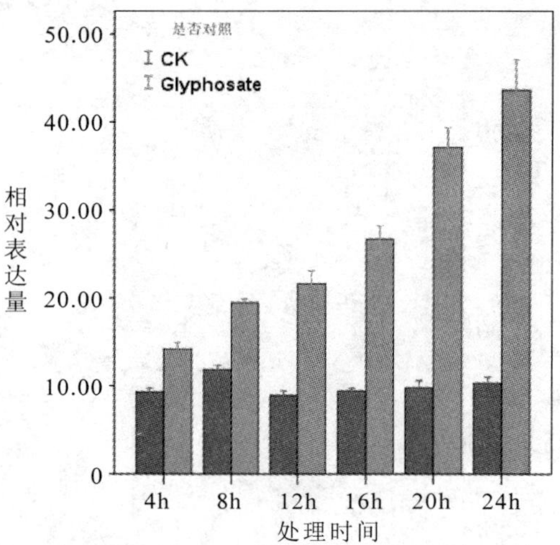

图 5　银杏盆栽苗草甘膦诱导 *GbEPSPs* 转录表达分析

Fig. 5　RT-PCR analysis of *GbEPSPs* gene expression in response to glyphosate

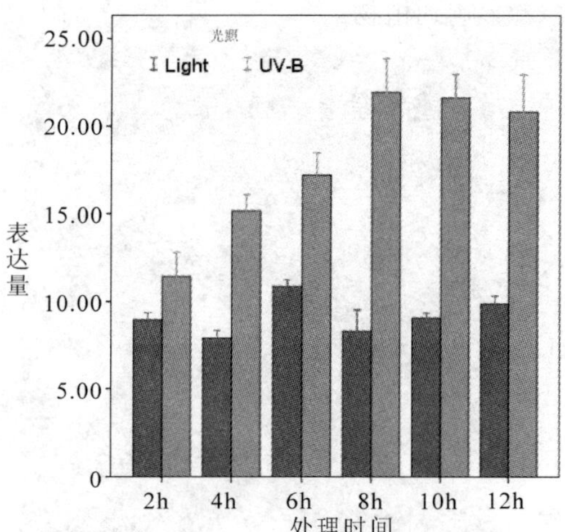

图 6　银杏盆栽苗紫外诱导 *GbEPSPs* 转录表达分析

Fig. 6　RT-PCR analysis of *GbEPSPs* gene expression in response to UV-B

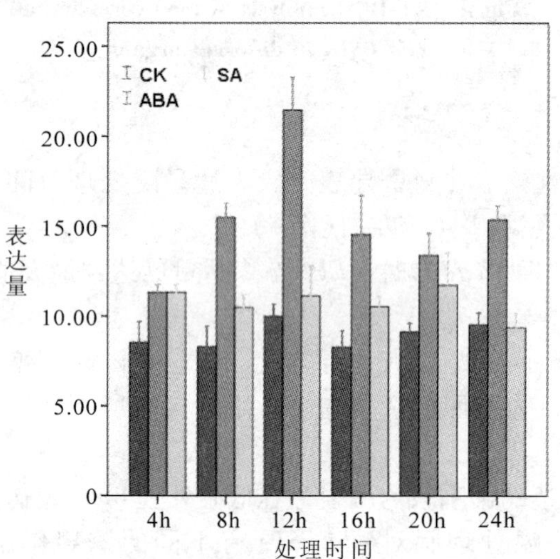

图 7　激素诱导银杏盆栽苗 *GbEPSPs* 转录表达分析

Fig. 7　RT-PCR analysis of *GbEPSPs* gene expression in response to hormone

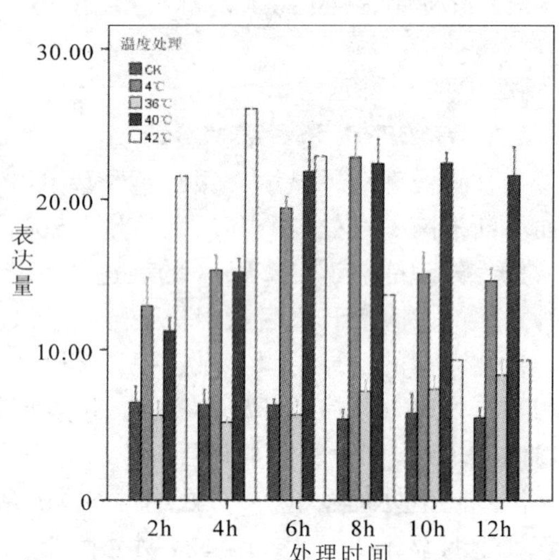

图 8　不同温度诱导银杏盆栽苗 *GbEPSPs* 转录表达分析

Fig. 8　RT-PCR analysis of *GbEPSPs* gene expression in response to different temperature

3　结论与讨论

目前关于 *EPSPs* 在抗除草剂方面的研究，多集中于草本植物和抗除草剂方面的研究[5,6]。对木本植物特别是裸子植物的研究较少。而 *EPSPs* 在植物次生代谢方面的研究未曾有报道。EPSPs 对芳香族氨基酸的合成至关重要，因此在各种逆境条件下 *EPSPs* 表达量的改变是否会影响到植物次生代谢产物的含量变化，是一个值得研究的内容。本文对这方面做了初步分析。

通过与其他高等植物比较发现，银杏 EPSPs 氨基酸序列与其他植物的同源性非常高，保守氨基酸遍布整个基因，说明 GbEPSPs 属于 EPSPs 蛋白酶家族。进化树分析中所有被选物种 EPSPs 被聚为两大类：植物组和细菌组。GbEPSPs 归类于植物组中，而且进化分歧时间早于其他植物，这与银杏实际进化历史地位相符合。高等植物中，*EPSPs* 基因由一个小的多基因家族编码，在拟南芥基因组中含有两个以上的 EPSPs 编码基因[6]。棉花中含有两个以上 *EPSPs* 基因。但是也有例外，在水稻中，*EPSPs* 基因属于一个单拷贝基因[5]。植物中多个 *EPSPs* 基因拷贝在植物适应不同环境下的氨基酸合成起到重要作用。

在银杏中，*EPSPs* 基因的表达具有组织差异性。在薤白中，*EPSPs* 基因在根、茎、叶组织中均有表达，但幼叶中表达水平最高，而茎和壮叶中的表达水平最低[7]。在木本植物喜树中，*EPSPs* 基因在叶中表达量最高，根中最低[8]。因为 *EPSPs* 基因主要与芳香族氨基酸合成相关，因此，在幼嫩组织和代谢旺盛部位的表达水平较高。

草甘膦促使植物中 *EPSPs* 基因表达量升高，在多种植物中有报道。在草甘膦胁迫作用下，棉花的 *EPSPs*1 基因表达较为稳定，而 *EPSPs*2 基因的表达量却提高了 1.85 ~2.3 倍[9]。Widholm 等对烟草(*Nicotiana tabacum*)、大豆(*Glycine max*)、紫花苜蓿(*Medicago sativa*)的梯度筛选培养获得了抗草甘膦细胞株，表明在草甘膦胁迫下，植物为适应正常芳香族氨基酸合成，*EPSPs* 基因的表达量会增加[10]。银杏 *EPSPs* 基因表达量提高是受到草甘膦对酶活性抑制作用产生的一种应激反应，通过提高 *EPSPs* 基因表达量能提高植物对草甘膦的耐受能力[11]。

激素和各种环境胁迫能够诱导 *EPSPs* 表达量升高。黄酮类物质在植物适应不同逆境胁迫环境中具有重要作用[12, 13]。因此各种胁迫，外界环境压力能够诱导植物体内芳香族氨基酸向着黄酮合成方向转变。在矮牵牛(*Petunia hybrida*)中，紫外、低温和激素均能够诱导 *EPSPs* 的转录因子 ZPT2-2 在花器官中表达量提高[14]。*EPSPs* 基因一般在生长组织中含量较低，而在黄酮含量高的花组织中具有较高的表达水平[15]。研究表明，外界的环境压力能够促使莽草酸代谢朝合成黄酮类的前体物质进行[3]。在银杏类黄酮合成基因中，*PAL* 基因能显著受到紫外、低温和激素等的诱导作用，基因的表达水平与叶黄酮含量呈正相关[16]。因此银杏叶片中 *EPSPs* 基因在环境压力下表达量升高有可能与芳香族氨基酸向类黄酮物质的转化有关。

EPSPs 基因的研究目前主要集中于植物抗草甘膦基因工程领域。银杏叶类黄酮具有广泛的药用价值，银杏叶黄酮含量高低除了受到遗传背景的影响外，季节、栽培条件等环境因子也有重要调节作用。银杏 *EPSPs* 基因的克隆及分析研究将为调控银杏叶黄酮含量的提高开辟新途径。

参考文献

[1] Herrmann K M and Weaver L M. The shikimate pathway[J]. Annual Review of Plant Physiology and Plant Molecular Biology. 1999, 50(1): 473 -503.

[2] Kumar A and Ellis B E. The phenylalanine ammonia-lyase gene family in raspberry. Structure, expression, and evolution[J]. Plant Physiology. 2001, 127(1): 230 -239.

[3] Hermann K M. The shikimate pathway: early steps in the biosynthesis of aromatic compounds[J]. Plant Cell. 1995, 7(3): 907 – 919.

[4] Jansson S, Meyer-Gauen G, Cerff R, *et al.* Nucleotide distribution in gymnosperm nuclear sequences suggests a model for GC-content change in land-plant nuclear genomes[J]. Journal of molecular evolution. 1994, 39(1): 34 – 46.

[5] Xujun W, Xiaoli W, Xugang L, *et al.* Isolation of rice EPSP synthase cDNA and its sequence analysis and copy number determination[J]. Acta Botanica Sinica. 2002, 44(2): 188 – 192.

[6] Klee H J, Muskopf Y M and Gasser C S. Cloning of an Arabidopsis thaliana gene encoding 5 – enolpyruvylshikimate-3-phosphate synthase: sequence analysis and manipulation to obtain glyphosate-tolerant plants[J]. Molecular and General Genetics. 1987, 210(3): 437 – 442.

[7]蒋向，戴雄泽，李育强 等．薤白 EPSPs 基因在不同组织表达的半定量分析[J]．湖南农业大学学报(自然科学版)．2007, 33(5): 542 – 545.

[8] Gong Y, Liao Z, Chen M, *et al.* Characterization of 5-enolpyruvylshikimate 3-phosphate synthase gene from Camptotheca acuminata[J]. Biologia Plantarum. 2006, 50(4): 542 – 550.

[9]刘东军，张锐，郭三堆 等．棉花品系 Y18 在草甘膦胁迫下的 EPSPs 基因表达分析研究[J]．中国生物工程杂志．2008, 28(10): 55 – 59.

[10] Papanikou E, Brotherton J E and Widholm J M. Length of time in tissue culture can affect the selected glyphosate resistance mechanism[J]. Planta. 2004, 218(4): 589 – 598.

[11] Stallings W C, Abdel-Meguid S S, Lim L W, *et al.* Structure and topological symmetry of the glyphosate target 5-enolpyruvylshikimate-3-phosphate synthase: a distinctive protein fold[J]. Proceedings of the National Academy of Sciences. 1991, 88(11): 5046-5050.

[12] Shirley-Winkel B. Flavonoid biosynthesis, a colorful model for genetics, biochemistry, cell bioloby, and biotechnology. [J]. Plant Physiology. 2001, 126(2315): 485 – 493.

[13] Shirley-Winkel B. It takes a garden, How work on diverse plant species ha contributed to an understanding of flavonoid metabolism[J]. Plant Physiology. 2001, 127(2316): 1399 – 1404.

[14] van der Krol A R, van Poecke R M P, Vorst O F J, *et al.* Developmental and wound-, cold-, desiccation-, ultraviolet-B-stress-induced modulations in the expression of the petunia zinc finger transcription factor gene ZPT2-2[J]. Plant Physiology. 1999, 121(4): 1153 – 1162.

[15] Benfey P N, Takatsuji H, Ren L, *et al.* Sequence Requirements of the 5 – Enolpyruvylshikimate – 3-phosphate Synthase 5 [prime]-Upstream Region for Tissue-Specific Expression in Flowers and Seedlings[J]. Plant Cell. 1990, 2(9): 849 – 856.

[16] Xu F, Cai R, Cheng S, *et al.* Molecular cloning, characterization and expression of phenylalanine ammonia-lyase gene from *Ginkgo biloba*[J]. African Journal of Biotechnology. 2008, 7(6): 721 – 729.

转银杏查尔酮合成酶基因烟草叶片黄酮含量和成分的变化*

李琳玲[1]　程华[1]　许锋[2]　王燕[2]　程水源[1]①

([1] 黄冈师范学院生命科学与工程学院，湖北黄冈　438000；[2] 长江大学园艺园林学院，湖北荆州　434025)

摘要：依据已得到的银杏查尔酮合成酶(*GbCHS*)基因cDNA序列设计引物，分别构建了该基因的正义、反义表达载体，并通过根癌农杆菌介导法转入烟草中，对获得的抗性烟草进行PCR鉴定、Southern杂交分析、Northern杂交分析、总黄酮含量测定和黄酮提取物的高效液相色谱分析(HPLC)。结果表明，正义和反义*GbCHS*基因均已整合到烟草基因组中，转基因烟草的黄酮含量均发生了明显变化。其中转正义基因烟草除了一个株系其余株系总黄酮含量均比对照烟草有了不同幅度的提高，最高的提高了7.68倍，最低的提高了1.273倍；转反义基因烟草总黄酮含量均比对照植株低。对烟草叶片黄酮提取液进行HPLC分析时发现，与对照烟草黄酮提取液色谱峰形相比，转正义*GbCHS*基因烟草发生了明显的变化，产生了对照烟草中未明显检测到的两个新的色谱峰，而转反义*GbCHS*基因烟草黄酮提取液色谱图峰形未发现明显改变。*GbCHS*转基因烟草研究为下一步利用该基因转化其他经济作物，提高其黄酮含量研究提供了试验依据。

关键词：查尔酮合成酶；转基因；正义表达载体；反义表达载体；类黄酮

Changes Offlavonoid Content and Components in Transgenic Tobacco Plants by Sense and Antisense of Chalcone Synthase Gene from *Ginkgo biloba*

Li Linling[1,2]　Cheng Hua[3]　Xu Feng[3]　Wang Yan[3]　Cheng Shuiyuan [1]

([1] College of Horticulture Science, Hebei Agricultural University, Baoding　071001;

[2] College of life science and Engineering, Huang Gang Normal University, Huangzhou　438000;

[3] College of Horticulture and Gardening, Yangtze University, Jingzhou　434025)

Abstract: Two pairs of primers were designed by the cDNA sequences of chalcone synthase gene from *Ginkgo biloba* (*GbCHS*) which we had known, and *GbCHS* gene in the sense or antisense orientations was inserted into pBI121 to construct the sense or antisense fusion gene and plant expression vectors named pBI-CHSSP or pBI-CHSAP. Genetic transformation to tobacco plants was mediated by *Agrobacterium tumefaciens*. Transgenic tobacco plants were performed u-

* 基金项目：湖北省科技厅自然科学创新团队项目(2008CDA061)和湖北省教育厅重大科技项目(Z200627002)

①通讯作者。Email：cheng_ s_ y@126. com

sing PCR, Southern blot, Northern blot, total flavonoid concentration analysis and high performance liquid chromatography analysis (HPLC). The results showed that the sense and antisense *GbCHS* genes have been inserted and transcribed in transgenic tobaccos, and the flavonoid concentration of transformed lines were all significantly changed. In sense transgenic tobacco leaves the flavonoid concentration increases significantly (from 1.273 to 7.68 folds) except one strain. But, in antisense transgenic plantlets the flavonoid concentration decreases remarkably (23% ~83.3%). The analysis of HPLC showed that, compared to the chromatographic peak profile of the wild control, the sense transgenic plantlet was dissimilar, which is two new chromatographic peaks were discovered but couldn't be detected in wild ones. While the chromatographic peak profile was no change can be discovered obviously. The present studies provided an experimental basis for further genetic transformation in other economic crops with *GbCHS* gene to regulating its flavonoid concentration.

Key words: Chalcone synthase; Genetic transformation; Sense expression vector; Antisense expression vector; Flavonoid

银杏(*Ginkgo biloba*)又名公孙树，是世界上最古老的孑遗树种之一，素有“活化石”之称，其叶片提取物具有多种药用、保健成分，近年来受到人们的广泛关注。其中一类重要的活性药用成分就是银杏类黄酮，它不仅对人体具有多种医疗保健功能(Gibb *et al.*, 1997; Pietta *et al.*, 1997; Yongzhen Pang, 2005; 程水源等, 2000)，而且这些化合物为自然界提供了颜色，参与了植物的多种生理过程包括防紫外线辐射(Schmelzer *et al.*, 1988)、抗病(Schmelzer *et al.*, 1988)、生长素运输和花粉的育性等(Taylor and Jorgensen, 1992)。

植物类黄酮物质的生物合成是一个极其复杂的过程，至少涉及十几个基因的表达、调控及其相互作用。查尔酮合成酶(CHS, EC2.3.1.74)是植物类黄酮生物合成途径中的第一个酶，它催化该途径的第一步，即3分子的丙二酰-CoA和1分子的对香豆酰-CoA结合形成第1个具有C15架的黄酮类化合物——查尔酮(苯基苯乙烯酮)。该产物进一步衍生转化构成了各类黄酮化合物(Estabrook and Sengupta-Gopalan, 1991; Tanaka *et al.*, 1998)。许多实验证实查尔酮合成酶是类黄酮合成代谢途径中的关键酶之一(Estabrook and Sengupta Gopalan, 1991; Wang *et al.*, 2000)，在银杏叶的自然生长过程中，*CHS*基因转录水平与CHS活性是一致的，且CHS活性与类黄酮含量的变化呈正相关，*CHS*基因表达水平与CHS活性高低决定了类黄酮的积累(许锋, 2005)。

由于CHS是植物类黄酮物质合成途径中的第一个关键酶，其催化产物查尔酮直接影响到黄酮类色素生物合成的量，因此，目前很多植物的*CHS*基因cDNA序列都已经得到，而且对*CHS*基因的遗传转化研究也较多，如：拟南芥(*Arabidopsis thaliana*)(Van der krol A R., 1988)、矮牵牛(*Petunia*)(Davies *et al.*, 1998; Tanaka *et al.*, 1998; Van der Leedge Plegt LM, 1997)、颂菊(*Dendranthema morifolium*)(Mitiouchkina T Yu, 2000)、非洲菊(*Gerbra hybrid*)(Elomaa P., 1993; Elomaa P., 1996)、康乃馨(*Dianthus caryophyllu*)(Tanaka *et al.*, 1998)、玫瑰(*Rosa* spp.)(Zuker A, 1998)等，但这些研究主要是关于花卉颜色的改变。将*CHS*基因转入经济作物中，以提高有药用价值的类黄酮化合物含量的研究目前并不多。Verhoeyen等(2002)将大豆查尔酮合成酶和黄酮醇合成酶基因导入番茄后，使这两个目标合成酶基因协同表达，在转基因番茄果肉中总的类黄酮含量显著增加。有关木本植物，尤其是黄酮次生代谢旺盛的古老植物的 *CHS* 基因转化研究更少。在此，我们克隆并构建了银杏查尔酮合成酶基因的正反表达载体转化烟草，研究转基因烟草中黄酮总含量和成分的变化情况，为通过基因工程提高经济作物黄酮含量提供技术支持。

1 材料与方法

1.1 材料和试剂

1.1.1 菌株和质粒

植物表达载体 pBI121、大肠杆菌 TOP10、农杆菌 LBA4404 均为本实验室保存。

1.1.2 植物材料

克隆基因的材料银杏叶采集于长江大学银杏科技园，品种为'家佛手'，14 年生嫁接苗。嫁接苗生长势一致，土肥水管理良好；烟草(*Nicotiana tobacum* 'NC-89')为本实验室保存。

1.1.3 酶与分子生物学试剂

限制性内切酶、Taq 酶、反转录试剂盒(RevertAid First Strand cDNA Synthesis Kit K1621)均为 Fermentas 公司产品；胶回收试剂盒为 TIANGEN 公司离心柱型琼脂糖凝胶 DNA 回收试剂盒；pMD-18T Vector 购自 TaKaRa 生物工程(大连)有限公司；PCR 耗材购自上海生工生物工程技术服务有限公司及北京天为时代有限公司；杂交膜使用 Millipore 公司的 PVDF 膜；卡那霉素、氨苄青霉素钠盐、羧苄青霉素钠盐、利福平、引物购自上海生工生物工程技术服务有限公司；芦丁标样购自江西本草天工；甲醇为色谱纯；其他试剂均为国产分析纯。

1.2 方法

1.2.1 银杏查尔酮合成酶基因(*GbCHS*)克隆

以改良的 CTAB 法(程水源等，2005)提取银杏叶片总 RNA，银杏 cDNA 第一链合成参照 Fermentas 公司 cDNA 合成试剂盒说明操作。以反转录第一链 cDNA 为模板，根据已得到的银杏 *CHS* 基因序列(DQ054841)设计一对 ORF 扩增引物 P1 和 P2(表 1)，进行 PCR 扩增。回收纯化 PCR 产物，进行 TA 克隆，挑选阳性克隆 pMD-18TGbCHS，送上海生物工程技术服务有限公司测序。

表 1 引物序列

Tab. 1 Primer sequences to be used

引物名称 Name of primers	引物序列(5'-3') Primer sequences(5'-3')
P1	ATGGAAGACTTGGAGGCATTCA
P2	TTACTTGTTGCAGGGAACGCTC
SP1	GCTCTAGATGGAAGACTTGGAGGCATTCA
SP2	TAGGATCCTTACTTGTTGCAGGGAACGCT
AP1	TAGGATCCATGGAAGACTTGGAGGCATTCA
AP2	GCTCTAGATTACTTGTTGCAGGGAACGCTC
GUS1	TCGGTGATGATAATCGGCTGA
GUS2	TCAACGGGGAAACTCAGCAA

注：下划线表示限制性酶切位点

Note: Underline stand for the restriction enzyme sites

1.2.2 正反义表达载体的构建与转化

根据测序结果，设计含 *Xba* I 和 *Bam*H I 酶切位点引物，正义引物：SP1 和 SP2(表 1)，反义引物：AP1 和 AP2(表 1)，以 pMD-18TGbCHS 为模板进行 PCR；将回收纯化扩增片段和表达载体 pBI121，均用 *Xba* I 和 *Bam*H I 进行双酶切，将酶切后的 *GbCHS* 片段与酶切后的 pBI121 载体连接并转化大肠杆菌感受态细胞；分别挑取阳性单菌落，碱法提取质粒 DNA 后，通过 *Xba* I 和 *Bam*H I 酶切和菌落 PCR 检测插入片段大小和方向以鉴定正反义引物表达载体是否构建成功。将构建成功的正反义表达载体和 pBI121 分别转入农杆菌 LBA4404，转化方法参照 Sambrook 的电击法(2001)。电转仪为 BioRad，转化电压为 2500V(电阻 200Ω)，电击时间为 3～4ms。

1.2.3 根癌农杆菌介导烟草转化和转基因烟草的筛选及鉴定(添加烟草培养条件)

将无菌烟草叶盘放入用 MS 液体培养基重悬的农杆菌工程菌(OD600 = 0.5)中，浸染 8min，在 MS 固体培养基上暗培养 2d 后转入分化筛选培养基(MS + 0.5mg · L^{-1} 6-BA + 0.1mg · L^{-1} NAA + 500mg · L^{-1} Carb + 100mg · L^{-1} Kan)培养诱导抗性芽，待芽长到 2～3cm 后，切取不带愈伤的芽，转接入生根筛选培养基(MS + 0.1mg · L^{-1} NAA + 500mg · L^{-1} Carb + 80mg · L^{-1} Kan)培养，使其诱导分化出根。待抗性植株生长约 3 周，采摘适量叶片抽提 DNA，用引物 P1、P2、GUS1 和 GUS2 进行 PCR 扩增检测阳性植株。

以银杏 *GbCHS* 基因最大读码框标记探针，分别取转基因烟草和对照烟草叶片总 DNA *Eco*RI 酶切，产物纯化电泳后转膜杂交，杂交操作参照 DIG High Prime DNA Labeling and Detection Starter Kit 说明书。

Northern 杂交检测转基因烟草叶片中 *GbCHS* 的转录情况。总 RNA 提取参照 Trizol 试剂盒说明书操作，以 *GbCHS* 基因最大读码框作为探针，进行 Northern 杂交。杂交操作参照 DIG Northern Starter Kit 说明书。

1.2.4 转 *GbCHS* 黄酮含量和成分测定

收集 20d 转基因及对照烟草叶片，50℃烘干粉碎；各称取 50mg 干粉于烧瓶中，加入甲醇 30mL，25% HCl 溶液 5ml，摇匀溶解，用索氏提取器加 100ml 甲醇提取至流出液无色，减压浓缩，用甲醇定容至 50ml，得到黄酮提取液。

黄酮含量的测定采用黄酮比色法(邓桂春等，2005)：取 1ml 黄酮提取液(1ml 蒸馏水作为空白对照)至 25ml 容量瓶中，5% $NaNO_2$ 0.5ml，摇匀；放置 6min 后加入 10% $Al(NO_3)_3$ 0.5ml，摇匀；放置 6min 后再加入 4% NaOH 溶液 4.0ml，摇匀；最后用 30% 的乙醇定容，摇匀，显色 12min 后于 510nm 处测定吸光值；以芦丁为标准品绘制的标准曲线进行含量换算。

烟草黄酮提取液用滤膜过滤、超声波除气泡后供 HPLC 分析。色谱条件：色谱柱选用 Diamonsil™钻石 C_{18}(250mm × 4.6mm，5μm)，柱温 40℃，检测波长 270nm，流动相为甲醇：0.4% 磷酸 = 60:40(v/v)，流速 1.0ml · min^{-1}，进样量 20μl。

2 结果与分析

2.1 *GbCHS* 基因克隆和正反义表达载体的构建与转化

以银杏 cDNA 为模板，扩增得到长度大约为 1176bp 的 *CHS* 片段，TA 克隆测序后确认为银杏查尔酮合成酶基因。将酶切好的目的基因和载体连接并转化到农杆菌 LBA4404 中，经酶切检测和 PCR 检测证明 *GbCHS* 基因正义表达载体 pBI-CHSSP 与反义表达载体 pBI-CHSAP 构建成功。

2.2 转银杏查尔酮合成酶 *GbCHS* 烟草的获得及分子鉴定

含有 pBI-CHSSP、pBI-CHSAP 和 pBI121 载体的农杆菌侵染烟草叶盘后，在含卡那霉素(Kan)的筛选分化培养基中大约 15 ~ 20d 后分化出小芽，转入抗性生根培养基中，大约一周以后就分化出根。转接抗性培养基两次后，最终获得转 pBI-CHSSP 抗性烟草 53 株，转 pBI-CHSAP 抗性烟草 46 株、转 pBI121 烟草 12 株。

用引物 P1、P2、GUS1 和 GUS2 分别检测抗性植株，结果初步获得阳性转基因烟草 79 株。转正反义基因 PCR 扩增产物大小为 1180bp 左右，转 pBI121 植株扩增产物大小为 370bp 左右。其中转正义基因 39 株，转反义基因 40 株，转 pBI121 对照 12 株。随机挑选转正反义 CHS 基因烟草各 7 株做拷贝数分析、表达分析和黄酮含量分析。

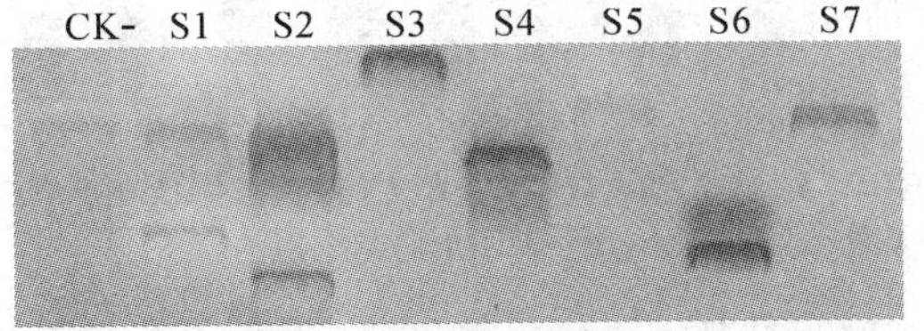

图 1 转正义 GbCHS 烟草 Southern 检测结果

CK－：转 pBI121 空质粒烟草；S1 ~ S7：转正义 GbCHS 基因烟草

Fig. 1 Southern blot of the transgenic sense GbCHS tobacco

CK－：Transgenic tobacco with blank pBI121；S1 ~ S7：Transgenic tobacco with sense GbCHS gene

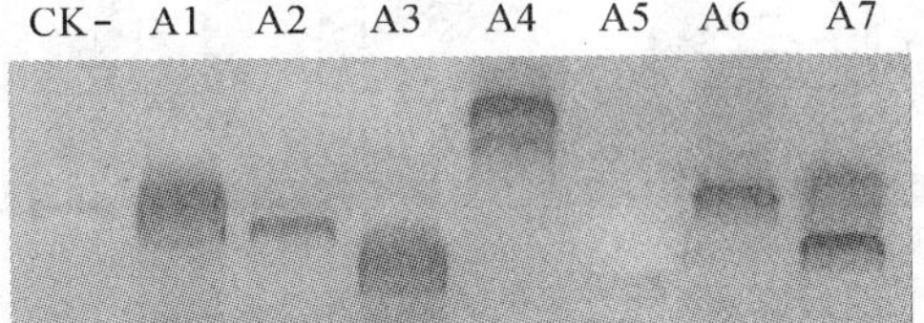

图 2 转反义 GbCHS 烟草 Southern 检测结果

CK－：转 pBI121 空质粒烟草；A1 ~ A7：转反义 GbCHS 基因烟草

Fig. 2 Southern blot of the transgenic antisense GbCHS tobacco

CK－：Transgenic tobacco with blank pBI121；A1 ~ A7：Transgenic tobacco with anti-sense GbCHS gene

Southern 杂交分析结果显示，转 CHS 植株 S1 ~ S7 和 A1 ~ A7 在 9 ~ 0.5kb 之间均有大小不同杂交条带，其中 pBI-CHSSP 烟草有 4 株(S2、S3、S4 和 S6)获得较强的杂交信号，转 pBI-CHSAP 烟草有 5 株(A1、A3、A4、A6 和 A7)有较强的杂交信号(图 1、图 2)，对照有较淡的杂交条带，可能为烟草同源基因杂交信号。杂交结果初步证实银杏 *CHS* 基因已整合到烟草基因组中。

Northern 分析结果表明，转银杏 *CHS* 基因烟草中 *CHS* 基因转录量与对照比较均有明显改变(图 3A、图 4A)。其中转正向 *CHS* 基因 S1、S3、S5、S6 和 S7 的转录水平相对对照组有明显提高，而在 Southern 杂交中信号较强的 S2 转录量反而下降，可能是同源抑制造成的(图 3A)；而转反义 *CHS* 基因烟草中 *CHS* 基因的转录水平各不相同，与对照组比较，转录水平明显降低(图 4A)，其中转基因 A2 的 *CHS* 基因表达量最小，约为野生型的 20%。

2.3 转基因烟草黄酮含量和成分分析

类黄酮总含量分析结果(图 3B、图 4B)表明：转 *GbCHS* 正义基因的烟草中黄酮含量除了 S2 株系，其他 6 个株系均有不同幅度地提升。S1、S3、S4、S5、S6 和 S7 总黄酮含量从 0.086% 到 0.315% 之间。最高的株系 S3 比对照高出 7.29 倍，提高幅度最小的 S7 株系比对照提高 1.26 倍；而 S2 株系烟草中黄酮总含量只有对照的 47.4%，这可能是导入基因与烟草的 *CHS* 基因发生了共抑制所致。转 *GbCHS* 反义基因的 7 个株系烟草总黄酮含量比对照均有不同程度的下降。其中 A2 株系变化最大，下降达 83.4%，另外 A4、A5、A6 和 A7 株系下降 70%左右，下降幅度最小的 A3 株系下降 23%；这一结果表明烟草中的 *CHS* 基因的表达在不同程度上受到了外源 *GbCHS* 反义基因的抑制。

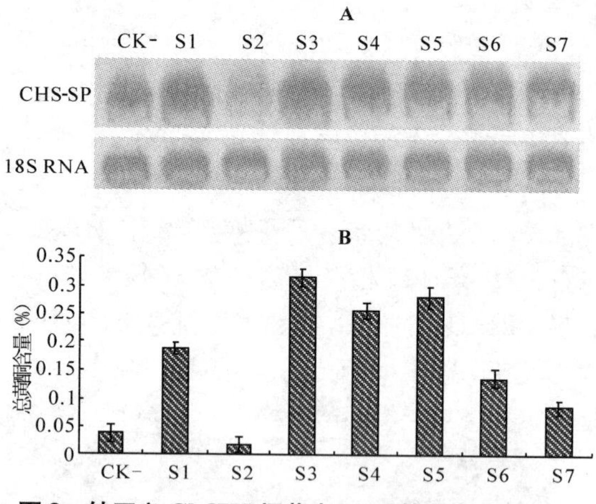

图3　转正义 GbCHS 烟草中 CHS 基因表达和总黄酮含量

(A) 转正义 GbCHS 烟草 Northern 检测结果；
(B) 转正义 GbCHS 烟草总黄酮含量
CK－：转 pBI121 空质粒烟草；S1～S7：转正义 GbCHS 基因烟草；

Fig. 3　Transcription of CHS gene and total flavonoid concentrations in transgenic for sense GbCHS tobacco

(A) Northern blot of the transgenic sense GbCHS tobacco;
(B) Total flavonoid concentrations in transgenic for sense GbCHS tobacco
CK －: Transgenic tobacco with blank pBI121; S1 ～ S7: Transgenic tobacco with sense GbCHS gene;

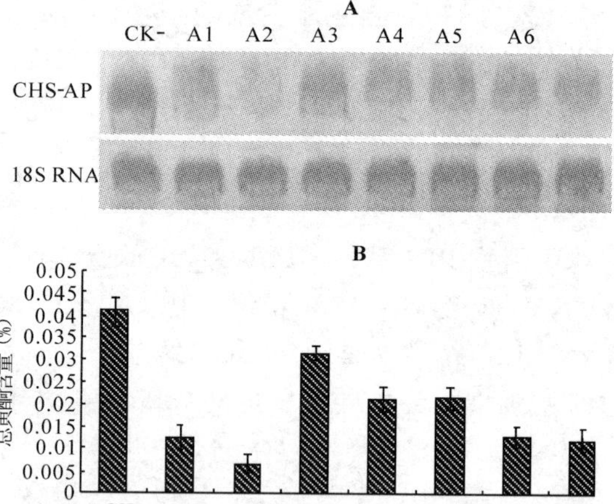

图4　转反义 GbCHS 烟草中 CHS 基因表达和总黄酮含量

(A) 转反义 GbCHS 烟草 Northern 检测结果；
(B) 转反义 GbCHS 烟草总黄酮含量
CK－：转 pBI121 空质粒烟草；S1～S7：转反义 GbCHS 基因烟草；

Fig. 4 Transcription of CHS gene and total flavonoid concentrations in transgenic for anti-sense GbCHS tobacco

(A) Northern blot of the transgenic anti－sense GbCHS tobacco;
(B) Total flavonoid concentrations in transgenic for anti-sense GbCHS tobacco
CK －: Transgenic tobacco with blank pBI121; S1～S7: Transgenic tobacco with anti-sense GbCHS gene;

分别对黄酮含量变化最大的 S3 株系和 A2 株系的黄酮提取液进行 HPLC 分析(图 5)，结果显示：在检测波长为 270nm 下转 *GbCHS* 正义基因烟草和对照烟草黄酮提取液色谱图发生了明显的变化——在转基因烟草中产生了对照烟草中未明显检测到的新的峰形 X 峰和 Y 峰。

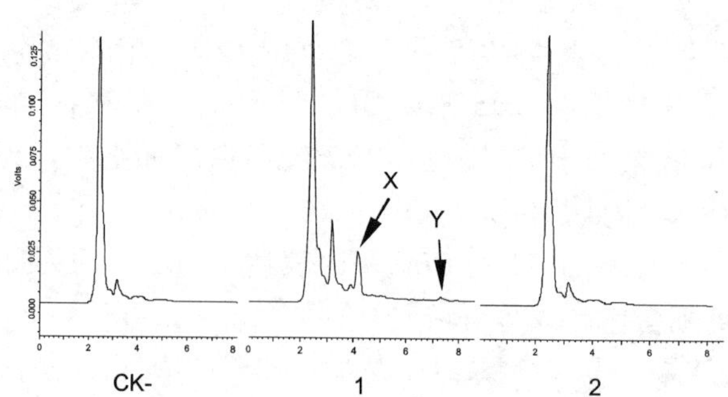

图5　烟草叶片黄酮提取液液相色谱图

CK－：pBI121 空质粒烟草；1：转正义 GbCHS 烟草；2：转反义 GbCHS 烟草

Fig. 5　HPLC chromatogram of flavonoid extract from transgenic tobacco leaves

CK －: Transgenic tobacco with blank pBI12; 1: Transgenic tobacco with sense GbCHS gene; 2: Transgenic tobacco with anti-sense GbCHS gene

可以推测转基因烟草中化学成分很可能发生了明显的改变，甚至可能产生了对照烟草中原本不具有的新的物质成分。而转 *GbCHS* 反义基因烟草和对照烟草黄酮提取液色谱图峰形未发现明显的不同。

3 讨论

反义 RNA 操作技术是目前研究特殊代谢途径中基因调控的一种有效途径(Bourque，1995；Mol *et al.*，1990)，目前已经成功应用于植物的酚类和黄酮类物质代谢途径的调控研究(Elomaa *et al.*，1993；El Euch *et al.*，1998)。在黄酮类代谢相关的转基因研究中，反义 RNA 技术通过部分抑制相关的基因表达，达到提高代谢产物或者改变花色的目的(Elomaa *et al.*，1993)。

在本研究中，通过构建正反 *CHS* 表达载体来研究银杏 *CHS* 基因在黄酮代谢途径中的作用，转基因烟草的总黄酮含量均发生了明显变化，转正义 *GbCHS* 基因的烟草除了 S2 株系其他株系烟草的总黄酮含量均提高了，这与 Verhoeyen 等(2002)的研究结果类似，这表明转黄酮代谢途径中的关键酶如查尔酮合成酶基因在烟草中使其大量表达，的确可以促进目的植株的类黄酮积累。S2 株系和转反义 *GbCHS* 烟草株系总黄酮含量虽都有降低，但是其分子机理又有所不同，转正义基因出现黄酮含量急剧降低很可能是因为转基因后发生了共抑制，抑制了烟草内源 *CHS* 基因的正常表达，这与前人报道的(Davies *et al.*，1998；Tanaka *et al.*，1998；van der Leede-Plegt *et al.*，1997；Shao Li *et al.*，1996)转基因后出现基因沉默现象相同；而转反义基因总黄酮含量降低，则是因为转入的银杏 *CHS* 基因抑制了烟草 *CHS* 基因的转录水平，从而降低了 *CHS* 的表达量进而影响到总的黄酮含量。

转正义银杏查尔酮合成酶基因的烟草叶片黄酮提取液的 HPLC 色谱图与对照烟草叶片相比峰型发生了明显的变化，可以推测转正义 *GbCHS* 烟草叶片黄酮成分与对照烟草发生了明显的改变。

在转基因烟草中外源和内源的 *CHS* 基因的大量表达，造成较多查尔酮物质的累积，而某些查尔酮化合物成分是有毒的，能抑制细胞的生长，甚至造成细胞组织的死亡(Iwashita *et al.*，2000；Lawrence *et al.*，2000)。已有研究证实某些查尔酮化合物能抑制老鼠细胞色素 P4501A 的活性(Forejtníková *et al.*，2005)。虽然植株有较多的查尔酮化合物的合成，但由于内源酶的作用使其转化为无毒的化合物以解毒或者直接将其降解掉。查尔酮在植物体内解毒首先很可能借助于查尔酮的糖基转化反应。最近的研究表明植物体内存在负责催化查尔酮 2’位点糖基化生成查尔酮 2’-葡萄糖苷的查尔酮葡萄糖基转移酶，并已经从康乃馨中克隆出该基因(Ogata *et al.*，2004)。实际上，HPLC 分析中发现的新的峰形很可能就是转 *CHS* 基因植株中多余的查尔酮在某些内源酶作用下发生糖基转移等反应后形成的查尔酮类化合物，而在对照植株中由于其 *CHS* 基因表达与黄酮代谢途径中的其他酶如：查尔酮异构酶、黄烷酮合成酶、黄酮 3’羟化酶等基因表达在植株长期进化中形成了动态平衡，因此其催化形成的查尔酮主要进入了以后的黄酮代谢途径中，很少或没有多余的查尔酮被内源酶转化以解毒，也就很少有查尔酮类化合物的积累了。本实验中转基因烟草中产生新的物质成分的现象与 Muir (2001)、Aharoni (2001)等的研究结果相似，是植物体对插入的外源基因的适应和自身保护机制的作用结果。但这只是推测，对该物质的真正成分还有待继续研究证实。

此外，本研究中基因在烟草植株中的作用部位，与其他类黄酮合成酶基因间的互作关系，转基因植株的其他生理指标如花色、花粉育性等，及转基因在后代遗传的稳定性等有待进一步研究。

参考文献

[1]程水源，陈昆松，杜何为，许文平．银杏 RNA 的提取．果树学报，2005，22：428－429.

[2]程水源，顾曼如，束怀瑞．银杏叶黄酮研究进展．林业科学，2000，36：110－115.

[3]邓桂春，王鑫，赵丽艳，高虹，张娜，马进，臧树良．分光光度法测定银杏叶中黄酮的含量．辽宁大学学报(自然科学版)，2005，32：101－104.

[4]许锋．银杏查尔酮合成酶基因和苯丙氨酸解氨酶基因的克隆及表达．硕士论文．华中农业大学，2005：52－53.

[5]Aharoni A，De Vos CHR，Wein M，Sun Z，Greco R，Kroon A，Mol JNM，O'Connell AP. The strawberry FaMYB1 transcription factor suppresses anthocyanin and flavonol accumulation in transgenic tobacco，Blackwell Synergy，2001：319－332.

[6]Davies KM，Bloor SJ，Spiller GB，Deroles SC. Production of yellow colour in flowers：redirection of flavonoid biosynthesis in Petunia. PlantJ，1998，13：259－266.

[7]Elomaa PHJ，Puska R. Agrobacterium mediated transfer of antisense chalcone synthase cDNA to *Gerbera hybrid* inhibits flower pigmentation. Bio/technology，1993，11：508－511.

[8]Elomaa PHY，Kotilainen M. Transformation of antisense constructs of the chalcone synthase gene super family into Ger berahybrida：differential effect on the expression of family members. Molecular Breeding，1996，2：41－50.

[9]Estabrook EM，Sengupta－Gopalan C. Differential Expression of Phenylalanine Ammonia－Lyase Chalcone Synthase during Soybean Nodule Development. Am Soc Plant Biol，1991，3：299－308

[10]Forejtníková H，Lunerová K，Kubínová R，Jankovská D，Marek R，Kare R，Suchy V，Vondrácek J，Machala M．Chemoprotective and toxic potentials of synthetic and natural chalcones and dihydrochalcones in vitro. Toxicology，2005，208：81－93

[11]Gibb H，Morris CT，Gleisberg J. A therapeutic programme for people with dementia. International journal of nursing practice，1997，3：191－199.

[12]Iwashita K，Kobori M，Yamaki K，Tsushida T．Flavonoids Inhibit Cell Growth and Induce Apoptosis in B16 Melanoma 4A5 Cells. Bioscience Biotechnology and Biochemistry，2000，64：1813－1820.

[13]Lawrence NJ，McGown AT，Ducki S，Hadfield JA. The interaction of chalcones with tubulin. Anti－Cancer Drug Design，2000，15：135－141.

[14]Mitiouchkina T，Yu IEP，Taran SA．Chalcone synthase gene from Antirrhinum majus in antisense orientation successfully suppressed the petals pigmentation of chrysanthemum. Acta Horticulturae，2000，508：215－217.

[15]Muir SR，Collins GJ，Robinson S，Hughes S，Bovy A，Ric De Vos CH，van Tunen AJ，Verhoeyen ME. Overexpression of petunia chalcone isomerase in tomato results in fruit containing increased levels of flavonols. Nat Biotechnol，2001，19：470－474.

[16]Ogata J，Itoh Y，Ishida M，Yoshida H，Ozeki Y．Cloning and heterologous expression of cDNAs encoding flavonoid glucosyltransferases from Dianthus caryphyllus. Plant Biotechnol，2004，21：367－375.

[17]Pietta PG，Gardana C，Mauri PL．Identification of *Gingko biloba* flavonol metabolites after oral administration to humans. Journal of chromatography，1997，693：249－255.

[18]Sambrook J，Russell DW. Molecular Cloning：A Laboratory Manual. Cold Spring Harbor Laboratory Press. 2001.

[19] Schmelzer E, Jahnen W, Hahlbrock K. In situ Localization of Light-Induced Chalcone Synthase mRNA, Chalcone Synthase, and Flavonoid End Products in Epidermal Cells of Parsley Leaves. Proc Natl Acad Sci USA, 1988, 85: 2989 - 2993

[20] Shao Li, Li Yi, Yang Mei-zhu, Song Yun, Chen Zhang-liang. Gene expression of chalcone synthase A (CHSA) in flower colour colour alterations and mail sterilityin transgenic petunia. Acta Botanica Sinica, 1996, 38: 517 - 524.

[21] Tanaka Y, Tsuda S, Kusumi T. Metabolic Engineering to Modify Flower Color. Plant and Cell Physiology, 1998, 39: 1119 - 1126.

[22] Taylor L P, Jorgensen R. Conditional Male Fertility in Chalcone Synthase-Deficient Petunia. J Hered, 1992, 831: 1 - 17.

[23] Van der krol A R LRJ, Veenstra JG. An antisense chalone synthase gene in transgenetic plants inhibits flower pigmentation. Nature 1988, 333: 860 - 869.

[24] van der Leede - Plegt LM, Ven B, Franken J, van Tuyl JM, van Tunen AJ, Dons HJM. Transgenic lilies via pollen-mediated transformation. Acta Horticulturae, 1997, 430: 529 - 530.

[25] Verhoeyen ME, Bovy A, Collins G, Muir S, Robinson S, de Vos CHR, Colliver S. Increasing antioxidant levels in tomatoes through modification of the flavonoid biosynthetic pathway. Journal of Experimental Botany, 2002, 53: 2099 - 2106.

[26] Wang H, Arakawa O, Motomura Y. Influence of maturity and bagging on the relationship between anthocyanin accumulation and phenylalanine ammonia - lyase (PAL) activity in 'Jonathan' apples. Postharvest Biology and Technology, 2000, 19: 123 - 128.

[27] Yongzhen Pang GS, Weisheng Wu, Xuefen Liu, Juan Lin, Feng Tan, Xiaofen Sun, Kexuan Tang. Characterization and expression of chalcone synthase gene from Ginkgo biloba. Plant Science, 2005, 168: 1525 - 1531.

[28] Zuker A. Genetic engineering for cut-flower improvement. Biotech Advaces, 1998, 16: 33 - 79.

叶籽银杏叶生种子的形态特性*

张　芳　邢世岩　韩晨静　唐海霞

（山东农业大学林学院，山东泰安　271018）

摘要： 本文对山东沂源的5株叶籽银杏的成熟种子进行了系统的形态描述。研究发现叶生种子着生方式为叶生，形状多样，大小较正常种子小1/2～1/4，背凸腹平；种核长宽比为2:1～2.5:1，核体内上部1/5～3/5处为“空腔”，棱线不明显；内种皮的珠孔端棕色，呈现萎缩、皱褶状态或不发育；种仁多种形状，较圆滑。结果表明叶生种子的种重、核重分别是3.72g、0.79g，出核率、出仁率分别是21.40%、48.5%。油坊果重、核重、仁重、果皮厚与其他地点的种子差异显著，辉村种子核重与油坊、织女洞的种子核重差异显著，辉村种子出壳率与油坊、织女洞、仲庄的种子出壳率差异显著，5个单株叶生种子的出仁率差异不显著。本文对揭示银杏雌性生殖器官的形态学本质有一定指导意义。

关键词： 叶籽银杏；叶生种子；形态描述；方差分析

Morphological Characteristics on Epiphyllus Seed of *Ginkgo biloba* var. *epiphylla* Mak.

Zhang Fang　Xing Shiyan　Han Chenjing　Tang Haixia

（College of Forestry, Shandong Agricultural University, Shandong Tai'an　271018）

Abstract: The mature seeds taken from five *Ginkgo biloba* var. *epiphylla* Mak. trees which are in Yiyuan Shandong were studied in this paper. Study found that seeds of the *Ginkgo biloba* var. *epiphylla* Mak. were epiphllus and had various shapes, smaller than normal seed 1/2～1/4, back convex ventral flat; The length/width of nut is 2:1～2.5:1, 1/5～3/5 of the upper part within nut was "cavity", the ridge was not obvious; The micropylar region of endotesta was brown, showing atrophy, fold or non-development; kernel had various shapes and relatively smooth. The result showed that: the seed weight and nut weight were 3.72g, 0.79g, respectively; nut/ fruit and kernel/ fruit were 21.40%, 48.5%, respectively. the fruit weight, nut weight, kernel weight, pericarp thickness of youfang were significantly different from the other,

---

* 基金项目：国家自然科学基金资助项目（30671707 和 30872040）

E-mail: xingsy@sdau.edu.cn

respectively; the nut weight of Hui village was significantly different from Youfang and Waving maid cave; the nut/ fruit of Hui village was significantly different from Youfang, Waving, maid cave and Zhong village; the kernel/ fruit of the five trees were not significantly different. This study may provide some guide to reveal the morphogenesis of ginkgo female reproductive organ .

Key words: *Ginkgo biloba* var. *epiphylla*; Epiphllus seeds; Morphological representation

孑遗的现代银杏虽为单科单属单种植物，在其漫长的演化历程中，通过天然杂交和人工选择，其种子和叶片发生了明显的形态变异(邢世岩，1993)。1891 年，日本人 Sharai 发现了第 1 株具有叶生胚珠(种子)的银杏——叶籽银杏，1892 年，Fujii 发现第 1 株叶生小孢子囊银杏(Sakisaka，1927；邢世岩，1997)。目前中国和日本共报道叶籽银杏 47 株，树龄 36～1200 年不等(邢世岩，1993，2004，1997)，叶生种子一般只占全树结实量的 5%～25% 左右(吉冈金市，1967；彭日三，1995；郑作昭，1997)。郭善基(1984)、彭日三(1995)报道叶籽银杏树的种子有正圆形、长椭圆形(长卵形)、叶生种子 3 种类型，而黄明(1997)、马东生(1999)发现叶籽银杏树上有双核种子。叶籽银杏种核形态也具有多样性，种核先端具明显的尾尖(彭日三，1995；周良才，1996)，种皮、胚乳与正常银杏种子无明显区别，但无胚，不能正常发芽(Sakisaka，1927；彭日三，1995；周良才，1996；郑作昭，1997)。叶籽银杏的发生具有异时性，秋季仍见叶籽银杏的有些叶片上尚有白色脊状突起(Soma，1999)，这一现象的原因尚不清楚。

叶籽银杏发现以来，将叶籽银杏划为品种还是变种的问题一直没有确定，有些学者根据种核形态特征，将叶籽银杏作为一个品种列入长子类(long stone type)(郭善基，1993；龙兴桂，2000；陈鹏，2004)；彭日三(1995)则主张以叶籽银杏的特殊形态命名，将叶籽银杏命名为 *Ginkgo biloba* L. ‘Yeziyinxing’；这说明叶籽银杏叶生种子的特殊形态已得到人们的高度重视。叶籽银杏的研究现在正在转向细胞组织化学和分子生物学研究，形态学描述一直缺乏系统研究。本文以山东沂源县作者发现的 5 株叶籽银杏叶生种子为试材，对其形态学进行了较系统研究。

1 材料与方法

1.1 试验材料

本文以采自沂源仲庄油坊、仲庄、织女洞、白峪、辉村 5 株叶籽银杏古树(表 1)叶生种子为试材。

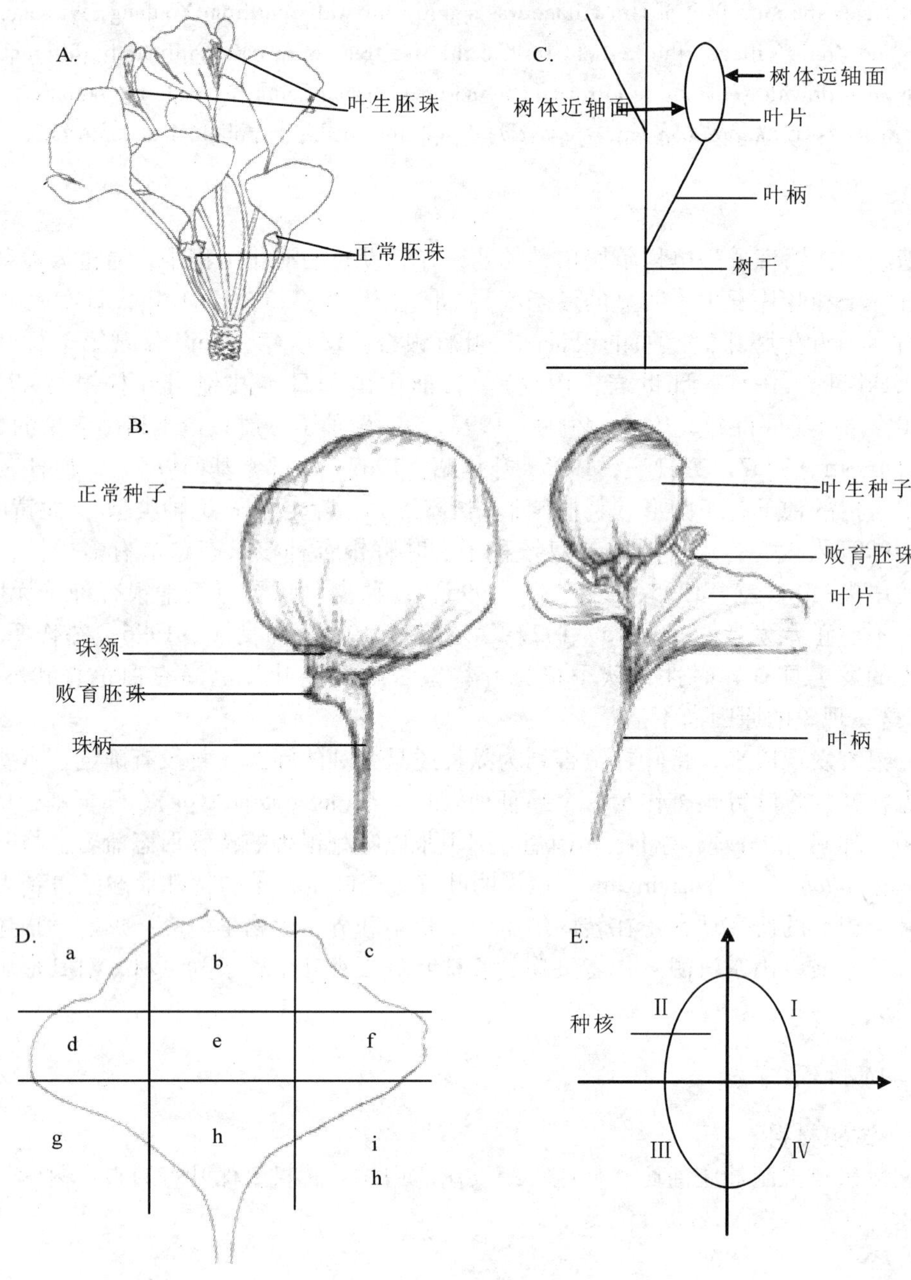

图 1　A. 短枝，正常胚珠及叶生胚珠　B. 正常种子，叶生种子　C. 树体近轴面，远轴面　D. 叶片分区图　E. 种核象限图

Fig. 1　A. Short-shoot, normal ovule ovule and epiphllus ovule　B. Normal seed, epiphllus seed　C. Tree adaxial, abaxial　D. Position distribution of leaf　E. Quadrantal diagram of nut

表 1 叶籽银杏材料来源及特征

Tab. 1 Source and characteristics of material

来源 source	树高(/m) height	胸径(/cm) DBH	冠幅(m×m) crown size	树龄(/a) age
沂源仲庄村油坊	21.5	215	16.5×12.5	1300
沂源仲庄镇仲庄村	15	114	20.0×22.0	700
沂源织女洞	25	102.2	20.5×16.3	800
沂源燕崖乡白峪村	21.5	164	31.0×28.0	800
沂源燕崖乡辉村	18.0	89.0	13.0×13.0	800

1.2 试验方法

根据着生方式不同将叶籽银杏树上的胚珠分为正常胚珠和叶生胚珠(图 1A)，种子分为正常种子和叶生种子(图 1B)；采集的叶生种子用 70% 酒精保存，由外至内分层解剖，对叶生种子的果实、种核、内种皮、种仁进行形态观察及研究；测定的指标有：种子的种重、长、宽和厚，种核的重、长、宽、厚和出核率，种仁的重、长、宽、厚和出仁率。种实、种核和种仁的长、宽和厚指标用游标卡尺测量，重量指标用型号为 1702MP8 的赛多利斯 1/10000 电子天平称量，每个单株叶生种子 5 次重复。

对沂源油坊树体短枝上叶生胚珠的个数和着生位置每周一次进行具体统计；将叶面分为近轴面、远轴面(图 1C)，统计不同轴面的胚珠数；将叶片分为上、中、下三部分，再左、中、右三等分即形成共九个区面(图 1D)：上部左边缘(a)、中部及上边缘(b)、右边缘(c)，中部左边缘(d)、中部(e)、右边缘(f)，下部左边缘(g)、中部(h)、右边缘(i)，分别统计叶生胚珠的位置和数量；将种核划分为四个象限(图 1E)，进行观察描述。所有测量的数据采用软件 Excel 和 SAS 进行分析。

2 结果与分析

2.1 叶籽银杏叶生种子形态特征

正常胚珠在 3 年生的枝梢上即可形成，而叶生胚珠多发生在较老的短枝上，具体短枝的年龄有待深入研究(李士美，2007)。正常胚珠在树体上处于短枝顶端站立位，而叶籽银杏胚珠的着生方式为叶生(图 1A、图 1B)，叶缘或叶面着生，每叶“胚珠”1～15 个不等，常有 1 个成熟，稀 2(3～4)个成熟，其余大多发育到一定阶段，自行败育，可能与养分供应不足有关(Sakisaka，1929；彭日三，1995；郑作昭，1997；Soma，1999)。一叶生一种子者，叶生种子着生处多偏离叶子正中或生于叶缘一侧；而一叶具有两种子者，叶生种子多着生在叶片横长的 1/3 处左右，两个种子形状、大小、颜色均相似，类似于孪生兄弟；稀一大一小；一叶生三种子者多分别着生于叶片横长 1/4 处(Sakisaka，1929；郑作昭，1997；邢世岩，2004)。

2009 年 4 月 29 日至 8 月 28 日对沂源油坊树体短枝进行研究，表 2 表明不同位置短枝叶生胚珠发生的百分率相差很大，可见叶生胚珠的短枝具有偶发性；调查短枝上叶片数最多 13 个，最少 3 个，平均 8.7 个；319 个短枝上共有 2725 个叶片，其中 890 个叶片有叶胚珠，占叶片总数的 32.66%，每片叶片上的胚珠数最多为 7 个，最少为 1 个，平均 2.8 个；近轴面叶胚珠最多为4个，平均1.06个，远轴面胚珠最多为6个，平均0.96个；处于a、b、c、d、e、f 6处的胚珠百分率分别为30.54%、17.76%、29.69%、10.09%、7.81%、4.12%，g、h、i 3处均为0。可见，叶生种子在叶片上的着生位置具有明显的极性，即叶子的中上部居多。

表2　有叶生胚珠的短枝百分率

Tab. 2　The percentage of epiphllus ovule short-shoots

树体上的位置 location	短枝总数 total short-shoots	有叶生胚珠的短枝数 epiphllus ovule short-shoots	百分率(%) epiphllus/total
东北角	276	12	4.3
西南方向1	324	22	6.8
西南方向2	310	17	5.5
东南方向	421	300	71.3
平均数	332.75	87.75	26.4
变异系数	18.69	161.32	124.61

果实形状有扁圆形、卵圆形、椭圆形、桃(心)形等多种，桃形居多，占总数的1/2；果实顶端差别较大，有渐尖、微凸或鹰嘴状突起、圆盾、突尖等情况；果实基端非正托，均与叶体多点连结，延伸线常环绕果体的1/5~3/5，形态多样，与蒂盘相连接；叶-果结合部的叶片常被果体“吞食”，而叶的远端完好；果实成熟时大小不一，较正常果实小1/2~1/4；果皮颜色橙黄或间有棕色条带，果面有棕色、褐色斑点或条纹(带)，在“叶嵌入线”上棕色或暗灰色斑块呈点状、条状或块状连续或间断分布；果皮外表稀有或没有果粉；果梗部分特殊，珠柄和叶柄融为一体，果体通过加粗的叶脉与叶柄连成一体；珠领明显点状或块状凸起或凹陷，呈半圆、月牙、念珠状、三角形等，因叶组织嵌入常间断分布；果皮表面油泡明显，形状圆或扁圆，小而密或大而稀；果实的背腹面不同，背凸腹平，突出程度大小不等，果面上两条棕色“叶嵌入线”常把果面分成小的一半为腹面(近轴面)，发育迟缓，稍平；大的一半为背面(远轴面)，发育充分、圆胖；果体中上部偶见鹰嘴状突起附属物。

种核长宽比为2:1~2.5:1，形状有葫芦形、卵圆形、阔椭圆形、逗点状等形状；种核顶端四象限(图1E)圆弧形不同，Ⅰ、Ⅱ象限线形直而窄，从中部向顶端渐突尖细长，尖削度大，呈鹰嘴状或锐尖或平阔，外种皮薄几乎与中种皮融生，核体内上部1/5~3/5处为“空腔”；果体中下部宽广，种核基端两侧稍对称，维管束迹多处，合生或分离，侧斜或直立，常有外种皮残留物，此种残留物比较难以剥落；种核具两条稀三条棱线，棱线较正常种核不明显，种核上部一侧棱线稍显，中下部呈葫芦状、圆滑，缝线不明显，或一侧呈“蚌”状翼形；核体大、中、小不等，较正常种核小1/3~1/4，由果实大小决定种核大小，一般果实大则种核大，反之则小，少有异常情况；小粒种核常无胚乳，大粒发育饱满；对沂源中庄油坊2007年的300粒叶生果实进行统计，大粒57粒，均发育正常，中种皮正常，有种仁；中粒191粒，其中169粒发育正常，一粒中种皮很薄成膜质状，21粒无种仁；小粒52粒，其中37粒正常发育，中种皮正常，15粒无种仁。种核颜色白色或间有暗棕色附属物；种核背腹稍明显，背凸腹平，与果实的平凸趋势相同，表面粗糙，稀有麻点；种核中隐线与正常种核不同，并不明显。

内种皮的珠孔端棕色，呈现萎缩、皱褶状态或不发育；合点端深棕色蜡质区域占据了内种皮的3/5～4/5，从合点端基部向上分布直达胚珠的赤道面以上；分界线上移到珠孔端，位于种仁长轴的1/5～2/5处，分界线以下内种皮与中种皮粘连不易剥落，分界线以上易剥落，内种皮与种仁不粘连易剥落。

种仁有圆形、椭圆形等多种形状，较圆滑；种仁大小因果实大小不同而大、中、小不等；胚乳组织连续，稀有空腔或间断；种仁外围灰白，内淡绿色，无光泽；将2009年9月24日采自沂源油坊叶籽银杏树上的叶生果实发育中的种仁纵切，发现种仁珠孔端有颜色加深的部分；在调查的1193粒成熟叶生种子中未发现胚的存在。

2.2　形态指标方差分析

F检验结果表明叶籽银杏种子果重 F=15.52(Pr > F<0.0001)；核重 F=9.56(Pr > F=0.0003)；仁重 F=6.18(Pr > F=0.0026)；果皮厚 F=5.47(Pr > F=0.0046)；壳厚 F=3.05(Pr > F=0.0439)；出核率 F=3.7(Pr > F=0.0228)；出仁率 F=1.55(Pr > F=0.2297)。邓肯检验结果如表3。

表3　叶籽银杏形态指标的邓肯检验

Tab.3　The Duncan test of morphological indexes of *Ginkgo biloba* var. *epiphylla*

单株 trees	果重(g) fruit weight	核重(g) nut weight	仁重(g) kernel weight	果皮厚(cm) pericarp thickness	壳厚(cm) shell thickness	出核率(%) nut/fruit	出仁率(%) kernel/fruit
油坊	5.64A	0.98A	0.52A	0.56A	0.12A	24A	52A
织女洞	2.97B	0.65B	0.33B	0.43B	0.11A	23A	48A
中庄	2.83B	0.65B	0.29B	0.43B	0.10AB	22A	43A
白峪	2.72B	0.56B	0.25B	0.42B	0.10AB	20AB	43A
辉村	2.18B	0.48B	0.22B	0.40B	0.07B	17A	41A

3　结论与讨论

叶籽银杏种子与正常种子在着生方式、果实形状、大小、果皮附属物、珠领、种核形状、种核棱线、中隐线、内种皮珠孔端、种仁形状等多方面存在差异。种核顶端多尖，这与彭日三(1995)、周良才(1996)的报道一致，胚乳与正常银杏种子无明显区别，但无胚，验证并确认了Sakisaka(1927)、彭日三(1995)、周良才(1996)、郑作昭(1997)的说法。2009年9月24日发现的种仁珠孔端颜色加深部分类似于正常种仁发育中的胚，此部分的性质、功能和发育状况有待进一步研究；在调查的上千粒叶生种子中未发现有胚，叶生果实是否有胚或存在胚败育情况目前还不明确。

油坊叶籽银杏果重、核重、仁重、果皮厚、壳厚、出核率、出仁率分别为5.64g、0.98g、0.52g、0.56cm、0.12cm、24%、52%均为最大。方差分析表明所测指标中差异极显著的是种重、核重、仁重、果皮厚，差异较显著的是壳厚、出核率，5个单株叶生种子的出仁率在41%～52%之间，差异不显著。

叶籽银杏种子比正常银杏种子小，叶籽银杏种子的种重、核重依次是3.72g、0.79g，而正常种子种重、核重分别是9.86g、2.47g(周良才，1996)；叶籽银杏的出核率与正常银杏相差不大，叶籽银杏的出核率平均是 21.40%，正常银杏的出核率为 22%（莫昭展，2006）；叶籽银杏种子出仁率为 48.5%。

参考文献

[1]陈　鹏，何凤仁，钱伯林，等．中国银杏的种核类型及其特征[J]．林业科学，2004，40(3)：66－70.

[2]郭善基，李　健．沂源县织女洞的叶籽银杏[J]．山东林业科技，1984，(2)：24－25.

[3]郭善基．中国果树志．银杏卷[M]．北京：中国林业出版社，1993.

[4]黄　明．叶籽银杏树上的新发现[J]．山东林业科技，1997，(1)：37－38.

[5]李士美．叶籽银杏的发生及其个体与系统发育研究述评[J]．林业科学，2007，43(5)：91－98.

[6]龙兴桂．现代中国果树栽培．落叶果树卷[M]．北京：中国林业出版社，2000：976－979.

[7]马东生．叶籽银杏在山西省首次发现[J]．山西果树，1999，(2)：47－48.

[8]莫昭展，曹福亮，汪贵斌等．银杏种子形状的变异分析[J]．河北林业科技，2006，4：1－5，12．

[9]彭日三．叶籽银杏．甘肃林业科技[J]，1995，20(1)：58－60.

[10]邢世岩．银杏丰产栽培[M]．济南：济南出版社，1993：128－129.

[11]邢世岩．叶用核用银杏丰产栽培[M]．北京：中国林业出版社，1997：39.

[12]邢世岩．银杏种质资源评价与良种选育[M]．北京：中国环境科学出版社，2004：496－509.

[13]郑作昭，赵生泉，王目标．沂源的叶籽银杏[J]．落叶果树，1997，(4)：20.

[14]周良才，张碧玉，吕贵祝．叶籽银杏的观察[J]．植物杂志，1996，03：27.

[15]Soma S. Development of the female gametophyte in the ovules on the leaf blade of *Ginkgo biloba*[J]. Annual Report of the Faculty of Education, Bunkyo University, 1999, 33: 112－117.

[16]Sakisaka M. On the morphological significance of seed－bearing leaves of *Ginkgo biloba*[J]. Botanical Magazine, 1927, 41: 273－278.

[17]Sakisaka M. On the seed－bearing leaves of ginkgo[J]. The Journal of Japanese Botany, 1929, 4: 219－235.

[18]吉冈金市．果树の接木交杂による新种・新品种育成の理论と实际：第 1 卷[M]．东京：新科学文献刊行会，1967：143－228.

银杏雌配子体发育过程中养分形成与积累的研究*

陆彦　王莉　潘烨　王頔　陈鹏①

（扬州大学园艺与植物保护学院，江苏扬州　225009）

摘要：对银杏（*Ginkgo biloba* L.）在雌配子体发育过程中养分形成与积累进行了连续的结构观察。结果表明：（1）雌配子体颈卵器发育过程中，套细胞、帐篷柱组织、颈细胞和周围的胚乳组织中的营养积累呈现出各自的规律；（2）胚乳细胞内的营养物质积累可分为4个时期即授粉后30～45d为胚乳薄壁细胞增殖期；授粉后45～60d淀粉粒的形成期，此时在薄壁细胞中充斥着体积较小的淀粉颗粒；授粉后60～90d为营养物质快速积累期，此时期淀粉体不断增加，并以芽孢或中间缢断的方式进行增殖，蛋白质体开始形成。授粉后90d，淀粉体的数量和体积明显增加，蛋白体以P1和P2两种形式存在；授粉后120～150d为营养物质缓慢积累期，此时期淀粉体和蛋白质体发育成熟，体积和数量基本保持稳定，不再增加；（3）受精作用发生时套细胞、帐篷柱以及周围的胚乳细胞充满了大量的淀粉体和蛋白质体等营养物质，并具有较多的线粒体、内质网和小泡等细胞器，表现活跃。

关键词：银杏；雌配子体；营养物质

Study on the Rule of Nutrient Formation and Accumulation During the Development of Female Gametophyte in *Ginkgo biloba* L.

Lu Yan　Wang Li　Pan Ye　Wang Di　Chen Peng

（College of Horticulture and Plant Protection，Yangzhou university，Yangzhou 225009 China）

Abstract：Microscopic observations of the nutrient formation and accumulation during development of female gametophyte in *Ginkgo biloba* L. was observed by Light Microscope and Transmission Electron Microscope，the results were as follows：（1）The nutrient needed during the development of the archegonium were mainly supplied by jacket cells，camp column，neck cells and endosperm around.（2）The accumulation of nutrient in endosperm has four distinct phases：thin wall cells proliferation，which formed ultimately 30～45d after pollination. The formation of starch，a bit of lesser amyloplast abut on the cell wall formed and distributed sparsely

---

* 基金资助项目：扬州大学高层次人才科研启动基金（2006－31）

作者简介：陆彦，女，博士生。Tel：0514－7369282，E－mail：luyan1210@yahoo.com.cn

①通讯作者。Tel：0514－7972072，E－mail：chenpeng@yzu.edu.cn

45 ~ 60d after pollination. The fast-increase accumulation of nutrient, the number of starch increased and proteoplast started to form among them after pollination 60 days. And the starch proliferated the way of budding or constriction in the middle. The number and volume of starch increased markedly after pollination 90 days, which behaved abnormal and showed different volume. And protein presents P1 and P2. The slightly-increase accumulation of nutrient, the starch and protein were mature 120 ~ 150d after pollination. The number and volume of starch and protein were not increase. (3) During fertilization period, the cells of the endosperm, jacket cells and camp column are very activity, which are filled many starch and protein as well as mitochondria, endoplasmic reticulum and small vacuole and so on.

Key words: *Ginkgo biloba* L. ; Female gametophyte; Nutrient

银杏(*Ginkgo biloba* L.)是一种裸子植物，著名的孑遗树种，地球上蕨类植物之后出现最早的种子植物之一，具有"活化石"之称(Jacobs and Browner, 2000)。银杏不仅以古老著称，同时又是珍贵的经济树种。银杏种仁中还含有丰富的淀粉、蛋白质等营养物质，可以加工成各种各样的食品，深受国内外大众的喜爱(陈鹏等, 2004; Chen *et al.* , 1999)。此外，银杏的叶片、种仁和外种皮中含有黄酮和内酯等有效活性成分(Cao *et al.* , 2002; 彭方仁等, 2003)，具有抗氧化、抗心血管疾病等药理活性(Ou *et al.* , 2009)。因此，银杏具有重要的研究和经济价值。

银杏雌配子体包括颈卵器和胚乳两部分，此外还具有特殊的帐篷柱结构(王莉等, 2007)，胚用于繁衍后代，胚乳用于积累贮藏营养物质，为种胚的发育和萌发提供养分。其中胚乳占95%以上，淀粉是其主要营养成分，占70% ~80%，是影响种仁产量与品质的重要因素(邢世岩, 1996; 王莉等, 2007)，淀粉体的形成、积累和发育决定了种实的重量和品质。水稻、小麦等谷类物质中胚乳淀粉体的形成、发育以及合成等特性对其品质及产量影响的研究已有大量报道(Lopes and Larkins, 1993; 王蔚华等, 2003; Ungru *et al.* , 2008; Sabelli and Larkins, 2009)，然而银杏有关此方面的报道较少。银杏胚乳中淀粉体的发育和营养成分含量的变化有过一些研究(王莉等, 2007; 潘烨等, 2008)，但对于银杏雌配子体发育过程中淀粉、蛋白质等养分的发生与积累等方面没有做出解释。因此，为了探明银杏雌配子体中养分的发生和积累规律，我们采用树脂切片法，并通过光学显微镜和透射电子显微镜技术进行了系统地观察研究，了解了雌配子体发育过程中淀粉、蛋白质等养分的积累规律与作用机理，从而为提高银杏种核品质和产量提供理论依据。

1 材料与方法

1.1 材料

试验材料为目前核用银杏主栽品种'佛指'(*Ginkgo biloba* 'Fozhi')，取自扬州大学银杏实验基地(119°30′E, 32°20′N)，选用生长发育正常的银杏雌株与雄株，20年以上树龄，于4月中旬待雄花发育成熟后采集花序，室内自然散出花粉，在雌株树体约70%的胚珠产生传粉滴时(4月13日)进行人工授粉，分别于授粉后不同时期采集种实进行试验。

1.2 树脂切片法

采集发育成熟的银杏种实，取其种仁，分别切取上端和下端两小块并用2.5%的戊二醛和1%锇酸双重固定，梯度乙醇脱水，Spurr树脂浸透、包埋与聚合，用Leica超薄切片机切成1μm的切片，1% TBO(甲苯胺蓝)染色，在Olympus BH-2显微镜下观察并拍照。

1.3 超微结构的观察

将授粉后不同天数的种实(胚珠)的观察部位切成片段，用2.5% GAL(戊二醛)前固定7d，后用1%锇酸后固定数小时，经乙醇系列脱水，环氧丙烷置换，Spurr树脂浸透与包埋。先做半薄切片，用1% TBO染色，光镜观察，在确定部位的基础上作超薄切片，用6%醋酸铀和佐滕氏铅混合液双重染色，在透射电镜下观察样品的超微结构。

2 结果与分析

2.1 银杏颈卵器发育过程中的养分积累与消耗

颈卵器是种胚发育的场所，其发育过程中的养分的积累与消耗表现出以下几个特征：(1)颈卵器周围的套细胞。颈卵器形成过程中其周围分化出1~2层的套细胞，套细胞靠近颈卵器一侧的细胞壁强烈增厚，套细胞之间的细胞壁也呈现不连续增厚。随着颈卵器的发育，套细胞的细胞体积逐渐增大，细胞呈近方形，细胞内染色浅，无营养物质积累。至授粉后70d左右，套细胞中的细胞核明显增大，且细胞内积累大量淀粉粒，而靠近套细胞的胚乳组织细胞内则染色浅，无营养物质积累。套细胞内的物质积累一直持续到受精作用时期，此时套细胞周围的胚乳组织细胞内也开始出现淀粉粒，并且套细胞与中央细胞间的细胞壁以及套细胞之间角隅处的细胞壁均出现明显增厚现象(图版Ⅰ, 1)，中央细胞的细胞质也开始变浓。受精作用发生时，套细胞内的营养物质被大量消耗，细胞内仅具细胞核及少量的淀粉粒。至原胚游离核期，套细胞内的淀粉粒几乎完全消失，并开始解体(图版Ⅰ, 2)。至原胚细胞化期，套细胞已全部解体，仅剩下薄薄的一层残体。套细胞在颈卵器发育过程中细胞形态及细胞内营养物质的变化表明，套细胞能调节和供应营养物质进入颈卵器，以保证受精作用和胚胎发育所需的能量和物质的需求；(2)颈卵器中间的帐篷柱。在颈卵器发育过程中帐篷柱细胞表现出特殊性：受精作用发生前，细胞体积相对于其他细胞小，细胞内充斥有大量淀粉粒等营养物质，但淀粉的颗粒较小(图版Ⅰ, 3)。受精作用后，靠近颈卵器的帐篷柱细胞呈现出细胞壁皱缩变形，细胞内营养物质呈现自下而上的消耗现象(图版Ⅰ, 4)。因此帐篷柱结构在胚胎发育过程中起到物质供应的功能；(3)颈细胞。授粉后约50d，初生颈细胞开始形成，呈扁平状，授粉后约55d，初生颈细胞经过1次垂周分裂，形成2个次生颈细胞，在此阶段颈细胞内无养分积累现象；之后随着颈卵器的发育，次生颈细胞的体积逐渐增大，发育至授粉后约100d，2个次生颈细胞体积膨胀成圆球形，细胞向上突入颈卵器腔内，其体积明显大于周围细胞，细胞核大而明显，细胞内积累了较多的内含物(图版Ⅰ, 5)。在受精作用发生前即授粉后约130d，2个次生颈细胞各进行1次斜向分裂形成4个颈细胞，这4个颈细胞形成了颈卵器的开口；受精作用发生时，颈细胞开始解体，受精作用完成后完全解体，颈细胞消失(图版Ⅰ, 6)；(4)周围的胚乳细胞。受精作用发生时，套细胞周围的十多层胚乳细胞中淀粉体的积累较少，但细胞核较明显(图版Ⅰ, 7)，受精作用完成后，这几层胚乳细胞内的淀粉体几乎完全消失，但细胞核依然存在(图版Ⅰ, 8)，说明这几层细胞仍然是活细胞。以上的观察表明，颈细胞、套细胞、帐篷柱细胞及周围胚乳组织细胞中的碳水化合物是胚胎发育早期的重要营养物质，这些组织中的淀粉粒逐渐被发育中的胚分解吸收。在后期胚的发育过程中随着胚体的增大逐渐伸入到胚乳组织中继续发育，因此在后期胚发育的营养物质主要由胚乳提供。

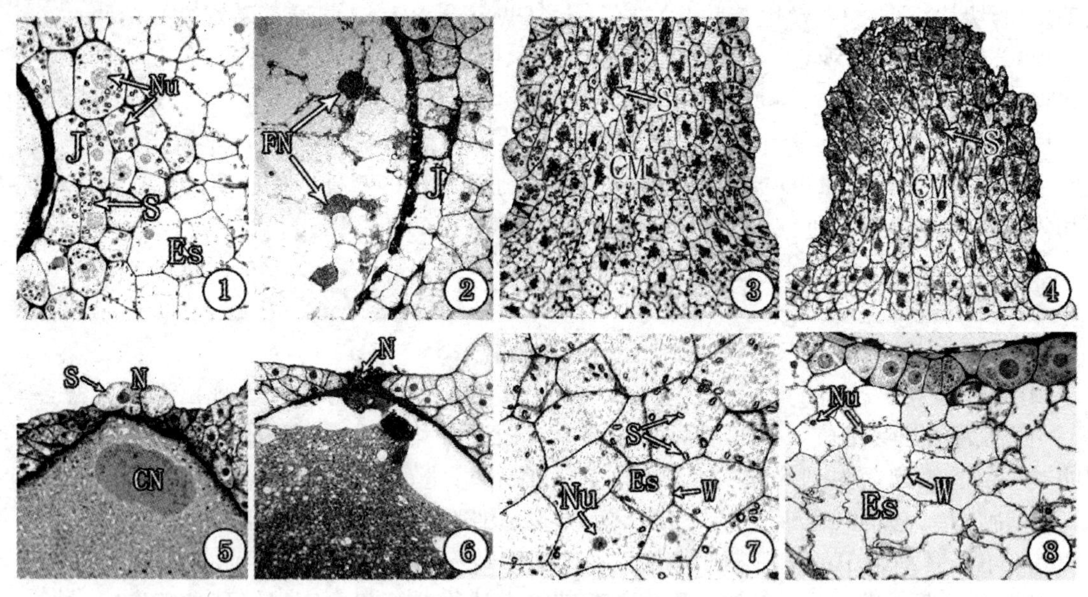

图版 I　银杏胚胎发育过程观察

1：受精前的套细胞 ×400；2：受精后的套细胞 ×400；3：受精前的帐篷柱 ×100；4：受精后的帐篷柱 ×100；5：受精前的颈细胞 ×400；6：受精后的颈细胞 ×400；7：受精时套细胞周围的胚乳组织 ×400；8：受精后套细胞周围的胚乳组织 ×400J 套细胞；Es 胚乳细胞；FN 游离核；CM 帐篷柱；N 颈细胞；CN 中央细胞核；Nu 细胞核；W 细胞壁

2.2　银杏胚乳组织中养分的积累

雌配子体除发育为颈卵器以外的大部分则发育成胚乳组织，胚乳组织中养分的积累可分为以下时期：(1)胚乳薄壁细胞增殖期。授粉后 30 ~ 45d 胚乳组织处于细胞期，薄壁细胞大量形成，外围一层细胞体积较小，排列紧密，细胞核大，内部细胞形态大小不等，细胞核明显(图版 II, 1)。此时期的胚乳细胞仍进行平周分裂和垂周分裂，使得胚乳细胞的数目继续增加，胚乳体积也随着胚珠的生长而不断扩大。之后位于胚乳中部的细胞首先停止分裂，而位于胚乳外层的细胞继续分裂，细胞的数目仍在增加(图版 II, 2)。光学显微镜下未观察到细胞内淀粉粒等营养物质的积累；(2)淀粉粒的形成期。授粉后 45 ~ 60d 在胚乳薄壁细胞中有一些体积较小的淀粉粒形成，其形态呈球形，主要紧靠细胞壁排列，平均每个细胞中约有 8 粒淀粉粒(图版 II, 3)；(3)营养物质快速积累期。至授粉后 60d 左右胚乳细胞中的淀粉粒体积开始迅速增长，较发生期约增长了 5 ~ 6 倍，淀粉粒仍呈圆球形，靠近细胞壁排列，平均每个细胞中约有 12 粒淀粉粒(图版 II, 4)。授粉后 65d 左右，细胞中的淀粉粒体积进一步增大，淀粉粒的大小相差较大，形态由圆球形逐渐转变为长椭球形和不规则形，一部分淀粉粒沿细胞壁排列，一部分则游离在细胞内部，淀粉粒之间的空隙大，在淀粉粒之间有一些颗粒状的蛋白质开始形成(图版 II, 5 – 6)，授粉后 90d 积累的蛋白质不断增多，占据液泡的空间(图版 II, 7)。授粉后 65 ~ 90d 左右细胞中淀粉粒的体积与数量进一步增加；(4)营养物质缓慢积累期。授粉后 120d 淀粉体进一步充实，体积增大，其形状主要有椭球形、圆球形和不规则形；授粉后 150d 胚乳组织发育成熟，大多淀粉体表现为椭球形，体积和数量基本保持稳定，不再增加。蛋白质将液泡填满后也不再增加，而且此时胚乳细胞的核仍明显(图版

II, 8 –9）。

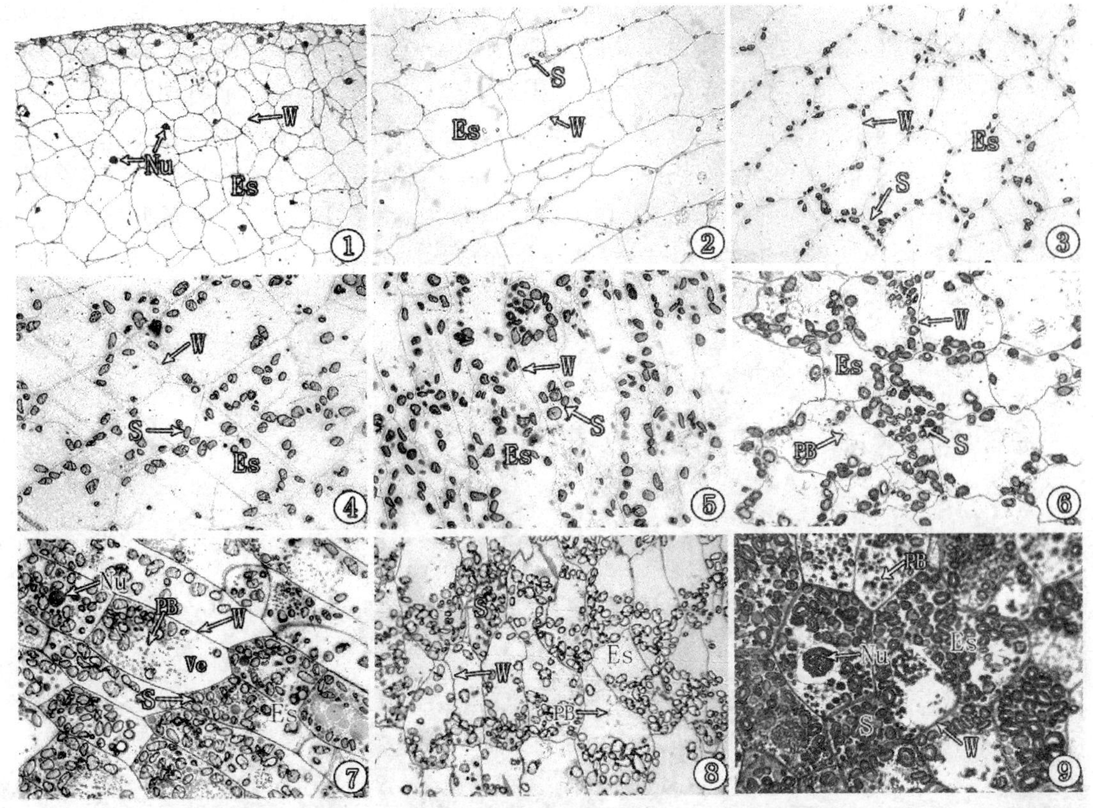

图版 II 银杏胚乳发育过程中细胞营养物质积累的观察

1：授粉后 45d 胚乳细胞 ×400；2：授粉后 50d 胚乳细胞 ×400；3：授粉后 55d 胚乳细胞 ×400；4：授粉后 60d 胚乳细胞 ×400；5：授粉后 65d 胚乳细胞 ×400；6：授粉后 70d 胚乳细胞 ×400；7：授粉后 90d 胚乳细胞 ×400；8：授粉后 120d 胚乳细胞 ×400；9：授粉后 150d 胚乳细胞 ×400Nu 细胞核；ES 胚乳细胞；S 淀粉体；Ve 液泡；PB 蛋白颗粒；W 细胞壁

2.3 银杏雌配子体发育过程中养分形成的超微结构观察

银杏雌配子体发育过程养分的形成主要包括淀粉、蛋白与脂类物质，通过对其超微结构的观察表明：(1)淀粉体的发生与增殖方式：淀粉体是积累淀粉的一种质体，在淀粉粒的发生期，即授粉后 30d，胚乳细胞内含有大量质体，主要为圆球形，这些质体是淀粉体的前体，此时细胞内的内质网较少，向周围特化出许多小泡（图版 III, 1），是以后形成高尔基体、液泡等细胞器的前提物质。授粉后 45d，随着淀粉积累的增多，质体的体积增加，可积累 1 至多个淀粉粒（图版 III, 2）。授粉后 50d，淀粉质体被一层网状膜结构包围，周围充满了大量粗糙内质网，外表面附着许多核糖体（图版 III, 3），这些核糖体是合成蛋白质的前体。授粉后 60d 的胚乳组织细胞中的淀粉粒周围网状结构消失（图版 III, 4），细胞内充满了许多线粒体、内质网和小泡等细胞器（图版 III, 5），此时淀粉体仍以中间缢断或芽孢的方式进行增殖（图版 III, 6 –7），并发现胚乳细胞膜上具有少量的胞间连丝（图版 III, 8），说明此时胚乳细胞十分活跃，内部贮存了大量的营养物质，为以后胚的发育提供能量。套细胞和帐篷柱在受精作用发生前其细胞内的质体开始积累淀粉体，通过芽孢或中间缢断的方式进行增殖，可积累 1 至多个淀粉粒，在套细胞内和靠近帐篷柱细胞壁的一侧有许多线粒体（图版 III，9－10），可能是参与运输时所消耗的能量。（2）蛋白质体的形成：胚乳细胞中蛋白质的积累要晚于淀粉的积累，约在授粉后 60d 胚乳细胞中出现蛋白质，蛋白质主要在积累胚乳组织边缘的数层细胞中，胚乳中部细胞中蛋白质积累较少。蛋白质体的形成有两种方式：外围几层糊粉层胚乳组织的蛋白体起源于液泡，蛋白质在液泡膜的内表面积累，分布在淀粉粒之间，随着蛋白质积累的增多，液泡逐渐转变成蛋白体，呈圆形，像小麦糊粉层一样，银杏糊粉层中也有两种蛋白体，染色较深的 P1 和染色较浅的 P2（图版 III，11）。内部胚乳组织中的蛋白体起源于粗面内质网，由其上的核糖体转化而成，附着在膜的表面，并具年轮状的条纹，染色较深，呈椭圆形（图版 III，12）。

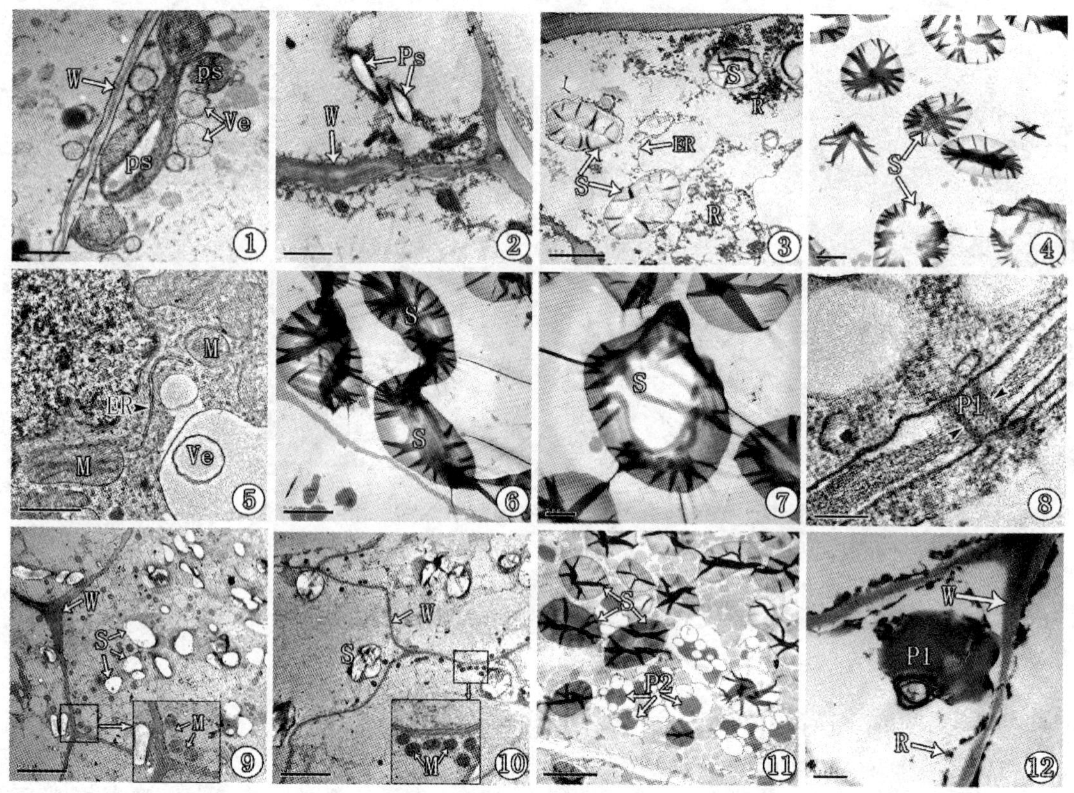

图版 III 银杏雌配子体发育过程中细胞营养物质积累的超微结构观察

1：银杏胚乳细胞中质体形状各异，bars = 0.5μm；2：授粉后 45d，质体的体积增加，可积累 1 至多个淀粉粒，bars = 2μm；3：发育初期淀粉体周边有网状体结构存在，bars = 5μm；4：网状结构消失，质体转变为淀粉体，bars = 5μm；5：胚乳细胞内存在许多细胞器，bars = 1μm；6－7：淀粉体的增殖方式，bars = 2μm，5μm；8：胚乳细胞膜上的胞间连丝，bars = 200nm；9：受精前套细胞内贮藏了大量淀粉体和线粒体，放大图为细胞内的线粒体，bars = 5μm；10：受精前帐篷柱结构细胞内贮藏了大量淀粉体和线粒体，放大图为细胞内的线粒体，bars = 5μm；11：胚乳组织外围糊粉层细胞的液泡膜内表面积累蛋白体 P1，细胞内贮存许多糊粉蛋白体 P2，bars = 5μm；12：胚乳组织内部细胞中，内质网上的核糖体转化为蛋白体，并具年轮状的条纹，bars = 0.5μm

Ps 造粉质体；S 淀粉体；M 线粒体；P1，P2 蛋白体；Ve 小泡；ER 内质网；Pl 胞间连丝；R 核糖体

3 讨论

与其他植物相比，银杏雌配子体发育过程中养分的积累与消耗表现出独有的特征：(1)苏铁、松杉类植物的胚胎发育早期均主要为碳水化合物，且主要由颈卵器周围的胚乳细胞提供(吴先军等，1999)。经观察在银杏雌配子体发育过程中提供养分的组织除胚乳细胞外，还包括有帐篷柱细胞、套细胞和位于颈卵器开口处的颈细胞，这在其他裸子植物中未见报道。(2)银杏颈卵器发育的养分主要来自靠近颈卵器周围的胚乳细胞，这些胚乳细胞通过颈卵器周围套细胞将营养物质传送给颈卵器。帐篷柱和套细胞在受精前能够合成大量的营养物质，细胞内还含有许多线粒体，这些线粒体可能为营养物质的运输提供能量。颈卵器发育旺盛时期帐篷柱和套细胞开始逐渐解体(吉成均等，2002)，而细胞内的营养物质运输到颈卵器，供应中央细胞分裂与受精作用完成。由此可见，银杏中的帐篷柱和套细胞类似于禾本科植物中的传递细胞(Becraft *et al.*，2001)，具有运输营养物质的功能。(3)受精前，在胚乳细胞内发现有大量的营养物质、细胞器和胞间连丝，说明此时这些细胞内的营养物质在活跃地运输中，为颈卵器的发育提供能量。受精作用完成后，颈卵器周围胚乳细胞内的营养物质大量减少，而细胞核仍然存在，这些细胞不像禾本科植物中胚乳细胞，将物质供应给胚以后，自身降解死亡(王忠等，1998)，银杏内的胚乳细胞仍然保持自身的活性，这可能与银杏种实的种胚有后熟现象有关。

由银杏胚乳细胞内养分积累的规律我们发现：(1)胚乳细胞内最先积累淀粉粒，淀粉体为单粒淀粉，其含量的增加表现为数量和体积同时迅速增长，淀粉粒主要由造粉质体积发育而来，并以缢断、出芽等方式进行增殖，在种仁发育过程中，胚乳细胞中的淀粉体大小和数目有较大变化，可能是由于小淀粉体从大淀粉体上无规律的出芽这种增殖方式所导致的。发育初期的淀粉体，周围有网状体存在，可能与淀粉体被膜扩展有关。(2)蛋白质的积累稍晚于淀粉粒的积累，它有两种类型，P1 与 P2(Tanaka *et al*，1980；Yamagata and Tanaka，1986)。P1 在内部胚乳中的粗糙内质网上形成，并积累在由内质网围起来的囊泡中，有时有同心圆那样的年轮状结构，表面附着核糖体；P2 是由糊粉层中富含蛋白质的小泡被液泡包容形成，体积大，被锇酸固定后，在电镜下呈黑色，染色较深，这与禾本科植物胚乳中蛋白质的形成很相似(王忠等，1995)。由此可见，银杏的胚乳组织虽然是雌配子体受精前的残留物质，但是它并不是没有用的，相反，胚乳内营养物质的积累有其特定的规律，在胚发育的不同时期提供足够的营养物质和能量，和被子植物中的胚乳起着同样重要的作用。

参考文献

[1]Becraft P W，Brown R C，Lemmon B E，Olsen O－A，Opsahl Ferstad H G. Endsperm development. In：Bhojwani S S，Soh W Y(eds). Current trends in the embryology of angiosperms. Netherlands：Kluwer Acad Publ，2001：353－374.

[2]Cao Y H，Chu Q C，Fang Y Z，Ye J N. Analysis of flavonoids in *Ginkgo biloba* L. and its phytopharmaceuticals by capillary electrophoresis with electrochemical detection[J]. Anal Bioanal Chem，2002，374：294 － 299.

[3]Chen P，He F R，Yu B Y. Seed stone shape and the relative component in kernel of *Ginkgo biloba*[J]. Forestry Studies in China，1999，1 (1)：42 － 47.

[4]Jacobs B P，Browner W S. *Ginkgo biloba*：a living fossil，Am J Med，2000，108：341 － 342.

[5]Lopes M A，Larkins B A. Endosperm origin，development，and function[J]. Plant Cell，1993，5：1383

–1399.

[6]Ou H C, Lee W J, Lee I T, Chiu T H, Tsai K L, Lin C Y, Sheu W H H. *Ginkgo biloba* extract attenuates ox LDL–induced oxidative functional damages in endothelial cells[J]. J Appl Physiol, 2009, 106: 1674–1685.

[7]Sabelli P A, Larkins B A. The development of endosperm in grasses[J]. Plant Physiol, 2009, 149: 14–26.

[8]Tanaka K, Sugimoto T, Ogawa M, Kasai Z. Isolation and characterization of two types of protein bodies in the rice endosperm[J]. Agric Biol Chem, 1980, 44: 1633–1639.

[9]Ungru A, Nowack M K, Reymond M, Shirzadi R, Kumar M, Biewers S, Grini P E, Schnittger A. Natural Variation in the Degree of Autonomous Endosperm Formation Reveals Independence and Constraints of Embryo Growth During Seed Development in Arabidopsis thaliana[J]. Genetics, 2008, 179 (2): 829–841.

[10]Yamagata H, Tanaka K. The site of synthesis and accumulation of rice storage proteins[J]. Plant and Cell Physical, 1986, 27: 135–145.

[11]陈鹏，何凤仁，钱伯林．中国银杏的种核类型及其特征[J]．林业科学，2004，40 (3)：66–70.

[12]李正理．最近十年(1949–1959)关于银杏的形态解剖学及细胞学研究[J]．植物学报，1959，8 (4)：262–270.

[13]吉成均，安尼瓦尔·买买提，方精云．银杏套细胞发育的解剖学研究[J]．西北植物学报，2002，22：780–785.

[14]潘烨，王莉，陆彦，陈鹏．银杏种核品质的形成及其调控研究进展[J]．江苏农业科学，2008，2：1–5.

[15]彭方仁，郭娟，黄金生等．银杏分泌腔的超微结构特征及分泌物积累的关系[J]．林业科学，2003，30 (5)：18–23.

[16]王莉，潘烨，王永平，汪琼，徐小勇，陈鹏．银杏种实生长发育过程中胚乳淀粉体发育观察[J]．果树学报，2007，24 (5)：692–695.

[17]王莉，王永平，汪琼，潘烨，金飚，徐小勇，陈鹏．银杏胚珠发育进程的解剖学研究[J]．西北植物学报，2007，27 (7)：1349–1356.

[18]王蔚华，郭文善，方明奎，封超年，朱新开，彭永欣．小麦籽粒胚乳细胞增殖及物质充实动态[J]．作物学报，2003，29 (5)：779–784.

[19]王忠，李卫芳，顾蕴洁，陈刚，石火英，高煜珠．水稻胚乳的发育及其养分输入的途径[J]．作物学报，1995，21 (5)：520–531.

[20]王忠，顾蕴洁，李卫芳，陈刚，石火英，陈秀花．小麦胚乳发育及其养分输入的途径[J]．作物学报，1998，24 (5)：536–545.

[21]吴先军，李平，黄荣．攀枝花苏铁(*Cycas Panzhihuaensis* L. Zhou et S. Y. Yang)受精作用及胚胎发生的研究[J]．四川大学学报(自然科学版)，1999，36：1130–1137.

[22]邢世岩，孙霞．银杏胚胎发育研究评述——兼论银杏系统发育[J]．武汉植物学研究，1996，14 (3)：279–286.

银杏雄花的分析研究

章　霞[1]　周宏根[2]　游庆方[1]

([1] 姜堰市林业局，江苏姜堰　225500　[2] 姜堰市果林场，江苏姜堰　225526)

摘要：本研究连续两年测定分析扬州市内两株树势健壮、开花正常、花量一致的成年银杏雄株的雄花花序形状，花序颜色、花序大小、花柄长短、单花重，花囊形状与大小，花粉数量与大小及其淀粉含量等性壮指标。结果表明，银杏雄株的树龄越大，一年生枝的生长量相对较小，雄花每花囊的花粉数亦相对较少，雄花每花序的花粉数亦同样相对较少，其花粉的淀粉含量亦相对较低，不同雄株间雄花的单花重，花序的长宽为长/宽比；花柄的长和宽，每花序的花囊数；花粉粒直径及花粉淀粉含量具显著或极显著差异，雄花的花柄长(x_1)与花序长(y_1)、花柄宽(x_2)与花序宽(y_2)及花柄长/宽(x_3)与花序长/宽(y_3)具显著或极显著相关。其相关回归方程 $\hat{y}_1=1.7909+0.3440x_1$($r_1=0.2440^{**}$)，$\hat{y}_2=0.5211+0.08378x_2$，($r_2=0.2530^{**}$)，$\hat{y}_3=2.7455+0.08743\ x_3$($r_3=0.2237^{*}$)表明，花柄的长、宽与长/宽每增加1个单位，花序的长、宽与长/宽则相应增加0.3440、0.08378和0.08743个单位。

银杏雌雄异株，雌花须经授粉受精后才能结实，因而雄株花粉的特性与质量对雌株的结实十分重要。目前，因内外对银杏雌雄株的早期鉴别研究较多，面对银杏雄株的分类及花与花粉的特性研究未见报道。研究银杏雄花的类型与特性不仅对直接指导银杏的授粉受精，提高银杏的种核产量，具重要应用价值，而且对银杏雄株的分类与选优具重要的理论意义。

关键词：银杏；雄花；分析研究

1　材料与方法

研究选用树势健壮、开花正常、花量基本一致的银杏雄树2株(表1)，1994年4月13日1995年4月12日，在银杏雄树盛花期(花序由绿转黄，花约未开裂前)分别采取各株雄化500g，测定雄花朵数和单花重，并随机取雄花100朵，分别测定花与花柄的长、宽，分析花序及花柄两者间长、宽相对应的关系，采用升温法取出花药内的花粉后，将花粉置于干燥器内贮藏，并计算出花序出花药率、花序出花粉率、花药出花粉率，并随机取花药100对，测定其长与宽，从中随机取花药10对置于1%磷酸氢二钠溶液(Na_2HPO_4)中，使花粉与溶液形成均匀的悬溶液，用5%红染色，每株雄株的花粉取样镜枪6次，每次实测花粉粒数，计算每个花药含花粉粒数，从而算得每个化序的花粉粒数，每项取样花粉采用碘染色法，分别测定贮藏一年后和当年采集的花粉的淀粉含量及花粉粒直径，测定的各项指标均采用T测验进行差异显著性测验分析。

表 1　银杏雄株的基础测定

编号	树址	树龄（年）	对高（m）	冠高/冠径	冠径（m）			主干（m）		主枝数	一年生枝		
					东西	南北		树高	茎粗		长（cm）	差异显著性 T值	10.05
1	扬州市堂子巷内	100	27.6	2.20	11.14	13.90	12.52	4.84	0.55	11	24.97	2.43*	2.10
2	邗江县石塔宾馆	200	26.5	2.13	11.17	13.20	12.45	4.12	0.95	2	19.15		

2　结果与分析

2.1　银杏雄花的形态与大小

银杏雄株 1 号与 2 号树尽管树龄、主枝数不同，但树高、冠径、主干粗、冠高/冠径基本相同，因而试验树花量的负载能力基本相同（表 1）。

由表 2 得知，雄株间雄花的颜色相差不大，为黄绿色或绿黄色。这与花序的成熟期不同有关，雄花的成熟度越高，花序的黄色越浓，将近雄株的盛花期，雄花的颜色又由绿色转为绿黄色直到黄绿色，雄花序的形状为长圆柱形或短圆柱形，期形状的差异主要由花序的长与宽的变化所决定，长圆柱形花序尽管其长度小于短圆柱形，但因其宽度极显著小于短圆柱形，因而长圆柱形花序的长宽比极显著大于短圆柱形长宽比。由于短圆柱形的长与宽极显著大于长圆柱形，因而短圆柱形花序的单花重极显著大于长圆柱形雄花序花柄的长与宽与花序的长与宽变化相一致，即花序长则花柄亦长，花序短则花柄亦短，花柄的发育状况影响花序的发育，这主要反映了雄花芽的发育质量，本研究结果表明，雄花的花柄长（x_1）与花序长（y_1）、花柄宽（x_2）与花序宽（y_2）及花柄长/宽（x_3）与花序长/宽（y_3）具显著或极显著正相关。

表 2　银杏雄花的形态与大小测定

编号	花序形状	花序颜色	单花			花序									花柄					
			重 g	T测试 T值	10.01	长 cm	T测试 T值	10.01	宽 cm	T测试 T值	10.01	长/宽	T测试 T值	10.01	长 cm	T测试 T值	10.01	宽 cm	T测试 T值	10.01
1	长圆柱形	黄绿	0.12	−12.43**	2.58	1.76	−8.49**	2.58	0.56	17.85**	2.58	3.19	15.16	2.58	0.65	−3.54**	2.62	0.11	−9.42**	2.58
2	短圆柱形	绿黄	0.14			2.13			0.69			3.09			0.78			0.13		

其相关回归方程

$$\hat{y}_1 = 1.7909 + 0.3440\ x_1 (r_1 = 0.2410^{**})$$

$$\hat{y}_2 = 0.5211 + 0.08378\ x_2 (r_2 = 0.2530^{**})$$

$$\hat{y}_3 = 2.7455 + 0.08743\ x_3 (r_3 = 0.2237^{*})$$

表明花柄的长、宽与长/宽每增加一个单位，花序的长、宽与长/宽则相应增加 0.3440、0.08378 和 0.08743 个单位。

2.2　银杏雄花的花药数及其形态与大小

银杏雄花的花药数最多为 156 个，最少为 44 个，雄株间每花序花药数相差 11 个，达到极显著水平，雄株间雄花的花药长差异不显著，而花药宽差异达到极显著水平，从而影响花药的长宽比，使其差异亦达到极显著水平（表3），由表2、表3可看出，由于银杏雄花的花药大小相关不大，因而每花药数多则单花的重量就大，反之则小，花药的长、宽与长宽比的变化与花序及花柄的长、宽和长宽比的变化与花序及花柄的长、宽和长宽比的变化不成对应关系，说明其为相对独立的遗传性状。

表3　银杏雄花序的花药数及其形态与大小测定

编号	花药/花序			花药长			花药宽			花药长/宽		
	个	T测验		长 cm	T测验		宽 cm	T测验		长/宽	T测验	
		T值	10.01		T值	10.01		T值	10.01		T值	10.01
1	99.08	** −4.13	2.58	0.256	0.19	1.96	0.18	** 5.52	2.58	1.47	** −4.33	2.58
2	111.4			0.255			0.16			1.60		

2.3　银杏雄株花序出粉率变化

由表4可看出，不同年份间雄株的花序出花药率、花药出粉率、花序出粉率不尽相同。说明不同年份的环境条件、栽培技术管理及植株的营养状况影响雄花的发育水平，同一年份间，雄株表现出花序出花药率、花药出粉率、花序出粉率不尽一致，说明花序出花率高，由于花药壳的厚薄不同，从而使花药出粉率和花序出粉率不一定就高；不同年份间，就雄株的测定指标的平均值而言，则表现出花序出花药率高，则花药出粉率亦高，从而使花序出粉率高，不同雄株的花药壳的厚度变化及其遗传性状的表达尚需进一步研究。

表4　银杏雄株不同年份间花序出花药率、花药出粉率及花序出粉率测定

年份	花序出花药率（%）			花药出粉率（%）			花序出粉率（%）		
1994	72.57	70.12	71.35	4.18	5.14	4.61	3.03	3.53	3.28
1995	78.28	73.40	75.84	4.98	5.94	5.46	3.90	4.36	4.13
X	75.43	71.76	73.60	4.58	5.49	5.04	3.47	3.95	3.71

2.4　银杏雄花的花粉粒数、大小及其淀粉含量

银杏雄花的花药中花粉粒数、大小及其淀粉含量反映银杏雄株的种性及花粉的数量与质量。通过测定，不同雄株间每花药的花粉粒数可相差6194.2粒，差异达到极显著水平（表5）。由于花药的花粉数影响花序的总花粉数，因而不同雄株间的每花序的花粉数差异同样达到极显著水平，1号雄株的每花序数比2号雄株多470077.1粒，雄株间表现出每花药花粉粒数多，则花粉粒直径相对较小，2号雄株的花粉粒直径比1号雄株大1.15μm，并达到差异显著水平，不同年份间的花粉粒直径和花粉中淀粉含量无显著差异。雄株间每药囊的花粉量大，花粉粒小，则花粉的淀粉含量相对较高，两株间的差异达到极显著水平（表5），说明雄花花药中花粉粒的发育速度快慢和最终形成的大小影响花粉粒中内含物的增长速度和含量。

表 5　银杏雄株的花粉粒数、大小及其淀粉含量测定与差异比较

编号	花粉粒数/花药			花粉粒数/花序			花粉粒直径					花粉淀粉含量				
	个	T 测验		个	T 测验		年份		X	T 测试		年份		X	T 测试	
		T 值	10.01		T 值	10.01	1994 (μm)	1995 (μm)		T 值	10.05	1994 (%)	1995 (%)		T 值	10.01
1	17853.35	＊＊ 16.63	3.17	1768908.3	＊＊ 11.95	3.17	19.28	19.85	19.56	＊＊ －2.59	2.021	0.93	0.99	0.96	＊＊ 4.05	3.17
2	11659.15			1298831.2			20.43	20.63	20.53			0.84	0.88	0.86		
$\bar{x}$							19.84	20.24				0.88	0.93			
1							－1.05					－1.28				
10.05							2.021					2.571				

3　讨论

3.1　银杏雄株的生长发育与雄花的关系

作为生殖器官的雄花，是在雄株进入成年阶段，在营养代谢满足成花所需条件后形成的，因而银杏雄株的生长发育状况就影响雄花的生长发育，由表 1 得知，取样的雄株间，树高、冠形指数、冠径、主干基本相同，而树龄和主枝数有差异，2 号雄株树龄较大，分枝数多，地上部与地下部间的养分运输距离较大，且枝条顶端的生长素含量相对较少，从而当年生新梢批的生长量相应较小，其一年生枝长度比 1 号树小 0.82cm，但由一年生枝所表现出来的雄株生长发育状况对雄花的影响主要表现在每花药的花粉粒数和每花序的花粉粒数及花粉中淀粉含量。树龄小，一年生枝生长最大，植株生长发育状况好，则雄花每花药的花粉粒数就多，每花序的花粉粒数亦多，花粉中淀粉含量亦高。银杏雄株的生长发育状况对雄花的大小和重量的影响有待于进一步研究。

3.2　银杏雄花花器间生长发育的相关

本研究对银杏雄株的花柄、花药、花粉粒与花器进行了测定分析，同一雄株内，雄株的花柄长，其宽亦大，反之亦然；花药亦呈同样趋势。不同雄株间，雄花的花柄长，则花柄亦宽，花药宽度下降，花药的长宽比上升，花粉粒的直径增加。通过更多雄株的研究，明确银杏雄花的各个花器间生长发育的相关，对选择优良的雄株和雄花用于品种选育和人工授粉具重要的理论意义和实践意义。

3.3　银杏雄花的花粉粒淀粉含量与花粉质量

花粉的数量、大小与活力是银杏花粉质量的重要指标。而银杏花粉的淀粉含量是其内含营养物质的一个重要指标，其关系到花粉的贮藏性能与授粉能力，因而应继续研究银杏花粉、淀粉含量与花粉的授粉受精能力的相关。

参考文献

[1]李正理. 银杏的雌雄同株. 植物学报，1957，(3).
[2]李正理. 最近十年(1949－1959)关于银杏形态解剖学及细胞上的研究植物学报，1959，(4).
[3]李鸿勋. 银杏雌雄株鉴别初报国艺学报，1965，(1).
[4]郑国锠. 生物显微技术. 北京：人民教育出版社，1979.
[5]四川林业科学研究所. 银杏性别的同功酶鉴别，四川林业科技，1981，(4).
[6]钟海文等. 根据过氧化物酶同功酶图谱鉴定银杏植株性别。林业科学。1982，(1).
[7]袁晓华，杨中德. 植物生理生化实验. 北京：高等教育出版社，1983.
[8]小吉福德(美)，李正理等译. 维管植物比较形态学. 北京：科学出版社，1983.
[9]何业华. 银杏雌雄植株早期鉴定研究初报. 经济林研究，1985，(2).
[10]何业华. 用过氧化氢酶活性鉴别银杏雌雄的研究. 浙江林业科技，1985，(4).
[11]陈鹏. 目前国内外银杏研究进展概况，浙江林业科技，1991，(4).
[12]陈鹏等. 银杏雌雄株中还原粮含量变化的研究. 第2次全国银杏学术研讨会论文集，1994.
[13]陈鹏等. 银杏种实丰产单株选优研究. 园艺学报，1997，(2).

银杏雌花的形态建成*

王頔　陆彦　金鑫鑫　王莉[①]
（扬州大学园艺与植物保护学院，江苏扬州　225009）

摘要：利用半薄切片技术，并通过数码相机、扫描电镜和光镜对银杏雌花芽形态建成过程进行观察。结果表明：（1）银杏雌花芽自每年6月底分化开始至翌年3月下旬萌动前都有较厚的芽鳞包被；芽鳞片开张后，随叶片迅速生长，珠柄不断伸长；至授粉期叶片完全展开呈扇形，螺旋状着生于短枝顶端，胚珠位于叶片中央，直立向上；（2）银杏大孢子各部分的发生顺序依次为主柄、珠被、珠心、珠托。每年12月底主柄原基首先形成，翌年1月珠被分化形成，珠被分化期持续时间长，约为50d；3月中旬珠心组织和珠托分化形成，其持续时间约为10d；珠心组织形成的同时，由于周围珠被组织细胞分裂较快，逐渐包围珠心组织，在珠心上方围合形成珠孔道，珠心内分化形成孢原细胞。（3）3月下旬胚珠珠孔开始开张，珠孔道形成，珠心组织靠近珠孔端的几层细胞解体死亡，贮粉室逐渐形成，孢原细胞逐渐伸长转变为大孢子母细胞；授粉期，珠孔开张达到最大，并形成向外翻卷的漏斗状，珠孔处产生传粉滴，珠孔道的长度达到最长，贮粉室形成，其开口向上，正对珠孔道。传粉结束后，花粉粒进入贮粉室内，此时雌配子体发育至游离核阶段。

关键词：银杏；胚珠；形态建成

Morphogenesis of Female Flower of *Ginkgo biloba* L.

Wang Di　Lu Yan　Jin Xinxin　Wang Li
(College of Horticulture and Plant Protection, Yangzhou university, Yangzhou　225009 China)

Abstract: The semi-thin section technique, digital cameras, Scanning electron microscopy and light microscopy were used to observe the morphogenesis of the female flower bud of *Ginkgo biloba* L.. The results showed that the differentiation of female flower bud began in late June. And there were thick scales around the bud until it sprout in the next March. After the opening of bud scales, with the rapid growth of leaves, ovule stalk elongate constantly; to the pollination stage the leaves expanded fully, the ovules were located in the center of leaves, upward. The

---

* 基金资助项目：扬州大学高层次人才科研启动基金（2006－31）
作者简介：王頔，女，研究生。Tel：0514－7369282，E－mail：nmwd1984@163.com
①通讯作者。Tel：0514－7972072，E－mail：liwang@yzu.edu.cn

stalk primordium took place first in the development of megaspore in December. The differentiation of integument began in the next January. In the middle March, the nucellar tissue and ovule bracket formed. As the nucellar tissue formation, the micropylar canal formed at the nucellar apex. At the same time, archesporium formed in the nucellar side. The micropylar began to open in the late March, and the micropylar canal elongated. The nucellar tissue at the top of micropylar took place disorganization. The pollen chamber began to form generally. The archesporium elongated and turned into megasporocyte. To the pollination stage, the micropyle opened and reached its greatest width. The pollination drop appeared on the micropyle and the micropylar canal reached its longest. Moreover, the pollen chamber was formed, just facing to the micropylar canal.

Key Words: *Ginkgo biloba* L. ; Ovule; Morphogenesis

裸子植物的胚珠特征与被子植物的花部性状一样都是研究植物系统发育的关键特征之一。研究裸子植物胚珠的各部分分化的时间和空间顺序，有助于揭示胚珠各部分结构的形态学本质和演化方向，进而为探讨裸子植物的系统演化提供重要依据[1,2]。

银杏为古老的裸子植物，有关银杏胚珠发育的研究主要集中在大孢子发生和贮粉室形成方面，吉成均等[3]对银杏早期大孢子的超微结构进行了研究，李煜祥等[4,5]用石蜡切片法报道了银杏大孢子母细胞发生和大孢子的形成过程，李大辉等[6,7]结合扫描电镜与石蜡切片等方法论述了银杏胚珠贮粉室早期发育及珠心组织细胞程序性死亡机制，然而有关银杏胚珠的发生过程报道较少[8,9]。本研究在前人报道的基础上，采用扫描电镜观察法和半薄切片法等，系统地观察银杏雌花芽萌发、胚珠形成及珠心组织分化的连续过程，以期为揭示裸子植物适应风媒传粉的机制提供基础资料。

1 材料与方法

1.1 试验材料

试验材料取自扬州大学银杏试验基地内的雌株，树龄20年左右，生长发育良好。于2008年10月开始定期取样，取样部位为银杏雌花芽和胚珠，分别用FAA和2.5 %戊二醛固定，并置于4℃冰箱中保存。

1.2 试验方法

1.2.1 数码相机观察

于2008年10月开始在扬州大学银杏试验基地内观察雌花芽发育情况，自2009年3月18日开始，每天下午17:00左右用数码相机定点拍摄短枝雌花芽萌发过程，选取有代表性照片制作图版。

1.2.2 扫描电镜观察

样品经FAA固定后，在体视镜下用解剖针和镊子将芽鳞及叶片拔去露出胚珠，用0.1 mol/L PBS清洗，然后经过梯度乙醇脱水，醋酸异戊酯进行中间液置换，HCP-2临界点干燥仪上干燥后粘样，在SCD500离子溅射喷镀仪上真空喷金，置于4800S场发射扫描电镜观察并拍照。

1.2.3　半薄切片观察

样品用2.5%戊二醛固定，乙醇系列脱水，环氧丙烷置换，Spurr 树脂浸透与包埋，用 Leica 半薄切片机切成 1μm 厚的切片，1% 甲苯胺蓝染色，在 Olympus BH－2 显微镜下观察和拍照。

2　结果与分析

2.1　银杏雌花芽的萌发过程

银杏雌花芽着生在短枝顶部，自 6 月底分化开始至春季萌动前外部都有较厚的芽鳞片紧紧包被(图版 I-1)，鳞片一般为 7～9 枚，顶端较尖。3 月下旬银杏雌花芽芽鳞开始逐渐开张(图版 I-2，3，4)，露出幼嫩叶片与黄色胚珠(图版 I-5，6)，此时叶片向内叠卷，叶柄与总柄较短；之后叶片逐渐开张，叶柄不断伸长，随叶片的迅速生长胚珠的总柄逐渐伸长(图版 I-7，8，9)；临近授粉期叶片展开呈扇形，螺旋状簇生在短枝的顶端，此时胚珠仍呈黄色，直立向上，总柄细长(图版 I-10)；4 月 10 日左右授粉时的胚珠为黄绿色，珠孔处有传粉滴出现，叶片平展(图版 I-11)；授粉后胚珠迅速变为绿色(图版 I-12)。

2.2　银杏胚珠的形成过程

通过对银杏胚珠不同分化时期的扫描电镜观察表明，每年 6 月，银杏枝条生长趋缓时，雌花芽开始分化，雌花芽内靠近苞片的部位先分化出叶原基，之后在叶原基内部胚珠原基分化形成，一般在胚珠原基内侧还会再分化出几个叶原基(图版 II-1)，每个雌花芽中通常有 4～7个叶原基和 1～5 个胚珠原基。7～12 月为总柄分化期，短枝顶芽内生长锥的一侧出现胚珠总柄，总柄在混合芽内陆续分化。翌年 1～3 月，可见胚珠总柄顶端显著膨大(图版 II-2)，并向两侧突起，分化较早的总柄顶端出现两歧状分支(图版 II-3)，为珠被原基，随后珠被原基不断分化，积逐渐增大(图版 II-4)。3 月中旬，在珠被的中部形成珠心组织(图版 II-5，6)，珠心组织呈圆形，之后珠心周围的珠被组织继续向上增长并逐渐包围珠心(图版 II-7，8，9)；此时期，胚珠与总柄连接的地方迅速膨大形成了珠托(图版 II-10)。3 月底，珠被组织继续向上生长，在珠心上方合拢将珠心组织完全包围，其中间合拢处细胞发生向上突起(图版 II-11)，继续增殖生长，并产生向外翻卷现象，其中间逐渐形成 1 开口即为珠孔(图版 II-12)。珠孔随胚珠的不断发育逐渐增大，至授粉期，珠孔开口达到最大，呈圆形，并向外开张呈漏斗状(图版 II-13)。

2.3　银杏胚珠组织分化过程

通过对银杏大孢子发育不同阶段的切片观察表明，刚分化形成的主柄原基细胞小，细胞核不明显，细胞排列紧密，之后在主柄顶端膨大形成球状的珠被原基(图版 III-1)。3 月中旬珠心组织在珠被内分化形成，刚分化的珠心组织形态呈扁平形，周围的珠被细胞分裂较快，突出于珠心组织。此时珠心与珠被组织的细胞体积增大，细胞核明显（图版 III-2)。珠心组织细胞分裂增生，其顶端细胞逐渐向上突起，形态变为半圆形，周围的珠被组织继续向上生长，并逐渐包被珠心组织(图版 III-3)。之后珠心组织周围的珠被组织继续生长，在珠心组织的上方围合形成珠孔和珠孔道，珠心组织停止伸长，其形态为椭圆形(图版 III-4)。3 月 30 日左右靠近珠孔道的 6～7 层细胞开始纵向伸长，细胞体积变大，细胞核消失，这几层细胞死亡迅速，仅 2～3d 就完全解体形成 1 个椭圆形空腔，空腔顶端有完整的一层细胞包围(图版 III－5)。之后，位于珠心组织上部空腔两侧与底部的细胞不断发生死亡解体，空腔的

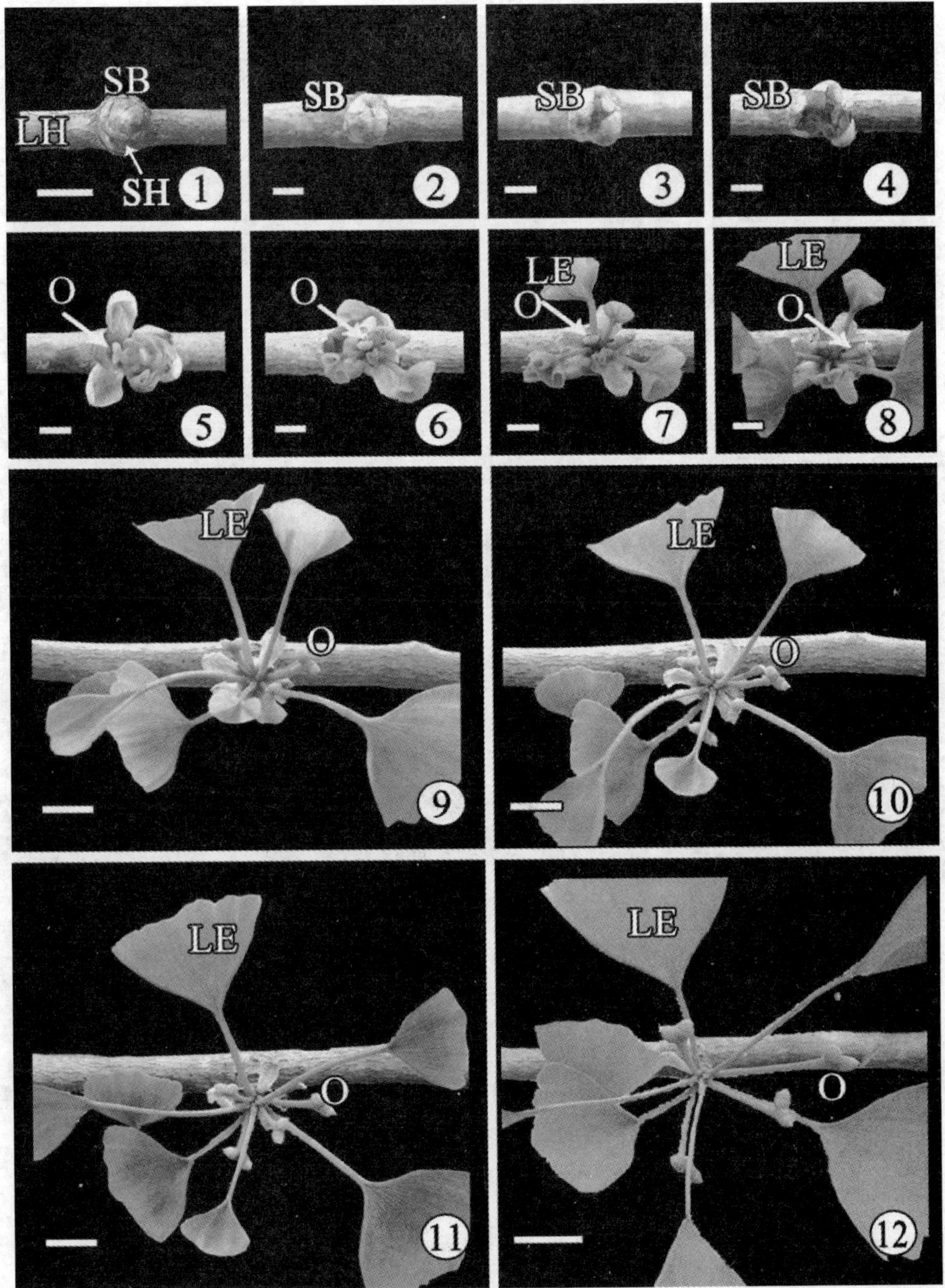

图版Ⅰ 银杏大孢子叶球发育过程

Plate. Ⅰ Megastrobilus development of *Ginkgo biloba*

①银杏雌花芽顶端较尖，外有较厚的芽鳞包被；②－④3月下旬芽鳞开始逐渐开张；⑤－⑥4月初中央分化形成胚珠，周围发育为叶片；⑦－⑧叶片生长迅速并向外围扩展，胚珠的总柄逐渐伸长；⑨－⑩临近授粉期叶片展开呈扇形，螺旋状蔟生在短枝的顶端，胚珠直立向上，总柄细长；⑪4月中旬授粉时的胚珠为黄绿色，叶片平展；⑫授粉后胚珠迅速变为绿色。Bar = 1cm；SH 短枝；LH 长枝；SB 芽鳞；O 胚珠；LE 营养叶

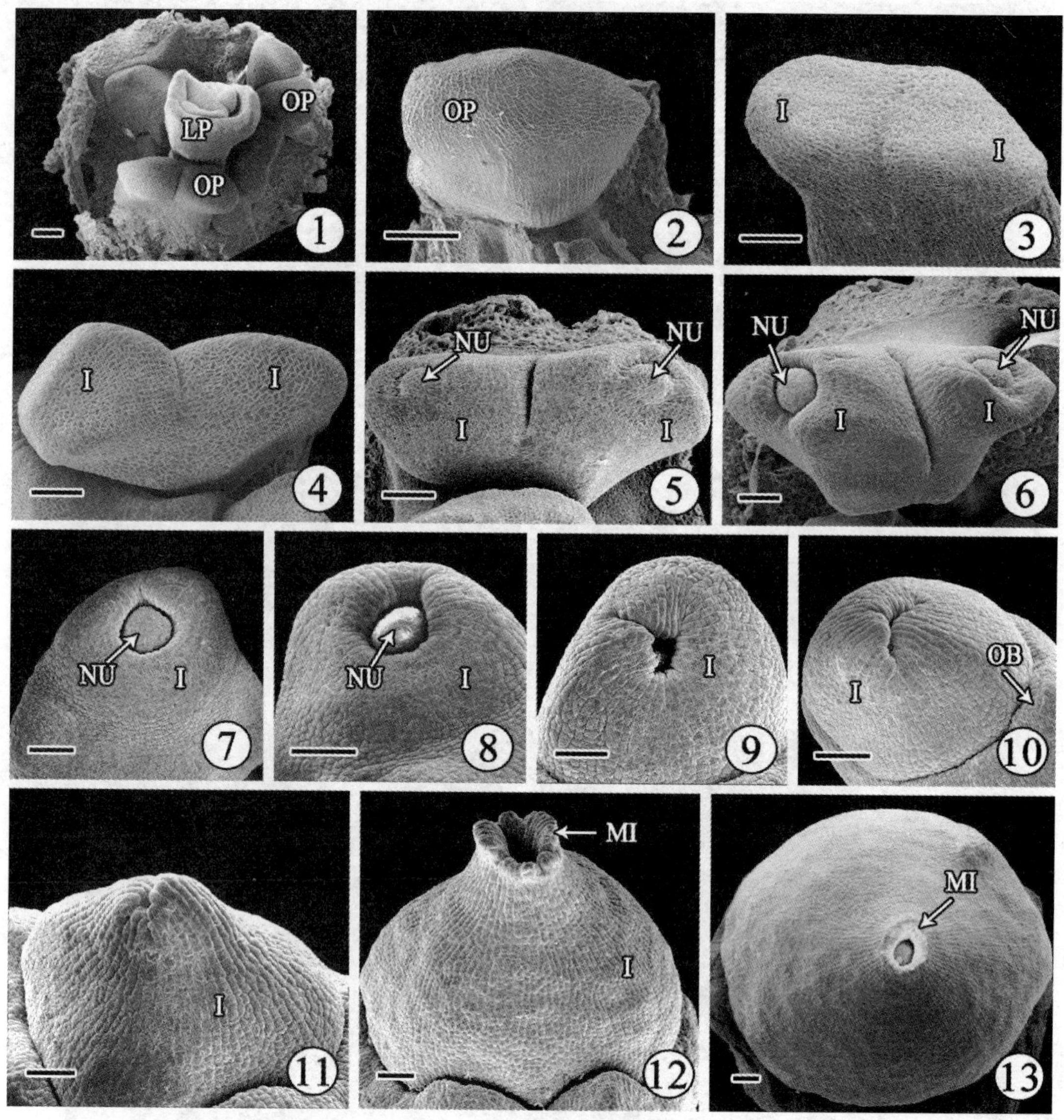

图版 II　银杏胚珠发育进程

Plate. II　Ovule development of *Ginkgo biloba*

①雌花芽内叶原基和胚珠原基；②总柄原基顶端呈圆弧形；③－④总柄原基顶端显著膨大，并向两侧突起形成珠被；⑤－⑥珠被中间分化出珠心组织；⑦－⑨ 珠被组织迅速生长，逐渐包围珠心；⑩ 珠托分化形成；⑪ 珠被组织完全包围珠心后继续向上生长；⑫ 成熟胚珠；⑬传粉期珠孔开口达到最大。Bar = 100μm；LP 叶原基；OP 胚珠原基；I 珠被；NU 珠心；OB 珠托；MI 珠孔

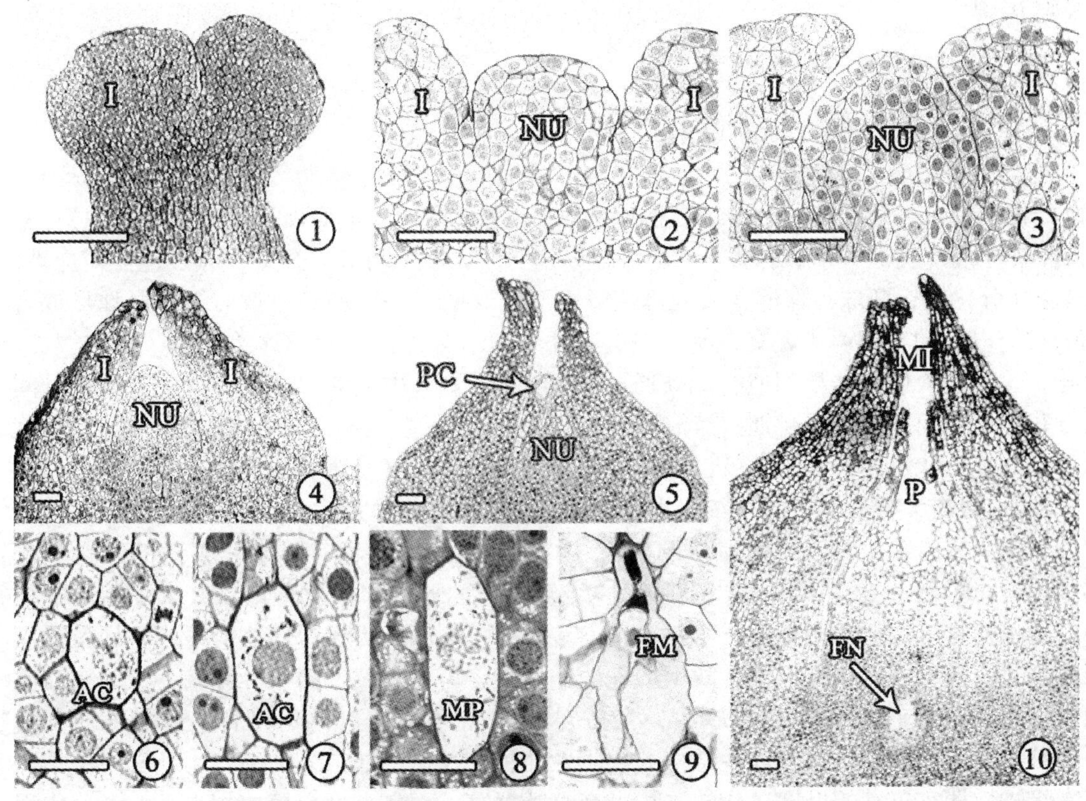

图版 III 胚珠授粉前后的解剖结构

Plate. III Anatomical Structure of *Ginkgo biloba* ovule before and after pollination

①1 月胚珠的珠被组织最先分化形成；② 3 月中旬开始珠心组织开始分化形成；③ 珠心周围的珠被组织生长速度快，不断包围珠心；④ 珠被在珠心上方围合形成珠孔和珠孔道；⑤ 珠心顶端细胞解体形成空腔；⑥ 3 月 20 日孢原细胞形成；⑦孢原细胞纵向伸长；⑧ 3 月 28 日孢原细胞发育成大孢子母细胞；⑨ 4 月 11 日功能大孢子形成；⑩ 授粉期花粉粒通过珠孔道进入贮粉室，此时雌配子体处于游离核阶段。①－⑤，⑨ Bar＝200μm；⑥－⑧ Bar＝50μm；I 珠被；NU 珠心；PC 贮粉室；AC 孢原细胞；MP 大孢子母细胞；FM 功能大孢子；FN 游离核；MI 珠孔道；P 花粉粒

体积逐渐增大，形成贮粉室。至授粉期珠孔开张达到最大，贮粉室顶端表皮细胞分离形成向上的开口，开口正对珠孔道，这种结构的形成有助于花粉通过珠孔道进入贮粉室停留。

3 月 20 日左右在珠心组织内部分化形成孢原细胞，孢原细胞体积较大，形态为规则的等径形，细胞质染色浅(图版 III－6)。之后孢原细胞不进行分裂，其体积沿胚珠的纵轴方向伸长，逐渐形成 1 个长椭圆形的细胞，细胞核位于细胞的中央位置，细胞内出现一些细胞器，这些细胞围绕在细胞核周围(图版 III－7)。3 月 28 日左右，孢原细胞的进一步伸长，体积进一步增大，逐渐转变为大孢子母细胞，此时大孢子母细胞的细胞核位于细胞中央，在靠近珠孔端和合点端的部位均分布有液泡和细胞器(图版 III－8)。4 月 10 日左右，大孢子母细胞进入减数分裂期并形成直立的四分体，4 细胞中靠近珠孔端的 3 个细胞逐渐退化消失，而合点端的细胞发育为功能大孢子(图版 III-9)，此时珠孔开张达到最大，贮粉室开口正对珠孔，为授粉最佳时期。授粉结束后功能大孢子细胞核分裂，雌配子体处于游离核阶段

（图版 III-10）。

3 讨论

3.1 银杏胚珠发生的时期划分

有研究将银杏胚珠的形态分化分为 6 个时期：(1)未分化期，芽内已有叶原基分化；(2)分化始期，生长锥的一侧出现胚柄原基；(3)分化盛期，珠柄顶端出现分歧；(4)珠被分化期，2 个胚珠突起并形成珠被；(5)珠心分化期，珠被先端形成开口，珠心包被在珠被内；(6)珠托分化期，胚珠与珠柄连接处迅速膨大形成珠托[8]。本研究通过对银杏胚珠形成各阶段的扫描电镜和半薄切片观察表明，银杏胚珠各组织分化的先后顺序为主柄、珠被、珠心、珠托，这与前人研究结果相似。此外通过观察发现，珠柄的分化期较早，在 11 ~ 12 月间就已分化形成；而珠被的分化期持续时间长，自 1 月开始至 3 月中旬约持续 50d 左右的时间；珠心和珠托分化迅速约需 10d 就已形成；至 4 月上旬胚珠各组织分化完成。

3.2 银杏大孢子发育的系统分类学地位

长期以来有关银杏系统学地位的探讨，特别是银杏生殖器官形态学本质的问题争论较多。傅德志、杨亲二[10]等提出“苞鳞 - 种鳞”复合体的概念和演化理论，并试图用以解释银杏的生殖器官形态学本质和裸子植物系统发育的有关问题，为探讨银杏的系统学地位提供了新的观点。这一观点认为，银杏着生胚珠的结构生于可育短枝上鳞状叶叶腋，该结构为次级轴性(枝性)性质，该结构的鳞状叶与可育短枝上正常的营养叶均为不育苞片的性质，鳞状叶叶腋长出的长柄则是次级轴性结构的次生性伸长，长柄上部二分叉的着生胚珠结构相当于该次级轴性器官仅存的极度退化的二枚可育性叶器官，而整个可育短枝相当于一个分化程度很低的复合大孢子叶球。银杏大孢子叶球的式样可能代表着裸子植物一种早期的原始大孢子叶球式样，为古裸子植物不甚分化的可育枝条向高度压缩和变态的可育枝条(“苞鳞 - 种鳞”复合体和典型的球果)演化的一种中间过渡式样。在对柏科植物雌球果的研究中同样支持了“苞鳞 - 种鳞”复合体的理论[11]。本研究观察表明，在银杏种实发育过程中，最初胚珠的发生都是独立的，胚珠原基直接在苞片的基部分化形成。花芽内先分化出叶原基，之后胚珠原基分化形成，在胚珠原基内侧还会再分化出几个叶原基，一般每个雌花芽中可分化形成 1 ~ 5 个胚珠原基和 4 ~ 7 个叶原基，而叶芽中可分化形成 4 ~ 8 个叶原基，其形成的叶原基数量与花芽中叶原基和胚珠原基总的数量大致相等，表明雌花芽与叶芽起源可能相同，该结果支持“苞鳞 - 种鳞”复合体的理论。

3.3 胚珠各组织形成时间、相互之间关系及其生物学意义

银杏胚珠发育成熟后，主要由珠被、珠孔、珠孔道、珠心组织顶端的贮粉室、大孢子母细胞及周围的海绵组织、珠托所组成。其中珠被组织最先分化形成，之后随着珠心组织的分化，珠被组织逐渐围合形成了从胚珠顶端至珠心组织顶端的 1 条珠孔道，此时珠孔尚未形成，珠心组织内部逐渐分化出孢原细胞。当胚珠处于大孢子母细胞时期，珠心组织顶端的细胞开始纵向伸长，此时珠孔逐渐开张，珠孔道逐渐伸长。当大孢子母细胞发生减数分裂时，贮粉室的空腔开始形成，珠孔进一步开张，珠孔道继续伸长。当减数分裂形成四分体时，贮粉室已完全形成，珠孔的开张最大，并形成向外翻卷的漏斗状，珠孔道的长度达到最长。此时期为传粉授粉的最佳时期，所有花粉粒进入胚珠的通道组织已完全形成，花粉粒从珠孔处进入珠孔道，并从贮粉室的向上开口处进入贮粉室内停留。传粉结束后，由于珠孔处周围珠

被组织细胞的继续分裂增殖使得珠孔与珠孔道逐渐闭合，贮粉室的空腔逐渐减小，开口封闭，贮粉室周围的珠心细胞开始解体死亡，至受精前贮粉室与颈卵器室相通。珠孔、珠孔道与贮粉室在传粉后的这种结构上的变化，一方面可以阻止其他植物产生的花粉飘落进入胚珠体内，影响银杏的正常授粉进程。另一方面贮粉室与颈卵器室相通，有利于贮粉室内花粉粒萌发形成的花粉管伸入颈卵器室内，也有利于精子进入颈卵器已完成受精作用。

参考文献

[1]Zhang Q, Sodmergen, Hu Y S, Lin J X. Female Cone Development in *Fokienia*, *Cupressus*, *Chamaecyparis* and *Juniperus* (Cupressaceae)[J]. Acta Botanica Sinica, 2004, 46(9): 1075 - 1082.

[2] Zhang Q, Xing S P, Hu Y X, Lin J X. Cone and Ovule Development in *Platycladus orientalis*(Cupressaceae)[J]. Acta Botanica Sinica, 2000, 42(6): 564 - 569.

[3] 吉成均，杨雄，李正理. 银杏大孢子形成的超微结构研究[J]. 植物学报，1999，41(12)：1323 - 1326.

[4] 吉成均，杨雄，李正理. 银杏大孢子形成的形态学研究[J]. 植物学报，1999，41(2)：219 - 221.

[5] 李煜祥. 银杏(*Ginkgo biloba* L.)大孢子的发生和形成[J]. 华南师范大学学报(自然科学版)，2001，11(4)：44 - 49.

[6] Li D H, Yang X, Cui X, et al. Early development of pollen chamber in *Ginkgo biloba* ovule[J]. Acta Botanica Sinica, 2002, 44 (7): 757 - 763.

[7] Li D H, Yang X, Cui K M, et al. Morphological changes in nucellar cells undergoing programmed cell death (PCD) during pollen chamber formation in *Ginkgo biloba*[J]. Acta Botanica Sinica , 2003, 45(1): 53 - 63.

[8]史继孔，樊卫国，文晓鹏. 银杏雌花芽形态分化研究[J]. 园艺学报，1998，25(1)：33 - 36.

[9]王莉，王永平，潘烨等. 银杏胚珠发育的解剖学研究[J]. 西北植物学报，2007，27(7)：1349 - 1356.

[10]傅德志，杨亲二. 银杏雌性生殖器官的形态学本质及其系统学意义(续)[J]. 植物分类学报，1993，31(4)：309 - 317.

[11]张泉，胡玉熹，林金星. 北美香柏雌球果的发育[J]. 植物分类学报，2001，39(1)：45 - 50.

Cd、Pb 对银杏根系离子微域分布影响初探*

朱宇林[1]　曹福亮[2]　汪贵斌[2]

（[1] 玉林师范学院，广西玉林　537000；[2] 南京林业大学森林资源与环境学院，江苏南京　210037）

摘要： 为阐明重金属在银杏根微区各组织中的富积特性及对其他选择性吸收离子的作用机理，采用 X－射线电子探针技术研究了 Cd、Pb 对银杏根系中离子微域分布的影响。结果表明，Cd、Pb 处理后在表皮、皮层、韧皮部和木质部细胞中均可发现 Cd^{2+}、Pb^{2+} 的积累。Cd、Pb 胁迫显著地影响了根系微区的离子分布，使细胞中大多离子的稳态受到破坏，是 Cd、Pb 对植物产生毒害的机制之一。同时 Ca^{2+} 和 K^+ 在根系微区不同组织中均呈现出较强的峰，Ca^{2+} 和 K^+ 稳态的维持显示银杏对 Cd、Pb 胁迫可能具有较强的耐性机制。

关键词： 银杏；Cd；Pb；X－射线电子探针；离子微域分布

Effects of Cd and Pb Stress on The Micro-distribution Analysis of The Across Sections of Ginkgo Root

Zhu Yulin[1] Cao Fuliang[2] Wang Guibin[2]

（[Y]ulin normaluniversity of Guangxi, Yulin　537000, China; [2] College of Forest Resources and Environment of Nanjing Forestry University, Nanjing　210037, China）

Abstract: In order to elucidate deeply and systematically the toxicity and tolerance mechanisms of ginkgo to heavy metals stress, the micro-distribution analysis of the across sections of ginkgo root with X-ray microanalysis was studied under cadmium and lead stress. The results indicated that the micro-distribution analysis of the across sections of ginkgo root with X-ray microanalysis indicated that ion micro-distribution of root was significantly affected by cadmium and lead single and combined pollution. We found Cd^{2+} and Pb^{2+} accumulating in the epidermis, cortex, phloem and xylem cell of ginkgo roots. The disrupted balances of most elements of different tissue were one of pivotal toxicity mechanisms by cadmium and lead stress. Meanwhile the peak of Ca^{2+} and K^+ manifested obviously in the different tissue. The homeostasis of Ca^{2+} and K^+ maintained revealed that ginkgo had the strong resistance to cadmium and lead stress.

Key words: *Ginkgo biloba* L.; Cadmium; Lead; X-ray electron probe microanalysis; Ion micro-distribution

---

* 基金项目：江苏省高科技项目（编号：BG2004314）

Cd、Pb 是环境中最普遍和最受关注的有毒重金属，其毒性仅次于汞居第二、三位。进入生物圈的 Cd、Pb 可通过迁移、转化和富集过程和食物链的“生物放大”作用，对动植物等产生极大的危害性。根系作为植物与土壤环境接触的重要界面，是与不同重金属发生作用的最直接器官。毒害水平的重金属可使植物根系伸长严重受抑制，活力下降[1]、生长发育严重受阻[2]，导致根尖细胞中的高尔基体消失、线粒体肿胀呈空泡化、染色质凝聚、染色体发生畸变、微核分裂异常等毒害症状[3,4]。近年来，已有报道利用 X-射线能谱分析技术分析研究植物在盐胁迫[5,6]、重金属胁迫[7,8]等逆境中的适应机制，在组织水平上探讨根系微区细胞吸收积累毒害离子的变化能较好揭示植物对逆境的适应机理。如 Kupper 等[9]、Alexander 等[10]和 Mazen 等[11]研究指出植物使重金属离子在细胞壁和液泡内的区室化可能是减轻该重金属的毒害重要机理之一。银杏是古老的孑遗木本植物，在漫长的生物进化及地球气候环境变迁的种种生境中兴而不衰，在多样性的生态系统表现出特殊的生态位，对重金属具有潜在的吸收和积累能力，在改善生态环境、园林绿化中起不可替代的作用，发展前景广阔。为阐明重金属在银杏根微区各组织中的富积特性及对其他选择性吸收离子的作用机理，本文采用 X-射线电子探针技术探讨 Cd、Pb 对银杏根系中离子微域分布的影响，以期为重金属污染环境植物修复研究和银杏抗性品种的综合开发提供必要的理论依据。

1 材料与方法

1.1 试验材料与处理

选用生长均匀的二年生无污染的‘大佛指’银杏品种实生苗为供试材料。采用温室盆栽控制的试验方法，处理浓度为(以干土重计算纯 Cd、Pb 含量)：Cd 150mg/kg，Pb 1000mg/kg，(Cd 以 $CdCl_2 \cdot 2.5H_2O$ 盐溶液的形式加入，Pb 以 $Pb(NO_3)_2$ 盐溶液的形式加入)。对照组用不含 Cd 或 Pb 的水溶液均匀加入，每盆 2 株，每个处理 7 个重复。试验在南京林业大学树木园温室进行，选用沙壤土作为盆栽基质，土样风干过筛后并充分混匀，每盆[25cm(径)×30cm(高)]装土为 10kg(干重)，施基肥：尿素 0.5mg/kg，过磷酸钙 0.4mg/kg，硫酸钾 0.5mg/kg。经测试分析，基质土壤速效氮为 8.6mg/kg，速效磷为 4.5mg/kg，速效钾为 11.3mg/kg，有机质含量为 3.5%，pH 值为 6.2，全镉含量为 0.04mg/kg，全铅含量为 0.57mg/kg。自处理后，根据每盆土壤水分状况，每隔 3～5d 等量地浇入淡水一次，使土壤的田间持水量保持在 70% 左右。胁迫处理 140d 后把银杏苗从盆中取出，立即制样以分析根系离子微域分布特点。

1.2 测定方法

参照施卫明[12]的方法进行样品制备，用双面刀片取距根尖 4～7cm 的根段，迅速投入液氮(约 -196℃)冷冻，然后经 LGJ-25 型冷冻干燥机(北京)冷冻真空干燥，喷镀碳膜后，在 LEO1530VP 型可变压场发射扫描电子显微镜下观察，EDS 型 X-射线能谱仪(英国 OXFORD 牛津公司)，加速电压 15KV，样品倾斜角 0°，样品与探针间的角度为 35°，计算机附带软件自动判断各元素峰值，并依据点分析图谱中的元素峰谱计算出各元素相对百分含量。

2　结果与分析

2.1　Cd 污染的银杏根系离子微域分布

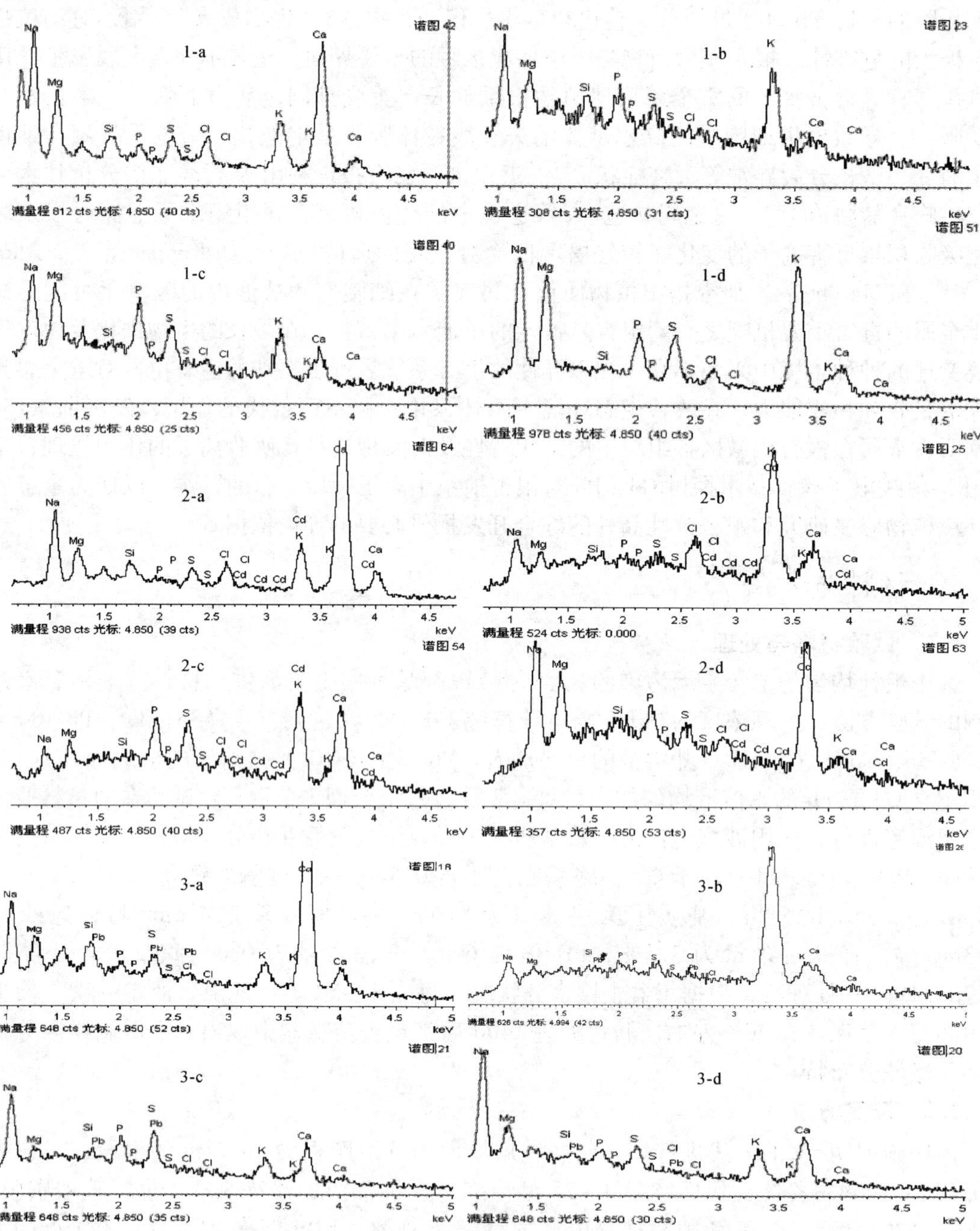

Note: 1, 2, 3　denoted in control, Cd150 and Pb1000 treatment, respectively (a, b, c, d were Epidermis, Cortex, Phloem and Xylem cell respectively)

图 1　银杏根系微区 X-射线电子探针元素点分析图谱

Fig. 1　The typical spectrum of X-ray electron probe microanalysis of ginkgo roots

图1(1－a，b，c，d)是无重金属污染的银杏根细胞微区X-射线电子探针各元素点分析结果。由图显示，在各层中均观察不到Cd^{2+}、Pb^{2+}峰，在表皮细胞中Ca^{2+}峰最高，随后趋于下降，K^{+}在皮层、木质部、韧皮部中的峰值则大幅上升并高于其他元素，而各层中Si和Cl^{-}峰表现最弱。经方差分析与多重比较表明，K^{+}、Na^{+}、Mg^{2+}、P、S、Cl^{-}在各层中的相对含量差异不显著($P>0.05$)；Ca^{2+}和Si差异则明显($F_{Ca^{2+}}=5.58$，$P<0.05$；$F_{Si}=15.10$，$P<0.01$)，均在表皮和韧皮部分布最多，在皮层和木质部分布最少。

经Cd处理后，银杏根系微区细胞中各离子分布发生了明显的变化(表1，图1)。Cd150处理的表皮、皮层、韧皮部和木质部细胞中均发现有Cd^{2+}的积累，Cd^{2+}在各微区中相对含量的大小顺序为韧皮部>木质部>皮层>表皮，经方差分析与多重比较表明，Mg^{2+}、S在表皮、皮层、韧皮部和木质部细胞中分布的差异性水平均未显著，但对K^{+}($F_{Cd150}=25.71$，$P<0.01$)、Na^{+}($F_{Cd150}=22.07$，$P<0.01$)、Ca^{2+}($F_{Cd150}=43.82$，$P<0.01$)、Cl^{-}($F_{Cd150}=16.01$，$P<0.01$)、Cd^{2+}($F_{Cd150}=109.51$，$P<0.01$)的影响达到极显著水平，这表明Cd可以影响银杏根系微区中各离子的吸收和转运效率，导致微区中的离子分布不均匀，可能是Cd对植物产生毒害的机制之一。银杏经Cd处理后，与对照相比，根系微区中Na^{+}随浓度的增加由外向内表现为先下降后升高；Cl^{-}则趋于上升，在韧皮部和木质部分布最多，Cd^{2+}也在韧皮部和木质部细胞中出现最大峰值(图1)。从表4－1可看出，在随Cd^{2+}上升的同时Ca^{2+}和K^{+}也呈现大幅上升的趋势，Si也表现出不同程度的增加。显然，Cd处理后显著地影响了根系微区的离子分布，使细胞中大多离子的稳态受到破坏，同时也相应地增强渗透调节机制，说明银杏对Cd胁迫表现出较强的抗性。

2.2 Pb污染的银杏根系离子微域分布

从X-射线微区点分析(图1)和线分析(表1)可看出，Pb处理后，银杏根表皮细胞、皮层细胞、韧皮部和木质部细胞均有Pb^{2+}的积累，且均在韧皮部细胞中积累最高，皮层次之，木质部相对含量最低。随Pb处理浓度的增加，在表皮和木质部细胞中Pb^{2+}的积累显著性差异不明显，但在韧皮部($F_{Cd100}=9.17$，$P<0.05$)和皮层($F_{Cd100}=49.74$，$P<0.01$)则分别达到显著和极显著水平。方差分析与多重比较表明，除Cl^{-}外，K^{+}($F=61.57$，$P<0.01$)、Na^{+}($F=547.47$，$P<0.01$)、Ca^{2+}($F=73.72$，$P<0.01$)、S($F=6.48$，$P<0.01$)、Pb^{2+}($F=67.08$，$P<0.01$)、Si($F=63.03$，$P<0.01$)、P($F=19.42$，$P<0.01$)均达到极显著差异性水平。显然，Pb处理后也能显著地影响根系微区各组织中离子分布，使不同Pb水平各组织中细胞的稳态受到破坏，从而使银杏表现出受Pb伤害症状。比较不同处理间根系微区各离子的分布特点(表1)，Na^{+}有向根系内层组织聚积的趋势；Si和Mg^{2+}则显示出逐渐下降的现象，在韧皮部和木质部细胞中下降尤为显著，但同时Ca^{2+}和K^{+}则明显上升，表明了银杏对Pb较强的耐性。

表 1　Cd、Pb 处理的银杏根微区细胞中各元素的相对含量

Tab. 1　Relative element content in epidermal, cortex , phloem and xylem cell in roots of ginkgo under Cd and Pb treatments

处理 treatment	组织 tissue	元素相对含量 relative element content(%)								
		Na	Mg	Si	P	S	Cl	K	Ca	Cd
CK	表皮 epidermis	15.72	10.61	3.86	3.82	5.00	5.73	20.50	34.77	a_
	皮层 cortex	17.20	12.29	1.14	10.80	9.02	3.69	34.68	11.17	a_
	韧皮部 phloem	18.19	11.88	3.85	8.94	6.85	2.34	27.87	20.08	a_
	木质部 xylem	18.13	14.95	0.72	7.90	9.57	4.03	36.10	8.61	a_
Cd150	表皮 epidermis	13.86	6.60	3.00	1.41	4.55	4.49	13.60	51.70	0.81
	皮层 cortex	11.82	5.49	2.15	2.16	4.07	3.16	40.98	29.79	0.38
	韧皮部 phloem	7.61	6.08	3.32	11.73	9.81	7.82	26.46	22.78	4.41
	木质部 xylem	20.38	7.74	2.33	5.78	11.45	6.34	35.55	8.84	1.58
Pb1000	表皮 epidermis	13.45	7.32	4.46	2.53	5.06	1.66	9.36	55.93	0.24
	皮层 cortex	12.85	3.61	1.37	2.71	3.36	1.47	61.34	10.89	1.90
	韧皮部 phloem	22.22	4.42	1.79	9.31	10.87	1.01	21.45	25.12	3.83
	木质部 xylem	31.27	8.30	0.94	5.74	11.20	1.69	17.81	22.82	0.25

3　结论与讨论

根系作为植物与土壤环境接触的界面，是感受逆境信号最直接的器官，重金属对植物产生毒害作用必须通过根系的吸收和转运等过程。有研究表明，在 Cd、Pb 胁迫下，植物根系可以富集较多的 Cd 和 Pb，而迁移至其他部位较少，有利于提高植物的耐性[7,8]。杨居荣等[13]研究认为，重金属对植物的毒害作用及植物的耐受性，与植物对重金属的吸收和运输，在植物体内各部位分配等有关。根系中积累过多的 Cd、Pb 会对根系产生破坏性的作用，如导致根系活力的下降，根系生长发育受阻，从而引起吸收其他矿质元素能力的下降，使植物体内元素平衡被打破，使植物受到伤害[2]。

一般来说，正常生长的植物体内各离子总处在一个相对平衡的稳态水平。通过 X-射线能谱分析技术研究 Cd、Pb 处理对银杏根系微区中主要离子的微域分布特点，结果表明，Cd、Pb 处理后在表皮、皮层、韧皮部和木质部细胞中均可发现 Cd^{2+}、Pb^{2+} 的积累，并能导致根系微区中 Na^{+} 由外向内逐渐富积，使大多离子平衡受到破坏，导致微区中的离子分布不均匀，是 Cd、Pb 对植物产生毒害的机制之一。Cd 处理的银杏根系各组织细胞中的 Cl^{-} 呈现上升的趋势，并与 Cd^{2+} 在韧皮部和木质部细胞中表现出最大峰值，Cl^{-} 与 Cd^{2+} 显示出协同性，其原因可能是 Cl^{-} 易与 Cd^{2+} 结合成 $CdCl_n^{2-n}$，有效地提高了 Cd^{2+} 的有效态[14]。江行玉等[8]研究也表明，Cd 污染的芦苇幼苗体内的 Cd 主要以 NaCl 提取化学态存在。此外，根系微区中 Si 随 Cd 浓度的上升表现出不同程度的增加趋势，据报道，Si 可使过量的 Mn 在水稻叶片中均匀分布，进而提高水稻的耐 Mn 性[15]。Si 能与重金属在介质和植物体内形成共沉淀并钝化，从而提高作物对重金属胁迫的抗性机制[16]，Cd 处理后，根系 Si 的提高，可能是银杏对 Cd 胁迫的耐性机制之一。但 Pb 可引起 Si 和 Mg^{2+} 的下降，Mg^{2+} 是植物光合色素的重要组成，参与激活光合作用和呼吸作用酶的活化、氮代谢、核酸代谢及蛋白质代谢等重要生理过程，Pb 胁迫引起根系微区 Si 和 Mg^{2+} 的下降可能是 Pb 对银杏产生伤害的机理之一。Cd、Pb 处理后，Ca^{2+} 和 K^{+} 在不同根系微区中均呈现出较高的峰值，这说明重金属处理后显著地影响了根系微区的离子分布，使细胞中大多离子的稳态受到破坏，同时也相应地增强渗透调节机制，显然银杏对 Cd、Pb 胁迫也可能表现出较强的抗性。

参考文献

[1]于拴仓，刘立功. Cd、Pb 及其相互作用对 3 种主要蔬菜胚根伸长的影响[J]. 种子，2005，24(1)：61－63.

[2]秦天才，吴玉树，王焕校等. 镉、锌及其交互作用对小白菜根系生理生态效应的研究[J]. 生态学报，1998，18(3)：320－325.

[3]周红卫，施国新，徐勤松. Cd^{2+} 污染水质对水花生根系抗氧化酶活性和超微结构的影响[J]. 植物生理学通讯，2003，39(3)：211－214.

[4] 曹德菊，汤斌. 铅、镉及其复合污染对蚕豆根尖细胞的诱变效应[J]. 激光生物学报，2004，13(4)：302－305.

[5]陈少良，李金克，尹伟伦等. 盐胁迫条件下杨树组织及细胞中钾、钙、镁的变化[J]. 北京林业大学学报，2002，24(5/6)：84－88.

[6]徐呈祥. 硅缓解金丝小枣盐胁迫的效应与机制[博士学位论文][D]. 南京：南京林业大学，2005.

[7] 江行玉，赵可夫. 铅污染下芦苇体内铅的分布和铅胁迫相关蛋白[J]. 植物生理与分子生物学报，2002，28(3)：169－174.

[8] 江行玉，王长海，赵可夫. 芦苇抗镉污染机理研究[J]. 生态学报，2003，23(5)：856－862.

[9]KuPPer J, Zhao F J, Mcgrath S P. Cellular compartmentation of Zinc in leaves of the hyperaccumulator Thlaspi caerulescens [J]. Plant Physiology, 1999, 119：305－311.

[10]Alexander P, Markus H, Eberhard F. Effects of manganese on element distribution and structure in thalli of the epiphytic lichens *Hypogymnia physodes* and *Lecanora conizaeoides* [J]. Environmental and Experimental Botany, 2003, 50：113－124.

[11]Mazen A M, Magherby O M. Accumulation of cadmium, lead and strontium, and a role of calcium oxalate in water hyacinth tolerance [J]. Biologia Plantarum, 1997, 40(3)：411－417.

[12]施卫明. 根际养分的电子探针研究法[A]. 见刘芷宇，李良谟，施卫明主编. 根际研究法. 南京：江苏科学技术出版社，1997：30－49.

[13]杨居荣，贺建群，蒋婉茹. Cd 污染对植物生理生化的影响[J]. 农业环境保护，1995，14(5)：193－197.

[14]Smolders E, Mclaughlin M J. Chloride increases cadmium uptake in Swiss chard in a resin-buffered nutrient solution [J]. Soil Sci. Soc. Amer, 1996, 60：1443－1447.

[15]Horiguchi T. Mortia S. Mechanism of manganese toxicity and tolerance of plants. Vi. Effect of silicon on alleviation of manganese toxicity of barely [J]. Plant Nutr, 1987, 10：2299－2310.

[16]梁永超，丁瑞兴. 硅对大麦根系中离子的微域分布的影响及其与大麦耐性的关系[J]. 中国科学(C辑)，2002，32(2)：113－121.

天目山银杏品种资源多样性空间分布的初步研究

赵明水[1]　周荣高[2]

([1] 浙江天目山国家级自然保护区管理局，浙江临安　311300；[2] 临安市林业局昌化林业站，浙江临安　311300)

1　前言

1.1　天目山自然概况

浙江天目山国家级自然保护区位于浙江西北部的临安市境内，地理位置在北纬30°18′30″~30°24′55″，东经119°24′11″~119°28′27″，离杭州市区90km。总面积为4284hm²。主峰仙人顶，海拔1506m，为浙江省西北部主要高峰之一。保护区范围位于山体南坡。气候具有中亚热带向北亚热带过渡的特征，并受海洋暖湿气流的影响较多，森林植被茂盛，高山深谷、地形复杂。保护区内由山麓至山顶，年均气温8.8~14.8℃；最冷月平均气温-2.6~3.4℃，极值最低气温-13.1~-20.2℃，最热月平均气温28.1~19.9℃，极值最高气温38.2~29.9℃，≥10℃年积温5100~2500℃，无霜期235~209d，年雨日159.2~183.1d，年雾日64.1~255.3d，年降水量1390~1870mm，年太阳辐射4460~3270 MJ/m²，日照时数在1550~2000h之间，温度垂直递减率为0.48℃/100m，四季变幅在0.42~0.57℃/100m间，气温年较差在24.7~22.5℃之间，月较差在10.6~6.0℃之间，相对湿度76%~81%。保护区是浙江最大积雪地区，平均初雪日12月20日，平均终雪日3月13日，降雪日数为84~151.7d，积雪日为30.1~117.4d。保护区内海拔1200m以上为棕黄壤带，海拔1200m以下为黄红壤带，黄红壤带又可分为海拔600~800m到1200m的黄壤带和海拔800m以下的红壤带，土层厚度在100cm以上，腐殖质层达30cm，pH值4.7~5.9，土壤结构良好。

1.2　天目山银杏研究情况

银杏现存虽只有一个种，但全国各地却存在非常丰富多样的银杏品种群，有自然生长的，也有人工栽培通过选育形成的，在长期的自然选择和人工选择中，形成了我国丰富的银杏品种资源多样性。

天目山自然保护区内分布的野生银杏种群，通过专业人员多年的详细而全面的调查，数量和分布范围已清楚，在保护区中有古老银杏262株，分布于海拔300~1200m之间，平均胸径45cm，平均高18.4m，最大胸径1.23m，最高30m，胸径1m以上者有10株，树龄在300年以上的古树有184株，树龄在千年以上的古树有10余株，银杏多生长于谷底、路边、溪边和路旁或寺院附近，大多扎根于乱石堆中。由于人类活动影响，有些距林间小道和建筑物较近，被怀疑为人工所种植。如果以溪谷为主线向两旁延伸，就会发现绝大多数银杏分布于溪流两侧附近。

根据以银杏为中心的群落调查，天目山银杏在林中处于一种自然野生状态，上层林冠由银杏、金钱松、柳杉、青钱柳、枫香等高大乔木组成，林冠下层由豹皮樟、紫檀、青冈栎、马银花、交让木、茶树等树种组成，林下地被层为络石、翠云草、常春藤、狗脊、菝葜等组成，林内郁闭度达0.9以上。

1994年，周骋、叶苏芳对天目山自然保护区的银杏进行了一次较全面的野外调查，在初步摸清古银杏分布和生长情况的基础上，经过整理、分析和鉴别，参照曾勉先生的分类方法，依据种实、种核形状、大小等特征，将天目山银杏雌株划分为佛手、马玲、梅核三大类，11个小类，其中佛手类有糯佛手、小佛手、卵佛手3个类型共7株，梅核类有梅核、圆核、小圆核、小梅核4类共27株，马铃类有小圆铃、圆马铃、长马铃和马铃4类共8株。

综上所述，虽然前人开展了对天目山自然保护区银杏数量、分布范围、生长原生性和雌株划分研究，但这些银杏树雌雄株品种多样性的空间分布尚未见研究。作者希望通过对天目山银杏品种资源多样性的空间分布研究，提示银杏品种的空间分布规律性，为天目山银杏野生性提供更多的证据，也为银杏这个古老植物能够繁衍至今提供品种遗传多样性方面的证据。

2 研究材料和方法

2.1 植株定位编号

依据一定的调查路线，对分布于天目山自然保护区内的银杏树进行逐株编号，在树干上订上印有编号的小铝片，并用手持GPS机进行树木定位，记录树木位置的经纬度和海拔高度、树木胸径、树高等数据，共记录定位银杏植株296株(包括一些栽培植株)。

2.2 样品采集和编号

在银杏种实成熟季节，上树采集或在树下捡拾一定数量可比较测定的银杏种实，分别记录树干小铝片上的树木编号，以确定结实银杏母树的空间位置，共采集银杏品种样品24个。

2.3 样品测定和分类

分株采回的银杏种实样品，经过堆沤，清洗掉外种皮，晾干后进行银杏种子的长、宽、厚测定，根据《中国果树志·银杏卷》的分类方法，对24个样品进行了品种分类。

3 结论

3.1 天目山银杏品种多样性十分丰富

根据实测，24个样品可分成5大类，其中圆子类7株，马铃类8株，梅核类1株，天目长籽类3株，佛手类5株。虽然此次未能全面采样，在周骋、叶苏芳调查中最多的梅核大类仅取了一株样，但明显可以看出，天目山银杏品种多样性是十分丰富的，包含了我国所有五大类银杏品种群。

3.2 天目山银杏各品种间在空间上呈混生分布

从每个品种单株的空间分布来看，从山脚到山腰银杏分布区范围内，各个海拔地段都有分布，在同一海拔区域的极小范围内，各个品种也混生其中。

3.3 银杏品种内变异丰富，种子大小与分类标准相比，多数情况下呈偏小状态

在同一品种内，银杏种子形态也有很大变异，与《中国果树志·银杏卷》中的分类标准相比较，天目山自然保护区银杏种子大小多数情况下处于偏小状态。

4　讨论

4.1　银杏品种空间分布特点与食种动物的关系

根据调查资料，天目山至少存在两种取食银杏种实的动物——松鼠和果子狸，它们为银杏种子扩散做出巨大贡献。由于它们的存在，银杏种子得以远距离传播，天目山银杏品种在空间上混生可能与它们的传播有直接的关系，因为如果仅是水流传播的话，可以想像会沿水流方向形成单一种群，而动物传播各品种是随机的，在同一地域内会存在不同的品种。

4.2　银杏品种多样化与接受不同雄性花粉的关系

天目山有丰富的雌株品种群，而更多的则是雄性品种群，不同品种的雄株花粉长年落于不同的雌株上，使银杏所结的种实呈现多样化，长久的积累，使天目山银杏出现多样化的品种群。这是否是银杏借助多样化品种而得以生存下来的原因，值得更进一步研究。

银杏培育技术

“银杏栽培技术”解说词

侯九寰　皇甫桂月
（郯城县林业局，山东郯城　276100）

银杏又名白果，古称鸭脚、公孙树，它发祥于我国，属特等优质经济树种。千百年来，素为我国人民所珍重喜爱。郭沫若曾热情地赞颂银杏为“东方的圣者”。

近2亿年前银杏类植物曾组成浩瀚的森林，布满全球。然而，到了7千万年前的新生代第四纪初期，气候突然变冷，冰川降临，银杏类植物遭致灭顶之灾。由于我国自然条件优越，才使这一珍贵而古老的树种奇迹般地保存下来。所以，人们称银杏为“活化石”。

郯城素有“银杏之乡”的美称。早在清朝乾隆年间一位诗人游至郯城，陶醉于银杏园中，欣然命笔，诗曰：“出门无所见，满目白果园。屈指难尽数，何止株万千”。

如今，大河南北，长江上下，掀起一股方兴未艾的银杏热。如何依靠科学技术发展银杏事业，实现高产、优质、高效益，是人们所普遍关注的问题：

1　适生条件

银杏在地球上存活时间长，地域分布广，因而对环境条件并不苛求。不论是花岗岩或片麻岩上发育起来的酸性土、中性土，还是石灰岩上发育起来的钙质土均能生长。但最适宜的是pH值5.5~7.5范围内的土壤。除少数重盐碱地、重黏土地外，大部分地区均可栽植。一般来说，在深厚、湿润、肥沃、排水良好的土壤上生长最好，而在瘠薄、干燥、多石的山地或过度潮湿的泥泞地生长较差。同时地下水位要在1.5~2m范围内，长期积水、内涝的地方不易成活、成林，也难于高产、稳产。

银杏广泛分布于我国南亚热带至北温带的广大区域内，因此，对气候适应力很强。在我国华北、华中、华东、西南、西北、东北地区年均气温8~20℃，冬季绝对最低气温-20℃以上，年降水量600~1500mm，冬春干燥或温凉湿润、夏秋温暖多雨的条件下都可种植，但以年均气温10~18℃为经济栽培界限。

2　选种

良种是早实、优质、丰产的基础。银杏种子应从树势旺盛、种仁饱满、籽粒大、授粉良好、无病虫草害的树上选取。一般来说以30~100年生树，作为采种母树最为适宜。每千克300~500粒，有胚率在70%以上较为理想。

种子尽量从当地优良母树上选择。慎重引种外地品种，而且要先少量引进，试验成功后再大面积的推广。

郯城县银杏栽培历史悠久，通过千百年来，各种自然条件的影响和人工选择，其品种资源十分丰富，采用优良品种繁育苗木和栽培建园由来已久，沿袭至今。从20世纪70年代初开始，广大果农和科技人员在种质资源调查的基础上，通过定点、定株观察和无性系测定，从初选的数十株单株中反复筛选，优中选优，已在省内外多处对比试验，普遍反映良好。

第一批早实、丰产型品种有：

(1)圆铃9号。该品种枝叶茂盛，叶片大而厚，颜色浓绿，发枝力虽弱，但成枝率高，枝条粗壮，芽间距小，单核重1.8g，每千克556粒。该品种的突出特点在于早实、丰产。一般2~3年生的砧木，嫁接后3~4年开始结种，4~5年丰产。成龄大树，当年枝条即可形成花芽，次年结种。

(2)马铃5号。该品种发枝力强，新梢生长旺盛、树冠开张，单核重2.4g，每千克417粒。其主要特点是结种早、丰产、稳产、采用2~3年生实生苗嫁接，一般第4年开始结种，5~6年生树，单株最高产量10kg，10年生树单株最高产量达30kg，而且短枝连，续结种能力强，大小年不明显。

(3)金坠13号。该品种主枝角度开张，树势中庸，芽体小，虽发枝少，成枝率较低，但早实、丰产性能好。采用1~3年生的实生苗嫁接，3~4年开始结种，8年后进入盛种期，10年生树单株最高产量可达35kg，单核重2.6g，每千克358粒。

早实、丰产型的圆铃9号、马铃5号、金坠13号等品种是营造矮干、密植、早期丰产园的理想品种。

第二批大粒、早实、丰产型的品种有：

(1)马铃3号。树株生长健壮，早实性明显，2~3年生苗嫁接后4~5年结种，10年生单株最高产量达40kg。平均单核重4g，最大单核重4.5g，每千克250粒，其综合形态品质超过日本著名的大型品种'腾九郎'。是目前国内选出的种核最大的早实丰产品种之一。

(2)金坠1号。该品种母树年龄近百年，枝繁叶茂，新梢年平均生长量达24cm，最长者达37cm。2~3年生苗嫁接后4~5年开始结种。单核重3.3g，每千克303粒，属一级种。该品种有两个显著的特点，一是出仁率高达81.49%，是国内少见的高出仁率品种；二是成熟期早，在郯城一带9月上旬即成熟，比同条件下的其他品种早熟半个月。

(3)圆铃6号。该母树树龄近百年，连年丰产、稳产。2~3年生苗嫁接后4~5年结种。单核重3.04g，每千克329粒，属中、早熟品种，郯城一带成熟期9月中旬，该品种的特点是核圆，形似龙眼，便于机械脱壳，深受国内外客户的欢迎。

总之，上面所说的大粒、早实、丰产型品种马铃3号、金坠1号、圆铃6号诸品种，既早实、丰产又质优，乃当前银杏生产中最有推广前途的优良品种。

3 贮藏

银杏种子外种皮由青变橙黄色即可成熟采收。成熟的种子摇晃树枝或用竹竿、木棍轻轻击落捡拾起来，以备加工调制。采收的种子堆积在场地上，厚度不超过30cm，上盖一层湿草。15d左右外种皮腐烂，与骨质的中种皮脱离，用人工或机械脱出肉质的外种皮，用清水冲洗干净，即为核果，俗称白果，作为种用。

形态成熟的银杏种子种胚尚未发育完全，甚至多数肉眼还看不清，需要较长一段时间的后熟，胚才能发育完全。因此，贮藏是提高种子播种品质的首要一环。贮前将白果放入清水中除去漂浮种、病虫腐烂变质种，待稍晾干，再用500倍多菌灵药液浸泡1h，置室内通风处堆积，厚度不超过20cm，每天翻动一次，保持外壳的湿润并及时冲洗补湿。室内存放

15～20d。待11月下旬，气温8℃以下时，即可挖窖贮藏。

在背风向阳、地面平坦的地方，挖窖宽1.2m、深0.8m、东西走向的贮藏窖、长度根据种子数量而定。按1份种子兑3份纯净的河沙。沙的温度不可过大、过小，以潮湿状态为宜。窖底先铺厚5cm左右的沙，其上一层种子，一层沙。然后上面盖5～10cm的纯沙。刚入窖的月余，每5～7d翻动一次。至大地封冻不再翻动，上面加盖塑料弓形棚。若气温低于0℃，夜晚需要加盖草苫。窖周围还要挖好排水沟，防止积水造成种子腐烂。

4 催芽

银杏雌雄异株，靠风力传粉。在雄树少且分布不均匀的地方，致使雌花不能充分受粉或未能受粉，更不能受精，形成无胚的种子。因此，并非每粒银杏种子，经过后熟期都可发育出完整的胚，有许多种子根本无胚。通常情况下，无胚率可达10%～30%，甚至高达30%以上，为避免盲目用无胚种子播种造成缺苗断垄现象，于播种之前进行催芽，是非常必要的。

入春大地解冻后，北方在3月上旬到下旬，南方在2月下旬到3月中旬，将冬藏的种子取出。选背风向阳、地势平坦、排水良好的地块，挖深25cm、宽1.2m，催芽窖。下铺5cm厚的干净细沙，随即与种子3倍的细沙均匀混合入窖，用喷壶喷水，达潮湿状态。上面再覆盖5cm左右的细沙。最后，上覆塑料弓形膜。膜内温度保持在18～30℃范围内。温度低于15℃，夜间加盖草苫；超过30℃及时通风降温。经15～20d，便有一批种子发芽，则可拣出下种。以后，每隔5～7d拣一次。经4～5次拣种，有胚芽的种子则全部发芽，剩余不能发芽者，可另作他用。

5 整地

圃地是苗木生长的基础。用作银杏育苗的土地，要选交通便利、水利设施良好和土质肥沃的壤土或沙壤土，切忌在土壤黏重、积涝、瘠薄、病虫害严重和重茬地育苗。用于银杏育苗的圃地最好于秋末冬初，全面深翻30～40cm，亩施0.5万kg以上腐熟的土杂肥，50kg复合肥或磷酸二氢钾混入5～10kg的硫酸亚铁，3～5kg的辛硫磷或呋喃丹，以作灭菌杀虫之用。翌春顶凌耙地，耕细整平。雨水多、易内涝的地区，用高出地面10cm的高床。干旱地区用低床。一般地区多采用平床。苗床东西走向，长10～12m，宽1m或1.5m。作畦后渗一次大水，待水渗下后再次翻地，彻底耧平、耙细，以待播种。

6 种子育苗

银杏播种宜早不宜迟。适时早播可促使苗木健壮，尽早木质化，提高抗病、抗虫能力；播种过晚苗木生长瘦弱，不耐高温，易遭日灼和立枯病危害。播期因各地气候而异，亚热带地区在3月上旬至下旬，温带地区在3月下旬至4月中旬，5cm地温在10℃以上最为适宜。

苗床作好后再次耧平、耙细，按沟距25cm，每床开沟3～5条，沟深3cm，沟内灌足水，待水渗下后，将发芽的种子点播于沟内。为了促发侧根，可将胚根掐断0.2cm长的一段根尖，点种时胚根弯度向下，种子平放。点播种子切忌覆土过深、过浅。过深出土慢，过浅不利于保墒。实践证明，以覆土2cm深左右为宜。在气温低适当早播的情况下，苗床要加盖地膜，有条件的地方也可在塑料弓形棚或塑料大棚内播种。

种子播下后，一般15～20d开始出土，25～30d苗木出齐。覆地膜者，要戳破地膜让幼苗缓慢生出。这期间地老虎、蛴螬是幼苗的大敌。可用1000倍敌百虫粉剂拌毒饵诱杀并辅之以人工捕捉。

苗期另一个主要管理内容是防治立枯病。该病在全国银杏产区均有发生，从幼苗出土就伴随发病，夏季高温尤为严重。染病植株茎基部变褐色、皱缩、叶片失绿、梢下垂，以后病菌扩至根部，使根部皮层腐烂，造成苗木死亡。该病重在于防。可于8月下旬开始，每10d喷灌一次200倍硫酸亚铁或500~600倍多菌灵或百菌清液。

杂草与幼苗争肥、争水、争光。松土有利于保持土壤的通透性和维持墒情。因此，幼苗期要及时松土除草。全年至少要做到8~10次。

银杏苗对肥料需求量大，没有充足的肥料难以培育出优质壮苗。在速生期内5~6月份各追一次氮肥，每亩追尿素20~30kg。在生长中期的8月上旬再追一次钾肥，每亩30kg复合肥或磷酸二氢钾。

银杏苗喜湿怕涝。在5~6月份至讯期来临之前，要经常保持土壤湿润。土壤持水量要达到75%以上，晚秋可根据墒情适当浇水，大地封冻前，要浇一次封冻水，以确保苗木安全越冬。

7 扦插育苗

银杏既可用种子育苗繁殖，又可用枝条扦插繁殖。用枝条扦插育苗方法简便、节约育苗成本，并能加快苗木繁育速度和保持品种的优良性状，是目前银杏育苗的良好途径。

根据银杏枝条生根机理和生产实践表明，插穗质量如何是决定扦插成活率高低的关键因素。春、秋季硬枝扦插，插穗应选自30年生以下的幼龄树，无病虫害，树冠外围的一、二年生发育充实的枝条。经验表明，实生树上的枝条比嫁接树上的枝条成活率高，带顶芽的比不带顶芽的成活率高。从一、二年生交接处剪截的枝条成活率高。一年生枝条比二年生或多年生枝条成活率高。总之，扦插的成活率与枝条年龄成反比。就是说：树龄越长其扦插成活率越低。另外，幼树嫁接时，截下的砧木梢部，也是很好的扦插材料，可以充分利用。

采来的插穗截成10~15cm长的树段，含4~5个芽，上端在芽上方1cm处截成平面，有顶芽者不截，下端剪成马耳形，再横向插入刀片，垂直的向下纵切一刀，削至木质部，切口长1.5cm。此切口是扦插后产生愈合组织继而生根的部位，务必削好，避免产生毛茬。

嫩枝扦插一般在5~6月份进行，选用当年半木质化的枝条，成活率也较高，在生产上也常用。

将削好的插穗按品种及粗细大小，每30~50根扎成一捆。这样有利于提高苗木整齐度，也便于苗期管理。

为了促进生根，提高成活率，插穗要用药物杀菌消毒，再用激素处理。生产上常用多菌灵500倍液浸泡10min，然后用ABT1号生根粉浸泡。生根粉液的配制方法是：用非金属容器，将1g ABT1号生根粉溶解于500g 95%的酒精中，再加500g蒸馏水或凉开水，即配成1000mg/kg的浓度，使用时可随蘸随插。也可再加水稀释10倍，即得到100mg/kg的药液，将成捆的插穗在药液里浸泡1h，浸泡深度2~3cm。

插穗生根的多少与插床、插壤关系密切。为了确保插穗生根，要求插壤有良好的保水性和通气性。大田扦插要选用排水良好的沙土、沙质壤土，切忌黏重的土壤用作扦插的土地要深翻整平，为防止地下病虫危害，每亩施辛硫磷和硫酸亚铁各5kg。畦宽1m，常依地形而定。若采用大棚全光自动喷雾扦插效果更好，从春天到秋天连续扦插 3 ~4 次。

硬枝扦插可于 3 月上旬至 4 月上旬，枝条未发芽前或 11 月落叶后土壤封冻前均可进行。嫩枝扦插可于 5 月下旬至 8 月下旬进行。

扦插时可用小木棒打孔，用拇指与食指夹住插穗上端，将插穗的 2/3 垂直轻轻插入土中，用手按实，使插穗与土壤密接。株行距 5cm ×5cm，每平方米可扦插 400 株。插完后浇一次透水，上方用塑料弓形棚覆盖。扦插后一般 7 ~10d 产生愈伤组织，10 ~15d 开始生根。一般扦插生根率在 90% 以上。

插后管理如何，将直接影响插穗成活率的高低。扦插后除经常喷水保持土壤田间持水量 70% 左右外，还可用麦糠或稻糠，锯木屑覆盖地面。嫩枝扦插还要注意遮荫。扦插苗生根长叶后，每 15d 喷施一次 0.1% 的尿素或磷酸二氢钾，并及时进行中耕除草，加强防治病虫害。塑料弓形棚扦插 4 月中旬要注意早盖晚揭，中午加强通风降温，棚内温度不可超过 35℃。直至 5 月下旬方可拆除弓形棚。

扦插苗成活后，选择阴雨天气及时移栽。

8　嫁接

实生繁殖的苗木，结种晚，且不能保持母树的优良特性。通过嫁接可以选择优良品种，提早结种且优质、高产、稳产。

银杏嫁接的方法很多，生产上常用的有：

(1)劈接

早春 3 ~4 月或秋季 7 ~8 月均可进行。选有 2 ~3 个饱满芽的粗壮接穗，在接穗下端芽两侧各削一个 3 ~5cm 左右长的削面，呈楔形。两个削面中间木质部一面稍厚，一面稍薄，上端稍厚，下端稍薄，削面一定要平直光滑。另外，在砧木需嫁接的部位，将砧木切断，用切接刀在横断面中间劈开，将削好的接穗徐徐插入，然后用塑料薄膜捆扎严密。

(2)插皮接

此法多用于春季，树皮易剥离的清明前后。将砧木在嫁接处截断。根据接穗粗度削去穗粗的 1/3 ~1/2，将砧木皮层捏开，接穗插入砧木皮层与木质部之间，上部留 0.2cm 的削面。然后占用塑料薄膜捆扎严密。

(3)双舌接

此法操作简便，成活率高，嫁接时期长，可在生产上大力推广。具体操作是：将砧木削成舌面，在舌面上方的 1/3 处再深割一刀，同样将接穗削成舌面，在舌面下方的 1/3 处再深割一刀，使两个舌面吻合插入。务使一面皮层对齐，有利于愈合，然后用塑料薄膜扎紧包严。

(4)片形芽接

片形芽接是群众常用的一种嫁接方法，适用于夏、秋季节。此法简便节省接穗操作容易。在良种缺乏的地方可以采用此法。具体做法是：先在接穗上选取饱满芽，用锋利的芽接刀，在芽的四周切成方块形，方块大小视砧木粗细而定，砧木粗方块则大，反之则小些。切口深达木质部，取下芽片。在砧木上取下同样大小的切片，然后将接穗小芽片贴在砧木上，用塑料布扎紧即成。但是，用此法嫁接者树冠形成慢。

嫁接成活率的高低、苗木生长势的强弱，除与操作者的技术水平有关外，接后管理如何也是重要一环。其中最主要的有两条；第一是缚梢。春季嫁接萌发的新梢生长快而旺盛，而接合处的愈合组织则十分细嫩，极易从接口处被风折或碰断，应于新梢长出 10cm 左右时立支棍缚引新梢。支棍下部绑(插)牢固，上部绑缚新梢要稍松，以不妨碍其生长为原则，待接合部位愈合牢固后再解除支棍，第二是松绑。春季嫁接后一个月内，若接穗或者接芽保持新鲜状态或已萌发生长，即是成活的象征。要根据不同时期和不同的嫁接方法，视其接口愈合快慢适时解除绑扎物。春夏嫁接者 2～3 个月松绑，秋季嫁接者，可于翌春修剪时松绑。松绑过早，砧木与接穗结合部愈合不牢，容易失水回芽；松绑过迟，限制生长形成“卡脖”现象，也易遭风折。

9 大树换头

所谓大树换头，也称高接换头，就是在银杏大树上改接优良品种或补接授粉雄枝。当前，我国银杏生产中一个突出的问题就是品种优劣混杂，种子成熟期参差不齐。这对实施各种技术措施带来诸多不便。因此，大树换头是提高银杏产量，改善银杏品质，调整雌雄比例的可靠途径。

目前生产上大树换头有大抹头和单枝接两种方式：

所谓大抹头，就是对树冠不整齐或骨干树残缺损伤，树势尚强的老龄树，截除原树冠，只在骨干枝基部嫁接。此法所需接穗少、省工，但由于枝粗、难愈合，树冠恢复慢，影响近期产量。为消除这一弊端，也可把所有的主、侧枝和大型辅养枝，统统留 10～20cm 长的枝桩嫁接。但较为费工、费接穗。

所谓单枝接，就是选一个或几个骨干枝、大型辅养枝进行嫁接。这种方式换头轻、伤口小、易愈合，接后一般不影响树冠的扩大和早期结种，多用于幼龄树和初结种树。缺点是周期长，改接一株树需多年才能完成。

应该特别强调的是，为了使树冠按照既定计划迅速扩大，实现早结种、多结种之目的，对换头后枝条的长势、角度、方位应及时进行合理地调整和修剪。总的原则是应促进各类骨干枝的生长势，达到树冠从属分明、圆满紧凑、均衡发展，以尽快形成产量。

10 建园

银杏可成片大面积栽植，可“四旁”零星栽植，也可营造农田林网。不论栽植在何种地块，都必须做好土地、种苗的各项准备。

平原地区的壤土、沙壤土最适合银杏的生长。土层深 50cm 以上的丘陵地，亦可栽植。不过 30°以上的陡坡，要先整修好梯田等水土保持工程。河漫滩地要整平地面、改沙换土。

银杏喜湿怕涝，耐干旱，不抗盐碱，故在低温、涝洼地，重盐碱地，地下水位高的地方不宜栽植。

苗木是建园和丰产的物质基础。因此，应选择优质壮苗和优良品种的苗木，例如：郯城县选育的圆铃 6 号、9 号，马铃 3 号、5 号，金坠 1 号、2 号、13 号等都具有早实、丰产、质优等特性，在生产上有较大的推广价值。

根据立地条件、经营目的和管理水平，银杏建园的方式有矮干密植型、乔干稀植型和银粮(菜)间作型等 3 个类型。

矮干密植园可以早结种、早丰产。在中等肥水条件下，株行距 2m×3m 或 2m×4m，即亩植 111 株或 83 株，有时栽植更大密度，株行距 1m×2m 或 2m×2m，即亩植 333 株或 167 株。但不论采用何种密度都要以合理利用土地和提早丰产为其目的。这种园留干高度多在 50～70cm，树冠整成自然开心形。因而成冠快，尽早进入结种期。但是，往往由于株多枝密园内光照不良，需及时从修剪上加以调整或抽行去株。不少地方从增加立体结种面积和充分利用空间考虑，将树冠培养成纺锤形较为适宜。

乔干稀植园，干高冠大，经济效益长久。一般苗干高度 1.5～2m，株距 5～6m，行距 6～7m，亩植 16～22 株。为经济利用土地，充分利用光照，初植时也可密株距，待苗木长大后再抽株定植，行间适当间作蔬菜或其他经济作物，实行以短养长，长短结合，乔干稀植园可采用疏层形，始终保持一个强旺的中干，也可采用自然圆锥形，其骨干枝在树上呈螺旋式排列。

银粮(银菜)间作园是各产区果农创造的一种间作模式。它既能充分利用土地、光能、把高土地肥力，增加园地单位面积产量和产值，又有保持水土，防风固沙的生态效益。栽植中多采用大行距 20～30m，小株距 2～4m，行内株数密。五六年后分期抽株最后保留每亩 6～10 株，树干高度在 2m 以上。有明显的中干，保持圆满的树冠，主枝分层稀疏有层次的均匀地排列在干上。建园时栽实生树，对欲留主枝分年嫁接，通过修剪调整好各级枝间的关系，达到树体寿命长、结种部位多和产量高的目的。同时，要处理好银杏树与粮食(蔬菜)之间争肥、争光、争水的矛盾。为此，要合理选择作物，留足树盘，科学施肥，适时浇灌，达到银杏、粮食(蔬菜)双丰收。

11　土肥水管理

目前，各银杏产区产量低而不稳是比较普遍的现象。欲夺取高产、稳产，即要重视土、肥、水的基础作用，又要全面而灵活地运用各项农业技术措施，集约经营，标准化管理。具体说来，主要抓好下列技术措施：

一是土壤管理。土壤是银杏生长的基础。为了给其创造一个良好的环境条件，促其根系健壮生长，必须搞好园地的深翻和土壤的熟化。银杏园一年四季都可深翻，不过秋末冬初尤为必要。深度可因地制宜，山丘土层瘠薄的地块，一般 60～80cm，平原土层深厚肥沃的地块，一般 40～60cm。深翻时，东、西、南、北方向轮换开沟，全园分 2～3 年完成。作业中要尽量少伤根，特别是不要切断粗大的根系。

二是追施肥料。银杏在生长发育的各个阶段，需要不断吸收土壤中的各种营养成分。为保证土壤中有足够数量和种类的可供利用的营养元素，就需要及时而足量地施肥。全年施肥次数不可少于 4 次，即春季发芽前、夏季谢花后、秋季种核膨大期和种子采收后各追施一次。肥料要氮、磷、钾和微量元素相互配合。一般每生产 100kg 种子，需氮肥 40～50kg，磷肥 16～26kg，钾肥 45～70kg，及其他适量微量元素。常用的施肥方法有：①撒施法，将肥料均匀地撒在园地，然事用人工或机械翻肥入土。②穴施法，即环绕树冠外围挖若干坑穴，施肥于穴内。③环状施肥法，围绕树冠下垂线挖深、宽各 30～50cm 的环状沟，施肥于沟内。放射状施肥法，即以树干为中心，在树冠覆盖面的边缘线内外之处，向外挖沟若干条，深、宽各 30～50cm，施肥于沟内。

三是水量管理。银杏在发芽、抽枝、开花和结种期都需要大量水分。在生长季节如遇干旱，土壤田间持水量低于 60% 时，就应及时浇水，各地气候、树龄、土质不同，故浇水量大小不同，不过，原则上掌握根系主要分布层的土壤田间持水量要达到70% ~80%。至少在每年的4次施肥的同时浇一次透地水。应强调指出的是，银杏园内不能积水，特别夏、秋季节不能有7天以上的积水。因此，汛期排水十分必要。

12 人工授粉

银杏雌雄异株。若雌雄株相距太远，雌花便不能受粉或受粉量不足，以及花期遇大雾、强风、阴雨等不利天气，使传粉带来一定的困难。采取人工辅助授粉，不但能弥补花粉量的不足，而且能战胜自然灾害延长授粉时间，提高受粉质量。各地实践证明，人工授粉是夺取银杏高产的有效措施。

各地气候不同，采集花粉时间有先有后。鲁南、苏北一带一般花期在谷雨前后，要适时采集花粉。采集过早，多数花粉尚未成熟，花粉囊还处于液体状态，效果不好。采集过晚，则花粉脱落、飞散，采不到足量和质量高的花粉，成效同样甚微。当雄花序由青变黄时，便是采集花粉的最佳时期。银杏花期短，且易飞散，采集前要固定专人细心观察，切勿坐失良机。采来的花序，置气温20 ~25℃通风干燥的室内，薄薄的摊在白色有光纸上晾干，两三天后花粉全部散出，立即用筛子筛过，除去花梗、叶片等杂物，得出纯净的花粉。花粉切忌放入密闭的塑料袋、瓶、罐中，以免挤压、受热、窒息而失去生命力。

人工辅助授粉关键在于适时，当70% ~80%的雌花胚株的珠孔，呈现小小的亮头，并有一滴似露水的水珠时，正是授粉的最佳时期。

人工辅助授粉的方法有3种：一是挂雄花枝法，即将采来的雄花枝每2 ~3枝捆成一把，直接挂在雌株上或插入装有清水的瓶中，然后挂在雌株上；二是震花粉法，即将纯净的花粉装入纱布袋内，挂在竹竿顶端，轻轻拍打竹竿，使花粉徐徐震落飞散；三是喷雾法，即将纯净花粉1份兑水2500份，用高压喷雾器均匀地喷到雌株上。为保持花粉的活力，可在花粉液中加入5% ~10%的白糖和0.2% ~0.5%的硼砂。

对人工授粉的树，严格做到授粉适量。根据树龄、树势、树冠大小、结种基枝的数量和管理水平的高低等因素预计产量，进而推算授粉数量，以喷粉为例，一株50年生旺盛树株，以产量50 ~60kg计，若用机动喷雾器，需2 ~3g花粉。授粉作业中严格做到树冠上下、内外、全面、周到。正常情况下，授粉要一次完成，切勿随意增加授粉次数和授粉量，并且要随配随用，在一两小时内喷完。

13 促花措施

花是结种的前提，欲夺取银杏的高产、稳产和优质除采取选用良种外，科学管理、人工授粉、高接换头等措施外，广大果农和科技工作者，还创造与总结了一套行之有效的促花保花措施，例如：摘心。南方5月中旬、北方5月下旬，新梢长出15 ~20cm时摘心，即摘除嫩梢的先端，可促进枝条二次生长，抽出1 ~2个粗壮饱满且角度较为开张的侧枝，既能增加枝叶量、扩大树冠，又有利于培养结种基枝和花芽的形成。据郯城县试验，成花株率可提高8%以上。再如环割与环剥。对旺盛不结种的树株，于大枝或树干上割一闭合的圆环，深达木质部，或者环剥两刀，宽度为枝干粗度的1/10，将皮削下涂以消毒液再用塑料膜包上。据郯城县试验，环剥促花效果为18% ~40%，而且2 ~3年内有效。应该特别强调的是，无论环割、环剥只能适用于树势强旺的植株，病弱树慎用之，而且只有在加强综合管理的基础上，方能取得理想的效果。

14　加工利用

银杏种仁营养丰富，有很高的食用和医药价值。各地食品加工部门生产的白果精、白果罐头、白果口服液、白果羊羹等系列产品，以及滋肤葆容的大量白果化妆品，畅销国内外，深受广大顾客的青睐。

银杏叶含有双黄酮、黄酮甙等药物成分，可以治疗脑血管病、心血管病，成为当今世界所公认的特效药物。民间有将银杏叶装枕头治病的传说，秋天采下晒干，有关制药厂家竞相收购。

银杏果珍材良，浑身是宝，一次种植，长期受益。大力发展银杏事业，实为有益当代、惠及子孙的千秋大业。

泰兴银杏园调整种植结构的方法

史记国[1]　王继东[2]　蒋宝维[1]

([1] 江苏省泰兴市林业技术推广中心，江苏泰兴　225200　[2] 江苏省泰兴市姚王镇技术推广中心，江苏泰兴　225200)

摘要：介绍核用银杏园通过嫁接、平茬改造成叶、花、果、苗、材的多用途银杏园；充分利用银杏园的生态特性，合理套种苗木、蔬菜、药材等，提高银杏园整个生态系统效益的种植结构调整方法。

关键词：银杏园；种植结构；调整

泰兴是世界闻名的银杏之乡，现有定植的核用银杏 600 万株，成片林 2 万 hm^2，产量 5000t 以上。20 世纪 80、90 年代定植的核用银杏，现已进入盛果期，产量急剧增加，白果价格下降，果农收益比较低，严重地挫伤了他们种植银杏的积极性。而另一方面，泰兴银杏雄花序价格一般在 30～60 元/kg，最高年份可达 240 元/kg。人类食用白果主要因为它的保健药用价值，而银杏雄花粉的保健药用效果比白果的效果更为显著，可以预见，未来人类消费银杏雄花的量将会大幅度增加，雄花价格将会提高。泰兴银杏的雄花大多数来自外地，由于采集、运输、储藏困难或方法不当等原因，雄花的质量普遍不高，甚至成为疫情传播的载体。如果把部分核用银杏改造成花用银杏，由于雄花自给，人工授粉的成本降低，而且雄花新鲜，质量高，产量会相对稳定，当雄银杏达到一定规模时，自然授粉代替人工授粉，生产成本会更低。银杏是优良的园艺树种，实生大苗价格，十几年来稳步上升，今年直径 30cm 实生苗每株价格为 1.5 万元；银杏木材由于材质好、环保、保健，其深加工的产品有价无市；银杏叶的价格近几年稳步上升，行情看好。这些都与核用银杏价格走低形成了鲜明的对比。因此泰兴银杏园调整种植业结构势在必行，而且银杏产品受多元因素的影响，市场需求呈动态变化，因此银杏种植结构调整应主动把握市场脉搏，进行先期性的积极调整，让果农得到实惠，这是银杏产业发展的基础。为了使泰兴银杏走出低谷，提高果农的经济效益，笔者认为可以从以下两个方面调整种植结构：

一是把单一核用银杏园改造成叶、花、果、材、苗多用途的银杏园，不仅能充分利用银杏园林地的立体空间，而且使产品多样化，增强银杏园适应市场需求变化的能力。银杏园种植结构调整的方法：(1)嫁接更换品种。根据体量的大小选用主干低的核用银杏，逐主枝或二级分枝嫁接雄银杏或叶用银杏，接穗要选用产量高、品质优的品种。(2)平茬。落叶后，从略低于主干嫁接部位处平锯，去除树冠，春天主干上的隐芽萌发枝条，夏天疏除过密的细弱枝条，冬季选留一根位置较高、直立向上的健壮枝条做主干延长头，3～5 根在主干上分布均匀的侧向枝作侧枝，培植用材树或实生大苗。如果无理想的直立枝条可留，可选用一根位置较高粗壮的侧向枝做主干延长头，第二年春天展叶后人工拉枝使它直立。如果侧向枝枝条分布不均匀，可以通过修剪，选用合适的剪口芽，或拉枝，调整侧枝伸展的方向，培养优良的树形。由于平茬后根冠比值大，预计直径10cm左右的核用银杏平茬后，5年之内就能培育成主干过渡自然成形的用材树或实生大苗。直径20cm左右的，由于截口比较大、伤口愈合慢，需要8年左右的时间才能愈合，修剪时可以在截口处留1～2根枝条生长，以便加速伤口的愈合，但留下的枝条要适度修剪控制它的生长量，以免成为主干延长头或主侧枝的竞争枝，待主干延长头长到原主干粗的2/3时，剪除截口处预留的枝条（如果对树形无影响可以免剪）。果农在实施改造前要根据银杏园具体情况和经营目的，进行合理规划，对要改造的树根据不同的改造方法做好识别标记，防止误改。

二是充分利用银杏园地下水位低，土壤疏松，有机质含量高、遮阴、温湿度变幅小、病虫害少的生态特性，合理间套种，提高复种指数，提高整个生态系统的经济效益，从而达到果农增收的目的。例如，在林下扦插黄杨、夹竹桃；培植耐阴的苗木，如：洒金珊瑚、八角金盘、南天竹、杜鹃等；可以种植耐阴的药材、蔬菜，如：半夏、生姜、食用菌等；也可以利用落叶期种植秋冬季蔬菜，如：大蒜、菠菜、药芹、莴苣等。每亩年收入都在3000元以上。果农在具体实施时，可以根据林地的郁闭度、把握套种植物技术熟练程度以及市场的需求，选择不同植物品种进行套种，从而获得较高效益。

参考文献

曹福亮著. 中国银杏[M]. 南京：江苏科学技术出版社，2002.

郯城县叶用银杏采种基地营建技术初探

宫玉臣　苏明洲　宗学美

（郯城县林业局，山东郯城　276100）

摘要：郯城是我国银杏的重要产地，种苗生产是银杏叶生产实施 GAP 的第一道工序。为实现种子生产区域化、种子供应基地化、质量标准化，保证提供高质量、符合 GAP 要求的银杏种子，必须进行采种基地建设。本文从基地选择、建设及经营技术等方面提出了银杏采种基地的主要营建技术措施。

关键词：银杏；采种基地；营建技术

银杏叶作为重要的中药材和国内外紧缺资源，必须实施 GAP，而种源控制是银杏叶生产实施 GAP，实现高质量、可控性、稳定性的关键。虽然叶用银杏良种选育工作已得到了国内外诸多学者重视，但可用于生产的银杏叶用良种少，良种苗繁育周期长、繁殖系数低，难于满足生产需要，当前叶用银杏建园主要采用种子繁殖。为满足叶用银杏生产对银杏种子的需要，实现种子生产区域化、种子供应基地化、质量标准化，保证提供高质量、符合 GAP 要求的银杏种子，必须建立采种基地。为此，我们进行了银杏采种基地建设技术的研究，现报告如下：

1　郯城县基本情况

1.1　自然条件

郯城县地处沂蒙山南麓，为冲积湖沼平原，处于北纬 34°22′～34°56′之间、东径 118°4′～118°31′之间，土地总面积 1312km^2。自然地形由东北向西南缓缓低下，东侧马陵山绵延南北，中、西部为平原，平原面积占全县总面积 86%。土壤属耕种历史悠久的农业土壤，共分为 5 个土类 10 个亚类，其中生产性能、生产水平较好、占全县面积较大的是潮土类，主要分布在沂沭河流域，占可耕地面积 55%。境内沂河、沭河纵贯南北，水利设施完善。气候属暖温带半湿润大陆性季风气候，四季分明，光照充足，春季温暖干旱，夏季高温多雨，秋季天高气爽，冬季寒冷干燥。年平均气温 13.1～13.7℃，极端最低气温 －21.4～－23.4℃，极端最高气温 39.3～41.2℃；年均降水量为 843mm，多集中在夏季，年蒸发量 1242.6mm；平均日照时数 2425h，无霜期为 212d。郯城县的气候、土壤等自然环境优越，非常适宜于银杏的生长发育，是国内银杏的最佳产地之一。

1.2　银杏资源

银杏是郯城栽植的极其重要的多用途树种。郯城银杏栽培历史悠久，资源十分丰富。据考证，境内银杏栽植始于西汉永光年间(公元前 44～前 40 年)，明代中、后期及清代、民国初期，境内银杏生产分别出现了发展鼎盛期，沂河两岸南起新村，北至马头，银杏片林绵延不断，银杏林带长达20多公里；建国前全县银杏面积4700亩，银杏大树8万株，最高年产量达100万kg。党的十一届三中全会后，县内银杏产业有了快速发展，进入了新的发展阶段。目前，银杏片林面积22万亩，定植银杏总株数1400万株，银杏果年产量300万kg，银杏干叶产量500万kg。1999年2月，被中国特产之乡推荐暨宣传活动组委会授予“中国银杏之乡”称号。2008年郯城银杏获农业部农产品地理标志登记证书，获国家工商总局地理标志证明商标。

2　采种基地选择依据

(1)有利于银杏正常生长、开花结实和环境质量符合国家标准的地区。基地应选择建在立地条件较好，地势平缓，光照充足，周边无工业污染，土层深厚、肥沃、疏松，地下水位2m以上的水源充足、排灌条件良好的土地。

(2)有利于尽快生产高品质种子的壮龄林分。选择林龄40～100年，林分郁闭度0.6左右，林相整齐，枝下高较低，无病虫危害、无人为破坏，已大量结实的壮龄林分。

(3)银杏种实有胚率高。林分起源最好是实生繁殖(中有适量雄株)或雄树分层嫁接繁殖的林分，有一定授粉条件。

(4)社会经济条件优越。交通便利，劳力充足，林分相对集中连片，面积集中，权属清楚，便于集约经营管理。

3　采种母树选择标准

(1)生长良好，结实正常，大小年现象不明显，产量稳定。

(2)叶大而厚，单叶叶面积30cm^2、鲜重2.0g以上，叶片密集，单株叶产量较高。

(3)抗性强，受病虫危害轻或不受危害。

4　采种基地建设

(1)根据已有的银杏资源资料，实地调查银杏林分的起源、郁闭度、树高、胸径、干形、立地条件、林龄、长势、病虫害等情况，并预估其产量，按照生产计划需种量确定基地建设规模和地点。郯城县银杏叶GAP采种基地建在港上镇王桥村，面积21hm^2，林龄80年左右，为雄树分层嫁接繁殖树。

(2)确标定界，设立明显的标桩和警示牌，严禁人畜随意进入。

(3)确定采种母树，编号挂牌。

5　技术措施

5.1　编制经营方案，并严格按方案作业

针对影响银杏种子产量和质量的关键因素，制订经营方案。经营方案包括：基本情况、原则与依据、总体布局、作业设计、基础设施施工设计、组织措施设计、投资概算、效益分析等。

5.2　疏除林内其他树木

为提高银杏种子的产量和质量，将林内原有的杨树、板栗等其他树木全部疏除，以提高

林内的光照状况，为采种母树提供更有利的生长环境。

5.3 抚育管理

5.3.1 完善排灌设施

采种基地确定后，迅速完善排灌设施，以便及时浇水、排水，保证土壤有一个适宜的水分供应。

5.3.2 合理施肥

分析采种基地土壤养分状况，及时补充土壤养分。可基肥与追肥相结合，基肥于每年秋冬树木落叶后进行，追肥在4~6月，结合除草松土进行。

5.3.3 防治有害生物的危害

对银杏树木危害较重的病虫害是茶黄蓟马、桑白盾蚧、叶枯病等，在做好预测预报的基础上，遵循"预防为主，科学防控，综合治理，促进健康"的方针，合理运用农业措施、物理防治、生物防治，将各种防治技术有机地联系起来，形成一个防治体系，把有害生物的数量控制在经济阈值以下，尽量减少化学农药的施用。

5.4 提前做好结实量的预测预报

预测结实量的方法有目测分级法、实测法、平均标准木法、标准枝法及可见半面树冠估测法，我们主要采用标准枝法进行预测。

5.5 种实采集与处理

严格遵守银杏种子成熟生物学规律采种，严禁抢采掠青，损坏母树。9月下旬至10月上中旬，当银杏的外种皮由绿色变为淡黄色或橙黄色，种子自然成熟后进行采收。采集时在树冠下铺上采种布，用带铁钩的小竹竿深入树冠内，由里向外轻轻地用力摇动，或上树徐徐摇晃，尽量减轻对树木的损伤。采收的种实要挂附临时标签，标明树种、采集地点、采集日期和采集人，并尽快运往调制场所。临时标签由采种现场负责人填写。种实采收后，先堆放在阴凉处，使其充分腐熟后，采用机械法或人工法，脱去肉质的外种皮，水冲漂洗去杂。

5.6 种子贮藏

经过处理的种子常用室内沙藏和室外窖藏两种方法贮藏以保证其完成生理后熟。对经过贮藏的种子，按照《林木种子检验规程》进行检验，符合标准的种子才能用于生产。

5.7 档案管理

建立采种基地种子生产档案，专人负责，科学分类，规范整理，做到记录准确无误，档案材料齐全完整。档案内容包括基本情况、总体设计和作业设计、选建基地的全部原始材料、经营管理技术设计、产量预测、历年的种子产量和品质、有关图表等。

参考文献

[1]中华人民共和国国家标准《林木采种技术》(GB/T16619－1996)，1996年11月27日发布，1997年7月1日实施.

[2]国家林业局. 关于加强林木采种基地建设管理的通知. 林场发〔2005〕141号，2005年9月20日.

[3]李新贵，等. 遵义县杜仲采种基地营建技术及经营措施[J]. 中南林业调查规划，2009，28(2).

[4]孙建国. 浅谈林木采种基地的营建技术[J]. 内蒙古林业调查设计，2004，27.

不同银杏复合经营模式土壤肥力综合评价

汪贵斌[1]　曹福亮[1]　程鹏[2]　陈雷[1]　刘婧[1]　李群[3]

([1]南京林业大学，江苏南京　210037；[2]安徽省林业厅，安徽合肥　230001；[3]泰兴市林业局，江苏泰兴　225400)

摘要： 银杏(*Ginkgo biloba* L.)是我国传统的经济树种，在生产中广泛采用复合经营方式进行经营。为了解银杏复合经营模式对土壤肥力的影响，选择了江苏泰兴3种传统的银杏复合经营模式，即银杏+桑树(*Morus alba* L.)(G+M)，银杏+小麦(*Triticum aestivum*)+黄豆(*Giycine max* (L.) Merrill)(G+W+S)和银杏+油菜(*Brassica napus* L.)+黄豆(G+R+S)，以纯种桑树(M)和油菜+黄豆(R+S)为对照，3年后，对这5种经营模式土壤的pH值、有机质、氮、磷、钾等化学性质进行了比较分析，并采用改进层次分析法，对5种经营方式进行土壤肥力综合评价。结果表明，不同经营模式土壤的pH值、有机质、全氮和水解氮、有效磷、全钾和有效钾等，以及各种经营模式土壤不同层次的pH值、有机质、全氮和水解氮、有效磷、全钾和有效钾等均存在着显著差异。各种模式土壤中的全氮、全磷、有机质、有效磷和有效钾的含量均随着土层深度的增加而逐渐减少，pH值则随着土层的增加而升高。各种银杏复合经营和纯种桑树模式土壤中的有机质、全氮、水解氮、有效磷、有效钾含量均高于纯种农作物(R+S)。土壤肥力质量综合评价结果表明，不同经营模式土壤肥力质量差异较大，5种经营模式土壤肥力质量指数从大到小的顺序是G+M(0.973)>G+W+S(0.424)>M(0.388)>G+R+S(0.255)>R+S(0.233)。因此，银杏复合经营明显改善了土壤的肥力。

关键词： 银杏；复合经营；土壤肥力；综合评价

Integrated Evaluation of Soil Fertility of Agroforestry Patterns of *Ginkgo biloba* L.

Wang Guibin[1]　Cao Fuliang[1]　Cheng Peng[2]　Chen Lei[1]　Liu Jing[1]　Li Qun[3]

([1]Nanjing Forestry University, Nanjing　210037, China; [2]Forestry Department of Anhui Province, Hefei　230001, China; [3]Taixing Bureau of Forestry, Taixing　225400, China)

Abstract: *Ginkgo biloba* L. is a traditional economic tree species in China, and it is often cultivated by using agroforestry pattern. In order to understand the effects of different agroforestry patterns of *Ginkgo biloba* L. on soil fertility, three agroforestry patterns were selected, including *Ginkgo biloba* L. + Wheat (*Triticum aestivum*) + Soybean (*Giycine max* (L) Merrill) (G+W+S), *Ginkgo biloba* L. + Mulberry (*Morus alba* L.) (G+M) and *Ginkgo biloba* L. + Rape (*Brassica napus* L.) + Soybean (G+R+S), and as CK, another two planting patterns were also selected, including Mulberry (M) and Rape + Soybean (G + R + S). The soil chemical properties of the five patterns were determined after three years, and the soil fertility of five patterns were also evaluated by using improved Analytic Hierarchy Process (AHP). The result showed that the pH, organic matter, total N, hydrolyze N, available P, total K and available K of the soil of the five patterns were different remarkably, and these indicators at different soil layers were also different remarkably. The total N, total P, organic matter, available P and available K of soil of five patterns decreased with increasing of soil layer, however, the pH increased. The organic matter, total N, hydrolyze N, available P and available K of soil of R + S were lowest among five patterns. The result of integrated evaluation of soil fertility showed that the soil fertility of the five patterns were different significantly, and the values of soil fertility quality indicators (FI) of five patterns were G + M(0.973) > G + W + S(0.424) > M(0.388) > G + R + S (0.255) > R + S (0.233). So, Ginkgo agroforestry could improve soil fertility.

Key words: *Ginkgo biloba* L.; Agroforestry; Integrated evaluation of soil fertility

林农复合经营生态系统中，由于林木和农作物，特别是林木的凋落物和根系的死亡，土壤中有机质增加，而这些有机质的累积和分解，改变了土壤的物理、化学和生物特性(Singh, 2007)。林农复合经营对土壤质量的维持和改善具有长期和稳定的作用(黎华寿等，2001)，有利于生态系统的养分平衡向有利方向转化(许峰等，2000)。林木根系由于分布较深和较广，能够从分布农作物根系以外的土壤中吸收大量的矿质营养，并将这些矿质营养输送到土壤表面(Allen *et al.*, 2004; Hartemink *et al.*, 1996)。土壤表面的有机质含量较土壤表面以下高，种植林木能够增加或者至少能够维持土壤中有机质的含量(Young, 1997)。在林农复合系统中，由于树种、种植密度、林木年龄、间作物和经营措施等不同，营养归还土壤的速度和归还量存在显著差异(Singh *et al.*, 1989; Szott *et al.*, 1991; Mohsin *et al.*, 1996)。在林农复合经营系统中，根系的更新在土壤营养元素的循环中发挥着非常重要的作用(Munoz *et al.*, 2001)。土壤微生物的数量、土壤状况和气候条件等也显著影响土壤有机质的分解和营养元素的释放(Mugendi *et al.*, 1997)。

银杏(*Ginkgo biloba* L.)是我国特有的多用途经济树种，其叶、花、果、材均具有较高的经济价值。在中国除了新疆、内蒙古、西藏、海南等少数几个地区外，银杏已经被作为叶用园、花用园、果用园和用材林在全国广泛栽培，其中栽培面积最大的是银杏果用园。由于银杏生长相对较慢，需要5~7年才能开花结果，因此，在银杏果用园中大多采用复合经营的模式，以达到以短养长的目的。目前，银杏复合经营方面的研究报道较少(徐舰，2006；林锦仪等，2000；袁子祥等，1997)，有关其生态、经济和社会效益尚缺乏深入的研究。本文研究了江苏省泰兴市平原地区银杏不同复合经营模式下土壤化学性质(酸碱性、有机质、氮、磷、钾)的变化，并采用综合评价方法对不同经营模式进行综合评价，以期为制定高效银杏复合经营模式以及实现土地可持续发展提供理论依据。

1 材料和方法

1.1 试验地概况

试验地位于江苏省泰兴市(东经119°48′，北纬30°59′)，地处长江下游冲积平原，土壤质地以高沙土为主，碱性。泰兴市属于北亚热带季风海洋性气候区，年平均气温15℃，极端最高气温 38.8℃，极端最低气温 -12.5℃，年平均风速 3.1m/s，年平均降水量1031.8mm，无霜期229d，日照时间2111.8h。

试验地银杏林造林时间为2005年，株行距8m×8m，嫁接部位高度为2m。2005年开始进行不同复合经营模式的试验，复合经营模式包括银杏+桑树(*Morus alba* L.)(G+M)、银杏+小麦(*Triticum aestivum*)+黄豆(*Giycine max* (L.) Merrill)(G+W+S)、银杏+油菜(*Brassica napus* L.)+黄豆(G+R+S)等3种经营模式，同时在靠近造林地附近选择土壤条件相一致的土地，以纯种油菜+黄豆(R+S)、桑树(M)为对照，每年种植模式一致，施肥量和施肥方式均保持一致(肥料为复合肥，每年5月和9月种植农作物时各撒施1次，每次施肥量为375kg/hm^2)。采用随即区组试验设计，小区面积为667.7m^2，设置3重复。测定时，银杏林的平均树高为3.6m，胸径为4.2cm，冠幅为3.2m。桑树种植株行距为30cm×1m，通过修剪，高度通过修剪控制在1.5m。

1.2 测定方法

2008年4月25日，在试验地中取土样进行测定。每小区各设10m×10m的采样标准地，在采样标准地的两头和中间各选取3个采样点，用土钻分别采集0~20cm、20~40cm、40~60cm的土样，混匀，取混合样分装保存。土样带回室内风干、磨细，分别用2mm、1mm、0.25mm筛网筛过备用。

土壤pH值采用电位法测定(中科院南京土壤研究所，1981)；土壤有机质含量用$K_2Cr_2O_7$氧化法测定(严范升，1988)；土壤全氮含量测定时，先将样本经高氯酸-浓硫酸消煮后，用全自动定氮仪测定；土壤全磷含量用酸溶-钼锑抗比色法测定；土壤有效磷含量采用$NaHCO_3$浸提法测定；土壤水解性氮含量用碱解扩散法测定；土壤全钾的含量用酸溶-火焰光度法测定；土壤有效钾的含量用乙酸铵浸提-火焰光度法测定(中国土壤科学协会，1999)。

1.3 不同复合经营模式土壤肥力质量综合评价方法

应用上述测定的各项指标，采用改进层次分析法的综合评价模型来评价不同经营模式的土壤肥力(章海波等，2006)，具体步骤为：(1)建立土壤肥力质量评价的隶属度矩阵。根据在一定范围内评价指标与作物效应的关系函数，即隶属度函数(公式1，其中x_1和x_2分别为评价指标的上限值和下限值)，计算各个评价指标的隶属度值(表1)；(2)各评价指标权重的确定。采用各评价指标的样本标准差，构造判断矩阵，根据矩阵求出最大特征根所对应的特征向量，所求特征向量即为各评价因素重要性排序，即权数分配；(3)判断矩阵的一致性检验。利用公式$CR=CI/RI$来检验判断矩阵的一致性($CI=(\lambda max-n)/(n-1)$，RI为平均随机一致性指标，取值决定于矩阵的阶数，参见表2(表2中的数据为固定值，取决于矩阵的阶数)，如果$CR<0.1$，表明满足判断矩阵的一致性要求；(4)综合评价模型。隶属度函数得到的各个指标在不同采样点的标准化转换值，并结合权重，即可建立土壤肥力质量的综合评价模型。

$$f(x)=\begin{cases}1.0 & x\geqslant x_2\\ 0.9(x-x_1)/(x_2-x_1)+0.1 & x_1\leqslant x<x_2\\ 0.1 & x<x_1\end{cases} \qquad (公式1)$$

表1 S型隶属函数对应的上下限值

Tab. 1 Upper and lower limit values of corresponding S-shaped membership functions

指标 indicators	临界值 critical values		指标 indicators	临界值 critical values	
	x_1	x_2		x_1	x_2
pH	7	8	有效磷 available P(mg. kg $^{-1}$)	50	200
有机质 organic matter(g. kg $^{-1}$)	9	11	全磷 total P(g. kg $^{-1}$)	0.5	1
全氮 total N(g. kg $^{-1}$)	0.6	0.9	有效钾 available K(mg. kg $^{-1}$)	35	60
水解氮 hydrolyze N(mg. kg $^{-1}$)	100	300	全钾 total K(g. kg $^{-1}$)	1.2	1.5

表2 1-8阶判断矩阵的RI值

Tab. 2 RI values of discriminant matrix from exponent of 1 to 8

判断矩阵阶数 exponent of discriminant matrix	1	2	3	4	5	6	7	8
RI	0	0	0.58	0.90	1.12	1.24	1.32	1.41

1.4 数据处理软件及分析方法

采用SAS软件对试验数据进行统计分析，用Sigmaplot 9.0软件制图。

2 结果与分析

2.1 银杏不同复合经营模式土壤的pH值

由图1可以看出，不同经营模式下，土壤pH值均在6.39~8.34之间变动，但不同经营模式土壤的pH值存在一定差异。不同经营模式中，以R+S(油菜+黄豆)模式pH值最高，平均为8.39，其次为G+R+S(银杏+油菜+黄豆)模式，平均为7.99，M(纯种桑树)模式pH值最低，平均为7.15。因此，与纯种农作物相比，无论是种植银杏还是种植桑树均能降低土壤的pH值，这与林木凋落物数量较多，以及林木根系分泌有机酸等有密切的联系。方差分析也表明，不同模式土壤pH值的差异达到极显著水平($F=8.296$，$P=0.0025$)。

各种模式下，不同土壤层次的土壤pH值差异较大，各种模式土壤pH值均随土层深度的增加而增大。不同土壤层次之间pH值变化较小的模式是R+S，也就是单纯种植农作物模式，而有银杏和桑树种植的土壤上，土壤各层之间pH值差异较大，这可能与银杏、桑树凋落物多有关。凋落物主要集中在土壤上层，凋落物中本身含有大量酸性物质，而且凋落物在分解过程中也能生成大量酸性物质，从而导致表层pH值的降低。方差分析也表明，各种模式下，土壤不同层次之间pH值的差异达到了极显著的差异水平($F=12.5806$，$P=0.0019$)。

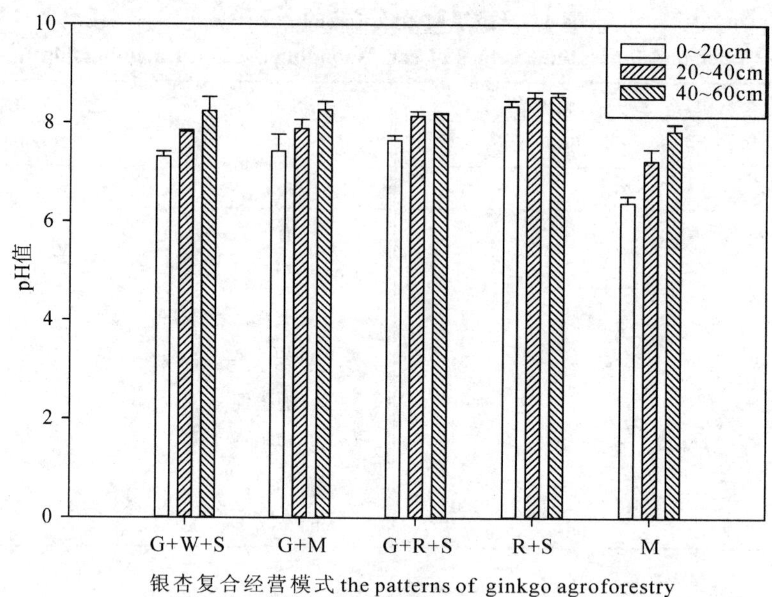

图 1　不同银杏复合经营模式下不同深度土壤的 pH 值

Fig. 1　The pH of different soil depth of different patterns of ginkgo agroforestry

2.2　不同复合经营模式土壤有机质含量

从图 2 可以看出，各经营模式土壤有机质的含量均表现为随土层深度的增加而下降的规律。不同经营模式下，下层土壤有机质含量差异较小，而中层和上层差异较大。造成这种差异的原因可能是枯落物分解产生的腐殖质，首先对其邻近土壤产生影响，土层越深，距离枯落物层越远，这种影响就越小。方差分析表明，各种模式土壤不同层次有机质含量差异达到极显著水平（$F = 92.4193$，$P = 0.0000$）。

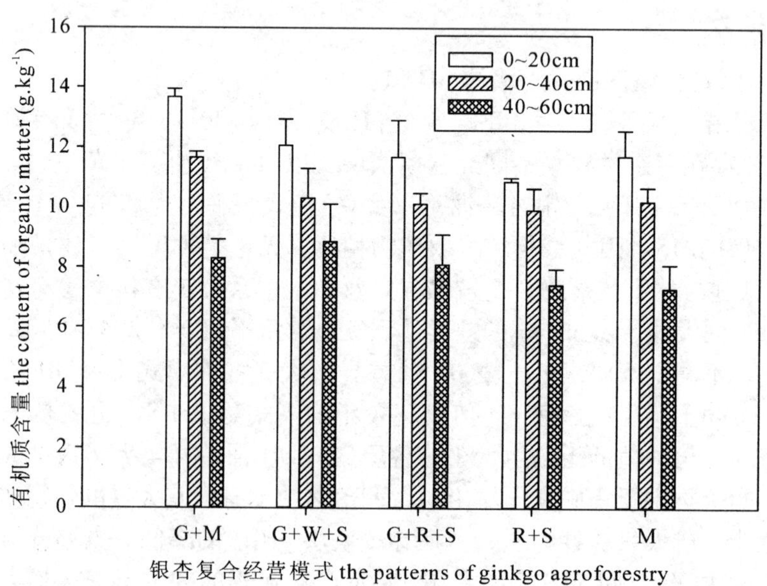

图 2　不同银杏复合经营模式下不同深度土壤有机质含量

Fig. 2　The content of organic matter of different soil depth in different patterns of ginkgo agroforestry

从图2还可以看出，不同经营模式土壤有机质含量也存在一定差异，方差分析也表明，不同经营模式土壤有机质含量的差异达到显著水平（F =4.7458，P =0.0176）。各经营模式中，土壤有机质含量以G+M模式最高，平均含量达到了11.21g·kg^{-1}，其次为G+W+S模式，平均含量为10.41g·kg^{-1}，而R+S模式含量最低，平均含量为9.41g·kg^{-1}。因此，种植银杏或者桑树与单种农作物相比，均能提高了土壤中有机质的含量。

2.3 不同复合经营模式土壤氮含量的变化

从表3可以看出，各种复合经营模式土壤不同层次中全氮和水解氮含量有较大差异，不同复合经营模式土壤中全氮和水解氮含量均随着土层深度的增加而逐渐减少，其中，水解氮减少程度更加明显。如银杏+桑树（G+M）模式，0~20cm土壤中全氮含量为1.178g·kg^{-1}，而40~60cm的土层全氮含量为0.658g·kg^{-1}，表层为底层的1.79倍。同样在银杏+桑树（G+M）中，0~20cm土壤中水解氮含量为504.7mg.kg^{-1}，而40~60cm的土层水解氮含量仅为68.4mg·kg^{-1}，表层为底层的7.4倍。出现这种现象与表层植物凋落物较多，有机质在表土层含量较多有关。方差分析表明，不同土壤层次之间全氮和水解氮含量差异均达到极显著差异水平（F =77.5863，P =0.0000；F =9.3747，P =0.0051）。

方差分析表明（表3），不同经营模式土壤中全氮和水解氮含量差异均达到极显著水平（F =9.4397，P =0.0015；F =4.8453，P =0.0174）。无论是银杏和桑树（G+M）间作、银杏和农作物（G+W+S 、G+R+S）间作，还是单种桑树（M），土壤中全氮和水解氮含量均高于单种农作物（R+S）的模式，5种经营模式土壤中全氮含量从大到小排序为：银杏+桑树（G+M）>桑树（M）>银杏+小麦+黄豆（G+W+S）>银杏+油菜+黄豆（G+R+S）>油菜+黄豆（R+S）；水解氮含量从大到小排序为：银杏+桑树（G+M）>银杏+小麦+黄豆（G+W+S）>桑树（M）>银杏+油菜+黄豆（G+R+S）>油菜+黄豆（R+S）；不同经营模式土壤全氮和水解氮含量排列顺序略有差异，可能的原因是桑树是以叶用为主的树种，对氮的需求量高，因而纯种桑树（M）吸收水解氮较多。

表3 不同银杏复合经营模式不同土壤层次矿质元素含量

Tab. 3 The content of mine elements of different soil depths of different patterns of ginkgo agroforestry

矿质元素含量 the content of mine elements	土层 soil layer	G+M	G+W+S	G+R+S	R+S	M
全氮 total N (g. kg^{-1})	0~20cm	1.178±0.022	0.978±0.032	0.942±0.037	0.876±0.03	1.086±0.033
	20~40cm	0.951±0.020	0.849±0.032	0.622±0.018	0.618±0.027	0.929±0.031
	40~60cm	0.658±0.014	0.481±0.016	0.478±0.018	0.421±0.015	0.651±0.021
	0~60cm	0.929±0.018	0.769±0.030	0.674±0.024	0.638±0.015	0.889±0.028
水解氮 hydrolyze N (mg. kg^{-1})	0~20cm	504.7±53.5	406.1±45.2	197.4±36.5	106.0±16.6	159.8±19.5
	20~40cm	367.8±87.6	132.4±26.2	64.5±3.9	43.3±21.5	164.5±34.9
	40~60cm	68.4±44.1	70.5±24.9	37.6±11.8	38.2±4.1	92.4±17.2
	0~60cm	313.63±61.7	203.00±32.1	99.83±17.4	62.50±14.1	138.90±23.8
有效磷 available P (mg. kg^{-1})	0~20cm	303.99±14.50	89.66±3.59	97.46±4.25	67.83±4.84	234.2±3.87
	20~40cm	209.92±13.21	68.09±4.84	41.48±6.15	35.05±1.12	140.1±1.62
	40~60cm	50.20±2.74	50.20±1.86	36.64±3.55	12.11±1.84	35.05±1.98
	0~60cm	188.11±9.82	69.32±3.43	58.53±4.65	38.33±2.60	103.12±2.49

矿质元素含量 the content of mine elements	土层 soil layer	G+M	G+W+S	G+R+S	R+S	M
全磷 total P (g. kg^{-1})	0~20cm	0.53±0.05	0.66±0.04	0.64±0.06	0.91±0.08	0.39±0.04
	20~40cm	0.90±0.02	0.44±0.03	0.64±0.04	1.14±0.03	0.66±0.05
	40~60cm	1.35±0.18	0.56±0.01	0.46±0.05	1.31±0.03	0.44±0.03
	0~60cm	0.96±0.08	0.55±0.03	0.58±0.05	1.15±0.05	0.50±0.04
有效钾 available K (mg. kg^{-1})	0~20cm	44.30±3.44	41.30±2.05	71.30±2.61	53.00±1.91	69.80±3.14
	20~40cm	41.30±1.68	40.40±2.72	63.30±1.94	44.90±3.44	56.90±3.08
	40~60cm	27.80±3.82	37.50±2.97	44.30±2.08	32.30±2.67	52.70±3.65
	0~60cm	37.79±2.98	39.73±2.58	59.64±2.21	43.37±2.01	59.78±3.29
全钾 total K (g. kg^{-1})	0~20cm	1.895±0.164	1.268±0.076	1.498±0.038	1.598±0.109	1.598±0.084
	20~40cm	1.795±0.186	1.126±0.062	1.268±0.087	1.456±0.117	1.412±0.127
	40~60cm	1.598±0.153	1.098±0.052	1.126±0.069	1.259±0.098	0.689±0.056
	0~60cm	1.763±0.168	1.164±0.063	1.297±0.065	1.438±0.108	1.233±0.098

2.4　不同复合经营模式土壤磷含量的变化

从表3可以看出，各种复合经营模式土壤不同层次中有效磷含量有较大差异。不同复合经营模式土壤中有效磷含量均随着土层深度的增加而逐渐减少，如银杏+桑树(G+M)模式，0~20cm土壤中有效磷含量为209.92mg·kg^{-1}，而40~60cm的土层有效磷含量为50.20mg·kg^{-1}，表层为底层的4.2倍。出现这种现象与表层土壤有机质和植物根系分泌物较多、土壤pH值较低有关，因为磷在酸性土壤中有效性更强。各种复合经营模式土壤不同层次中全磷含量没有一致的变化规律，这与磷在土壤中移动性差有关。方差分析表明，不同土壤层次之间有效磷含量差异达到显著差异水平(F=5.6599，P=0.0227)，但全磷含量差异未达显著差异水平(F=0.5133，P=0.6135)。

不同复合经营模式土壤中全磷和有效磷含量差异也较大(表3)。方差分析表明，不同经营模式土壤中全磷含量差异未达显著水平(F=1.5322，P=0.2642)，而有效磷含量差异达到极显著水平(F=3.7359，P=0.0362)。土壤中全磷含量以油菜+黄豆(R+S)模式最高，其次为银杏+桑树(G+M)模式，其他3种模式差异较小。而有效磷含量则以银杏+桑树(G+M)模式最高，其次为纯种桑树(M)模式，纯种农作物(R+S)最低。这些结果表明，种植银杏、桑树等木本植物，能够显著提高土壤中有效磷的含量，其原因可能存在两个方面，一是林木凋落物较多，增加了土壤有机质的含量，另一个方面可能是林木根系分泌一些酸性物质，降低了土壤的pH值，活化了土壤磷。

2.5　不同复合经营模式土壤钾含量的变化

从表3可见，不同复合经营模式土壤全钾和有效钾含量均随土壤深度的增加而下降，但是0~40cm土层内，全钾含量差异相对较小。不同复合经营模式土壤全钾和有效钾差异较大，5种经营模式土壤中全钾含量从大到小排序为：银杏+桑(G+M)>油菜+黄豆(R+S)>银杏+油菜+黄豆(G+R+S)>桑树(M)>银杏+小麦+黄豆(G+W+S)，表明银杏和桑树间种，以及种植油菜，有利于土壤全钾含量的提高。有效钾含量从大到小排序为：桑树(M)>银杏+油菜+黄豆(G+R+S)>油菜+黄豆(R+S)>银杏+小麦+黄豆(G+W+S)>银杏+桑(G+M)，表明纯种桑树，或者在复合经营中种植油菜，有利于土壤有效钾含量的提高，其原因可能与不同的物种对钾的选择性吸收有关。对5种经营模式土壤全钾含量与有效钾含量作相关性分析，相关系数 $r = -0.117$，经检验相关性并未达到显著水平($P > 0.05$)，表明土壤全钾含量高，并不表明有效钾供应能力就强。方差分析表明，各种复合经营模式土壤中全钾和有效钾含量均达到显著差异水平($F = 4.8882$，$P = 0.0160$；$F = 8.3796$，$P = 0.0024$)，各种复合经营模式不同土壤层次全钾和有效钾含量也达到显著差异水平($F = 6.6415$，$P = 0.0146$；$F = 10.3168$，$P = 0.0037$)。

2.6 不同复合经营模式土壤肥力质量综合评价

2.6.1 不同复合经营模式肥力评价指标测定结果

表4是评价不同复合经营模式土壤肥力质量的定量指标实测数据。从各测定指标的标准差来看，不同复合经营模式土壤中水解氮的差异最大，其次为有效磷、有效钾，而全磷、全钾和全氮差异相对较小。土壤中有效养分变化较大，与种植模式不同有关，而全量矿质元素差异较小，与试验区土壤本底基本一致有关。

表4 不同复合经营模式土壤肥力质量的评价定量指标测定结果

Tab. 3 Values of quantitative indicators for assessment of soil quality of different agroforestry patterns

指标 indicators	水解氮 hydrolyze N (mg. kg^{-1})	有效磷 available P (mg. kg^{-1})	有效钾 available K (mg. kg^{-1})	有机质 organic matter (g. kg^{-1})	酸碱度 pH	全磷 total P (g. kg^{-1})	全钾 total K (g. kg^{-1})	全氮 total N (g. kg^{-1})
平均 mean	163.57	104.80	48.06	10.15	7.78	0.74	1.38	0.78
最大值 Max.	313.63	254.70	59.78	11.22	8.12	1.12	1.76	0.93
最小值 Min.	62.50	38.33	37.79	9.41	7.15	0.50	1.16	0.64
标准差 S. D.	98.69	87.02	10.82	0.70	0.38	0.27	0.24	0.13

2.6.2 不同复合经营模式肥力质量综合评价

采用改进层次分析法对不同经营模式土壤的肥力质量进行综合评价。首先利用各评价指标的样本标准差，构建出判断矩阵 $B_{8\times8}$：

$B_{8\times8} =$

水解氮 hydrolyze N	有效磷 available P	有效钾 available K	有机质 organic matter	酸碱度 pH	全磷 total P	全钾 total K	全氮 total N
1.00	2.25	8.13	9.04	8.70	8.98	8.99	9.00
0.44	1.00	6.94	7.33	7.12	7.71	7.73	7.73
0.12	0.14	1.00	1.82	1.83	1.85	1.80	1.87
0.11	0.14	0.55	1.00	1.01	1.03	1.04	0.97
0.11	0.14	0.55	0.99	1.00	1.02	1.03	1.04
0.11	0.13	0.54	0.97	0.98	1.00	1.01	1.02
0.11	0.13	0.55	0.96	0.97	0.99	1.00	1.01
0.11	0.13	0.54	1.03	0.96	0.98	0.99	1.00

根据矩阵 $B_{8\times8}$，利用公式求出最大特征根所对应的特征向量，$W = (0.4271, 0.3054, 0.0658, 0.0406, 0.0412, 0.0401, 0.0399, 0.0399)$。同时，对 $B_{8\times8}$ 判断矩阵进行一致性检验，计算得到 $CI = 0.011$，$RI = 1.404$，进一步计算得到 $CR = 0.008 < 0.1$，满足判断矩阵

的一致性要求。因此，上面得到的特征向量 W，即可作为这 8 个评价指标的权重值(表 5)。

表 5　不同复合经营模式土壤肥力质量评价指标权重

Tab. 5　Weight of indicators and for assessment of soil quality of different agroforestry patterns

指标 indicators	水解氮 hydrolyze N ($mg.kg^{-1}$)	有效磷 available P ($mg.kg^{-1}$)	有效钾 available K ($mg.kg^{-1}$)	有机质 organic matter ($g.kg^{-1}$)	酸碱度 pH	全磷 total P ($g.kg^{-1}$)	全钾 total K ($g.kg^{-1}$)	全氮 total N ($g.kg^{-1}$)
权重 Weight	0.4271	0.3054	0.0658	0.0406	0.0412	0.0401	0.0399	0.0399

根据公式和表 5 评价指标的权重值，计算不同复合经营模式的土壤肥力质量指数值(FI)，结果见表6。从表6 可以看出，不同复合经营模式 FI 差异较大。因此，不同土地经营模式土壤综合肥力差异较大，其中银杏 + 桑树(G + M)模式土壤肥力最高，FI 达到 0.937，其次为银杏 + 小麦 + 黄豆(G + W + S)，再次为桑树(M)和银杏 + 油菜 + 黄豆(G + R + S)，而纯种农作物，即油菜 + 黄豆(R + S)模式土壤肥力最差，FI 仅为 0.233。

表 6　不同复合经营模式土壤肥力质量指数

Tab. 6　Values of soil fertility quality indicators (FI) of different agroforestry patterns

复合经营模式 agroforestry models	G + M	G + W + S	G + R + S	R + S	M
土壤肥力质量指数 FI	0.937	0.424	0.255	0.233	0.388

3　讨论与结论

在林农复合经营中，存在着土壤肥力变化的现象，这种变化因作物品种的不同而存在着差异，选择适宜的间作品种则有利于改善土壤的肥力状况(闫德仁等，2001)。孟祥楠等(2006)研究了 5 种复合经营类型对土壤化学性质的影响，表明实行林农复合经营对土壤化学性质产生了显著的影响，影响程度因作物种类不同而异。夏青等(2006)对合川市紫色土区 7 种农林复合经营模式的土壤理化性状进行了试验研究，表明与单植相比，农林复合生态系统能够有效地改善土壤养分在垂直空间上的分布，对不同深度土壤特别是 20 ~ 40cm 土层的理化性状均有所改善。此外，不同复合年限的系统对土壤的改良效果不同。章铁等(2005)研究也表明，果农复合经营模式的土壤肥力高于单种作物土壤的肥力。本项研究结果表明，与纯种农作物相比，银杏与其他作物长期间作后，土壤中各种速效养分、全量养分、有机质、pH 值等发生了显著的变化，但不同经营模式变化的程度也不同，主要原因在于不同复合经营系统地上部分凋落物、根系死亡和根系分泌物数量和种类等不同，进而引起土壤各种性质的变化幅度也不同。由于各种经营模式施肥方法和施肥量一致，加之复合经营系统物种较多，吸收的营养元素的绝对量较单种农作物要多，但是复合经营的土壤肥力仍然高于单种农作物，因此，这种土壤肥力的变化主要是复合经营对土壤的改良效益引起的。

土壤肥力质量是土壤系统的化学、生物和物理组分之间复杂相互作用的综合体现，它可以用几个关联的特征来指示。当将土壤看作生态系统的一部分来检验时，土壤肥力质量评价提供了一种评价人类管理决策对环境直接和间接影响的有效方法(Karlen *et al.*, 1997)。但是单一的土壤性质指标无法定量地表达土壤肥力的状况，因此，越来越多的研究采用综合系统的评价方法(吕晓男等，1999)。在进行综合评价中，确定各个评价指标的权重系数的精确度和科学性将直接影响评价的结果，层次分析法(AHP)将人的主观判断为主的定性分析进行定量化，将各种判断要素之间的差异数值化，适用于复杂的模糊综合评价系统，是目前一种被广泛应用的确定权重的方法(比晓丽等，2001)。运用AHP法在构建判断矩阵时，会因为对指标之间相对重要程度的判断因专家不同而异，具有一定的主观性，同时对已有的定量信息应用不够充分也是它的一个明显不足之处(许国志等，2000)。充分利用实测数据提供的定量信息来构建判断矩阵，提高了AHP法确定权重的准确性和科学性(章海波等，2006)。本研究利用改进层次分析法，充分利用测得的各项数据，构建出了判断矩阵，根据判断矩阵计算得到了各指标的权重，同时对判断矩阵进行了一致性检验，表明CR＝0.008，远远小于0.1，因此根据判断矩阵得到的各指标的权重合理，进一步根据权重对5种经营模式土壤肥力进行综合评价，结果表明，5种经营模式土壤肥力质量指数差异较大，其中银杏＋桑树(G＋M)土壤肥力质量指数最高，而纯种农作物(R＋S)土壤肥力质量指数最底。这也进一步证实了复合经营较单种农作物更能提高土壤的综合肥力，复合经营有利于土壤的可持续经营。当然，土壤肥力的指标因子还包括土壤的物理性质、各种酶的活性、微生物的数量和活性等，要进一步了解不同经营模式对土壤综合肥力的影响，还需要从以上几个方面作更进一步的研究。

参考文献

[1]比晓丽，洪伟．生态环境综合评价方法的研究进展[J]．农业系统科学与综合研究，2001，17(2)：122－124.

[2]黎华寿，骆世明．高州市典型坡地不同利用方式对土壤理化性状的影响[N]．华南农业大学学报，2001，22(2)：1－4.

[3]林锦仪，陈增华．银杏—黄花梨不同复合经营模式生长效益的研究[J]．经济林研究，2000，18(4)：14－16.

[4]吕晓男，陆允甫，王人潮．土壤肥力综合评价初步研究[N]．浙江大学学报(农业与生命科学版)，1999，25(4)：378－382.

[5]孟祥楠，赵雨森．农林复合经营对土壤化学性质的影响[J]．防护林科技，2006，(4)：38－40.

[6]闫德仁，刘永军，冯立岭，等．农林复合经营土壤养分的变化[N]．东北林业大学学报，2001，29(1)：53－56.

[7]夏青，何丙辉，谢洲，等．紫色土农林复合经营土壤理化性状研究[N]．水土保持学报，2006，20(2)：86－89.

[8]许峰，藤元新．坡地农林复合系统土壤养分时间过程初步研究[N]．水土保持学报，2000，14(3)：46－51.

[9]许国志，顾基发，车宏安．系统科学[M]．上海：上海科技教育出版社，2000.

[10]徐舰．银杏、柑橘不同复合经营模式生长效益评价[J]．经济林研究，2006，24(2)：32－34.

[11]严范升．土壤肥力研究方法[M]．北京：农业出版社，1988.

[12]袁子祥，殷国怀．以银杏为主体的生态复合经营系统的建立及效益评估[J]．林业科技开发，1997，(3)：47－48.

[13]章海波，骆永明，赵其国，等．香港土壤研究Ⅵ．基于改进层次分析法的土壤肥力质量综合评价．土壤学报，2006，43(4)：577－583.

[14]章铁，杨斌．果农复合经营模式系统对土壤肥力的影响．安徽农业科学，2005，33(1)：65－66.

[15]中国土壤科学协会．土壤和农业化学分析 北京：中国农业科学出版社，1999.

[16]中科院南京土壤研究所. 土壤理化分析. 上海：上海科学技术出版社，1981.

[17]Allen S C, Jose S, Nair P K R, *et al.* Safety – net role of tree roots: evidence from a pecan (Carya illinoensis K. Koch) – cotton (Gossypium hirsutum L.) alley cropping system in the southern United States. For Ecol Manage, 2004, 192: 395 – 407.

[18]Hartemink A E, Buresh R J, Jama B, *et al.* Soil nitrate and water dynamics in sesbania fallows, weed fallows and maize. Soil Sci Soc Am J, 2004, 1996, 60: 568 – 574.

[19]Karlen D L, Mausbach M J, Doran J W, *et al.* Soil quality: A concept, definition, and framework for evaluation(a guest editorial). J Soil Sci, 1997, 61: 4 – 10.

[20]Mohsin F, Singh R P, Singh K. Nutrient cycling of poplar plantation in relation to stand age in agroforestry system. Indian J For, 1996, 19: 302 – 310.

[21]Mugendi D N, Nair P K R. Predicting the decomposition patterns of tree biomass in tropical highland microregions of Kenya. Agrofor Syst, 1997, 35: 187 – 201.

[22]Munoz E, Beer J. Fine root dynamics of shaded cacao plantations in Costa Rica. Agrofor Syst, 2001, 51: 119 – 130.

[23]Singh B, Sharma K N. Tree growth and nutrient status of soil in a poplar (Populus deltoides Bartr.) – based agroforestry system in Punjab, India. Agroforest Syst, 2007, 70: 125 – 134.

[24]Singh K, Chauhan HS, Rajput D K, *et al.* Report of a 60 month study on litter production, changes in soil chemical properties and productivity under poplar (P. deltoides) and Eucalyptus (E. hybrid) interplanted with aromatic grasses. Agrofor Syst, 1989, 9: 37 – 45.

[25]Szott L T, Fernandes E C M, Sanchez P A. Soil plant interactions in agroforestry systems. For Ecol Manage, 1991, 45: 127 – 152.

[26]Young A. Agroforestry for soil management, 2nd edn. CAB International, Wallingford, and International Council for Research in Agroforestry, Nairobi, 1997: 320.

庐山三宝树之古银杏复壮观察实验初报

陈树英[1]　陈树青[2]　陈俊文[3]　汪国良[4]

([1] 江西庐山园林林业局花径公园，江西庐山　332900；[2] 江西庐山园林林业局石门涧景区管理所，江西庐山　332900；[3] 江西庐山园林林业局含鄱口景区管理所，江西庐山　332900；[4] 汪国良江西庐山园林林业局仙人洞景区管理所，江西庐山　332900)

摘要：江西省庐山风景名胜区景点三宝树之古银杏已有1600余年树龄，因树龄过高、立地条件光照不足、土壤通透性差、根部营养不足、病虫害和寄生植物危害、结果量偏大等主要原因，已呈现出了严重衰弱现象。庐山风景名胜区管理局高度重视，邀请并组织中国林学会银杏研究会专家3人，江西农业大学森林保护权授2人组成庐山三宝树古银杏专家会诊小组，会同当地领导和科技人员对古银杏衰弱进行了全面地调研、勘察，做出了庐山三宝树古银杏复壮保护一期工程决策，为保护庐山世界文化遗产，世界地质公园，联合国优秀生态旅游景区，全国5A级风景旅游区资源，庐山含鄱口景区管理所对三宝树古银杏复壮后进行了观察实验。观察试验结果：古银杏复壮前与复壮后相比较，长势呈明显好转。植株发芽、叶直径大小、色泽亮度、革质层厚度、花朵直径大小、花期长短、挂果期、出仁率最大核重、种核长宽厚、落叶时间都比实施复壮前要正常，且植株病虫害和寄生植物现象明显少于复壮前，整株呈健康长势。

关键词：古银杏；衰弱；文化遗产；复壮；观察

银杏是遭逢距今200多万年前新生代第四纪冰川毁灭浩劫，现存1科1属1种而特产于中国的裸子植物，是现存最古老的孑遗植物之一。有“金色活化石”之誉，属国家重点保护植物，也是联合国环境署重点保护的世界珍贵树种。庐山三宝树古银杏是庐山著名景点之一，古银杏傲雪凌霜，高耸入云，雄伟壮观，以其坚忍不拔的自强精神，多予少取、济世救人的奉献精神及美丽动人的佳话为庐山增添了神秘的色彩。它是庐山的镇山之宝，它所创造的生命价值、观赏价值、社会价值，贮藏的科学信息、文化内涵、民族精神都是难以估量的，对三宝树古银杏实施复壮保护功在当代，利在千秋，是具有十分重要的意义，为总结经验，给今后古树名木保护工作提供科学依据。我们于2005～2008年对古银杏复壮保护进行了观察实验。

1　古银杏复壮前基本情况

庐山三宝树之古银杏位于中国江西省北部，庐山黄龙寺正面，此地海拔895m，处于亚热带季风区，具有鲜明的山地气候特征，年均降水量1917mm，年均相对湿度78%，年最低温度－15℃，年平均温度16.9℃。

2 古银杏衰弱基本情况

2.1 于2005年5月下旬呈现严重衰弱症状。树体中下部位的主干、主枝存在明显数量较多的腐朽空洞，空洞内侧木质腐朽并有了实体产生。

2.2 主干、枝干树皮老化，轻度腐败并布满苔藓、蕨类等寄生植物和真菌。

2.3 树体上部分延长枝顶枝芽和短果枝因病害枯死，叶片子银杏茶黄蓟马虫密度较大造成了叶片变黄，严重时造成落叶，且有少量食叶银杏卷叶蟓、银杏大蚕蛾危害叶片。

2.4 树冠冠幅缩小，枝叶量少时明显存在叶形差异，树冠上部分叶片明显较正常叶片小一半，树冠下部分叶片稍大现象。

3 树势衰弱的主要原因

3.1 树龄偏高。已有1600余年，在其中生命周期中，地上部分自然打枝痕迹年久，由于风吹日晒和各种微生物的侵害造成了树冠内膛骨干枝的腐朽，与此同时，地下部分的自疏现象，已造成树冠范围内的骨干根早年形成的吸收根群大量死亡，致使树冠叶幕减少，叶片制造的营养物质少而吸收根群从土壤中吸收的水分、无机盐等营养分少，无法满足土地上部分生长发育需要。正常的生理活动进行是其树势衰弱的根本原因。

3.2 光照严重不足。银杏树属强阳性树种，因其生长的周围诸多树木的树冠遮挡了大量的光照，既使得银杏地上部分无法正常生长和扩大树冠，又加重了树冠自然打枝现象，这是树势衰弱的主要原因。

3.3 土壤通透性差。三宝树古银杏树冠投影范围内地表大都浇灌成水泥地面或铺设石砖，不仅加速加重了隐形根系生长的自疏现象，而且使银杏处于缺氧呼吸状态，无法产生较大量的吸收根群，故根系从土壤中吸收的水分，养分不能满足其地上部分生长的需要，这是树势衰弱的主要原因之二。

3.4 病虫害和寄存植物的危害。三宝树古银杏部分延长枝芽因病而枯死，部分叶片上茶黄蓟马虫的密度较大，这是造成叶片发黄，卷缩过早凋落和树冠不能扩展的因素，且有少量银杏卷叶蟓、银杏大蚕蛾等食叶害虫的存在，是其树势衰弱的主要原因之三。

3.5 结果量偏大，消耗养分过多，是造成树势衰弱的主要原因之四。

4 古银复壮保护措施与方法

4.1 封堵树木空洞，采取用经波多液消毒的黄心土和木炭为填充材料，并用水泥封口。

4.2 对已枯死的骨干枝采取除表面腐朽部分，涂抹防腐剂油等方法控制树干及主枝进一步腐朽，达到保持古银杏古老、苍劲、沧桑、雄伟的观赏价值，同时刮净古银杏主干、骨干枝上已死的表皮。

4.3 改善土壤通透性，去除其树冠投影范围内的全部硬质地面，改善现有的游步道至三宝树的树冠投影处5m以外，以恢复土壤的通透性和最大限度地降低人类活动对古银杏生长造成的不利影响。对古银杏周边生长的柳杉、拐枣、毛竹、法国梧桐等树木进行必要的收伐疏枝处理，以增加对三宝树的光照条件。

4.4 控果。在每年4月中旬，大多数花胚珠雌花胚顶端出现晶莹剔透的水珠时，采用经晒干、碾碎过筛后的黄心土粉末喷喷粉至胚珠上或摘除其附近雄珠上青绿色的雄花花序及已成的幼果等方式，有效控制其结果以最大限度降低古银杏水分、养分的消耗。

4.5 防治病虫害，害虫发生的若虫期间，选择在无风微风的晴天上午9：00~11：00，下午16：00后喷施800~1000倍敌敌畏液并加入几滴煤油于树冠防治害虫。

4.6 施肥。在古银杏树冠投影以外，逐年逐次轮换开挖深、宽、长适度的放射沟。在3月中、下旬施入适量速效氮肥；7月中旬前后，施入适量复合肥(磷、钾比率要高)；秋末冬初施入适量腐熟有机肥。

4.7 措施与方法严格按照专家提交的《庐山三宝树古银杏第一期复壮施工技术方案》、《古银杏立地环境施工技术方案》及《古银杏地上、地下部分施工技术方案》执行。

5 古银复壮后生长情况观察

5.1 古银杏2005~2008年物候期、叶片性、花朵性状、种子性状、有害生物观察报表，分别见表1~表5。

表1 古银杏2005~2008年物候期

年份	类型	绽开期	萌芽期	绽叶期	新梢生长期	叶黄期	落叶期
2005年	古银杏	3月15日	4月10日	4月28日	4月30日~7月12日	10月2日	11月1日
2006年	古银杏	3月18日	4月5日	4月25日	4月28日~7月10日	9月26日	10月28日
2007年	古银杏	3月20日	4月15日	4月30日	4月30日~7月15日	9月23日	10月29日
2008年	古银杏	3月17日	4月10日	4月27日	4月30日~7月13日	9月27日	11月14日

表2 古银杏2005~2008年叶片性

年份	类型	萌芽期	叶长(cm)	叶宽(cm)	叶柄长(cm)	叶色泽度	叶裂深(cm)	鲜叶重(g)	叶形
2005年	古银杏	4月10日	树上部3 树下部5.5	树上部5 树下部8	树上部2.5 树下部4.5	叶分布不平均，叶色淡绿无光泽	2.4	0.6	扇形
2006年	古银杏	4月5日	6	8.5	4.5	叶厚实鲜绿，有光泽无干尖	2.2	0.8	扇形
2007年	古银杏	4月15日	6	8.5	4.5	叶厚实鲜绿，有光泽无干尖	2.3	0.8	扇形
2008年	古银杏	4月10日	6.5	8.5	4.5	叶厚实鲜绿，有光泽无干尖	2.3	0.8	扇形

表3 古银杏2005~2008年花朵性状

年份	类型	绽芽期	萌芽期	绽花期	花直径(mm)	花期	花色
2005年	古银杏簇生	3月20日	4月6日	4月20日	16	3月28日 4月25日	整体感一般，花色较鲜艳

年份	类型	绽芽期	萌芽期	绽花期	花直径(mm)	花期	花色
2006 年	古银杏簇生	3 月 20 日	4 月 6 日	4 月 20 日	16	3 月 20 日 4 月 26 日	整体感较好，花色鲜艳，无焦边，纯正带有光泽
2007 年	古银杏簇生	3 月 22 日	4 月 8 日	4 月 27 日	18	3 月 28 日 4 月 27 日	整体感较好，花色鲜艳，无焦边，纯正带有光泽
2008 年	古银杏簇生	3 月 22 日	4 月 8 日	4 月 27 日	17	3 月 29 日 4 月 27 日	整体感较好，花色鲜艳，无焦边，纯正带有光泽

表 4　古银杏 2005 ~ 2008 年种子性状

年 份	类 型	挂 果 期	种 子 规 格(mm)	种 子 量
2005 年	古银杏	6 ~ 10 月	18 × 15	大
2006 年	古银杏	6 ~ 10 月	25 × 16	正常
2007 年	古银杏	6 ~ 10 月	25 × 16	正常
2008 年	古银杏	6 ~ 10 月	25 × 16	正常

表 5　古银杏 2005 ~ 2008 年有害生物观察报表

年 份	有害生物名称	发生危害期	危 害 部 位	危 害 程 度
2005 年	银杏茶黄蓟马虫	5 ~ 7 月	叶	+ +
	银杏卷叶蟓	4 ~ 8 月	叶	+
	银杏大蚕蛾	4 ~ 8 月	叶、果、枝	+
	斜纹夜蛾	6 ~ 7 月	叶、果	+
	华北蝼蛄	4 ~ 9 月	叶、果	+
	铜绿金龟子	6 ~ 7 月	叶、茎	+
	银杏叶枯病	6 ~ 8 月	叶	+
	银杏叶枯病	7 ~ 9 月	叶、枝、干	+
2006 年	银杏茶黄蓟马虫	5 ~ 7 月	叶	+
	斜纹夜蛾	6 ~ 7 月	叶、果	+
2007 年	银杏茶黄蓟马虫	5 ~ 7 月	叶	
	斜纹夜蛾	6 ~ 7 月	叶、果	
	银杏叶枯病	7 ~ 8 月	叶	+
	银杏干枯病	7 ~ 8 月	叶、枝、干	+
2008 年	斜纹夜蛾	6 ~ 7 月	叶	

5.2　古银杏 2005 ~ 2008 年施肥效果对比

措施：

在古银杏树冠投影以外，逐年逐次轮换来挖深、宽、长适度的放射沟。在 3 月中旬施入适量速效氮肥，7 月中旬前后，施入适量复合肥(磷、钾比例较高)，秋末冬初施入适量腐热有机肥(加少量生石灰和氮化钾或硫酸钾)

表 6

年份	类型	平均抽枝长度（cm）	平均枝粗（cm）	平均单叶面积（cm）	平均单叶鲜重（g）	平均百叶干重（g）
2005 年	未施肥	23	0.50	28.2/20	0.6	32.16
2006 年	已施肥	43	0.93	41	0.8	34.2
2007 年	已施肥	42	0.88	39.1	0.8	34.2
2008 年	已施肥	43	0.92	41	0.8	34.2

表 7

年份	类型	坐果率（%）	出仁率（%）	最大单核重（g）	种核长（cm）	种核宽（cm）	种核厚（cm）	种柄长（cm）
2005 年	未施肥	96	80	2.6	2.2	1.6	1.23	3.10
2006 年	已施肥	63	82	3.5	2.8	1.8	1.36	3.9
2007 年	已施肥	59	82	3.6	2.9	1.9	1.40	3.9
2008 年	已施肥	60	81.4	3.6	2.8	1.8	1.40	3.9

从以上每张表格对比可以看出，古银杏复壮前与复壮后相比较，长势逐渐明显好转，说明庐山风景名胜区管理局的复壮决策及时、英明，专家及园林林业局领导和技术人员对古银杏仔细、认真地反复考察、研究、讨论形成的复壮技术方案是科学的，可行的。

通过庐山三宝树古银杏复壮观察项目的实施，为及时掌握古银杏生长发展趋势及保护提供了科学的理论依据，直接影响到庐山旅游资源的可持续发展。在生态效益、社会效益、经济效益方面都将产生重要作用。

银杏的耐盐性

齐之尧　李家玉
（天津农学院，天津　300384）

银杏是优秀的城市森林树种，它具有极强的抗盐性，昔日荒凉的盐滩地，在暗管排盐工程的保护下，银杏树苗壮生长，绿荫护夏，金叶迎秋，蔚为壮观，有效地美化优化环境。

1　实验与观察

水培实验　1993 年 8 ~ 10 月中旬，在天津武清下伍旗苗圃室内进行水培实验。试材用当年生银杏实生苗，选择叶片、幼茎、根系、色泽近似的苗木，小心起苗，清洗根系，作为试材。以氯化钠为主，混入硝酸钾、硫酸钠、磷酸二氢钾等盐类充分混合。配制营养液，盐分梯度为：0.3%、0.25%、0.2%、0.15%、0.1%、0.05%，用当地深井水作对照，从 8 月初至 10 月中旬，每日用气泵向水培液内注氧一次。每梯度系列作 4 组重复。

系统观察结果，对照者最好；0.3% 者仍能忍耐。

移栽观察　1996 年春季从武清良种场我们的试验圃内移入天津农学院校园内，裸根嫁接苗 7 株，当时全部成活，栽后从未施肥、中耕、修剪，加之土壤含盐量 0.3% 左右，故生长缓慢。原本于 1988 年从桂林引入的 2 年生嫁接苗，当时在我们苗圃是最大的；而我们 1990 年嫁接，1992 年移入下伍旗苗的嫁接苗目前地径已达 20cm；而 1996 年移入农院的苗仍未明显生长，其地径不及 1992 年苗的 1/3。

2006 年从武清下伍旗苗圃带沙壤质土坨移入农院米径 10cm，实生银杏苗 5 株，现存活 4 株，另 1 株因栽时土坨散了，当年成活后干枯，平茬后，根蘖茁壮成长，今夏发现被移走。

近 3 年内陆续移入小径裸根实生苗，大部也已成活。

土壤黏重，含盐量 0.3%，可能是影响成活与生长的制约因素。但无论如何还是有一批银杏树存活下来。

暗管排盐工程保护下银杏栽植成功　天津滨海区（TADA）的塘沽新开发区、大港油田及居民区等，在≥0.3% 含盐量的土地上，在暗管排盐工程保护下，银杏大实生苗与大嫁接苗均已栽植成功，并旺盛生长。

2　讨 论

根据前述观察，我们初步认为：银杏树的耐盐临界数据为 0.3%；0.2% ~ 0.3% 银杏生长受抑制；超过 0.3%，如无暗管排盐等工程措施的保护，则难成活、生长、发育。

在耐盐临界限度以内，银杏抗盐的机理主要为克服生理干旱与防止代谢紊乱。较高的土壤盐分浓度会造成树木的生理干旱；树木克服生理干旱的方式不同，有的树木根系吸水时，盐分不会明显透过，如：沙枣(*Elaeagnus angustifolia*)等为不透盐类型。有的树木大量摄入盐分后，又从叶部腺体排出体外，如：柽柳(*Tamarix chinensis*)等，为泌盐类型。银杏则与沙枣、柽柳不同，它大量摄入盐分之后，使盐分积累在细胞的液泡内，钠离子与柠檬酸构成缓冲体，调节pH值与渗透势，而提高吸水力，以克服生理干旱，属于积盐类型。

天津沿海土壤盐分是氯钠型的。如众所周知，如果多种盐分危害，由于离子拮抗作用，会使盐毒相对较轻；而单盐毒害则较重。盐毒，尤其是氯钠型盐毒会较重，氯盐可能导致树木代谢过程中产生过氧化物，从而抑制光合作用，使机体代谢功能紊乱；而银杏树体内超氧化物歧化酶(SOD)含量较高，加之，银杏的次级代谢产物，类萜、类黄酮等形成抗氧化系统较强，可使机体免受毒害，不致造成代谢紊乱。

在土壤含盐量较高，接近或超过银杏的耐盐临界限度的地方，要栽植银杏，必须因地制宜地采取工程措施，使土壤含盐量降至临界限度以下。根据水盐运动规律。盐随水来，盐随水去；土壤含盐量与潜水矿化度呈正相关，与潜水埋深呈负相关。天津水科所首创的暗管排盐工程，即：在一定土壤深度内，敷设多孔性排水暗管网，降低水位，适当客土(沙质土)，淡水灌溉，淋洗掉上层的盐分，可将≥0.3%的土壤含盐量至0.1%，为银杏栽培创造适宜的生境。银杏大苗的土坨，沙质土优于壤质和黏壤质土。此外，明沟排水、生物排水、台田等都有一定作用。只要土壤含盐量降至≤0.1%，不仅银杏可以成活，旺盛生长，而且，许多树种可以繁茂地生长。彻底摆脱荒凉面貌，形成景色优美、环境宜人的新天地。

参考文献

[1]齐之尧，李家玉. 银杏防治沙漠化的作用[M]. 全国第十四次银杏学术研讨会论文集. 济南：山东科技出版社，2006：235－237.

[2]齐之尧. 荒漠中潜水、土壤盐渍化、植被之间的关系. 内蒙古林业科技，1981，(3－4)：26－28.

[3]凌裕平，等. 银杏吸收根解剖构造及对营养元素吸收作用的研究. 全国第十二次银杏学术研讨会论文集[M]. 北京：中国农业出版社，2004，7：125－150.

[4]何祯祥. 植物适应的分子机制. 植物分子生态学[M]. 北京：化学工业出版社，2005，3：185－229.

诱虫灯防治金龟子危害银杏叶成效初报

何仁东

（福建省长汀县树王银杏生态园，福建长汀　366300）

摘要：2006 年，生态园的银杏受到金龟子的较大面积危害。2007 年以来，我园连续 3 年利用简易诱虫灯对金龟子危害期进行灯光诱杀试验；结果表明，利用金龟子的趋光性可以有效地诱杀金龟子，能有效控制其危害，经济、生态、社会效益均相当明显。

关键词：诱虫灯；金龟子；诱虫效果

2006 年，银杏生态园发生了食叶害虫的危害，当年冬天进行病虫害调查，有 2. 6% 危害程度严重，有 0. 6% 被危害致死，给银杏生态园带来了较大损失，而金龟子是造成危害银杏的主要食叶害虫。如何有效地防治金龟子，又要不造成对环境的破坏和污染；从 2007 年开始，利用金龟子的趋光性在生态园内安装简易诱虫灯，连续 3 年进行了诱杀金龟子的物理防治试验，取得了比较明显的效果，现将诱杀防治情况初报如下：

1　生态园的基本情况

长汀县位于福建省西部，属中亚热带季风气候，年平均气温 18. 8℃，年降雨量 1550mm，生态园坐落在县城南部 6km，海拔 320 ~ 450m，土壤为红壤，土层中厚，由于植被稀少，水土流失严重；1999 年，租赁严重水土流失林地 2300 亩，种植银杏 6 万多株，其中嫁接苗 2. 8 万株，实生苗 3. 4 万株，多年来，坚持科学规范管理，银杏生长良好；2003 年被授予“全国银杏种植与扶贫开发生态建设示范基地”，2005 年被福建省林业厅批准为“福建省银杏科技试验园”；2008 年成为“国家级农业标准化银杏生态建设示范区”。

生态园种植的树种仅银杏一种，面积又大，随着时间的推移，病虫害日趋严重。2006 年生态园根据银杏病虫害趋势，制订了《病虫害综合防治实施方案》，采取了预防为主、积极防治的措施。为摸清生态园虫害的越冬规律，每年冬季进行病虫害普查，采取机械布点的方法，抽样数量 1%，全园布设 306 个调查点，每个调查点设 $1m^2$ 范围，挖掘深度 20cm，调查金龟子以及其他虫类的过冬数量，得以分析来年病虫发生发展的趋势，做到早预测、早防治。

2　金龟子的形态，生活习性及危害情况

金龟子是鞘翅目金龟子科成虫的名称，危害我县生态园银杏的金龟子（*Melolontha* sp.）其形态：体长约 25mm，体宽 13mm，头小腹大，椭圆形，茶褐色，无光泽，额及胸部黑褐色，胸部密生毛，腹面黄褐色，触角锤状，念珠状七节，顶部似鳃片状三片。一年一代，以

老熟幼虫在土中越冬，越冬幼虫于翌年3月下旬出蛰，昼伏夜出，傍晚18:00~22:00成群外出蚕食银杏叶片，4月中旬为危害盛期，5月上旬产卵，9月份以后在土壤中羽化成虫，在蛹室中越冬，6~8月的幼虫蛴螬未发现有危害银杏根部；2005年以前，金龟子对生态园银杏的危害仅在局部发生；2006年蔓延发展危害的趋势加剧，当年有2.6%的银杏树受严重危害，被危害的树生长发育停止，长势衰弱，要2~3年才能恢复生长，给生态园的银杏带来重大损失。

3 诱虫灯诱杀方法

2007年3月下旬，当银杏叶吐绿展叶时，金龟子上树食叶，在一时无法买到专用杀虫黑光灯的情况下，安装简易诱虫灯11盏，根据生态园位于山坡丘陵地区，这11盏诱虫灯尽量安放在能接到电源的山冈顶部，灯光可及范围150~200亩，在山顶开阔处立起木电杆，距地面2m处挂上电灯，灯泡用30~40W的节能灯，距灯下60cm左右放一直径60cm大盆，盆内放1/3的水，水内加入适量的杀虫药氧化乐果，每天傍晚开灯，第二天早上切断电源，同时把盆内的虫体捞出清理深埋，每年诱虫时间45d。

2008年针对个别地段电源难以送达情况，又添置了干电池的活动诱虫灯15盏，安排于电源难以接到及个别金龟子危害严重的地方，在金龟子活动频繁的时段开灯诱杀。

4 结果与分析

4.1 诱杀数量

在开灯诱杀的时间里，几乎每天都可诱杀到金龟子，尤其是在晴暖无风的夜间，效果更好。2007年3月30日一个晚上最多一个诱虫点就诱杀1300多只，装了大半脸盆，诱杀数量效果惊人。据调查统计分析，2007年全园开灯45d诱杀金龟子6.5万只，占越冬金龟子数的55%；2008年诱杀5.2万多只，占越冬代金龟子数的65%；2009年诱杀数量估计在3万只(2009年越冬代调查尚未进行)。

4.2 诱杀效果显著

表1 2006~2008年冬季调查汇总表

年度	调查株数	有虫株数	%	每平方米平均虫口（只）	样点最大虫口（只）	调查虫口量（只）	预测虫口数	坡上部			坡中部			坡下部		
								调查点数	有虫点数	%	调查点数	有虫点数	%	调查点数	有虫点数	%
2006年	305	209	68.5	1.62	10	396	12万只	85	66	80.5	129	95	73.6	94	48	51.0
2007年	306	158	54.9	0.95	8	291	8.7万只	85	48	58.5	125	77	61.6	99	43	43.4
2008年	306	132	43.1	0.58	7	180	5.4万只	98	52	53.0	123	50	40.6	85	30	35.3

从表1可以看出，2006年金龟子发生危害时，冬季调查有虫点数达68.5%，调查点每平方米有金龟子1.62只，经2007年、2008年连续2年金龟子活动期的灯光诱杀，2008年

越冬代调查时，金龟子的有虫株率从 68.5% 下降到 43.1%，平均虫口密度由 1.62 只/平方米下降到 0.58 只/平方米，诱杀效果是相当显著，虫口数量及分布均大幅下降，有效地控制了金龟子的蔓延发展危害趋势。

4.3 生态环境有效保护

2006 年以前，当银杏叶吐绿展叶时，金龟子上树食叶，严重的整树叶子被吃光，当时使用氧化乐果喷洒毒杀，费时费钱造成污染，还难以防治；2007 年开始利用诱虫灯诱杀金龟子，不再直接喷洒农药后，生态园的生态环境已有了明显改善，不仅控制了金龟子的危害，生态园的鸟类的数量明显增加，其他害虫危害趋势渐轻，明显的例子就是前几年时常看见天牛危害银杏树，使树枯死或断干的现象就已经很难看到，其原因分析就是不使用农药后，林内斑鸠鸟得到保护繁殖，而斑鸠鸟可啄食天牛，遏制了天牛的危害。

4.4 成本低，经济效益高

利用简易诱虫灯防治金龟子危害既有效，成本又低。经核算，安装一盏诱虫灯的材料、工资、电费等费用仅 450 元，而可控制面积在 150 亩，每亩的防治成本仅 3 元，而且从第二年起，电器材料还可继续使用，费用成本每亩仅 0.8 元，具有防治效果好，成本微小，经济效益显著。

5 小结

利用金龟子的趋光性，用简易诱虫灯防治其危害银杏叶，具有简单、高效、无药害、无污染环境的特点。防治成本低，经济效益好，生态环境能有效保护，在山地种植银杏中，金龟子喜栖在山坡中上部位，故于山顶设置诱虫灯效果更佳。另外，野外用电应注意安全，设警示标志，白天切断电源，以防事故。

银杏黄叶病的发生与防治

张 敏[1]　李广进[1]　陈世品[2]　皇甫桂月[3]

（[1]江苏省丰县宋搂镇农技中心，丰县　221700；[2]江苏省丰县梁寨镇农技中心，丰县　221700；
[3]山东省郯城县国营苗圃，郯城　276100）

摘要：本文对银杏黄叶病的发生、发展的客观条件进行了较为详尽地分析，并提出了防治的具体措施。

关键词：银杏；黄叶病；防治

银杏作为珍贵的经济树种，有较高的经济效益、社会效益和生态效益，具有广阔的开发利用前途，在生产上已开发利用多年。近年来，随着医药卫生事业的发展，银杏叶提取物（GBE）已越来越受到人们的青睐，价格逐年攀升，产品大有供不应求之势，因而银杏叶生产已成为当前银杏生产中人们普遍关注的一个热点。但在现实生产中面临的一个难题是，不少地方银杏叶出现黄化现象，而且大有蔓延之势。这不仅直接影响到苗木的生长发育，降低了叶子的产量，而且还影响叶子和提取物（GBE）的质量，使提取物（GBE）达不到技术指标，难以进入国内外市场，因而防治银杏黄叶病是当前银杏生产中亟待解决的问题。

经过多年的观察研究，对银杏黄叶病的发生、发展规律及应采取的防治措施总结如下：

1　症状与发生规律

在苏北地区该病多在每年的6月上旬出现，多为零星分布，梅雨季节症状加重，8～9月为发病盛期，直到秋季气温下降不再蔓延。该病首先出现在枝条的中部叶片上，随后逐渐扩展到全树上，轻微发生时仅叶片先端部分黄化，严重发生时则全树叶片黄化。前者多见于通风透光的幼树上，后者多见于密度过大、通风透光不良的林（圃）内和管理粗放、土壤贫瘠的老龄树上，该病发生严重时，8月下旬开始提前落叶。

该病发生后其叶片的症状是：叶片首先变薄，叶片先端开始变黄色，然后再变褐色，逐渐扩展到整个叶片，叶子由深绿色变成浅绿色，最后变黄，提前落叶。

2　发生原因剖析

2.1　盐碱危害

银杏适宜生长在土壤pH值5.5～7.5，含盐量小于0.3%，地下水矿化度小于10g/kg的土壤。如超越上述指标，尤其在幼苗期会导致苗木生长发育不良，诱发黄叶病。而观察实验地的土壤pH值为8.5，属于强碱性，故银杏在幼苗期势必造成叶片黄化。但随着苗木的生长发育，其适应盐碱的能力也逐渐增强，一般从育苗开始4～5年其症状逐年消失。

2.2 土壤黏重、板结

银杏为半肉质根，适宜生长在土质疏松、透气良好的沙质壤土中，其根系70%以上分布在10～50cm的土层内，如果这个土层内土质黏重、板结、透气性差，遇到涝灾，长时间积水，势必造成根系缺氧，表现在叶子上，造成干边，逐渐使叶片变黄。苏北地区连续3年涝灾，年降水量均在1350mm以上，是造成银杏黄叶病的原因之一。

表1 土壤质地对银杏苗木黄化病的影响

调查点	土壤状况	苗龄（年）	调查株数（棵）	黄化率（%）	备注
李双楼	沙壤土	9	300	45	管理措施
河西	黏土、板结	9	300	78	基本相似

2.3 缺素症

银杏同其他植物一样，在适宜的立地条件下，依靠N、P、K和多种微量元素维持着自身的生命。并在每时每刻地进行生长发育，缺少N、P、K使植株瘦小，叶片薄小色淡，生产上较为重视，而缺少微量元素锌、铁等往往被生产上忽视。据植物样品和土壤样品分析，多数银杏林内，土壤含锌量普遍偏低，土壤内平均含锌量仅(0.5±0.3)mg/kg，接近于缺素临界期。银杏叶片的锌含量为2～6mg/kg，叶柄内为3～8mg/kg，也低于15mg/kg的临界期。通过对当地土壤酸碱度的测定，一般pH值都在8.5左右，这不利于锌离子的活化，因为锌离子只有在pH值6～7.8的范围内易活化，便于植物的吸收利用。

通过对土壤和植株样品进行分析，土壤中铁元素的含量为8.5mg/kg，按说能满足植株对铁元素的需求。之所以引发缺铁的原因，主要还是土壤pH值偏高，再加上连年增施化肥，使土壤中的二氧化碳和碳酸根离子增多，形成难以溶于水的氢氧化铁，银杏植株难以吸收利用。

3 防治措施

3.1 改良土壤，增加土壤的透气性

在土壤黏重、板结、结构性较差的银杏林地，每年每亩施10m^3以上的沙土和杂草。连续施5年，即可改善土壤的结构，增加土壤的透气性，促进根系的生长发育，实现苗木快速生长。

表2 改良土壤对银杏苗木生长的影响

调查点	处理	苗龄（年）	密度（m）	平均高度（m）	胸径（cm）	备注
李双楼	施沙土杂草	9	2.5×3	4.9	7.9	其他管理
河西	黏土、板结	9	2.5×3	4.5	5.1	措施相同

3.2 合理施肥

施肥不足易造成植株枝条纤细，叶片变小、变薄、色淡，高粗生长明显降低。相反，施肥过量，使根系受伤，发生肥害，叶缘变焦、变黄，局部或全部皮层腐烂、枯死，进而全株

死亡。合理施肥应是：5 年以上的苗木每亩($667m^2$)施优质农家肥 3 ~ $4m^3$，尿素 50kg。复合肥或磷酸二氢钾 50kg。随着苗龄的增加，施肥量再酌情增加。施肥方法除农家肥一次性结合冬翻使用外，化肥分 2 ~ 3 次使用，施肥力求均匀入土，如土壤含水量低于 24%，应及时灌水。

3.3 补锌

每年在 3 月上中旬结合春季施肥，亩次每亩补施硫酸锌 2 ~ 2.5kg，连续施 3 年即可收到较好的补锌效果。另一种补锌方法是在每年的 5 月上旬和 6 月上旬各喷一次 200 ~ 300 倍的硫酸锌溶液，同样可取得良好的补锌效果。

表 3 施硫酸锌对银杏苗木生长的影响

调查点	处理	苗 龄（年）	密度（m）	平均高度（m）	胸径（cm）	备 注
李双楼	2.5kg/亩	9	3.5 × 3	5.3	10.1	其他管理
河 西	对照	9	3.5 × 3	4.9	8.7	措施相同

3.4 施硫磺粉和硫酸亚铁

为中和土壤中的碱性，增强植株对铁离子的吸收，于每年 3 月上旬结合春季施肥，每亩林地施硫磺粉和硫酸亚铁各 150kg，每隔 1 年施 1 次，共施 3 次可收到良好的补铁效果。

表 4 施硫磺粉和硫酸亚铁对银杏苗木生长的影响

调查点	处理	苗 龄（年）	密度（m）	平均高度（m）	胸径（cm）	备 注
李双楼	施硫磺粉和硫酸亚铁 150kg/亩	9	3.5 × 3	5.5	10.5	其他管理措施相同
河 西	对照	9	3.5 × 3	4.8	8.1	

4 小结

(1) 土壤黏重、板结，透气性差，导致黄化病发生的土壤，压沙改土是改良土壤结构预防黄化病发生的重要措施，每亩林地压沙 10^3m 以上，连续 5 年以上。

(2) 银杏林地普遍缺锌，在适宜银杏生长的立地条件下，是导致银杏黄化病发生的主要原因，补锌的方法有两种，一是每年每亩施硫酸锌 2 ~ 2.5kg；二是 5 月上旬和 6 月上旬各喷一次 200 ~ 300 倍的硫酸锌溶液。补锌措施连续进行 3 年。

(3) 土壤 pH 值大于 8 的土壤，为增强植株对铁离子的吸收，每亩的林地施硫磺粉和硫酸亚铁各 150kg，每隔 1 年施 1 次，共施 3 次。

参考文献

[1] 侯九寰，皇甫桂月，等. 银杏栽培. 北京：北京科学技术文献出版社，1993.
[2] 张格权. 银杏病虫害防治. 成都：成都科技大学出版社，1995.
[3] 韩宁林. 银杏生产百事问. 北京：中国农业出版社，1996.
[4] 江苏丰县土壤志. 南京：江苏科技出版社，1998.

新村银杏虫情分析

颜世宏[1]　刘艳喆[2]　高建玲[3]　方景明[4]

([1] 郯城县新村乡银杏研究所，山东郯城　276128；[2] 郯城县新村乡政府，山东郯城　276128；
[3] 郯城县农业局，山东郯城　276100；[4] 郯城县高峰头镇农业服务中心，山东郯城　276117)

摘要：传统的观念银杏树是抗病虫极强的树种，银杏抗虫能力的研究尚在进行中。山东省郯城县新村乡银杏研究所对新村银杏近年来虫害情况进行综合分析，目的评价银杏树抗虫害的能力，为保护银杏原生资源和园林开发维护生态平衡提供依据。

1　主要虫害对银杏树的危害程度

为害银杏树的害虫有蛴螬、地老虎、蝼蛄、黄刺蛾、舞毒蛾、介壳虫、蓟马等，能够大面积较快发生的虫害有三种：(1)蛴螬；(2)蓟马；(3)介壳虫。其中桑盾蚧在银杏园内传播之快，危害之大前所未有。如防治不及时桑盾蚧很有可能发展成为银杏灾害性虫害。

1.1　蛴螬为害程度

2002 年 3 月，郯城县新村乡农业服务站组织人员对全乡 23000 余亩银杏地块随机抽样调查，结果显示：银杏地下虫害发生率为 72.6%，其中 32.2% 的银杏根部损伤率越过 50%，甚至有的银杏根部细小侧根全部被食光，客商收购苗木时开始检验根系，凡虫害严重的一律拒收。2008 年 3 月，对全乡银杏园普查，结果发现，未采取防治措施的大树长势减弱，小树枯死的很多。

1.2　银杏茶黄蓟马为害程度

近年来，银杏茶黄蓟马的为害期逐年加长，危害程度也有所加大。由 2002 年 6 月 20 日前后发生，2008 年提前到 5 月上旬发生，为害期由 45 ~ 60d 左右延长至 80d 左右。地块发生率由 40% 升到 80% 以上。为害后的银杏叶组织坏死，逐渐变薄、发黄、提前落叶，影响树体正常生长。

1.3　介壳虫为害程度

2002 年 5 月，在郯城新村乡新五村银杏园首次发现银杏介壳虫，经山东农业大学教授鉴定，确认为桑盾蚧。当时只有点面发生，为害面积不过几亩。2004 年 6 月为害面积扩大到千余亩，并且部分地块已出现落叶现象。2008 年 8 月为害面积扩大到五六千余亩。

银杏介壳虫是一种难治、难防、隐蔽性强的果树害虫。受害银杏树如不及时防治，一般 2 ~ 3 年底部枝条将会枯死，上部枝叶瘦小。

2 原因分析

2.1 树种单一

1990年前后，受银杏高效益驱动，郯城县银杏主产区的新村乡及相邻的重坊镇农民，为了在有限空间内大力发展银杏产业，将产业区内的其他树种大面积砍伐掉，甚至部分村庄成为清一色银杏村。这从生态学角度来讲，就是破坏了生态平衡。其他树种的消失，使病虫数量变化较大，可病虫害种类变化很小，大量病虫围攻银杏树，适者生存，自然选择的结果使大部分病虫存活了下来，通过近几年的繁衍生息，逐步造成银杏病虫大面积发生的趋势。

2.2 防治措施不当

2.2.1 银杏树不易受虫害的观念在农民意识中根深蒂固，防范意识不强，等到发现时已严重发生。

2.2.2 病虫发生后，连续施用高毒农药，在杀伤害虫的同时也杀伤了天敌。

2.2.3 银杏苗木布局不合理，基本上都是有空地就栽，透风透光性极差，造成群体长势弱，抗病虫能力下降。

2.2.4 农民主观意愿操作。

3 三大害虫生活习性及防治方法

3.1 蛴螬的生活习性

蛴螬为金龟子幼虫，一年发生一代。以成虫越冬，翌春3月15日左右成虫大量出土交尾，发生期1个月左右，交配后5~7d产卵，卵产于5cm以下的土层内，气温在15℃以上一般15d左右孵化，6月下旬化蛹，蛹期一般30d左右，10月下旬气温下降，成虫下移到30~50cm处越冬。

3.1.1 防治方法

3月中旬~4月中旬利用灯光杀虫捕杀成虫，5月中旬以后结合浇水亩施50%的辛硫磷乳油2kg灌杀幼虫效果极佳，也可在惊蛰前后灌杀越冬成虫。

3.2 蓟马生活习性

银杏茶黄蓟马世代重叠现象比较严重，各代数区别不明显。成虫在5月初开始为害银杏叶，8月初成虫数剧增，5~7d即可把银杏叶背吸成乳白色，伤口被病菌感染后逐渐发黄脱落。

3.2.1 防治方法

在6月中下旬用吡虫啉药剂喷洒树体及田间地面。以后隔20d叶片喷施吡虫啉农药一次，一般2次即可把蓟马为害控制在防治指标以下。

3.3 介壳虫的生活习性

银杏介壳虫(桑盾蚧)1年发生2代，均以受精雌成虫在树干及枝条上群集越冬。翌春银杏树萌芽时，越冬成虫开始吸食枝条汁液，虫体随之臌大。从4月下旬开始产卵，5月上旬为产卵盛期，5月中旬卵开始孵化，孵化至5月下旬。初孵若虫分散向上爬行到枝条上取食，以枝条阴面和叶基部较多。7~10d后固定在枝条上，分泌棉毛状蜡丝，逐渐形成介壳。第一代若虫期40~50d。9月份出现雄成虫，雌雄交尾后，雄虫死亡，雌虫继继续为害至9月下旬，此后，停止取食，开始越冬。

3. 3. 1　防治方法

(1)人工防治：银杏树落叶后，枝条上的雌虫介壳显而易见，可用硬毛或钢丝刷刷掉越冬雌虫。

(2)药剂防治：3 月初银杏树萌发前，用石硫合剂机油制剂等药剂进行防治。5 月下旬～6 月上旬，用杀扑磷等药喷施。7 月下旬～8 月上旬再进行喷杀。幼虫孵化期，每 3～5d 喷药一次，连续喷 2～3 次。

(3)生物防治：注意保护银杏介壳虫的天敌红点唇瓢虫。

4　保护银杏园林应考虑的因素

银杏园林开发利用要注重品种搭配、保护天敌、食物链的衔接、生物防治等诸多因素，采取先进虫情预测预报系统也是园林管理中必不可少的环节，发现虫情及时防治，严防虫情事态扩大。

5　保护银杏资源是历史赋予的责任

学术界誉为“活化石”的银杏，有过第四纪冰川的经历，抗衡过核辐射的考验，享有与大熊猫相媲美的美称，如今正受到病虫害的侵袭，保护古遗产是历史赋予的责任，寻求保护银杏资源的良策，这是我们这一代人的使命。

银杏 GAP 采叶园中对银杏茶黄蓟马的药效试验

李明光[1]　魏海[2]　高建玲[1]　颜世宏[3]　苏明洲[4]　邓夫胜[5]　杨德臣[1]

([1] 郯城县农业局，山东郯城　276100；[2] 临沂市出入境检验检疫局，山东临沂　276000；[3] 郯城县新村乡银杏研究所，山东郯城　276128；[4] 郯城县林业局，山东郯城　276100；[5] 郯城县科技局，山东郯城　276100)

摘要： 根据银杏 GAP 采叶园中银杏茶黄蓟马的发生情况，适时进行了药效试验。试验结果表明，40% 氧乐果乳油和 2.5% 鱼藤酮对茶黄蓟马有较强的防治效果。鱼藤酮是无公害植物源农药，值得在实际生产中推广。本试验对银杏茶黄蓟马的无公害防治，提供参考。

关键词： 银杏 GAP 采叶园；银杏茶黄蓟马；药效试验

目前全球每年银杏叶提取物制品的销售额约为 50 亿美元，成为植物药制剂的全球冠军品种。在我国，银杏类制剂产品占据植物药类心血管药 30% 的市场份额，成为心脑血管系统植物药领先品种。从银杏制剂及保健品、化妆品等销售额分析，国际市场对于银杏浸膏的年需求量为 500 ~ 700t，我国可生产 300t，其中 80% 用于出口。前些年由于银杏叶的高价导致银杏种植面积迅速扩大，形成单一的银杏种植模式，打破了原有的生态平衡，致使原本不招虫的银杏树发生大面积的病虫害，尤其是茶黄蓟马发生和危害越来越严重，目前在我国是银杏的重要害虫[1,2,3]。严重影响银杏及叶片的产量与质量[4,5]，农民大量使用剧毒农药甲胺磷、氧化乐果等进行防治，致使银杏果及银杏叶中的农残大量超标，但国际上对银杏产品原料无公害化的要求越来越严格，严重影响了银杏叶的出口。

为了减小银杏叶农残出口的影响，笔者于 2008 ~ 2009 年在郯城绿源银杏有限公司建立的银杏 GAP 采叶园中对银杏茶黄蓟马进行了多种药剂的药效试验，除氧化乐果外，其余使用低毒化学农药吡虫啉和生物农药。

1　材料与方法

1.1　试验用银杏 GAP 采叶园立地条件

郯城县地处沂蒙山南麓，为冲积湖沼平原。土壤有潮土、棕壤等土壤类型，属暖温带季风气候，雨热同季，年平均降水量 843mm，银杏立地条件良好，为全国著名银杏产区。银杏茶黄蓟马药效试验在银杏 GAP 采叶园中进行。

1.2　试验用银杏 GAP 采叶园概况

银杏 GAP 采叶园创建于 2004 年，当时将 8 年生实生苗距地 30cm 处剪断，以 40cm × 80cm 的株行距栽植，行向为南北向。栽植前 3 年每年秋季采叶一次，以后每年 8 月初采叶一次，秋后霜降来临前，进行第二次采叶。

1.3　试验材料

凯锋牌喷雾器，容量16L，型号：3WBS－16(台州市凯锋塑钢有限公司生产)

2.5%多杀霉素悬浮剂　陶氏化学(上海)有限公司

2.5%鱼藤酮乳油　深圳华农生物工程有限公司

25%吡虫啉可湿性粉剂　南京红太阳股份有限公司

40%辛硫磷乳油　山东胜邦鲁南农药有限公司

1%苦参碱可溶性液剂　赤峰中农大生化科技有限责任公司

5%啶虫脒可湿性粉剂　郑州万象农化有限公司

40%氧乐果乳油　杭州庆丰农化有限公司

1.4　试验方法

根据调查结果确定茶黄蓟马孵化高峰期进行药剂试验。试验药剂及空白对照的小区处理随机排列。2008年试验共设18个处理，每个处理3次重复，共设54个小区，小区面积为66.7m^2，每小区间设保护行。分别喷施7种农药，设清水对照，部分农药喷施3个不同浓度。于施药前1d、施药后第1d、施药后第7d、施药后第15d分别调查虫口数。2009年根据2008年试验结果进行适当调整，试验共设16个处理，每个处理3次重复，共设48个小区，小区面积为66.7m^2，每小区间设保护行。

1.5　调查记录

2008年每小区调查2株银杏树，调查树做好记号(利于以后查虫口数)，每个枝条随机调查中部5片叶片上的活虫数。2009年调整为每株按东、南、西、北、中、上、下7个方位，每个方位5片叶片。施药前一天调查银杏茶黄蓟马基数，药后第1d、第7d、第15d分别调查残存虫数(2008年因雨第16d调查)，计算各处理的校正防效，并评价其防治效果。

1.6　药效统计方法

按照慕立义(1994)[6]介绍的方法计算。

虫口减退率(%)＝(处理药前虫数－处理药后虫数)/处理药前虫数×100

校正防效(%)＝(处理虫口减退率－清水对照虫口减退率)/(1－清水对照虫口减退率)×100

2　结果与分析

2.1　试验结果

试验结果表1可以看出：施药后第1d，所有药剂处理防效都很高；喷施清水，虫口减退率竟达到54.29%。施药后第7d，25%吡虫啉4000倍防效最好，40%氧乐果200倍、2.5%鱼藤酮1600倍、2400倍次之，防效分别达到99.45%、97.63%、95.38%、91.87%。其他处理防效稍差，其中2.5%多杀霉素防效最差，仅达到61.65%。施药后第16d，以200倍40%氧乐果最高，防效达99.91%，25%吡虫啉4000倍、2.5%鱼藤酮1600倍次之，防效分别达到98.02%、97.69%，其他处理防效稍差，其中40%辛硫磷1800倍防效最差，仅为7.29%。所有处理在银杏树上均未发现药害现象。

试验结果表2可以看出：施药后第1d，所有药剂处理防效都很高，达100%；喷施清水，虫口减退率竟达到79.92%。施药后第7d，2.5%鱼藤酮2400倍防效最好，达到82.59%；40%氧乐果3种不同浓度防效基本相同，分别为80.16%、80.17%、80.05%。施

表1 各种药剂对银杏茶黄蓟马的药效试验

2008年6月27日 郯城

农药名称	稀释倍数	施药前1d虫数	施药后第1d虫数	虫口减退率(%)	校正防效(%)	施药后第7d虫数	虫口减退率(%)	校正防效(%)	施药后第16d虫数	虫口减退率(%)	校正防效(%)
1	800	1782	7	99.61	99.14	358	79.91	86.02	458	74.30	77.75
1	1200	951	4	99.58	99.08	217	77.18	84.12	326	65.72	70.33
1	1800	626	40	93.61	86.02	345	44.89	61.65	542	13.42	25.06
2	1600	1837	0	100.00	100.00	122	93.36	95.38	49	97.33	97.69
2	2400	710	0	100.00	100.00	83	88.31	91.87	251	64.65	69.40
2	3600	824	3	99.64	99.20	121	85.32	89.78	298	63.83	68.70
3	4000	2272	0	100.00	100.00	18	99.21	99.45	52	97.71	98.02
3	6000	846	0	100.00	100.00	174	79.43	85.69	167	80.26	82.91
3	9000	724	14	98.07	95.77	243	66.44	76.64	386	46.69	53.85
4	800	2342	0	100.00	100.00	659	71.86	80.42	545	76.73	79.86
4	1200	706	0	100.00	100.00	221	68.70	78.22	554	21.53	32.08
4	1800	746	3	99.60	99.12	287	61.53	73.23	799	-7.10	7.29
5	800	1676	0	100.00	100.00	438	73.87	81.82	403	75.95	79.19
5	1200	561	0	100.00	100.00	179	68.09	77.80	527	6.06	18.69
5	1600	646	5	99.23	98.31	227	64.86	75.55	645	0.15	13.58
6	1300	742	0	100.00	100.00	166	77.63	84.43	588	20.75	31.41
7	200	968	0	100.00	100.00	33	96.59	97.63	1	99.90	99.91
8		1352	618	54.29	(0.00)	1943	-43.71	(0.00)	1562	-15.53	(0.00)

注:1. 多杀霉素(2.5%悬浮剂) 2. 鱼藤酮(2.5%乳油) 3. 吡虫啉(25%可湿性粉剂) 4. 辛硫磷(40%乳油) 5. 苦参碱(1%可溶性液剂) 6. 啶虫脒(5%可湿性粉剂) 7. 氧乐果(40%乳油) 8. 清水对照 CK 施药前一天虫数、施药后虫数为3个小区总数;虫口减退率、校正防效为3个小区的平均数。

“-”表示虫口数量增加;

表2　各种药剂对银杏茶黄蓟马的药效试验

2009年6月23日　郯城

农药名称	稀释倍数	施药前1d虫数	施药第1d虫数	虫口减退率(%)	校正防效(%)	施药后第7d虫数	虫口减退率(%)	校正防效(%)	施药后第15d虫数	虫口减退率(%)	校正防效(%)
1	800	548	0	100.00	100.00	314	42.70	71.46	42	92.34	96.69
1	1200	509	0	100.00	100.00	301	40.86	70.55	137	73.08	88.39
1	1800	384	0	100.00	100.00	310	19.27	59.79	210	45.31	76.42
2	1600	557	0	100.00	100.00	275	50.63	75.41	12	97.85	99.07
2	2400	838	0	100.00	100.00	293	65.04	82.59	171	79.59	91.20
2	3600	468	0	100.00	100.00	289	38.25	69.25	89	80.98	91.80
3	600	497	0	100.00	100.00	198	60.16	80.16	7	98.59	99.39
3	900	422	0	100.00	100.00	168	60.19	80.17	17	95.97	98.26
3	1350	357	0	100.00	100.00	143	59.94	80.05	20	94.40	97.58
4	800	495	0	100.00	100.00	249	49.70	74.95	93	81.21	91.90
4	1200	595	0	100.00	100.00	303	49.08	74.64	364	38.82	73.62
4	1800	390	0	100.00	100.00	200	48.72	74.46	204	47.69	77.44
5	800	638	0	100.00	100.00	289	54.70	77.44	114	82.13	92.29
5	1200	526	0	100.00	100.00	305	42.02	71.12	182	65.40	85.08
5	1800	552	0	100.00	100.00	290	47.46	73.84	120	78.26	90.63
6		508	102	79.92	(0.00)	1020	-100.79	(0.00)	1178	-131.89	(0.00)

注:1. 多杀霉素(2.5%悬浮剂)　2. 鱼藤酮(2.5%乳油)　3. 氧乐果(40%乳油)　4. 辛硫磷(40%乳油)　5. 苦参碱(1%可溶性液剂)　6. 清水对照CK施药前1d虫数、施药后虫数为3个小区总数;虫口减退率、校正防效为3个小区的平均数。

“-”表示虫口数量增加

药后第15d，40%氧乐果600倍防效最好，达99.39%，2.5%鱼藤酮1600倍防效次之，达99.07%，其后40%氧乐果900倍、1350倍防效分别为98.26%、97.58%，再次之2.5%多杀霉素800倍，防效为96.69%；1%苦参碱800倍，防效为92.29%；40%辛硫磷800倍，防效为91.90%。最差为40%辛硫磷1200倍，防效为73.62%。所有处理在银杏树上均未发现药害现象。

2.2 结果分析

从试验结果可以看出：在供试的药剂中，以40%的氧乐果防治效果最好，但其属于高毒农药，在出口产品中不能使用。其次以2.5%鱼藤酮、25%吡虫啉为佳。当鱼藤酮的浓度较高时可有效地控制茶黄蓟马虫口密度的增长，持效时间长，且属于植物源农药，对银杏安全，应该在生产中推广应用。

3 小结与讨论

从试验结果中可以看出：喷施清水能够降低银杏茶黄蓟马的虫口密度，表明银杏茶黄蓟马受外界的环境影响较大，对于有喷灌条件的农户可以进行喷灌以降低其虫口密度。

鱼藤酮是一种植物源性低毒农药广谱杀虫剂，对害虫不易产生抗药性，一直被视为最安全的杀虫剂而得到广泛应用，也是21世纪重点发展的低毒农药之一。鱼藤酮广泛地存在于植物的根皮部，在毒理学上是一种专属性很强的物质，对昆虫尤其是菜粉蝶幼虫、小菜蛾和蚜虫具有强烈的触杀和胃毒两种作用。研究表明鱼藤酮的作用机制主要是影响昆虫的呼吸作用，主要是与NADH脱氢酶与辅酶Q之间的某一成分发生作用。鱼藤酮使害虫细胞的电子传递链受到抑制，从而降低生物体内的ATP水平最终使害虫得不到能量供应，然后行动迟滞、麻痹而缓慢死亡。由于银杏茶黄蓟马对银杏叶的产量和质量影响很大，农户滥用高度农药的现象非常普遍，造成害虫产生抗药性甚至害虫发生再猖獗，因此积极推荐鱼藤酮作为防治银杏茶黄蓟马的药剂，必将受到农户的欢迎。

参考文献

[1] 张格权，王克栋．银杏上茶黄蓟马的发生和防治[J]．昆虫知识，1991，4：239－240.
[2] 周成刚，李健，等．茶黄蓟马在银杏上的发生与危害[J]．山东林业科技，1994，4：33－34.
[3] 牛庆法．银杏叶部害虫——茶黄蓟马的初步研究[J]．山西果树，1997，1：28－29.
[4] 施仕胜．银杏的主要害虫发生及防治[J]．湖北植保，2004，4：20.
[5] 刘友森．银杏蓟马调查与无公害防治技术研究[J]．现代农业科技，2005，5：22－23.
[6]慕立义．植物保护研究方法[M]．北京：中国农业出版社，1994.

银杏超小卷叶蛾生物学特性与防治的初步研究

高森[1]　侯九寰[2]　邓夫盛[2]

([1]山东省郯城县新村乡林业站，山东郯城　276128；[2]山东省郯城县科技局，山东郯城　276100)

摘要：2007年春，在郯城县新村乡首次发现银杏超小卷叶蛾危害银杏树，一度大量发生，局部成灾。为此，笔者对该虫进行了初步的专题调查研究。本文简述了该虫的形态特征、生活史、生活习性及发生危害特点。并在防治试验的基础上，提出了用涂白剂涂白树干以及久效磷、氧化乐果、阿维菌素喷雾等防治方法。

关键词：银杏；超小卷叶蛾；防治

郯城县是银杏的主产区，种植面积已达20万亩，拥有全国最大的银杏果、叶、苗市场。随着银杏苗木及其产品的调运交流，2007年银杏超小卷叶蛾开始流入，且有大发生之趋势。严重威胁银杏产业的健康发展。为摸清这一有害生物的生物学特性及发生规律、更有效地做好防治工作。我们进行了专题调查、观察与研究。

1　发生及危害特点

发生在银杏树上的超小卷叶蛾(*Pammene ginkgoicala* Liu，1992)属鳞翅目小卷叶蛾科。往年多发生在江苏、浙江、安徽等银杏主产区。2007年在郯城县新村乡首次发现危害银杏树，以蛀害银杏树的短枝为主，使短枝的枝、叶干枯，幼果脱落，降低白果产量。2009年在古银杏森林公园及沿滨河路两侧的银杏树上大量发生，被害株率达30%，这年5月20日观察公园内的银杏“大神树”危害枝率达到35%，最严重的是大佛像北侧的一株结果树危害枝率高达90%。满树出现枯叶、果实滞育、果实脱落的现象，树势严重衰弱甚至濒临死亡。该虫危害银杏树枝条的状况主要有两种：一种是幼虫爬向叶柄基部与短枝间钻孔蛀入，在短枝间作横向潜食。或从叶柄基部蛀入短枝，也呈横向潜食。以致使被害短枝上所着生的叶片及果实全部枯萎死亡，受害短枝第2年不再萌发，形成枯枝；另一种则危害当年生半木质化的长枝。其中有的从新生长枝的基部钻孔横向或向端部蛀食，也有从当年生长枝中、上部叶片的叶柄基部钻孔向上蛀食。从基部被危害的枝条当年形成枯枝。而从中、上部危害的，则蛀孔上部枝条枯死，下部的第一叶芽形成硕大顶芽或当年萌发。被蛀枝条上的叶先萎蔫后黄枯。7月份进入汛期遭风吹雨淋则脱落。严重影响到银杏当年乃至多年的产量和银杏园林的观赏效果，甚至造成银杏树的整株死亡。

2　形态特征

成虫体长约5mm，翅展11～13mm，体黑色，头部浅灰色，腹部黄褐色。有4条明显的黑色肛纹，缘毛暗黑色。下唇须向上伸展，灰褐色，第三节很短，前翅前缘有较明显的白色沟状纹7组。后缘中部有一白色指状纹，黑褐色，翅基部有模糊的白色沟状纹4组，后翅前缘色浅，外围褐色。雌性外生殖器的产卵瓣略成棱形，两端较窄，囊突2枚，呈粗齿状。雄性外生殖器的抱器长形。卵略呈椭圆形，表面光滑，初产为枯黄色，孵化前呈暗黄色，卵期8～9d。老熟幼虫体长11～12mm，灰白或淡灰色，头部前胸背板及臀板均为黑褐色，有时色泽较浅呈黄褐色。

3 生活史及生活习性

据初步观察，此虫在郯城县每年发生1代，以蛹越冬。危害时间为每年的4～6月份。4月上旬至中旬为成虫羽化期，4月下旬至5月上旬为卵期，4月下旬至6月下旬为幼虫危害期，5月下旬至6月中旬后老熟幼虫转入树皮内滞育，11月中旬化蛹。初孵化的幼虫体长1.3mm，在小枝上爬至短枝顶端凹陷处取食，食量甚少，1～2d后随即蛀孔钻入枝内。幼虫在枝条内危害约23～28d，即转向枯叶，将枯叶侧缘卷起，在叶内栖息取食，以后则蛀入树皮。幼虫蛀入树皮后随即调头，即后转向洞口。孔道光滑，孔口以木屑及丝网封住。老熟幼虫多在树干中、下部的树皮中作蛹室结薄茧化蛹，但大多在下部树皮中化蛹。羽化时蛹钻向孔口，半露于外，蛹壳为淡黄色，一半隐藏于粗皮裂缝中，一半裸露于外，易于发现。成虫自上午至傍晚较为活跃，而以9:00～15:00时为最活跃，中午至傍晚交尾，以中午为多，交尾后2～3d产卵，卵单粒散产，产于树冠中部的短枝或小枝上，以1～2年生的小枝上产卵较多，每枝有卵2～4粒不等。成虫趋光性较弱，晚上成虫基本上静栖不动。蛀入树皮内的幼虫呈滞育状态，直至11月中旬在洞内作薄茧化蛹，以蛹过冬。该虫多在老龄和长势衰弱的银杏树上危害。

4 防治方法

（1）清除受害枝 。每年4月中旬至6月上旬，初见枝条枯萎时，应及时剪除，并集中烧毁，尽快、尽早杀灭幼虫以减少转枝危害。

（2）树干涂白。4月上旬成虫羽化前，是防治的关键时节。经反复试验证明，其有效方法是：用加有敌敌畏的涂白剂，涂刷树干和骨干枝基部，防止越冬蛹羽化；6月下旬再涂一次，杀灭滞育老熟幼虫。如此多点进行防治试验，采用数理统计分析对越冬蛹和滞育幼虫的杀死率达95%。采用多浓度对比试验，从节约、有效和时速上考量，最佳涂白剂配方：生石灰5kg、食盐1kg、80%敌敌畏乳油200g、清水20kg。

（3）喷雾防治。喷雾防治成虫，宜在羽化盛期（4月中旬）上午9：00至下午15：00，实践证明用50%辛硫磷乳油和2.5%溴氰菊酯乳油各500倍液按1:1的比例混合后用喷雾器喷洒最好，重点是树干及树冠。经试验对刚羽化出的成虫杀死率达90%。防治刚孵化的幼虫（4月下旬至6月上旬），用50%久效磷800倍水溶液喷雾，或用80%敌敌畏800倍水溶液与40%氧化乐果800倍水溶液混合后喷洒被害枝。若大面积发生在食用银杏果的树上，可用1.8%阿维菌素乳油1000倍水溶液喷雾，以上农药配制杀死幼虫率均达95%以上。

5 小结与讨论

近年，银杏超小卷叶蛾在郯城县的不少银杏产区发生危害，且局部成灾，严重威胁到银杏生产的发展。为此，我们做了初步的野外调查观察，初步掌握了该虫的生物学特性和发生危害特点，为科学防治提供了依据。在防治上紧紧抓住有利时机，突出一个“早”字，并在初步防治试验的基础上，提出了用涂白剂涂白树干的防治方法，防治早效果好；防治成虫用辛硫磷加溴氰菊酯效果好；幼虫防治用久效磷、氧化乐果、阿维菌素效果达95%。尤其对食用银杏果树的防治提出了用阿维菌素的防治方法，解决了食用银杏的农药残留问题，确保了银杏果食用的安全。鉴于该虫在我县近年刚发现，观察研究的时间较短，因此，对该虫的生活史还需进一步详细、全面地观察研究。再之，迄今尚未发现该虫的天敌，亟需探寻有效的生物防治途径与措施，以利于银杏叶、果的生产。

银杏叶 GAP 生产基地质量控制关键技术探讨*

苏明洲　李荣军

（郯城县林业局，山东郯城　276100）

摘要：质量控制是银杏叶 GAP 生产的核心。作者针对实施 GAP 对银杏叶的质量要求，系统地分析银杏叶质量的影响因素，从基地选择，繁殖材料选择，肥料、农药的合理使用，平茬更新，采收干燥，操作规程的制定与执行，质量监控等方面对银杏叶 GAP 生产基地质量控制的关键技术进行了详细论述。

关键词：银杏叶；GAP；质量控制；关键技术

中药材 GAP 即中药材生产质量管理规范，实施 GAP 的核心是保证中药材质量的稳定性、可控性、安全性。GAP 与 GLP（药品非临床安全试验管理规范）、GCP（药品临床试验管理规范）、GMP（药品生产质量管理规范）、GSP（药品销售质量管理规范）一样都是由政府制定和发布，具有一定的强制性；同时也是国家实施 GLP、GCP、GMP、GSP 的基础，对中药走向世界，促进中药现代化具有重要作用，已受到了社会各界的关注和国际社会的认可。我国是世界银杏资源的分布中心和起源地，银杏叶作为重要的中药资源，实施 GAP 既是我国政府的要求，也是国内外银杏叶生产、加工单位的迫切需要，势在必行。由于银杏叶生产实施 GAP 是一个全新的领域，质量控制是核心和关键。为此，我们对银杏叶 GAP 生产基地质量控制的关键技术进行了初步研究，现总结如下：

1　我国银杏叶质量要求

银杏叶质量指标包括有效成分含量指标和农残、重金属等有害物质限量指标。《中华人民共和国药典》（2005 版）规定，银杏叶药材的水分含量不得过 12.0%，总灰分含量不得过 10.0%，酸不溶性灰分不得过 2.0%，浸出物不得少于 25.0%，总黄酮醇苷不得少于 0.40%，萜类内酯不得少于 0.25%。《中国药典》规定了重金属、农残的测定方法。由外经贸部于 2001 年制定、商务部于 2004 年修订的《药用植物及制剂进出口绿色行业标准》（WM/T2－2004），作为强制执行条款，提出了重金属、农残等有害物质的限量指标（见表 1）。

---

* 此文经郯城县科技局侯九寰高工审阅并提出修改意见，特此致谢！

表 1　我国植物药有害物质限量指标　　（单位：mg/kg）

项　目	《绿色行业标准》限量	项　目	标准限量	
			绿色行业标准	《中国药典》
重金属总量	≤20.0	六六六(BHC)	≤0.1	≤0.2
铅(Pb)	≤5.0	DDT	≤0.1	≤0.2
镉(Cd)	≤0.3	五绿硝基苯	≤0.1	≤0.1
汞(Hg)	≤0.2	艾氏剂	≤0.02	
铜(Cu)	≤20.0			
砷(As)	≤2.0			

国际上对中药的质量，特别是药材中的重金属、农残限度标准极为重视。《欧洲药典》(2002 年版)规定银杏叶总黄酮醇苷含量≥0.5%，《美国药典》(第 25 版)则要求≥0.8%。部分国家和地区规定的中药中重金属、农残的限量标准见表 2 [1]。

表 2　部分国家和地区有关中药中重金属、农残的限量规定　　（单位：mg/kg）

国家及地区	重金属限度	农残限度
美国	铅(Pb)<10，汞(Hg)<3，砷(As)<3	
德国	铅(Pb)<5.0，汞(Hg)<0.1，镉(Cd)<0.2	农药残留量<0.1~1.0，有机氯农药<0.5，六六六<0.5，有机磷农药<0.5
日本	重金属总量<50	
韩国	重金属总量<100	
东南亚	汞(Hg)<1，砷(As)<5	

2　银杏叶质量的影响因素

2.1　叶内有效成分含量影响因素

中药材质量的好坏，与其所含有效物质的多少密切相关，“种”是影响有效成分的形成与积累的内因，银杏叶内有效成分含量高低与“种”直接相关，无性系、家系或类型间银杏叶内黄酮、内酯含量的差异性极显著[2-7]；家系叶片黄酮和内酯含量的遗传力高达 0.42 和 0.53，无性系叶片黄酮和内酯含量的遗传力高达 0.80 和 0.65[8]。影响银杏叶内有效成分含量的外因是生态环境条件，不同产地间土壤、气候的差异对银杏叶的黄酮、内酯含量均有影响[6,9,10]。环境因子对黄酮和内酯含量的影响是通过对叶片光合速率、PAL 活性、相对生长量的影响来实现的[8]。栽培和采收干燥措施是影响叶内有效成分含量的第三因素，肥料、树龄、采收期、干燥方法等对银杏叶内有效成分含量都有影响[5,7,9-14]。

2.2　叶内有害物质影响因素

银杏叶中重金属主要来源于其生长的土壤，工业“三废”的污染、地质有害元素背景以及田间管理过程中化肥、化学农药、灌溉用水中的重金属均可被药材吸收。基地建设时未选择合格的产地环境，基地周围存在污染源、使用不合格的化肥(主要是磷肥、复混肥、复合肥)和杂肥是造成银杏叶内重金属超限的主要原因，特别是近来年我国工业快速发展，个别工业企业“三废”的不合理排放，是造成基地环境污染的根源。

由于宣传力度不够，法律意识淡薄，群众对农药安全使用标准、合理使用准则以及农药特性缺乏了解，在农药使用方面，农药品种选用不当，滥用、误用农药；随意加大使用剂量，超浓度、超范围使用；使用期不合理、不注意安全间隔期等问题突出；还有一些群众随意使用国家明令禁止使用的高毒、剧毒、高残留农药，而一些低毒、低残留生物农药却难以得到推广应用，是造成农残超标的主要原因。

3 银杏叶质量控制关键技术措施

3.1 基地选址

突出“道地药材”的地理学概念，把道地性、适宜性作为首选条件，使所选地区的自然气候条件与银杏的生物学特性相吻合。道地药材是我国所特有的中药材品质综合评价标准，与原产地域产品概念近似，是指名产地生产的且传统世所公认的优质药材，生产道地药材的产区称为道地产区，正是道地产区的特定种质、特殊地理环境条件(地质、气候、生态条件)和生产加工工艺，才生产出质量好、临床疗效高、传统公认的道地药材[15]。据有关资料记载，银杏最适生的气候条件为年降水量600~1500mm，年平均气温13.2~18.7℃，1月份均温为-0.8~7.8℃，7月份均温21.8~29.4℃，极端最低气温不低于-23.4℃，极端最高气温不高于40℃；气候温凉湿润；最适宜的立地条件是地势平坦、土层深厚、肥沃疏松的壤土或沙壤土，尤以pH值6.5~7.5的沙壤土。侯九寰等(1993)认为黄淮海区位于长城以南、淮河以北、太行山以东，是银杏的适生区，在全国银杏生产上占有突出地位[16]；完成于1995年的全国中药区划，按照自然条件、植物分布规律及中药材生产传统，将银杏列为淮药，将淮河流域及长江中下游地区(鄂、皖、苏、鲁)列为银杏的道地产区。郯城作为全国著名的银杏之乡，具有适宜银杏生长的得天独厚的土壤、气候条件，且栽培历史悠久，经验丰富，技术独特，是银杏叶的道地产区，可作为银杏叶GAP生产基地建立的首选地区。

避免在环境质量不合格的地方建基地。在选择生产基地时，不但要考虑生态、气候的适宜性、土壤结构和肥力状况，而且要对基地的环境进行考查。基地应建在远离工矿企业和交通干线的地方，尤其应避开污染源的下风口和受污染水源的下游。基地环境应符合国家标准规定，大气环境质量符合《环境空气质量标准》(GB3095-1996)二级标准、灌溉水质符合《农田灌溉水质量标准》(GB5084-1992)、土壤环境质量符合《土壤环境质量标准》(GB15618-1995)二级标准，不得在重金属、杀虫剂污染的土壤建园。

基地选择还应适当考虑当地的人文状况、经济状况、投资环境以及电力、通讯、社会治安和道路交通建设等社会环境状况，以保证基地的可操作性和良性发展。

3.2 建园材料选择

种质是基础，种源控制是实现产品高质量、可控性、稳定性的关键，应优先选用优良品种或无性系，建立良种繁育圃，采用无性繁殖苗建园。目前，国内外许多学者已开展了叶用银杏良种选择、培育工作，曹福亮等进行了不同杂交组合、半同胞家系叶用良种苗期选择[17,18]，汪贵斌等从13个优良单株中选出最好的叶用园优良单株E4[19]，邢世岩等(2000)进行了“高黄酮甙银杏良种选育”课题研究，从收集的14个种源148个无性系中选育出3个高黄酮甙含量叶用无性系；《中国银杏志》记载了24个叶用优系或优株[15]，可以进行引种，通过在当地试验后推广。由于当前叶用良种选育仍处于起步阶段，不仅可用于生产的品种较少，且嫁接繁殖苗木周期长、繁殖系数低，难于满足生产中对种苗的大量需求，当前采用种子繁殖仍是建园的主要方式。当采用种子繁殖时，其所用种子应来源于优选的固定采种母树、采种基地或自建的种子园。

3.3　合理施肥，保护土壤环境

合理施肥不仅是提高产品品质和产量的重要措施，也是实现产品重金属含量不超限的重要保证。施肥应坚持“多施有机肥，少施化肥，提倡配方施肥，施用以有机肥为主的专用肥”的原则。有机肥应经过充分腐熟，杂肥的重金属含量和使用量应符合相应的国家标准规定，严禁使用城市生活、工业、医院垃圾及粪便。在使用化肥时，不使用劣质化肥，做到合理、经济，避免施用过多造成土壤污染，磷肥、复合肥和复混肥尤应如此。配方施肥应是在其生物学特性、营养生理研究基础上，根据土壤供需肥性能与肥料特性，以有机肥为基础，制定出氮、磷、钾和微肥的施用量及其比例，并采用相应的施用技术。

3.4　合理使用农药

遵循“预防为主，科学防控，综合治理，促进健康”的方针，合理运用农业措施、物理防治、生物防治，将各种防治技术有机地联系起来，形成一个防治体系，把有害生物的数量控制在经济阈值以下，尽量减少化学农药的施用。当需要使用农药时，应以我国已发布实施的《农药合理使用准则》(GB/T8321)、《农药安全使用标准》(GB4285－89)和国家农药登记公告为依据，根据有害生物发生种类及其为害方式，选择适宜的农药品种，掌握合适的使用时期，合理使用农药。推荐使用高效、低毒、低残留农药，严禁使用剧毒、高毒、高残留或具有“三致”(致癌、致畸、致突变)毒性的农药；禁止使用有机合成的化学杀虫剂、杀螨剂、杀线虫剂、除草剂和植物生长调节剂。严格按照产品标准规定的剂量、使用方法、施药时期、注意事项等施用农药，提倡不同类型农药的交替使用和适宜农药品种的混合使用。

3.5　及时平茬更新，适时采收干燥

针对银杏叶质量受树龄影响明显，可采取截干平茬，实行灌丛经营的方式及时更新，更新周期以8年左右为宜，截干高度一般掌握在20～30cm。讲究采收季节和干燥方式也是把握好产品质量的重要关口，应综合考虑银杏叶量及叶内黄酮、内酯含量的变化确定合理的采收期，山东郯城以7～9月份采收为宜，可分3次完成。叶子采收后应采取机械烘干法尽快干燥，防止霉变，烘干温度以90～100℃条件最好[20,21]。在采收、烘干及运输过程中，要加强规范管理和生产过程中的全程质量监控，严把环境关、设备关和检验关，防止重金属等的进一步污染。

3.6　严格标准操作规程的制定与执行，加强质量监控

严格制定和执行标准操作规程和检验制度是保证质量的重要措施。应建立、完善并严格执行包括基地选择、种质优选、栽种管理、有害生物防治、采收加工、包装运输与贮藏、质量监控、人员管理等各个环节的标准操作规程、质量标准和管理制度；注重进行基地大气、水质、土壤的检测，农家肥的腐熟或有机肥的无害化检测，产品的水分、灰分、浸出物和有效成分以及重金属含量、农药残留量和微生物含量的监测等。通过对生产的各个环节进行监控以及现代化高新技术的研究和推广应用，使现代科学技术与丰富的传统经验有机结合，加快科技成果的转化，生产出品质优良、质量稳定的绿色产品。

参考文献

[1] 李敏，周娟主编. 中药材质量与控制[M]. 北京：中国医药科技出版社，2006.

[2] 江德安. 叶用银杏选择研究[J]. 湖北农业科学，2008，47(4).
[3] 薛萍等. 银杏叶中化学成份地理种源的变异[J]. 经济林研究，2000，18(3).
[4] 程水源等. 银杏叶黄酮种类、含量变化及形成规律及调控[J]. 资源科学，2000，22，(5).
[5] 杨柳等. 银杏生长中黄酮含量变化规律研究初报[J]. 湖北林业科技，1997，3.
[6] 杜安全等. 安徽省不同产区和不同栽培品种银杏叶总黄酮苷含量的研究[J]. 现代中药研究与实践，2007，21(1).
[7] 陈学森等. 中国银杏研究进展(二)银杏叶药用有效成分研究进展[J]. 山东农业大学学报(自然科学版)，2000，31(1)：101－104.
[8] 谢宝东. 影响银杏叶有效成分黄酮和内酯含量相关因素的研究[D]. 山东农业大学硕士研究生论文，2001.
[9] 钱大玮等. 邳州银杏叶黄酮类成分分析，时珍国医国药[J]. 2004，15(7).
[10] 王弘等. 影响银杏叶有效成分的有关因素分析[J]. 中医药，1999，30(8).
[11] 史继孔等. 银杏树龄、性别、繁殖、采叶期对叶片中黄酮、内酯含量的影响. 经济林研究，1998，16(2).
[12] 曹福亮主编. 中国银杏志. 北京：中国林业出版社，2007.
[13] 乔玉山等. 氮、磷、钾对银杏叶黄酮含量与营养生长的效应[J]. 江苏林业科技，2001，28(6).
[14] 吴家胜等. 施磷对银杏叶产量及黄酮含量的影响[J]. 东北林业大学学报，2003，3(1).
[15] 朱艳等. 中药材道地性的研究进展，现代中药研究与实践[J]. 2006，20(1).
[16] 侯九寰等. 关于银杏自然区划问题的商榷[J]. 山东林业科技，1993，2.
[17] 曹福亮等. 银杏不同杂交组合叶用良种苗期选择. 银杏资源培育及高效利用[M]. 北京：科学技术文献出版社，2007.
[18] 曹福亮等. 银杏半同胞家系叶用良种苗期选择. 银杏资源培育及高效利用[M]. 北京：科学技术文献出版社，2007.
[19] 汪贵斌等. 银杏叶用园建园材料选择的研究[J]. 林业科学，2000，4.
[20] 王华田等. 影响银杏叶黄酮含量的相关因素[J]. 山东农业大学学报，1997，28(3).
[21] 程华平等. 烘干温度对银杏黄酮含量的影响[J]. 安徽农学通报，1998，4(4)：36－37.

净现值法在银杏复合系统经济评价中的应用

陈雷　汪贵斌　曹福亮

（南京林业大学森林资源与环境学院，江苏南京　210037）

摘要： 银杏复合经营作为提升银杏林产值的一种经营手段在银杏产区分布十分广泛，因此，经济分析的理论和方法在农林复合系统发展中具有非常重要的作用。采用净现值法不仅可以非常直观地体现这一利益，而且还可以将通常在经济评价中忽视的时间因素很好地考虑进去。在用净现值法分析了不同的银杏复合模式和纯林、纯农系统，计算出其净现值，其 10 年的 NPV 分别为：3884.62、4332.15、3235.07、1266.73、584.29 元，在数据上我们可以直观地看出银杏复合的效益高于纯林系统和纯农系统，而银杏—油菜—花生的模式优于银杏—小麦—花生模式。

关键词： 银杏复合；经济评价；净现值

银杏（*Ginkgo biloba* L.）原产我国，是我国的重要经济林树种，其种植面积非常广泛，银杏复合经营作为提升银杏林产值的一种经营手段在银杏产区分布十分广泛，然而，银杏重点产区银杏复合经营模式非常多，但由于复合经营系统构建组成的差异，造成不同模式单位土地面积的生物生产力、经济效益、环境效益及可持续性经营等方面的差异较大[1]了银杏复合系统的可持续性发展。在实际运用过程中，很多人在复合系统经济评价中仅仅只是将未来的预期收入做简单的相加，完全忽略资金的时间价值，这种做法显然是不符合财务原则的，也无法真正反映该经营模式是否真正具有经济价值与运行的可能。而净现值法（NPV）很好的考虑到了资金的时间价值，并能全面地考察项目在整个寿命期内的经济状况，直接以货币额表示项目净收益，经济意义明显且直观[2]。本文拟通过净现值分析不同银杏复合系统的产值来探讨不同银杏复合系统的经济效益，为合理和全面地评价银杏复合系统的经济效益提供理论依据。

1　材料与方法

1.1　试验区概况

实验在江苏省泰兴市张桥镇西桥村进行，地理坐标为北纬 31°58′～32°23′，东经 119°54′～120°21′。试验地上银杏复合经营模式为：模式 A 为 15 年生的银杏果用园（密度为 8m×8m）+农作物（春季作物为小麦，秋季作物为花生）；模式 B 为银杏果用园（密度为 8m×8m）+农作物（春季作物为油菜，秋季作物为花生）；模式 C 为 15 年生的银杏果用园（密度为 8m×8m）；模式 D 为农作物（春季作物为小麦，秋季作物为花生）；模式 E 为农作物（春季作物为油菜，秋季作物为花生）。

1.2 产量测定

在林中目标收获物成熟季节分别对林下春季作物(油菜、小麦、蚕豆)、秋季作物(花生)及白果进行采样，并按照当地收购要求进行处理，最终得出符合收购要求的目标收获物的产量。所有目标收获物产量计算 100m^{2}的量。

1.3 计算方法介绍

净现值是反映项目的整个计算期内的综合性评价指标，是对投资项目进行动态评价的最重要的指标之一。所谓净现值是指投资项目按基准收益率或设定的折现率将各年的净现金流量折现到投资起点的现值之代数和，计算公式如下[3]：

$$NPV = \sum_{t=0}^{T} (CI - CO)_t (1 + i)^{-t} \quad 式(1)$$

式中：NPV——净现值；

CI——现金流入

CO——现金流出

t——计算期

i——基准收益率　在一般情况下，基准收益率定为10%

该评价的基础是货币的时间价值，这也就是为什么公式中要将各年的现金流量折现的原因。

评价的标准：

当 $NPV \geqslant 0$ 时，表示可以接受该项目；

当 $NPV < 0$ 时，表示可以考虑拒绝该项目[2]。

2　结果与分析

2.1 不同模式下目标收获物产量

表 1 是不同银杏复合经营条件下的目标收获物的产量，从表中可以看出，不同模式下，目标收获物存在着较大的差别，其中，小麦的产量差异较大，相对而言花生和油菜的差异较小。

表 1　不同模式下目标收获物的产量

	目标收获物	产量(kg)		目标收获物	产量(kg)
模式 A	小麦	69.55	模式 D	小麦	84.24
	花生	15.91		花生	20.07
	白果	87.04			
模式 B	油菜籽	29.32	模式 E	油菜籽	18.01
	花生	18.49		花生	19.68
	白果	106.28			
模式 C	白果	97.79			

2.2 不同银杏复合系统的初步经济指标核算

表2 显示的是初步经济指标，主要指标为收入、投入及净收入[4]。表中收购价格来源于

当地相关部门的公示收购价格。

表 2　不同银杏复合系统的初步经济指标核算

	收入				投入		年净收入（元）
	目标收获物	产量（kg）	收购价格（元）	收入（元）	投入项目	价格（元）	
模式 A	小麦	69.55	2	139.1	作物种子	30	
	花生	15.91	6.8	108.19	农药	20	
	白果	87.04	6	522.24	化肥	45	
	合计			769.53	合计	95	674.53
模式 B	油菜籽	29.32	3.2	93.82	作物种子	35	
	花生	18.49	6.8	125.73	农药	25	
	白果	106.28	6	637.68	化肥	45	
	合计			857.24	合计	105	752.24
模式 C	白果	97.79	6	586.74	农药	10	
					化肥	15	
	合计			586.74	合计	25	561.74
模式 D	小麦	84.24	2	168.48	作物种子	30	
	花生	20.07	6.8	136.48	农药	20	
					化肥	35	
	合计			304.96	合计	85	219.96
模式 E	油菜籽	18.01	3.2	57.63	作物种子	35	
	花生	19.68	6.8	133.82	农药	20	
					化肥	35	
	合计			191.46	合计	90	101.46

2.3　不同模式下的净现值

对不同复合系统进行 NPV 的计算，首先需要列出不同模式下的现金流，由于不同模式下每年的现金流基本一致，因此，可以得出表 3，同时可以求出不同模式下的净现金流。

表 3　不同模式下的现金流

	模式 A	模式 B	模式 C	模式 D	模式 E
每年收入 CI	769.53	857.24	586.74	304.96	191.46
每年支出 CO	95.00	105.00	25.00	85.00	90.00
年净现金流量	674.53	752.24	561.74	219.96	101.46

根据表 3 的年净现金流（$CI-CO$），且计算 10 年内的 $NPV(n=10)$，$i=10\%$，由式 1 可以得出不同模式下的 10 年净现值如表 4。

表4 不同模式下的净现值

	模式A	模式B	模式C	模式D	模式E
NPV	3884.62	4332.15	3235.07	1266.73	584.29

从表中可以看出，模式B的净现值是最高的，而模式E的净现值最低，其中，模式B的净现值分别是模式E、模式D、模式C的7.4、3.4、1.3倍，模式A的净现值分别是模式E、模式D、模式C的6.7、3.1、1.2倍，说明银杏复合条件下的经济效益高于纯林和纯农模式；而模式B的经济效益高于模式A。但是5种模式的10年净现值均大于0，表示5种模式均是有利可图的。

但是，值得注意的是净现值大于0只是为某一特定的发展提供了一个基本的标准，但并不是最终决策的标准。在中国华北农桐间作系统评价中的分析表明，由于桐树的速生性及其木材市场价值的居高不下，桐树的种植密度越大，收益越高[5]。因此，依据这一标准，经济效益最好的“农林复合系统”实际上变成了没有农作物的林木单一系统，但是，在中国这一主要的农业生产地区，无论是对地方政府还是对当地农民，这种单一的林木系统是不能接受的。因此在最终决策时，净现值可以作为一个参考因素，也就是经济因素，最终的决策结果仍要经过全面地综合分析[6]。

3 结论和讨论

(1)模式A条件下小麦产量和模式D相比存在较大的差距，但是其他目标收获物之间差异并不明显。

(2)通过10年内NPV的分析，模式B最高，其净现值分别是模式E、模式D、模式C的7.4、3.4、1.3倍，模式A的净现值分别是模式E、模式D、模式C的6.7、3.1、1.2倍，差距十分巨大。同时也反映出，银杏复合比纯农及纯林的经济效益要高。

(3)对于模式A和模式B来说，模式B的经济效益要好于模式A。通过对不同银杏复合模式的净现值分析，可以非常直观地利用未来预期现金来进行合理的经济评价。总的来说，模式B的效益最高，从经济层面上看，适合大面积推广。

参考文献

[1]曹福亮. 中国银杏志[M]. 北京：中国林业出版社，2008.

[2]王维才，戴淑芬，肖玉新. 投资项目可行性分析与项目管理[M]. 北京：冶金工业出版社，2000.

[3]吕显洲，李延海，初进先. 试论林业认识的发展及林业综合效益评价[J]. 防护林科技，2006，(01)：73－75.

[4]张燕，徐雪标. 桉－农复合经营对甘蔗产量的影响及其经济效益分析[J]. 热带农业科学，27(5)：27－30.

[5]杨修，吴刚. 农桐复合林带结构优化模式的研究[J]. 应用生态学报，1999，10(3)：286－288.

[6]庞爱权. 可持续农业发展中的农林复合系统评价[J]. 北京林业大学学报(英文版)，1995，4(2)：34－69.

银杏无公害栽培技术规程

许时钦[1]　梅家东[3]　许鹏[2]　康贺梅[1]　谭云霞[3]　吕顺端[3]　周传涛[1]　周宁宁[1]

([1]河南省信阳市林科学研究所，河南信阳　464031；[2]河南信息工程学校，
河南郑州　450008；[3]罗山县林科所，河南罗山　464200)

银杏是我国特有的古老经济树种之一，人称“活化石”。其果珍、材良，融药用、材用、食用、绿化、美化生态于一体，用途十分广泛，有极高的实用价值，千年不衰，长寿长效。信阳市是河南省的银杏主产区，占全省银杏资源的80%以上。随着人们生活水平的不断提高和食品安全意识的增强，推广银杏无公害栽培技术具有十分重要的意义，本文结合信阳市银杏生产实际，制订出银杏无公害栽培技术规程。

1　范围

1.1　本标准规定了银杏无公害的产地环境、苗木质量、建园定植、整形修剪、土壤管理、施肥管理、花果管理、病虫害防治以及果实采收等技术内容。

1.2　本标准适用于银杏无公害的生产。

2　规范性引用文件

2.1　下列文件中的条款，通过DB41/T＊＊＊＊本标准的引用而成为本标准条款。凡是注日期的引用文件，其随后所有的修改单(不包括勘误的内容)或修订版均不适用于本标准，然而，鼓励根据本标准达成协议的各方研究是否可使用这些文件的最新版本。凡是不注日期的引用文件，其最新版本适用于本标准。

2.2　GB4285-1989　农药安全使用标准

GB8321-2000　农药合理使用准则

GB/T 14550　土壤质量 六六六和滴滴涕的测定 气相色谱法

NY/T 395　农田土壤环境质量监测技术规范

NY/T 396　农用水源环境质量监测技术规范

NY/T 397　农区环境空气质量监测技术规范

NY/T394－2000　绿色食品肥料使用准则

DB41/T130－1999　银杏种实丰产林标准

3　产地环境

3.1　产地环境要求

无公害银杏园应建立在生态环境良好，无污染并远离废水污染源和固体废弃物的平原、丘陵或山地面积相对集中的地方，并有可持续生产能力的林业生产区域，且符合下列要求。

海拔：≤500m，坡度：≤15°，坡向：阳坡、半阳坡、半阴坡。

土壤质地条件：土层厚度60cm以上，有机质含量1.0%以上，地下水位1.5m以下，排水良好，土壤pH值5.5~7.0的壤土、沙质壤土。

3.2 大气环境质量要求

大气环境质量指标见表1。

表1 大气环境质量指标

项目	指标		
	日平均(≤)	任何一次(≤)	单位
二氧化硫(SO_2)	0.05	0.10	mg/m^3
氮氧化物(NOx)	0.05	0.10	
总悬浮颗粒(TSP)	0.15	0.30	
氟化物	7		$\mu g/(dm^2 \cdot d)$

3.3 灌溉水质量要求

灌溉水质量指标见表2。

表2 灌溉水质量指标 （单位：mg/L）

项目	指标
pH值	5.5~8.5
总汞	≤0.001
总镉	≤0.005
总砷	≤0.1
总铅	≤0.1
铬(六价)	≤0.1
氯化物	≤250
氟化物	≤2.0
氰化物	≤0.5

3.4 土壤质量要求

土壤质量指标见表3。

表3 土壤质量指标 （单位：mg/kg）

项目	指标
pH值	5.5~7.5
总汞	≤ 0.25
总镉	≤ 0.30
总铅	≤ 80
总砷	≤ 30
总铬	≤ 150
六六六	≤ 0.2
滴滴涕	≤ 0.2

4 苗木质量

4.1 要求选用Ⅰ级或Ⅱ级良种嫁接苗建园。

4.2 良种及苗木分级标准按 DB41/T130 - 1999 规定执行。

5 建园

5.1 整地

山区、丘陵缓坡按等高线抽槽整地，规格：挖深 80cm、宽 80cm，整成水平梯田。平原采取挖大穴整地，规格：（长、宽、深）100cm × 100cm × 100cm，表土混合有机肥料填入穴内。

5.2 栽植

5.2.1 栽植时期

落叶后至萌芽前。

5.2.2 栽植方法

按 DB41/T130 - 1999 规定执行。

栽植时修剪过长的根系，将苗木根系舒展放入穴内，培土提苗，踩实后浇水、封穴，地径处要略高于地面，当年成活率达 95% 以上。

5.2.3 栽植密度

按 DB41/T130 - 1999 规定执行。

5.2.4 配置授粉树

在同一片丰产林内，选用花期相近、花期长、花粉量大、花粉亲和力强的雄株作为授粉树，雌雄株比例为 100:（3 ~ 5）。雄株栽植在花期的主风方向。

6 抚育管理

6.1 施肥

可根据预测产量指标，结合当地土壤肥力计算全年施肥量。

6.1.1 基肥

以农家肥料、饼肥等有机肥为主，混入适量氮、磷、钾肥，在种实采收后开沟施入。

6.1.2 追肥

以速效肥为主，在生长季节，本着多次少量的原则，勤施追肥。

6.1.3 肥料选择

按 NY/T394 - 2000 中 3.4 所述农家肥料执行料。

禁止使用未经无害化处理的城市垃圾，含有重金属、橡胶和有害物质的垃圾，硝态氮肥、未腐熟的人粪尿及其他未获准登记的肥料产品。

6.1.4 施肥方法

分为土壤施肥和叶面施肥（根外追肥）。土壤施肥在树冠垂直投影外围沿（滴水线处），采用环状沟施肥。施后即覆土。叶面施肥宜在春季和秋季进行，一年可喷施 0.3% 尿素 3 ~ 5 次，8 月下旬至 9 月上旬，叶面喷施 0.1% 磷酸二氢钾 2 次，间隔期 10 ~ 15d，增加果实单粒重。

叶面喷肥的浓度不宜过高，喷施浓度宜在0.1%～0.5%之间。叶面喷肥应选择风速小、喷后24h内无雨的天气进行。一天中以上午10h前和下午16：00进行较好，不宜在午间喷洒，以免温度过高引起肥害。各种根外追肥的肥液浓度见表4。

表4　根外追肥常用肥液浓度

肥料名称	溶液浓度	肥料名称	溶液浓度
尿素	0.3%～0.5%	硫酸亚铁	0.1%～0.4%
硝酸铵	0.1%～0.3%	硼砂	0.1%～0.2%
磷酸铵	0.3%～0.5%	硫酸锌	0.1%～0.5%
过磷酸钙	0.5%～1.0%	硫酸镁	0.1%～0.2%
硫酸钾	0.5%	硫酸铜	0.01%～0.02%
硫酸二氢钾	0.2%～0.5%	草木灰	1%～3%

6.1.5　缺硼症的矫治

萌芽前后施肥，每株施硼砂50～100g于土壤中，或于4月上旬～4月中旬叶面喷施0.1%～0.2%的硼砂溶液2次，间隔7～10d。

6.1.6　除草

每年除草5～6次，最后一次在果实采收前进行，注意除草宜浅勿深，以免伤根。

6.1.7　人工辅助授粉

6.1.7.1　花粉采集与处理

雄花序由青转为淡黄色时，即可采集，采后及时摊凉干燥，以防堆压变质。

6.1.7.2　授粉适期

胚珠出现水状滴状传粉滴，传粉滴相当于珠孔直径2～3倍时是授粉的最佳时期。

6.1.7.3　授粉方法

掛花粉法、振花粉和喷雾法。

选花期长、花粉量大、与雌树花期相同或相近、生长健壮的雄枝做接穗，选择树冠顶端生长健壮、花期主风方向的主枝嫁接。

7　整形修剪

7.1　定干

造林当年定干，干高80～120cm。

7.2　树形

采用自然开心形或主干疏层形树形。

7.3　修剪时期

修剪时间分为冬剪和夏剪。

7.4　修剪方法

短截、疏枝、环剥、摘心等。

7.4.1　幼树修剪

培养主枝条3～4个，截后当新梢长到20～30m^{2}时摘心，促其加粗生长，侧芽充实，来年抽生壮枝。对骨干枝从中部饱满芽处短截，其余枝条不截不疏，促其早结果。

7.4.2　盛果期树的修剪

以保持树体健壮、稳定树势为主，通过修剪调整大小年，确保树势均衡生长。

7.4.3　低产树改造

对生长衰弱的树，采取深翻改土、增施有机肥、合理修剪、更新树冠等措施，以恢复树势，提高产量。

7.4.4　高接换优

对树龄20年以内的实生幼林，可进行高接换优。

7.5　嫁接时期和方法

发芽前后20d进行高接，采取劈接、插皮接等方法，在保留原树体骨架的基础上，按圆头形或主干疏层形锯桩，锯口粗度5.0cm以下，每桩嫁接2～3个接穗，成活率95%以上。

7.6　嫁接后的管理

及时除萌、绑防风柱、适时解除绑扎物。

8　种实采收与贮藏

8.1　种实成熟的标准

果皮由青绿色变黄，被白粉，有臭味即为形态成熟。

8.1.1　采收

果实有5%～10%的种实落地即可一次采收。

8.1.2　脱皮技术

作业人员必须带乳胶手套操作，脱皮程序：堆沤或水沤—外种皮软化—搓揉—漂洗去杂—阴雨干分级。

8.2　贮藏方法

将脱去外种皮的银杏种实，放在室内摊凉2～3d，进行沙藏，各地也可采取适合当地条件的贮藏方法。

9　主要病虫害防治

9.1　防治原则

坚持“预防为主，综合治理”的方针和安全、有效、经济、简易的原则，以农业防治和物理防治为基础，生物防治为核心，科学合理综合应用营林、生物、物理、化学防治的方法以及其他有效的生态学手段，把病虫害控制在不足危害的水平。

9.2　防治方法

9.2.1　病虫害预测预报

准确做好主要病虫害的预测预报工作，如银杏茎腐病、银杏叶枯病、银杏超小卷叶蛾、银杏大蚕蛾、茶黄蓟马、黄刺蛾、桃蛀螟、豹纹木蠹蛾、大袋蛾、金龟子等病虫害的预测预报和综合治理，确保银杏树正常生长。

9.2.2　严格检疫

严格执行国家检疫对象规定的植物检疫法律法规，防止危险性病虫害的传入，不得从疫区调运苗木、接穗、果实和种子。

9.2.3 农业防治(防治方法见附录C)

包括选用抗病品种，间作和除草，改善银杏园的生态环境，合理修剪，及时清除病虫危害的枯枝、落叶、减少病虫源，加强抚育管理，增强树势，提高树体自身抗病虫能力以及提高果实采收和贮藏质量，降低果实腐烂率。对一些虫体较大易于辨认的害虫，如天牛、金龟子等进行人工捕捉，摘除银杏大袋蛾袋囊，冬季人工刮除虫卵。

9.2.4 生物防治(防治方法见附录C)

保护和利用天敌。扩大以虫治虫、以菌治虫、以鸟治虫的应用范围，维持自然界生态平衡。

9.2.5 应用生物源农药和矿物源农药。使用附录B中的生物农药和矿物源农药。

9.2.6 物理防治(防治方法见附录C)

应用黑光灯防治害虫。夜晚可用黑光灯引诱或引诱夜蛾、透翅蛾、金龟子、卷叶蛾等。

应用趋化性防治害虫。利用性信息素迷惑雄成虫，使其失去交尾能力。或利用有些害虫对糖醋液有趋性的特性，进行诱杀。

9.2.7 化学防治(防治方法见附录C)

用药原则：提倡允许使用高效、低毒、低残留、对天敌杀伤力低的药剂及生物源农药、矿物源农药，尽量使用性引诱剂；禁止使用剧毒、高毒、高残留和有三致(致癌、致畸、致突变)作用的农药；限制使用中等毒性以上的药剂，注意不同作用机理的农药交替使用和合理混用，防止失效，避免害虫产生抗药性。

禁止使用的农药：砷酸钙、砷酸铅、甲基胂酸锌、甲基胂酸铁铵、福美甲胂、福美胂、薯瘟锡、三苯基氯化锡、毒菌锡、氯化乙基汞、醋酸苯汞、氟化钙、氟化钠、氟乙酸钠、氟乙酰胺、氟铝酸钠、氟硅酸钠、滴滴涕、六六六、林凡、艾氏剂、狄氏剂、三氯杀螨醇、二溴乙烷、二溴氯丙烷、甲拌磷、乙拌磷、久效磷、对硫磷、甲基对硫磷、甲胺磷、甲基异柳磷、治螟磷、氧化乐果、磷胺、克百威、涕灭威、灭多威、杀虫脒、五氯硝基苯、五氯苯甲醇、除草醚、草枯醚、有机合成植物生长调节剂和未登记的农药。

限制使用的农药：参照附录A，每年每种药剂最多使用1次。

允许使用的农药：参照附录B，每年每种药剂最多使用2次。

附录A和附录B中列出的限制使用和允许使用的农药必须按要求控制用量。

银杏主要病虫害无公害防治方法见附录C。

附 录 A

（规范性附录）

限制使用的主要农药的使用方法（中等毒性以上的农药）

通用名	主要防治对象	施用量（稀释倍数或 kg/次·667m² 或 ml/次·667m²）	施用方法	安全间隔期（d）	实施要点及说明
敌敌畏	卷叶蛾、刺蛾、螨类、光肩星天牛	80%乳油 1500～2000 倍 5～10 倍	喷雾、药棉塞虫孔或用注射器虫孔灌药	21	随用随配
乐　果	银杏茶黄蓟、卷叶蛾、螨类	40%乳油 1000～1500 倍	喷雾	21	
溴氰菊酯	食心虫、卷叶虫、潜叶蛾	2.5%乳油 2500～3000 倍	喷雾	28	
氰戊菊酯	银杏超小卷叶蛾	20%乳油栗皮夜蛾 2000～3000 倍、透翅蛾 1000 倍	喷雾	21	
氯氰菊酯	卷叶蛾、潜叶蛾	10%乳油 2000～4000 倍	喷雾	30	
杀螟丹	潜叶蛾	98%可溶性粉剂 2000～2500 倍	喷雾	21	
杀螟硫磷	食心虫、桃蛀螟、卷叶蛾、刺蛾、蚧类	50%乳油 1000～1500 倍	喷雾	21	
水胺硫磷	螨类、蚧类	40%乳油 1500～2000 倍	喷雾		
杀扑磷	蚧类	40%乳油 1000～1500 倍	喷雾	30	
毒死蜱	蚧类	40%乳油 1000～1500 倍	喷雾	21	
喹硫磷	蚧类	25%乳油 1000～1500 倍	喷雾	25	
福美双	炭疽病	50%可湿性粉剂 500～800 倍	喷雾	12	
百草枯	杂草	20%水剂（200～300）ml/（次·667m²）	低压喷雾		杂草旺盛期晴天低压喷雾
硫线磷	线虫、食心虫、甲虫	10%固体（2～3）kg/（次·667m²）	拌细土撒施	120	树盘内 3～5cm 撒药

注：水胺硫磷、杀扑磷、硫线磷为高毒农药，如有其他新型低毒、中等毒性的农药替代时，优先选用低毒、中等毒性农药。安全间隔期指最后一次施药距采果的天数。

附 录 B

（规范性附录）

允许使用的主要农药的使用方法（低毒性农药）

通用名	主要防治对象	施用量（稀释倍数或 kg/次 · $667m^2$ 或 ml/次 · $667m^2$）	施用方法	安全间隔期（d）	实施要点及说明
辛硫磷	蚜虫、刺蛾、螨类、尺蠖	50%乳油 1000 ~ 1500 倍	喷雾	15	阴天或傍晚进行
敌百虫	金龟子、食心虫、天牛、尺蠖、银杏茶黄蓟马	90%晶体 800 ~ 1000 倍	喷雾	28	随配随用
硫悬浮剂		50%悬浮剂 300 ~ 400 倍	喷雾	10	气温低于 4℃高于 30℃不宜用药
灭幼脲	刺蛾、尺蠖	25%悬浮剂 800 ~ 1000 倍	喷雾	25	
波尔多液	银杏叶斑病	0.5%等量式	喷雾	15	现配现用
843 康复剂	银杏干枯病	复合型水剂原液	涂干		
代森锌	银杏叶枯病	80%可湿性粉剂 600 ~ 800 倍	喷雾	21	
甲基硫菌灵	炭疽病	70%可湿性粉剂 800 ~ 1000 倍	喷雾	25	
多菌灵	银杏叶枯病、叶斑病、白果霉烂病	50%可湿性粉剂 600 ~ 800 倍	喷雾 浸种	21	
高锰酸钾	白果霉烂病	0.5%高锰酸钾浸种	喷雾	30	
螨死净	螨类	50%悬胶剂 2500 ~ 3000 倍	喷雾	30	
卡死克	卷叶虫	5%乳油 1000 ~ 1500 倍	喷雾	21	
白僵菌	卷叶蛾、大蚕蛾	$667m^2$ 用含 50 亿 ~ 70 亿个孢子/克菌粉 0.5kg 加水 50L	喷雾	3 ~ 5	
乐果	蚜虫、害螨、介壳虫	40%乐果乳油 800 ~ 1000 倍液	喷雾	21	
螨死净	螨卵、幼螨、若螨	20%螨死净 3000 倍液	喷雾	30	
溴氰菊酯	卷叶蛾、大蚕蛾、潜叶蛾、尺蠖	2.5%溴氰菊酯乳剂 3000 倍液	喷雾	30	
草甘膦	一年生、多年生杂草	10%水剂 750 ~ 1000ml	喷雾		
乙草胺	禾本科杂草、阔叶杂草	50%乳油 40 ~ 90ml	喷雾		
茅草枯	禾本科杂草	60%钠盐 0.5 ~ 1.5kg	喷雾		药液中加适量洗衣粉增效

附 录 C

（规范性附录）

银杏主要病虫害无公害防治方法

病虫害名称	危害部位	防治方法			
		农业防治	生物防治	物理防治	化学防治
银杏茎腐病	苗木地茎	土壤消毒、清除病源、种植间作物或搭荫棚遮阴、增施有机肥、合理密植		催芽播种促进幼苗木质化、适时灌水降低地温	1. 始发期用2.5%多菌灵500倍液、70%甲基托布津800～1000倍喷雾防治 2. 发病高峰期2%～3%硫酸亚铁水喷施 3. 发病期用1∶1∶100倍波尔多液保护
银杏叶枯病	叶片	加强水肥管理，提高抗病力			适时进行化学防治
银杏超小卷叶蛾	芽、叶	4月下旬人工诱杀、捕捉成虫，及时剪除被害枝梢烧毁	保护利用天敌		4～5月成虫羽化盛期用辛硫磷、马拉硫磷、或乐果喷洒树干和枝叶，毒杀成虫
银杏大蚕蛾	叶片	1. 刮除树干老皮缝清除越冬卵 2. 7月中下旬捕捉成虫、虫茧	释放赤眼蜂	黑光灯诱杀成虫	1. 喷洒90%敌百虫1500～2000倍杀死幼虫 2. 或80%敌敌畏1000～2000倍或2.5%溴氰菊酯1000倍
金龟子类	叶芽、嫩梢	傍晚时人工捕捉成虫。冬季深翻扩穴杀死幼虫	保护招引益鸟。喷白僵菌、绿僵菌	黑光灯诱杀	发芽期至展叶期的傍晚地面喷50%辛硫磷乳油300倍液或90%敌百虫晶体1000倍液
银杏茶黄蓟马	叶片	1. 合理密植、保持良好的通风透光条件 2. 加强土肥水管理，增强树势			1. 树盘施甲拌磷 2. 虫害发生初期喷洒乐果或80%敌敌畏1000倍防治，速灭杀丁3000倍。适时喷药可在6、7、8月中旬分三次防治
大袋蛾	叶片	幼虫期及落叶后人工摘除袋囊	保护寄生蜂、寄生蝇及捕食性天敌。喷苏云杆菌		1. 用90%敌百虫800倍，50%对硫磷乳油1500倍、50%杀螟松1000倍液喷雾 2. 根基打孔注射50%久效磷原液
桃蛀螟	果实	1. 采收后及时脱粒，冬季清园 2. 在栗园种植向日葵、玉米等诱饵植物，集中捕杀	利用性信息激素迷惑雄成虫失去交尾能力，导致卵不能孵化	黑光灯、糖醋液诱杀成虫。利用性信息素迷惑雄成虫	6月上旬至8月上旬喷50%杀螟硫磷乳油1000倍液或80%敌敌畏乳油1500倍液
豹纹木蠹蛾	枝条、新梢	结合冬季修剪剪除虫枝、枯枝集中烧毁。6月人工捕杀			幼虫发生期喷内吸磷杀虫剂。如40%乐果1000倍

银杏加工技术

SOD富硒银杏产品开发初探

颜世宏[1]　宿恒胜[2]　苑如萍[3]　李明光[4]　方景明[5]

([1] 郯城县新村乡银杏研究所，山东郯城　276128；[2] 郯城县沙墩乡农业服务中心，山东郯城　276112；
[3] 山东临沂高新区马厂湖农技站，山东临沂　276000；[4] 郯城县农业局，山东郯城　276100；
[5] 郯城县高峰头镇农业服务中心，山东郯城　276117)

摘要：SOD(超氧化物歧化酶)是一种源于生命体的活性物质，能消除生物体在新陈代谢过程中产生的有害物质。硒对人体的抗氧化作用、解毒作用、免疫机能、延年益寿等功效逐步被世人认可。银杏果的药用和食用价值已被人们广泛认可。开发SOD富硒银杏产品将对银杏深加工产业的发展有着积极的作用。

关键词：富硒银杏；开发

1　SOD富硒银杏简介

SOD英文全称：Orgotein (Superoxide Dismutase, SOD)，术语：超氧化物歧化酶。别名：肝蛋白、奥谷蛋白，是一种源于生命体的活性物质，能消除生物体在新陈代谢过程中产生的有害物质。SOD是中国卫生部批准的具有抗衰老、免疫调节、调节血脂、抗辐射、美容功能的物质之一，法定编号为ECl. 15. 1. 1；CAS[905489]1。

硒被科学家称之为人体微量元素中的“抗癌之王”。科学界研究发现，血硒水平的高低与癌的发生息息相关。大量的调查资料说明，一个地区食物和土壤中的硒含量高，癌症的发病率和死亡率就低。同时，硒对心脏肌体有保护和修复的作用。科学补硒对预防心脑血管疾病、高血压、动脉硬化等都有较好的作用。

银杏，生食引疳解酒，熟食益人。熟食温肺益气，定喘嗽，缩小便，止白浊。生食降痰，消毒杀虫等之功能早已被人们尝试，银杏果药用和食用的潜能随现代科学研究渐渐被世人发掘出来。

SOD富硒银杏集SOD、硒、银杏之精华，汇三者之灵气，正以新模式呵护着世人的长寿之路。

2　材料与方法

2.1　材料A

银杏嫁接树

参试银杏树基本状况

数量(株)	面积(m^2)	株距(m)	行距(m)	树龄(年)	嫁接龄(年)	嫁接高度(m)	冠幅直径(m)
42	720	3	4	12～15	8～10	1. 8～2. 2	3～4. 5

2.2 材料B

SOD 富硒原液，浓度为90%，产地为东营经济开发区

2.3 试验设置

选择南北走向7行银杏树，每行12株。从东至西编号为1~7号，1号、3号、5号、7号为保护行，2号为常规浓度喷施行，4号为对照行，6号为高浓度对照喷施行。

2.4 试验方法步骤

2.4.1 常规浓度喷施

取原液5ml兑水15kg。从5月份开始每隔20d，选择晴天下午叶面喷施一次，连续喷4次，喷施程度以叶面湿润而不下滴为宜，8小时内遇雨补喷一次。

2.4.2 高浓度对照喷施

取原液10ml兑水15kg。8月份选择晴天下午叶面喷施一次。喷施程度以叶面湿润而不滴为宜，8小时内遇雨补喷一次。

2.4.3 对照喷施

继常规浓度喷施行和高浓度对照喷施行喷施后用清水喷施对照行。喷施程度以叶面湿润而不下滴为宜，8小时内遇雨补喷一次。

3 收获

3.1 收获时间与采收顺序

适时收获一般为9月20日~9月30日。银杏外种皮黄而皱缩时即可采收，先采收常规浓度喷施行在收高浓度对照喷施行，最后收对照行。

3.2 贮藏与脱粒

各种处理采收的银杏果分袋储存或散存。每袋10~15kg为宜，单摆平放于通风蔽阴处。散储时，在通风蔽阴处铺垫黄沙20~30cm，沙上铺一层编织袋，上面散放银杏果，厚度不超30cm。需出售时可人工或机器脱粒。脱粒后银杏干果常温下不耐贮藏，需放在恒温下贮藏。带有外种皮的银杏果常温下较耐贮藏。

4 试验结果

2008年10月31日，从常规浓度喷施行和对照行收获的干果中各随机取1kg样品，经山东省星火科技服务基地建设办公室委交山东省分析测试中心检验，于2008年11月5日得出结论：

常规浓度喷施行的银杏干果中硒的含量为10μg/kg，检验报告编号：SFW82034(06)。对照行的银杏干果中硒的含量为4μg/kg，报告编号：SFW82033(06)。

5 结论与分析

根据1992年3月1日实施的中华人民共和国GB13105－91《食品中硒限量标准》和湖北省地方标准DB42/211－2002规定，常规浓度喷施行的银杏干果中硒的含量符合标准要求。可以基地化批量生产。高浓度对照喷施行喷施10d后有落叶现象，不宜推广使用。

国内外银杏叶提取物预防心肌缺血再灌注损伤的综述

黄志伟

（山东省郯城县食品药品监督管理局，山东郯城　276100）

摘要： 本文搜集大量文献资料就当今国内外有关银杏叶提取物（*Ginkgo biloba* extract，Egb761）（下文银杏叶提取物均简称 Egb761）在预防心肌缺血和再灌注损伤的研究了进行全面的综述。认为 Egb761 对抗氧化、抑制和清除自由基；扩张血管、改善微循环、降低血液黏稠度；保护内皮细胞、减少 NO 的过度产生；基因水平上抑制细胞凋亡等具有较显著的作用，从而使 Egb761 的应用范围更加广泛。除脑血管、周围血管疾病外，也将对冠心病心绞痛、心肌梗死、溶栓、冠脉成形术（PTCA）、搭桥术（CABG）的治疗提供有效辅助疗法及理论依据。

关键词： 银杏叶提取物；心肌缺血；再灌注损伤

1　Egb761 的药用有效成分

Egb761 是从银杏科银杏叶中分离纯化的混合物，为世界上使用最广泛的植物药品之一。目前，国际公认标准制剂的 Egb761 指标：含黄酮甙（flavonoid glycosides）24% 以上，以山萘酚（kaempferol）、槲皮素（quercetin）、异鼠李素（glucorhamnoside esters）等甙类为主；萜烯内酯 6% 以上，以白果内酯（bilobalide）及银杏内酯（ginkgolides）为主。银杏内酯可再分为 A、B、C、J 4 种亚型。此外，Egb761 还含有 Fe、Cu、Mn、Zn、Ca、Mg 等微量元素。

2　试验动物

目前，用于研究 Egb761 抗心肌缺血及再灌注损伤的试验动物有鼠和兔，以大鼠最常见。鼠主要有 Wistar 大鼠和 SD 大鼠（体重多在 250g 左右，雌雄兼用），此外，还见用外体培养的乳鼠心肌细胞研究银杏内酯 B，对心肌再灌注损伤保护左右的例子。兔主要有新西兰家兔和健康大耳兔（雌雄不拘，体重 1.4～1.6kg）。

3　标本制作以及给药途径

（1）目前，常用的试验动物模型是大鼠心肌缺血再灌注损伤模型。因为大鼠的冠状动脉侧支循环少、模型成功率高、重复性好，已被公认为制作心肌缺血及再灌注损伤模型的首选动物模型。

目前，用于心肌缺血再灌注的模型制备方法主要有，在体心肌缺血再灌注损伤模型和 Langendorf 离体灌注大鼠心肌缺血及再灌注损伤模型。前者又分传统模型[1]和改进的心肌缺血再灌注模型[2]两种。在体模型的制备可以保证心肌细胞微环境不受外界干扰，但传统方法使用妨碍在胸腔内进行冠状动脉结扎操作。若将心脏挤出胸腔进行冠状动脉结扎，则会影响心脏功能。而改进的造模方法能够提高造模成功率，准确地复制心肌 1/R 的试验模型，可靠性强、操作简便、重复性好，单人操作，很大程度地降低了操作因素对试验结果的影响，成为相对首选的一种造模方法。离体模型制备方法简便可行，但改变了心肌细胞的微环境，限制了它的推广应用。

(2)在给药途径方面主要有灌胃和静脉给药。灌胃时间以两周为宜，因为是提前给药故以预防为主；而静脉给药以颈内静脉和股静脉及舌下静脉多见，给药时间多在灌注前10min。因此，静脉给药多用于以治疗为主的研究。

4 Egb761 在预防缺血再灌注损伤中的地位

心肌缺血再灌注时可触发许多突发的代谢、电生理、形态学以及功能性的改变[3]。在动物及人体的研究中，应用 Egb761 治疗，均显示出较好的心功能改善作用。Welt 等[4]对成年大鼠心肌微血管在急性缺氧状态下的电镜超微结构的变化以及 Egb761 的保护作用进行了研究。结果显示，用 Egb761 预处理后，内皮细胞水肿、空泡化及毛细血管周围碎片形成均明显减少或消失。Egb761 可降低缺氧相关的质膜囊泡化(plasmalemmal vesiclc)的发生率，而线粒体嵴的密度无明显减少。与对照组相比，退行性改变的范围亦明显减小。Tosaki 等[5]应用 Egb761 来改善缺血再灌注后的心肌收缩功能，认为剂量为 50mg/kg 和 100mg/kg 的 Egb761 可明显改善冠脉流量、左心室压力(LVDP)、左室压力变化率以及心输出量。Shen 等[6]的研究表明，Egb761 显著抑制血浆及心肌组织中脂质过氧化物的产生，保持了机体总 SOD、CuZnSOD 的水平。缺血再灌注所导致组织中的 t－PA(type plasminogen activator)和 PAI－1(plasminogen activator inhibitor －1)增加明显被 Egb761 所抑制。Haramaki 等[7]提出 Egb761 在具有抗氧化作用的同时，对于心脏再灌注诱导的心律失常亦有改善作用。在大鼠离体心脏缺血再灌注模型的研究中发现，Egb761 可抑制再灌注过程中乳酸脱氢酶(LDH)峰值的出现。在缺血 40min、再灌注 20min 后心肌抗坏血酸盐的减少不明显，同时抑制脱氢抗体坏血酸盐的升高。因而有理由认为 Egb761 对心脏缺血再灌注损伤的保护作用，是建立在 Egb761 抗氧化特性的基础上。研究表明，Egb761 所具有的结合自由基和抗脂质过氧化作用，对缺血性左心室肥大的病理生理有改善作用，同时 Egb761 能显著减少再灌注后室性心律紊乱的发生率[8,9]。国内张煜等人的动物实验研究发现，Egb761 能抑制乳鼠心肌细胞外钙的内流，提示 Egb761 可能对于由钙超载所致的心肌细胞损伤具有预防作用。同时，亦证实了 Egb761 对离体大鼠心脏缺血再灌注损伤具有良好的预防作用。Pietri 等[10]的临床研究亦提示，心肌缺血再灌注过程中自由基产生可延缓心肌功能及代谢的恢复。应用 Egb761 可减少心肌肌球蛋白球的释放，在临床上可明显改善患者的预后。

近年来，研究还发现，心肌再灌注损伤时心肌中 PAF 参与心肌再灌注损伤，Egb761 通过拮抗 PAF 的作用在保护心肌再灌注损伤中发挥重要作用。阳世光[11]等发现缺血再灌注对照与银杏叶提取物治疗缺血再灌注组血小板激活因子含量显著高于正常组。血小板激活因子－乙酰水解酶的活性显著低于正常组。缺血再灌注对照组心肌组织丙二醛含量显著高于银杏叶提取物预处理组，ATP 的含量显著低于银杏叶提取物预处理组，血小板激活因子与 AFAH 在心肌缺血再灌注中发挥重要作用。张根葆[12]等的试验结果也现实外源性血小板激活因子明显加重缺血再灌注引起的心率紊乱和心肌损伤。银杏内酯 B 预处理显著降低缺血再灌注心率失常发生率和单相动作电位时程的改变，降低乳酸脱氢酶、肌酸磷酸激酶和丙二醛含量以及提高超氧化物歧化酶活性。

5 Egb761 预防心肌缺血再灌注损伤的可能机制

Egb761 具有预防心肌缺血再灌注损伤的作用环节为：①在氧自由基生成的位点直接清除氧自由基[13,14]；②抑制促氧自由基生成的潜在催化剂，如活化金属离子衍生物等；③Egb761 中的黄酮类化合物对多种酶有抑制作用，其中包括环氧化酶、脂氧化酶、磷脂酶 A，可提高底物的亲和性，增加 NADPH－细胞色素－P450 还原酶和 P450 酶之间的电子传递效应，从而减少超氧负离子的产生，抑制脂质过氧化物的生成，同时保持了机体超氧化物歧化酶的水平[15]；④Egb761 中的白果内酯对线粒体的呼吸酶的活性有保护作用，能在缺氧状态下保持 ATP 含量，延迟体内糖无氧氧化过程的启动[16]；⑤Egb761 能显著减轻缺血再灌过程中组织内 Na^+、Ca^{2+} 的蓄积而 K^+、Mg^{2+} 的丢失[2]。

6 结语

Egb761 作为银杏叶的活性提取物，是一种天然的自由基(例如，超氧阴离子、羟基等)清除剂，通过多种途径发挥作用，可保护心肌免受自由基引起的损害，预防心肌缺血再灌注损伤。随对其药理作用的深入研究，其应用范围可能更加广泛，除脑血管、周围血管疾病外，也将对冠心病心绞痛、心肌梗死、溶栓、冠脉成形术(PTCA)、搭桥术(CABG)的治疗提供有效辅助疗法及理论依据。

参考文献

[1]刘付平，姚宏伟，李俊，等．大鼠心肌缺血，再灌注损伤模型的改进[J]．安徽医科大学学报，2003，38：234－236.

[2]张明，杨鹏麟，龚永生，等．中国心血管病研究杂志，2006，8：617－619.

[3]Szabo ME *et al.* Ophthalmic Res，1993，25(1)：1－9.

[4]Welt K *et al.* Exp Toxicol Pathol，1996，48(1)：81－86.

[5]Tosaki A *et al.* Coron Artery Dis，1994，5(5)：443－450.

[6]Shen JG *et al.* Biochem Mol Biol Int，1995，35(1)：125－134.

[7]Haramaki N *et al.* Free Radic Biol Med，1994，16(6)：789－794.

[8]Tosaki A *et al.* Diabetologia，1996，39(11)：1255－1262.

[9]Lo HM *et al.* J Formos Med Assoc，1994，93(17)：592－597.

[10]Pietri S *et al.* Cardiovasc Drugs Ther，1997，11(2)：121－131.

[11]阳世光，姚新生，袁国会，等．银杏叶提取物防治兔心肌缺血再灌注损伤实验研究[J]．中国煤炭工业医学杂志，2002，5(5)：510－511.

[12]张根葆，陈冬云，桂常青，等．银杏内酯 B 对缺血再灌注大鼠心脏保护作用的试验研究[J]．中国中医药科技，2005，12(2)：92－94.

[13]Pietri S *et al.* J Mol Cell Cardiol，1997，29：733－742.

[14]Rong Y *et al.* Free Radic Biol Med，1996，20(1)：127－128.

[15]Arpad T *et al.* Coron Artery Dis，1994，5：443－450.

[16]Janssens D *et al.* Biochem Pharmacol，1995，50(7)：991－999.

银杏叶黄酮类化合物研究进展*

周春华① 陈 鹏 王 莉

（扬州大学园艺与植物保护学院，江苏扬州 225009）

摘要： 银杏叶黄酮类化合物是银杏提取物中重要的成分，在人体健康起着重要的作用。本文对银杏叶黄酮类化合物的研究进行综述，主要包括银杏叶黄酮类化合物的成分和结构、提取工艺、分离纯化、检测方法、生物合成途径及相关基因的克隆，并对其研究前景进行了展望。

关键词： 银杏；黄酮；提取；分离；检测；生物合成；基因

Research Advanceson Flavonoids of Ginkgo（*Ginkgo biloba* L.）Leaf

Zhou Chunhua Chen Peng Wang Li

（College of Horticulture and Plant Protection，Yangzhou University，Yangzhou 225009，China）

Abstract：Flavonoids is one kind important components of ginkgo leaf extracts and plays important roles in maintaining human health. The progress of research on flavonoids of ginkgo leaf，mainly including components and structures，extract technologies，isolation and purification，dection methods，biosynthesis pathway，colne of related genes of ginkgo leaf flavonoids is reviewed. At the end of paper，the foreground of ginkgo leaf flavonoids research is prospected.

Key word：*Ginkgo biloba*；Flavonoids；Extract technology；Isolation and purification；Dection method；Biosynthesis；Gene

银杏（*Ginkgo biloba* L.）为银杏科（Ginkgoaceae）银杏属植物，是古生代二叠纪孑遗植物，被称为“活化石”。银杏叶化学成分十分复杂，先后分离出 140 多种化合物（陈西娟等，2007），其具生理活性的主要成分包括黄酮类、萜内酯、聚戊烯醇、原花色素、酚酸等化合物（van Beek，2005）。黄酮类是银杏叶中最早研究的成分，也是银杏叶提取物（EGb）制剂的主要成分。药理研究表明，黄酮类化合物具有清除自由基、抗氧化、消炎、抗病毒、抗癌、

* 基金项目：江苏省自然科学基金（BK2008213）、扬州大学科技创新培育基金项目（2007CXJ018）和扬州大学高层次人才科研启动基金资助。

①周春华（1974 －），男，博士，副教授，研究方向：园艺植物有效成分生物代谢及成分分离、提取与应用研究。Tel：（0514）87696816，13952729962， Fax：（0514）87347537，E－mail：chzhou@yzu.edu.cn。

保护心脑血管系统等功效，对人类的健康具有重要意义。本文就银杏叶黄酮类化合物的成分和结构、提取工艺、分离纯化、检测方法、生物合成途径及相关基因的克隆作一综述，为银杏叶的综合利用以及利用基因工程技术提高银杏叶中黄酮类化合物含量提供理论依据。

1 主要成分及其结构

银杏叶黄酮类主要成分为单黄酮(I 槲皮素 quercetin、II 异鼠李素 isorhamnetin、III 山萘酚 kaempferol)及其糖苷、双黄酮(IV 白果黄素 bilobetin、V 银杏黄素 ginkgetin、VI 西阿多黄素 sciadopitisin、VII 异银杏黄素 isoginkgetin)及其糖苷。不同黄酮苷元结构如下(图 1)：

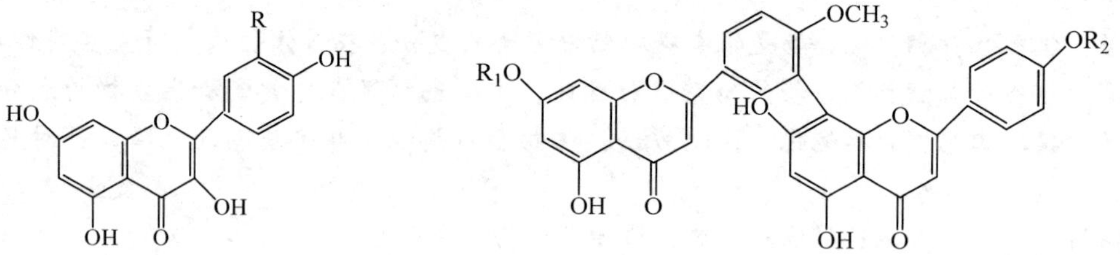

I: R=OH
II: R=OCH_3
III: R=H

IV: $R_1=R_2=H$
V: $R_1=CH_3$，$R_2=H$
VI: $R_1=R_2=CH_3$
VII: $R_1=H$，$R_2=CH_3$

图 1 银杏黄酮苷元化学结构

Fig. 1 The chemical structure of flavonoid aglycone

2 提取工艺

2.1 水浸提法

以水作为提取溶剂，温度对提取效果是一个重要的影响因素。戴余军和江德安(2008)采用水浸提的方法，结合单因素和正交试验探讨影响黄酮提取的主要因素，确立了采用水作为浸提剂从银杏叶中提取总黄酮的最佳方法。结果表明，温度对黄酮提取影响最大，在90℃下，固液比1:60,每次 1h，重复提取 3 次，黄酮提取率最高。

2.2 有机溶剂提取法

该法是目前国内外使用最广泛的银杏黄酮类成分的提取方法。常用的有机溶剂主要有甲醇、乙醇、丙酮、石油醚等。由于甲醇等有机溶剂毒性、挥发性较大，因此一般采用乙醇作为萃取剂。利用乙醇提取银杏叶黄酮，浸提温度、提取时间、固液比、乙醇浓度对总黄酮含量都有影响，何扩(2006)研究结果表明，银杏叶乙醇提取的最佳工艺为温度 60℃、固液比 1:25、乙醇浓度 50%、浸提时间 3h，在上述条件下，银杏黄酮类提取率为 3.51%，纯度为 7.8%。张永红(2007)等研究表明，银杏叶中黄酮类化合物提取的较佳条件为 70% 乙醇做提取液，提取温度为 90℃，料液比为 1:20，提取次数为 3 次，每次回流 1.5h。

2.3 超声波提取法

该法的提取原理是超声空化，是指存在于液体中的微气核，在超声的作用下，震动、生长和崩溃、闭和的过程。超声空化可以看成是聚集声能的方式，当气核聚集足够的能量崩溃闭和时，产生局部的高温高压，从而导致声冲流和冲击波的产生。声冲流和冲击波可引起体系的湍动，使边界层减薄，增大传质速度。

银杏叶经超声处理后，细胞膜已经破碎，同时加速了叶粒的运动，促进了有效成分的溶出，因此超声波提取黄酮具有明显的优越性。刘晶芝(2007)通过试验获得最佳的超声提取工艺条件：超声频率40kHz，超声处理时间55min，温度35℃，静置3h，提取率为81.9%。

2.4 微波提取法

微波是频率大约在300MHz～300GHz，即波长在1～1000mm范围内的电磁波，其中最常用的微波频率是2 450MHz。微波提取法是利用微波能来破坏植物细胞的细胞壁和细胞膜，从而达到提取细胞内有效成分的目的，在这一点上它与超声波所起的作用是一样的。同时，微波还能快速加热整个提取体系，使提取时间大大缩短，因此在天然产物的提取中，它比超声波更具有优势。微波萃取仪器设备比较简单低廉，适用面广，能大大提高提取物中黄酮类化合物含量，且溶剂损耗较少。虽然微波萃取具有快速、低溶剂消耗、污染小、萃取效率高等优点，但到目前为止，由于其提取量少，它主要还是作为一种分析试样预处理的手段和一种提取精油等有用物质的方法，其研究还处于初期阶段。刘峙嵘等(2005)指出微波提取银杏叶黄酮类化合物时要尽量采用新鲜的原料。一方面，新鲜的原料经微波处理有利于细胞胀裂、溶剂渗透和有效成分的溶解释出；另一方面，微波的快速高温处理可以将细胞内的某些降解有效成分的酶类灭活，从而使这些有效成分在原料保存或提取期间不会遭到破坏。

2.5 超临界流体萃取法

超临界流体萃取法在食品、医药、化工方面都有一定的应用，由于其分离效果好、速度快、操作简便、纯度高、无毒，被誉为绿色提取方法。能成为超临界流体的物质很多，但在轻工、食品、生化工业中通常使用CO_2。超临界CO_2液体进料萃取银杏叶黄酮，在较低的压力条件下，基本实现了银杏黄酮与鞣质、原花色素等大分子物质以及脂类小分子物质的分离。萃取压力、萃取温度、萃取时间、CO_2流量对黄酮提取率和纯度都有影响，最佳工艺条件为压力30MPa、温度30℃、时间40min、CO_2流量24L/h，在上述条件下，银杏黄酮类物质提取率为3.27%，纯度为64.7%(何扩，2006)。

2.6 高速逆流色谱提取法

高速逆流色谱(HSCCC)技术是一种不用任何固定载体的液—液分配色谱技术，不会产生因使用载体而固有的吸附现象，具有不同于一般色谱的分离方式，使其特别适用于制备性分离，尤其是对黄酮类化合物(易被填料吸附的物质)的分离与制备，有明显优势。蔡定国等(1999)报道了应用HSCCC技术从银杏叶提取物中分离纯化得到了槲皮素、山萘素和异鼠李素3种黄酮苷元。葛洪等(2004)采用70%乙醇连续循环喷淋逆流6级萃取，在$m_{乙醇}:m_{银杏叶}=5:1$、总萃取时间240min、萃取温度50～55℃条件下，萃取率(以黄酮计)达99%以上，物料运行正常，操作简便，生产稳定。

2.7 分子烙印技术

谢建春等(2001)用非共价法，在极性溶剂中，以丙烯酰胺作功能单体，以强极性化合物槲皮素为模板，制备了分子烙印聚合物(MIP)。液相色谱试验表明，MIP对槲皮素具有特异的亲和性，将该MIP直接用于分离银杏叶提取物水解液，可得到主要含模板槲皮素及与槲皮素结构相似化合物山萘酚2种黄酮组分。

3 分离纯化

目前关于采用吸附树脂提取分离黄酮类成分的报道较多，用于纯化提取物的载体主要有聚酰胺、活性炭、硅胶、大孔树脂以及硅藻土等，其中以大孔树脂最常见。

3.1 聚酰胺柱层析

尹秀莲等(2007)通过静态吸附确定聚酰胺的最大吸附量，动态吸附后考察不同浓度乙醇的洗脱曲线及纯度，采用 HPLC 进行定量分析测定，对聚酰胺层析法分离纯化银杏叶总黄酮进行研究。结果表明，每克聚酰胺粉平均吸附量为 115mg；70% 乙醇洗脱较合适，纯度可达到 15.60%。如果配合其他纯化方法如硅胶柱层析将收到更好的效果。

3.2 大孔树脂

大孔树脂是 20 世纪 70 年代末发展起来的一类有较好吸附性能的有机高聚物吸附剂，它是以苯乙烯和丙烯酸酯为单体，加入二乙烯苯为交联剂，甲苯、二甲苯为致孔剂，相互交联聚合形成的多孔骨架结构，具有良好的大孔网状结构和较大的比表面积，可以通过物理吸附从水溶液中有选择地吸附有机物。树脂吸附是依靠它和被吸附分子(吸附质)之间的范德华引力，通过巨大的比表面进行物理吸附，使有机化合物根据吸附力及其分子量大小的不同，经特定溶剂洗脱，达到分离、纯化、除杂、浓缩等不同目的。近年来，大孔树脂吸附技术在环保、食品、医药领域得到了广泛的应用，特别在中草药化学成分的分离、富集和纯化越来越受到人们的关注。

应国清等(2006)用静态吸附法测定 HD_{22} 型、HD_{28} 型、D_{315} 型、D_{201} 型 4 种吸附树脂对银杏叶浸出液中黄酮类化合物的吸附量，结果表明 D_{201} 型树脂对黄酮类化合物具有较好的吸附性能。在最佳提取工艺组合(温度 90℃、溶剂比 20:1、提取 4 次、每次 1h)条件下，以 20% 乙醇水溶液进行动态洗脱，分离效能总指标(K) 为 0.278，总黄酮含量达 71% 以上。

莫晓燕等(2008)通过静态吸附、静态解吸及吸附动力学研究，对比分析了 AB-8、DM-130、S-8 等三种大孔吸附树脂对银杏总黄酮的分离纯化效果。结果发现，弱极性树脂 AB-8 和 DM-130 易吸附(吸附率分别为 87.72% 和 86.29%)、易解吸(解吸率分别为 97.52% 和 92.20%)，是性能良好的总黄酮吸附剂；而极性树脂 S-8 吸附量虽大(吸附率为 93.45%)，但解吸率太低(解吸率为 30.71%)，不适用于黄酮类化合物的富集分离。吴梅林(2005)通过对大孔吸附树脂对银杏黄酮的吸附与洗脱进行研究，结果发现，在 AB-8、S-8、X-5 三种树脂中，AB-8 对银杏黄酮具有较好的纯化效果，其静态饱和吸附量为 24.35mg/g，70% 乙醇溶液为最佳洗脱溶剂，流速在 1.0ml/min 洗脱效果较好，所得银杏叶提取物中黄酮含量达 24%。

3.3 后交联均孔树脂

在 Davankov 后交联方法的基础上，改变后交联剂的分子结构，使后交联反应过程中发生再次交联，合成了一类孔径小而均匀的新型孔结构吸附树脂。该树脂比表面积大、吸附容量大，具备小尺寸精确筛分的能力，可将模拟样品中分子尺寸不同的苯酚与槲皮素分离，苯酚去除率达到 97.6%，而槲皮素基本不损失。将其用于银杏叶提取物的纯化，去除其中小分子杂质，可使得银杏黄酮的纯度由 25.2% 提高到 50.8%(陈艳立等，2006)。

3.4 ZX-4 型配位吸附树脂

大孔树脂吸附法因能耗低，设备简单，是目前大多数生产厂家所采用的银杏黄酮纯化方法。然而普通的吸附树脂选择性较差，产品纯度不高。张静泽等(2008)采用 ZX-4 型配位吸附树脂在非水体系中对银杏提取物中黄酮类成分进行吸附分离，发现 ZX-4 型配位吸附树脂对银杏总黄酮类成分吸附选择性高，解吸容易，以 5% HAc 乙醇溶液作为洗脱剂，银杏黄酮纯度由11.86%提高至53.2%，起到了纯化精制的目的。

4 检测分析

银杏黄酮类化合物检测分析方法很多，有分光光度法、原子吸收光谱法、近红外光谱法、高效液相色谱(HPLC)法，其中分光光度法和HPLC法是测定银杏黄酮类化合物的主要方法。

4.1 分光光度法

分光光度法的测定设备价廉，操作简便。张志红和黄毅(2005)根据在pH值13.20～13.60及$NaNO_2$存在下，银杏叶提取物与$Al(NO_3)_3$形成稳定的粉红色配合物在510nm处有最大吸收这一特点，建立了银杏叶提取物中黄酮类化合物的分光光度测定方法。上官小东和黄党社(2004)基于银杏黄酮能与$AlCl_3$反应生成的黄色络合物在408nm处有最大吸收峰这一特点，提出了$AlCl_3$—分光光度法测定药物制剂中银杏黄酮含量的方法。由于银杏叶中含有大量的花青素、鞣酸及其他酚类成分，它们对分光光度法的测定会产生干扰，使测定结果往往高于实际含量。程亚倩等(2002)研究了双波长吸光光度法测定银杏叶中黄酮含量的方法，测得的总黄酮含量均比单波长比色法低，主要原因是双波长具有自动扣除原花色素、叶绿素等干扰，且不受底液混浊的影响等特点，结果准确，精密度好。

4.2 原子吸收光谱法

上官小东等(2004)提出了间接测定银杏叶提物中银杏黄酮的原子吸收光谱法。银杏黄酮与乙酸铅发生配合反应，生成难溶的棕黄色沉淀，经离心分离后，用原子吸收法测定上清液中过量的铅离子，可间接测定银杏黄酮。该方法线性范围为5.0～30.0μg/ml，*RSD*为1.6%～1.8%，回收率为100.3%～106.0%。

4.3 近红外光谱法

胡钢亮等(2004)采用近红外光谱法同时测定银杏提取液中总黄酮和总内酯含量，发现该方法具有快速、准确、无污染、分析对象多样且无需预处理及非破坏性等优点，加上嵌入式光纤取样分析系统，建立包含溶剂组分变化的数学模型，可以作为银杏提取过程即时分析和在线控制的手段。

4.4 HPLC法

HPLC法具有准确、快速、重现性好等优点，目前使用较多。黄酮类化合物能溶解在有机溶剂中，故样品不需经过衍生反应，可直接经液相色谱进行分离测定。石红旗等(2002)研究了银杏叶黄酮醇苷的分析方法。采用外标定量法，使用YWG-C_{18}反相柱，确定了合适的测定条件：流动相为甲醇－0.5%磷酸水溶液(60/40，V/V)，流速1.5ml/min，检测波长360nm，槲皮素浓度与峰面积呈线性关系范围10～180μg/ml，平均回收率为97.5%，*RSD*为0.67%。王靖等(2006)用高效液相色谱法测定银杏制品经酸水解后槲皮素、山萘素和异鼠李素3种黄酮苷元的含量，计算得出总黄酮含量，并对6个样品进行了测定。该方法采用C_{18}色谱柱，流动相为甲醇:水:磷酸，检测波长为370nm，所得槲皮素、山萘素和异鼠李素的平均回收率分别为95.80%、98.42%和94.39%，*RSD*≤4.2%，相关系数*r*为0.9999。

5 影响银杏黄酮含量的因素

5.1 生态环境

银杏叶黄酮积累的重要环境因子是纬度、日照百分率、年降雨量和年平均温度。在纬度(28°19′±2°34′)N或(38°6′±2°34′)N、年降水量(762.3±114.5)mm、日照百分率35.3%±6.3%、年平均温度(15.95±2.15)℃的条件下，最利于银杏叶黄酮的积累(孙视等，1998)。高海拔区独特的生态条件能够促进银杏叶中黄酮苷的积累(汪海峰，2002)，但有利于叶内黄酮积累的生态条件并非银杏生长发育的最适条件，选择有一定逆境胁迫的次适宜环境建立银杏采叶园，有利于提高叶内黄酮含量。适度缺水有利于黄酮和内酯类物质的积累(谢宝东等，2002)。通过测定陕西省银杏叶黄酮含量和分析该省热值的时空分布规律，发现热值的地域分布规律与黄酮含量相同，银杏叶黄酮含量和热值极显著正相关，与表观比热值呈负相关关系(许春霞等，2003)。光照条件是影响黄酮积累的重要因素，王华田等(1997)发现成年大树树冠不同部位的叶片，其黄酮含量差异很大，以光照充足的南侧叶片黄酮含量最高，东西两侧及内膛叶片黄酮含量偏低。冷平生等(2002)对2年生银杏苗进行遮阴和光膜处理，发现覆膜和遮阴显著减少银杏黄酮苷含量。这可能与紫外辐射强度减弱有关，因为适量的紫外辐射可诱导苯丙氨酸解氨酶(PAL)活性，从而激活苯丙烷代谢途径，增加黄酮的含量。

5.2 产地

由于地理、气候、土壤条件的差异，不同产地银杏叶黄酮含量差异较大，因此黄酮含量与生长地域密切相关。总体来说，产量大的江苏邳州、广西兴安、贵州正安、湖北安陆等地的银杏叶总黄酮含量较高。不同产地之间槲皮素、山萘酚、异鼠李素等黄酮类成分差异也较大(王弘等，2000)。刘叔倩等(2000)的研究结果表明，贵州高原区银杏叶中总黄酮的含量明显高于其他地区。从不同地域来看，长江流域各地银杏叶中总黄酮的含量大多数高于黄河流域；黄河流域各地又以位于黄河中游的陕西、山西、河南的银杏叶中总黄酮含量较高，而黄河上游的甘肃、宁夏，下游的山东、河北的银杏叶中黄酮含量较低；长江流域则以位于长江中上游的四川、云南、贵州、湖北的银杏叶中总黄酮含量较低；无论长江流域还是黄河流域，又以位于我国中部各地的黄酮含量为高，而北部、东南部的含量较低(岳红等，2000)。即使是同一省份，不同地区之间也有差异。王宗德等(1998)报道江西省不同产地银杏叶在同一生长季节的黄酮含量差异较大，如11月份武宁地区为2.97%，而波阳地区只有0.84%。陕西省银杏叶黄酮含量为0.885%～1.487%，表现出明显的地域分布差异，从高到低依次为陕北>陕南>渭北>关中(许春霞等，2003)。但也有研究表明不同产地的老树叶中的总黄酮含量差别不大(吴红菱等，1995)。

5.3 生长季节

银杏黄酮含量随季节变化而变化。一般来说，从4～10月，银杏叶中总黄酮含量基本呈上升趋势，9月最高(吴红菱等，1995；张秀全等，1995；杨柳等，1997；蒋明廉，1997；唐新莲等，2000)，而不同地区可能因温度的差异，其最高值也会出现在8月(史继孔等，1998)和10月(孙震等，1996；王宗德等，1998；杨柳等，1999；陈鹏，2000)，之后下降，可能与秋天叶黄有关。但也有研究表明，在发育早期4月(王华田等，1997；苑可武等，1997；仲英等，1999；冷平生等，2001)或5月(周开志等，1999；钱大玮等，2002；鞠建明等，2003）黄酮含量最高，之后开始逐月下降，达到最低值后，到后期又有一定幅度的回升，并持续至落叶。综合考虑叶片中黄酮和内酯的含量，一般认为8～10月是银杏叶的适宜采收季节，不同地区根据具体情况而定。除了季节变化外，一天中不同时段，银杏叶黄酮含量也有差别，汤国红（2002）发现，银杏叶中总黄酮在中午12:00含量最高，14:00～24:00含量最低。

5.4 品种或单株

不同品种和单株之间银杏叶黄酮含量差异较大。陈学森（1997）通过对全国主要银杏产区50个雌株品种和优良单株3～5年嫁接树叶片黄酮含量进行测定，发现泰山4号最高达2.65%，而最低的尖底圆铃仅为0.95%。但也有研究表明不同品种之间银杏叶黄酮含量无显著差异（杨柳等，1999），这可能与所选取的银杏树树龄较大有关。杨义芳等（1996）分析了30个单株银杏叶黄酮含量，发现单株间差异较大，以芦丁干燥品计总黄酮的含量为2.851～5.128mg/g，平均值为4.099mg/g。

5.5 不同部位

通过对银杏营养器官测定指标综合分析发现，黄酮含量依次为：芽>叶>根>枝；吸收根>根皮部>根木质部；一年生长枝上、中、下枝段黄酮分布呈现出高—低—高的变化规律；各枝段的皮部均大于木质部；长枝上的叶黄酮含量>短枝上的叶，一年生枝上、中、下枝段上的叶黄酮含量呈明显的下降趋势；芽、叶、根和枝黄酮含量依次为：4.75%、4.04%、2.14%和1.94%（邢世岩等，1998）。陈鹏等（2000）也发现银杏长枝叶片类黄酮含量显著高于中、短枝。不同部位叶片除了总黄酮含量不同，其具体成分也会有差别，长枝叶中槲皮素较多，而短枝叶中山萘酚较多（冷平生等，2001）。

5.6 树龄

总体来说，银杏幼树叶片总黄酮含量明显高于老树叶片（吴红菱等，1995；史继孔等，1998）。银杏幼树（1～5年）实生苗叶的黄酮苷含量一般在1.0%左右，而老树叶含量一般≤0.60%（郁青等，1998）。5年生以下幼树叶含量高（杨柳等，1999），尤以二三年生的为高（钱大玮等，2002）。杨柳等（1997）认为银杏叶黄酮含量高低随树龄增长呈递减趋势，但10年以下幼树含量较老树高。而15年生后随树龄增大，其叶黄酮含量迅速下降（孙震等，1996）。

5.7 性别

一般认为银杏雌雄株间叶片黄酮含量差异不显著（史继孔等，1998；杨柳等，1999），但也有雄株高于雌株（范怡梅等，1998）或雌株高于雄株（余丽娟等，1995）的报道。

5.8 繁殖方法

银杏实生苗叶片黄酮含量比同龄嫁接苗高（杨柳等，1997，1999；郁青等，1998；史继孔等，1998），嫁接有利于提早结果而不利于叶用。银杏幼树（1～5年）实生苗叶的黄酮苷含量一般在1.0%左右，而同龄嫁接树苗叶，黄酮苷含量只有0.60%左右（郁青等，1998）。

5.9 肥料及植物生长调节剂

在镁缺乏的红壤上种植银杏，在合理施用一定的氮肥基础上，增施适量的镁肥，对银杏叶黄酮含量的提高有良好效果（唐新莲等，2000）。蔡耕鸣等（2003）研究表明，红壤上种植3年的银杏树，在配施有机肥的基础上增施化肥可促进银杏营养生长，在旺长期的6月黄酮含量较高，但化肥对秋后银杏叶黄酮积累有副作用。通过对盆栽银杏进行不同水平氮肥、磷肥试验，吴家胜等(2002，2003)推荐氮素 15g/株、磷素 2.71g/株(以 P_2O_5计)为 2 年生银杏叶用园的施用量，可望获得单位面积上最高的黄酮产量。

乙烯利显著影响银杏叶光合速率、PAL 活性、相对生长量，喷施乙烯利对银杏叶黄酮和内酯类物质的含量有明显影响，且随乙烯利浓度的增加而增加(谢宝东等，2002b)。王燕等(2002)采用脱落酸、乙烯利、氮肥 + 乙烯利、地膜处理，均提高了叶片黄酮含量，以脱落酸效果最优。

6　银杏黄酮类化合物的生物合成途径

通常来讲，类黄酮泛指两个芳香环通过 3 碳链相互连接而成的一系列化合物，包括黄酮类、黄酮醇类、花色素类等，由于花色素类在光吸收上有其特点，一般将其单独列为一类加以研究。银杏类黄酮是一般意义上的黄酮类物质，是指除花色素外的一大类物质，包括单黄酮和双黄酮类。对黄酮类化合物合成途径的研究由来已久，在一些果实和花卉中有较多的研究，但以银杏为试材进行研究报道相对较少。

借助于其他植物的研究，再结合近几年银杏的研究，基本弄清了黄酮类化合物在银杏叶片中的生物合成途径(图 2)。黄酮类化合物由苯丙烷代谢途径合成，最重要的步骤是在查尔酮合成酶(CHS)的催化下，3 分子的丙二酰 - CoA 和 1 分子的对香豆酰 - CoA 结合形成第 1 个具有 C_{15}架的黄酮类化合物——查尔酮，查尔酮进一步衍生转化构成了各种黄酮类化合物。

7　银杏类黄酮生物合成相关基因的克隆与表达

国内外学者已经从银杏中克隆到 PAL（苯丙氨酸解氨酶)、C_4H（肉桂酸-4-羟化酶)、CHS（查尔酮合成酶)、F_3H（黄烷酮 3-羟化酶)、FLS（黄酮醇合成酶)、ANS（花色素合成酶)和 ANR（花色素还原酶)等与银杏黄酮类化合物合成相关基因，并研究了相关基因表达与银杏黄酮含量的关系。

7.1　PAL

PAL 是苯丙烷代谢途径的第一个关键酶，苯丙氨酸在该酶的作用下脱去氨基得到肉桂酸。许锋(2005)以银杏叶 DNA 为模板进行扩增，得到长 862bp 的银杏 PAL 基因片段 *Gbpal*（GenBank No. AY578145)，编码 287 个氨基酸。通过核苷酸和蛋白质序列多重比较发现 *Gbpal* 与其他植物的 PAL 基因高度同源。*Gbpal* 蛋白质序列包含与水稻、玉米 PAL 基因相类似的活性位点。PAL 的系统进化树表明：*Gbpal* 与裸子植物的 PAL 基因聚类关系最近。*Gbpal* Southern blot 结果表明银杏 PAL 是一个多基因家族。

7.2　C_4H

C_4H 催化肉桂酸羟基化并得到产物香豆酸，是苯丙酸途径中的第二个关键步骤。采用 RACE 和 PCR 相结合的方法，获得 GbC_4H 基因的全长 cDNA 序列及其基因组序列，两者之间的序列比对结果表明，GbC_4H 基因含有 2 个外显子和 1 个内含子。推导的 GbC_4H 蛋白和其他植物来源的 C_4H 蛋白具有较高的相似性。C_4H 系统发生树分析结果表明，GbC_4H 与裸子植物的 C_4H 具有更近的进化关系。Southern blot 分析表明，GbC_4H 基因属于一个多基因家族。RT-PCR 分析表明，GbC_4H 基因在根、茎和叶中的表达水平不同，在根中表达水平最高，并能受到盐、甘露醇，冷、干旱等环境胁迫的诱导(刘学奋，2006)。

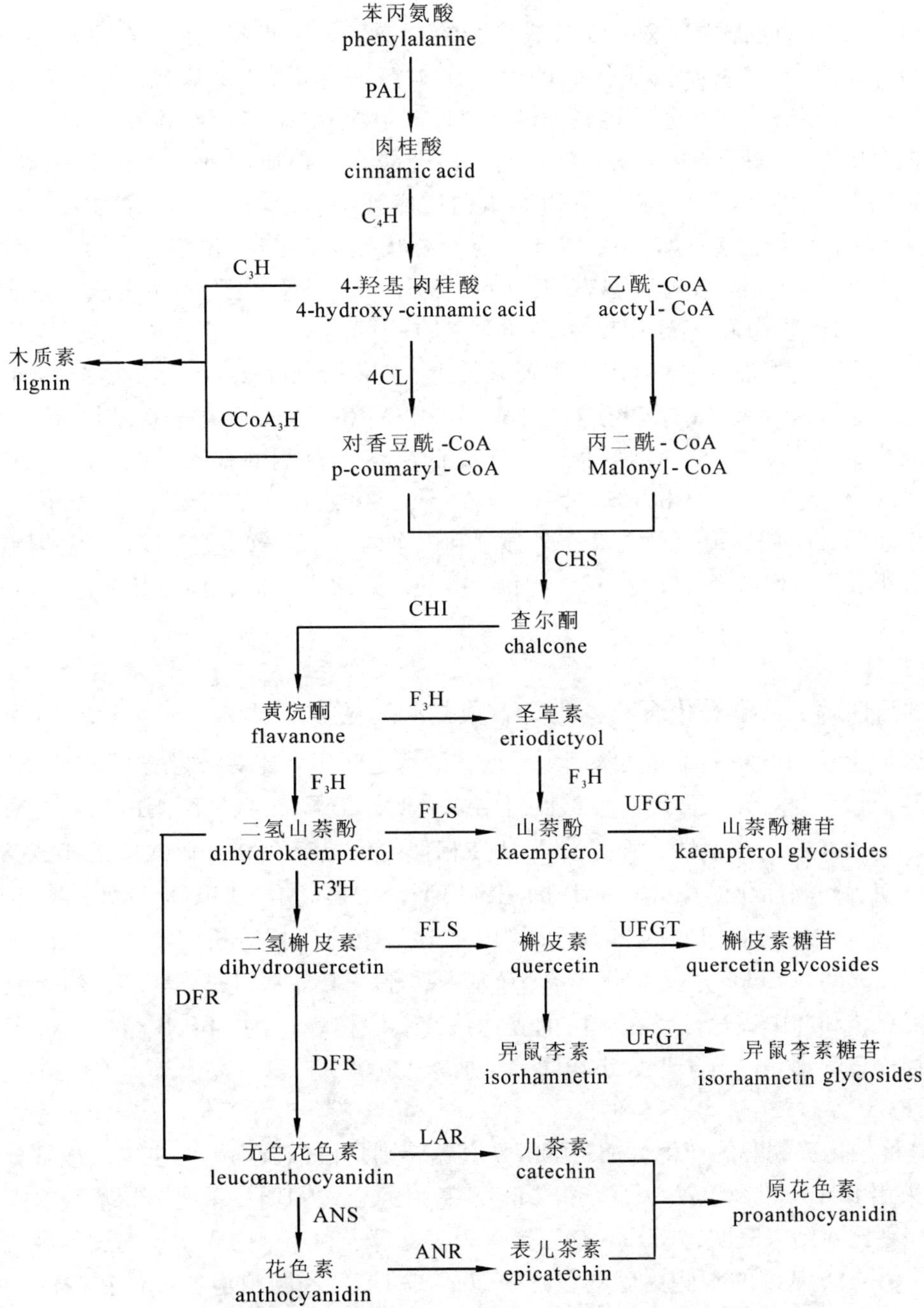

图 2 银杏黄酮类化合物生物合成途径

（程水源等，2000；Winkel - Shirley，2001；Abrahams 等，2003）

Fig. 2 The biosyhthesis pathway of flavonoids in *Ginkgo biloba*

（PAL：苯丙氨酸解氨酶；C_4H：肉桂酸羟化酶；C_3H：香豆酸 - 3 - 羟化酶；$CCoA_3H$：香豆酰 CoA - 3 - 羟化酶；4CL：对香豆酰连接酶；CHS：查尔酮合成酶；CHI：查尔酮异构酶；F_3H：黄烷酮羟化酶；F3'H：类黄酮 3' - 羟化酶；FLS：黄酮醇合成酶；DFR：二氢黄烷醇还原酶；UFGT：类黄酮 - 3 - O - 葡萄糖基转移酶；LAR：无色花色素还原酶；ANS：花色素合成酶；ANR：花色素还原酶）

7.3　CHS

CHS 催化的是黄酮类化合物生物合成途径的第一个关键步骤。许锋(2005)利用 RACE 技术从银杏中分离出黄酮类合成代谢的第一个关键酶基因 CHS 基因，并命名为 GbCHS (DQ054841)。GbCHS cDNA 全长共 1608bp，该序列包含 poly(A)尾结构和一个长 1173bp 的开放阅读框(ORF)，编码 391 个氨基酸。通过核苷酸和蛋白质序列多重比较发现：GbCHS 与其他植物的 CHS 基因高度同源。GbCHS 蛋白质序列中包含与紫花苜蓿(*Medicago sativa*) MsCHS 相一致的活性位点，如 CoA 结合位点、袋状桂皮酰结合位点和袋状环化位点等。GbCHS 蛋白质的三维空间结构模型表明：GbCHS 与 MsCHS 蛋白质的晶体模型是非常相似的，这说明 GbCHS 蛋白质与 MsCHS 蛋白质可能有相同的催化功能。CHS 的系统进化树表明，GbCHS 与裸子植物的 CHS 基因聚类关系最近。GbCHS Southern blot 结果表明银杏 CHS 是一个多基因家族。在整个银杏叶生长过程中，CHS mRNA 变化相对表达量与黄酮含量的变化几乎是完全同步的，CHS mRNA 表达水平高低决定了黄酮的积累。庞永珍(2005)采用 RACE 和 PCR 方法，获得了 GbCHS 基因的全长 cDNA 序列及其基因组序列，两者之间的序列比对结果表明，GbCHS 基因含有 2 个外显子和 1 个内含子，这也是 CHS 基因的特征之一。基因表达分析表明，GbCHS 基因在根、茎和叶中的表达水平不同，而且其表达受 U－VB 和伤处理的诱导。

7.4　F_3H

F_3H 的活性对于黄酮类化合物的生物合成是必需的。通过 RACE 和 PCR 方法，获得 GbF_3H 基因的全长 cDNA 序列及其基因组序列，两者之间序列比对结果表明，GbF_3H 基因含有 3 个外显子和 2 个内含子。蛋白多重比对结果表明，推导的 GbF_3H 蛋白和其他植物来源的 F_3H 蛋白具有很高的相似性，而且 GbF_3H 在相似的位置存在结合亚铁离子和酮戊二酸的保守位点。使用同源性建模获得 GbF_3H 的三维模型，结果显示，GbF_3H 模型具有 2-ODD 酶特有的、由 β 片层组成的扭曲的果冻状结构。F_3H 系统发生树分析表明，GbF_3H 比被子植物分化得早。Southern blot 分析表明，GbF_3H 基因属于一个多基因家族。RT-PCR 分析表明，GbF_3H 基因在茎和叶中表达，且在叶中的表达最高。原核表达的 GbF_3H 蛋白的分子量大小和通过生物信息学预测的分子量大小相同（庞永珍，2005）。

7.5　FLS

FLS 直接催化黄酮醇的产生，而黄酮醇及其糖苷则是银杏黄酮类的主要组成部分。庞永珍(2005)采用 RACE 和 PCR 方法，获得 GbFLS 基因的全长 cDNA 序列及其基因组序列，两者之间的序列比对结果表明，GbFLS 基因含有 2 个外显子和 1 个内含子。通过基因组步移的方法获得了 GbFLS 基因的 5′侧翼序列，其中包括 TATA 盒和胁迫应答元件在内的一些顺式作用元件也被预测和分析。蛋白序列多重比对结果表明，推导的 GbFLS 蛋白和其他植物来源的 FLS 蛋白具很高的相似性。同源性建模产生的 GbFLS 三维结构与功能已知的拟南芥 At-FLS 的三维结构一样，具有 2-ODD 酶特征型的扭曲的果冻状结构。FLS 系统发生树分析表明，GbFLS 与其他植物的 FLS 具有共同的祖先。Southern blot 分析表明，GbFLS 基因属于一个多基因家族。RT-PCR 分析表明，GbFLS 基因在根、茎和叶中的表达水平不同，而且 Gb-FLS 基因的表达受伤、低温和 U-VB 的诱导，原核表达的重组 GbFLS 蛋白的分子量大小和通过生物信息学预测的分子量大小相同。

7.6 ANS

ANS，也称无色花色素氧化酶(LAR)，一种依赖于酮戊二酸和铁的氧化酶，是催化黄酮类物质代谢中从无色花色素合成有色花色素的酶。Xu 等(2008)首次从银杏中分离到 ANS 基因的全长 cDNA 序列及其基因组序列，定名为 GbANS。GbANS 全长 cDNA 序列包含 1062 bp 开放阅读框（ORF），编码 354 个氨基酸。基因组 DNA 序列分析表明，GbANS 基因包含 3 个外显子和 2 个内含子，推断的 GbANS 蛋白与其他植物的 ANS 具有很高的同源性。在 GbANS 中也发现了和其他植物 ANS 相同位置有结合亚铁离子的保守氨基酸序列和参与结合酮戊二酸的残基。Southern blot 分析表明，GbANS 是一个多基因家族。实时定量 PCR 分析表明，GbANS 在银杏中呈组织特异性表达。此外，GbANS 受 UV-B、脱落酸、蔗糖、水杨酸、冷和乙烯等 6 个非生物胁迫因子上调表达，与 GbANS 启动子区域分析结果相一致。利用 pET-28a 载体，重组蛋白成功地在大肠杆菌中表达。体外酶活性分析表明，重组的 GbANS 蛋白能催化无色花色素形成花色素及实现二氢槲皮素向槲皮素的转化，暗示 GbANS 是一种花色素和黄酮生物合成途径中的双功能酶。

7.7 ANR

ANR 是合成黄酮类化合物原花色素单体-2，3-顺式黄烷醇的一个重要酶。采用 RACE 和 PCR 方法，获得了 *GbANR* 基因的全长 cDNA 序列及其基因组序列，两者之间的序列比对结果表明，*GbANR* 基因含有 5 个外显子和 4 个内含子。蛋白质序列多重比对结果表明，推导的 GbANR 蛋白和其他植物来源的 ANR 蛋白具有较高的相似性。ANR 系统发生树分析表明，GbANR 与其他植物的 ANR 具有共同的祖先。Souhtern blot 分析表明，*GbANR* 基因属于一个多基因家族。RT-PCR 分析表明，*GbANR* 基因在茎和叶中表达（庞永珍，2005）。

参考文献

[1] Abrahams S, Lee E and Walker AR, *et al.* The *Arabidopsis TDS*4 gene encodes leucoanthocyanidin dioxygenase (LDOX) and is essential for proanthocyanidin synthesis and vacuole development[J]. The Plant Journal, 2003, 35: 624 - 636.

[2] Winkel - Shirley B. Flavonoid Biosynthesis. Acolorful model for genetics, biochemistry, cell biology, and biotechnology[J]. Plant Physiol, 2001, 126: 485 - 493.

[3] van Beek TA. Ginkgolides and bilobalide: Their physical, chromatographic and spectroscopic properties[J]. Bioorganic & Medicinal Chemistry, 2005, 13 : 5001 - 5012.

[4] Xu F, Cheng H and Cai Rong, *et al.* Molecular cloning and function analysis of an anthocyanidin synthase gene from *Ginkgo biloba*, and its expression in abiotic stress responses[J]. Molecules and Cells, 2008, 26: 536 - 547.

[5] 蔡定国，缪平，顾明娟．高速逆流色谱从银杏叶分离槲皮素、山萘素、异鼠李素对照品[J]．中药新药与临床药理，1999，10 (1)：44.

[6] 蔡耕鸣，傅其伍，覃步生，等．黄化肥对幼龄银杏树生长和叶片黄酮含量影响的分析[J]．广西农学报，2003，S1：82 - 87.

[7] 陈鹏，陶俊，周宏根，等．银杏雄株叶片类黄酮含量及其相关因子的变化研究[J]．扬州大学学报(自然科学版)，2000，3(4)：40 - 43.

[8] 陈西娟，王成章，叶建中．银杏叶化学成分及其应用研究进展[J]．生物质化学工程，2007，42(4)：57 - 62.

[9] 陈学森，章文才，邓秀新．树龄及季节对银杏叶黄酮与萜内酯含量的影响[J]．果树科学，1997，14(4)：

226－229.
[10]陈艳立，杨益忠，张金荣，等．后交联均孔树脂的筛分性能及其对银杏叶黄酮的纯化[J]．华东理工大学学报，2006，32(6)：676－680.
[11]程水源，顾曼茹，束怀瑞．银杏叶黄酮研究进展[J]．林业科学，2000，36(6)：110－115.
[12]程亚倩，陶月良，张锋，等．双波长吸光光度法测定植物中黄酮含量[J]．理化检验化学分册，2002，38(1)：21－22.
[13]戴余军，江德安．银杏叶总黄酮水浸提法的研究[J]．安徽农业科学，2008，36(1)：20－21，25.
[14]范怡梅，王勇，谭仁祥，等．银杏叶黄酮甙含量与生长季节和植株性别的相关性研究[J]．中国中药杂志，1998，23(5)：267－269.
[15]葛洪，房诗宏，汪世新．银杏叶中有效成分的连续逆流萃取工艺[J]．扬州大学学报(自然科学版)，2004，7 (1)：55－57.
[16]何扩．超临界 CO_2 萃取银杏黄酮类物质工艺的研究[D]．西华大学硕士学位论文，2006.
[17]胡钢亮，吕秀阳，罗玲，等．近红外光谱法同时测定银杏提取液中总黄酮和总内酯含量[J]．分析化学，2004，32：1061－1063.
[18]蒋明廉．不同采收期银杏叶总内酯及黄酮甙的含量测定[J]．广西植物，1997，17(3)：283－285.
[19]鞠建明，段金廒，钱大玮，等．不同栽培模式的银杏叶在不同生长季节中总黄酮醇苷和总内酯的含量变化[J]．药物分析杂志，2003，23 (3) ：195－198 .
[20]冷平生，苏淑钗，王天华，等．光强与光质对银杏光合作用及黄酮苷与萜类内酯含量的影响[J]．植物资源与环境学报，2002，11(1)：1－4.
[21]冷平生，王天华，苏淑钗，等．银杏黄酮苷和萜类内酯含量的季节变化[J]．植物资源与环境学报，2001，10 (3) ：15－ 18.
[22]刘晶芝．超声法提取银杏叶黄酮类化合物的工艺研究[J]．安徽农业科学，2007，35(14)：4105－4106.
[23]刘叔倩，郑俊华，王弘，等．不同气候区银杏叶中黄酮和萜内酯含量的变化[J]．中草药，2006，31(6)：424－426.
[24]刘学奋．银杏黄酮相关基因的克隆及转化[D]．复旦大学博士学位论文.
[25]刘峙嵘，等．微波萃取银杏叶黄酮类化合物[J]．东华理工学院学报，2005，6：151－154.
[26]莫晓燕，徐静，邵卫祥．大孔吸附树脂分离纯化银杏中种皮总黄酮[J]．天然产物研究与开发，2008，20：157－160.
[27]庞永珍．银杏黄酮和萜类化合物生物合成途径中重要相关基因的克隆和研究[D]．复旦大学博士学位论文，2005.
[28]钱大玮，鞠建明，朱玲英，等．不同树龄银杏叶在不同季节中总黄酮和总内酯的含量变化[J]．中草药，2002，33(11)：1025－1027.
[29]上官小东，郎惠云，马亚军．原子吸收法间接测定银杏黄酮[J]．分析试验室，2004，23 (12)：48－50.
[30]上官小东，王党社．$AlCl_3$－分光光度法测定银杏黄酮的含量[J]．宝鸡文理学院学报：自然科学版，2004，24 (2)：273－275.
[31]史继孔，王发渝，李荣春，等．银杏树龄、性别、繁殖、采叶期对叶片中黄酮、内酯含量的影响[J]．经济林研究，1998，16(2)：34－35.
[32]孙视，刘晚苟，潘福生，等．生态条件对银杏叶黄酮积累的影响[J]．植物资源与环境学报，1998，7(3)：1－7.
[33]孙震，刘泽勇，陈玉娥，等．1996. 河北省银杏叶黄酮含量的初步研究[J]．河北林业科技，1996，(4)：8－9.
[34]汤国红．银杏树 24 小时内叶中总黄酮的含量变化[J]．时珍国医国药，2002，13(6)：347－348.
[35]唐新莲，白厚义，陈佩琼等．氮、镁对银杏叶黄酮含量的影响[J]．广西农业生物科学，2000，19(3)：

165 – 167.
[36]汪海峰，鞠兴荣，何广斌，等．不同海拔高度和生长季节对银杏叶中黄酮苷含量的影响[J]．林产化学与工业，2002，22(4)：47 – 50．
[37]王华田，孙明高，程鹏飞．影响银杏叶黄酮含量的相关因素[J]．山东农业大学学报(自然科学版)，1997，28(3)：342 – 346.
[38]王靖，邹雨佳，唐华澄，等．高效液相色谱法(HPLC)测定银杏黄酮含量[J]．食品工业科技，2006，(3)：184 – 186.
[39]王宗德，邱业先，揭二龙，等．江西银杏叶黄酮类化合物含量及变化规律研究(Ⅰ)[J]．江西农业大学学报，1998，20(4)：511 – 513.
[40]吴红菱，刘先林，龚坚，等．不同季节银杏叶中总黄酮的测定[J]．中草药，1995，26(8)：445.
[41]吴家胜，应叶青，曹福亮，等．施氮对银杏叶产量及黄酮含量的影响[J]．浙江林学院学报，2002，19(4)：372 – 375.
[42]吴家胜，应叶青，曹福亮．施磷对银杏叶产量及黄酮含量的影响[J]．东北林业大学学报，2003，31(1)：17 – 18.
[43]谢宝东，王华田，常立华，等．土壤水分含量对银杏叶黄酮和内酯含量的影响[J]．山东林业科技，2002a，(4)：1 – 3.
[44]谢宝东，王华田，吴国意，等．乙烯利对银杏叶黄酮和内酯含量的影响[J]．山东林业科技，2002b，(3)：1 – 3.
[45]谢建春，骆宏鹏，朱丽荔，等．利用分子烙印技术分离中草药活性组分[J]．物理化学学报，2001，17(7)：582 – 585.
[46]邢世岩，有祥亮，李可贵，等．银杏营养器官黄酮含量及变化规律的研究[J]．林业科技通讯，1998，(1)：10 – 12.
[47]许春霞，李向民，张一平，等．陕西银杏叶黄酮含量和热值的时空分布规律研究[J]．西北植物学报，2003，23(9)：1522 – 1527.
[48]许锋．银杏查尔酮合成酶基因和苯丙氨酸解氨酶基因的克隆与表达[D]．华中农业大学硕士学位论文，2005.
[49]薛萍，李柏海，肖新华，等．银杏叶中化学成分地理种源的变异[J]．经济林研究，2000，18(3)：31 – 33.
[50]杨柳，欧阳绍湘，辜忠春，等．银杏生长中黄酮含量变化规律研究初报[J]．湖北林业科技，1997，(3)：5 – 7.
[51]杨柳，欧阳绍湘，张仕斌，等．银杏叶黄酮含量变化规律及其干燥方式的研究[J]．林产化学与工业，1999，19(2)：31 – 34.
[52]杨义芳，谢海琳，王晖等．良种单株银杏叶中黄酮定量分析简报[J]．江西中医学院学报，1996，(S1)：28 – 29.
[53]尹秀莲，游庆红，魏晓春．聚酰胺层析法分离纯化银杏叶总黄酮的研究[J]．医药世界，2007，(2)：43 – 44.
[54]应国清，王玉姣，易喻，等．银杏叶黄酮类化合物的分离纯化[J]．中国生化药物杂志．2006，27(1)：43 – 44，55.
[55]郁青，沈兆邦，陈祥，等．银杏叶中黄酮苷含量变化规律研究[J]．林产化工通讯，1998，(2)：3 – 6.
[56]苑可武，孟宪惠，徐文豪．银杏叶中黄酮含量的季节性变化[J]．中草药，1997，28(4)：211 – 212.
[57]岳红，胡小玲，苏克和，等．不同地域银杏叶中总黄酮的测定及开发价值评价[J]．经济林研究，2000，18(1)：32 – 33.
[58]张秀全，蒲风玲，潘桂珍．银杏叶在不同月份的水分和总黄酮含量测定[J]．中国中药杂志，1995，20

(12)：723－724.
[59]张永红．银杏叶黄酮类化合物提取方法探讨[J]．实用中医药杂志，2007，(5)：397－398.
[60]张志红，黄毅．银杏叶提取物中黄酮类化合物的分光光度分析研究[J]．分析试验室，2005，24(6)：17－19.
[61]仲英，唐文照，丁杏苞，等．不同树龄的银杏叶在不同生长季节中银杏总黄酮和总内酯的含量变化[J]．中草药，1999，30(12)：909－910.
[62]周开志，叶春，叶在荣．对不同生长时期银杏叶总黄酮含量的测定[J]．山地农业生物学报，1999，18(6)：407－408.

银杏叶提取物预防和治疗老年痴呆症的研究和展望

姚渭溪

（中国科学院生态环境研究中心，北京　100085）

老年痴呆症又称为阿尔茨海默氏症(Alzheimer's disease，简称 AD)，是一种以进行性认知障碍和记忆力损害为主的中枢神经系统退行性疾病，轻度病人主要表现是记忆力和思维能力的衰退，重度病人是语言表达困难，记忆力丧失，常发生出门后忘记了回家的路而丢失，给患病者及其家属都带来极大的痛苦。随着世界各国人口老龄化的加快，AD 发病呈上升趋势，据 WTO(世界卫生组织)的统计，全世界患老年痴呆症的病人达 1200 万，据北京市 2000 年统计：65 岁以上的老年人中，有 7.2% 患有老年痴呆症，75～80 岁患此病的达 11%，而 80 岁以上患此病的比例上升到 22%，AD 已成为严重危害老年人身心健康和生活质量的重要因素之一。作者以当前国外这类研究工作的结果为基础，整理了这篇文章以供大家参考。

1. 机理

老年痴呆症的发病机理十分复杂，目前还没有十分清楚的结论，许多研究者认为，老年痴呆症是由于 β 淀粉状蛋白质多肽(amyloid poptid，Aβ)在人的脑组织内积聚而形成斑块，在脑血管内形成沉淀物，导致神经元损伤，使脑细胞逐步萎缩产生的病变。

2. 防治功效

近年来国内外的许多研究表明，银杏叶提取物(extracts of *Ginkgo biloba*，简称 EGB)能明显改善学习和记忆功能，可作为植物药(herb drug)或食品添加剂(supplement)对 AD 进行一定范围的防治。例如：美国 Jiangtao He(2008)用分光比色法测定了银杏内酯(Ginkgolide A、B、C、Bilobalide B)和 β 淀粉状蛋白质多肽的相互作用，认为银杏内酯在一定程度上能抑制 β 淀粉状蛋白质多肽的积聚，因此有益于 AD 的防治。意大利 Francesca Colciaghi(2004)等研究发现，银杏叶提取物 EGB761 有助于使淀粉样蛋白质多肽的降解，可延缓老年认知能力下降，这种作用和 EGB761 使用的剂量有关。印度研究人员 Amitava Das(2002)用小鼠做体外细胞抑制率实验，测得银杏叶提取物的 50% 的抑制率(IC_{50})为 0.268mg，其用量 30mg/kg 时小鼠的认知性有明显增强。德国 H. Woelk(2007)的实验表明高剂量的 EGb761(480mg/d)比低剂量(240mg/d)的抗痴呆效果好。德国 K. Maurer(2002)研究了用 EGb761 对 20 位 AD 患者进行治疗，每天口服 240mg，结果是对轻度 AD 患者的中枢神经系统有一定的功效。美国 Steven T. DeKosky(2007)做了 5 年服用 EGb761 的研究，每人每天服 EGb761 二次，每次服用 120mg，对预防 AD 有良好效果。

也有一些研究表明，银杏叶提取物对 AD 的病症没有明显的防治作用，例如：美国 J. J. Carlson(2007)对 65～84 岁的 50 位老年痴呆症患者，进行了为期 4 个月服用银杏叶提取物 EGb 761 每天 180mg 的实验，结果在血小板、生活质量和认知能力方面没有明显的改善。英国伦敦帝国理工学院的研究人员，将 176 名轻度和中度痴呆症患者分成二组，一组服用银杏叶提取物每天 120mg，另一组服用安慰剂（其中银杏叶提取物为 0mg），进行了为期 6 个月的试验，没有发现这两组患者的康复水平有任何差别。荷兰 Martien van Dongen（2003）对 123 位痴呆症患者，分别进行为期 24 周每天服用 240mg、160mg 和 0mg（安慰组）的试验，按统计学上的数据表看，服用和不服用银杏叶提取物在治疗老年痴呆症方面没有大的差别。

3. 毒性

由于银杏酸的致敏性毒性，德国 G. Baron－Ruppert（2001）用鸡蛋的胚胎做银杏酸的毒性实验，当提取物中含有 16% 银杏酸和 6.7% 双黄酮时，其半致死量（LD_{50}）为 33mg/kg。德国 Barbara Ahlemeyer（2001）也发现了银杏酸对细胞造成的损伤，因此他们都明确提出：由于银杏酸的毒性，提取物中银杏酸的含量要严格控制在 5mg/kg 以下。

4. 讨论

从以上的研究结果来看，银杏叶提取物对 AD 的预防和治疗，许多研究获得了一定的防治功效，但是也有不少的研究表明没有明显的效果，说明这些研究结果存在了比较大的差异，是什么原因呢？我觉得有以下几点可供讨论：

①采用的原始试验原料的差异，有的研究人员使用是银杏叶提取物，有使用是银杏内酯。

②采用的试验原料的剂量的差异。有的研究人员使用 120mg/d，有的 240mg/d，有的 480mg/d。

③即使部分研究中使用的是同一银杏叶提取物 EGb761，该提取物对标准是银杏黄酮含量≥24%，银杏内酯≥6%，但是由不同厂家生产的 EGb761，有的是黄酮和内酯的含量刚刚达到标准，有的含量超过标准值 0.5～1.0 倍，因此试验结果也会有比较大的差别。

④试验对象的差异，有的用老鼠做体外试验的结果，有的是用人直接做的试验，而对人的试验有的也不很规范，没有按临床的标准去做，因此差异也会比较大。

⑤制备 EGb761 所用原料银杏品种的差异，由于银杏叶的品种比较多，不同品种的有效成分的种类和含量也会有所差别。

⑥目前银杏叶有效成分研究比较多的是银杏黄酮和内酯，除此以外，其他的成分例如聚戊烯醇、甾醇和萜类等微量成分，是否有防治老年痴呆症有一定的功效？需要进一步探索。

5. 展望

银杏叶提取物预防和治疗老年痴呆症的研究工作，目前还处于初级阶段，结果还不十分明确，因此这类研究工作还需要进一步深入，首先是需要建立统一的研究规范或试验标准，例如，从分子生物学的水平上，将制备 EGb761 的银杏叶进行基因测序，筛选出有防治老年痴呆症的优良银杏品种，用它制备出的标准银杏叶提取物。其次是能开展银杏叶提取物中有防治老年痴呆症的有效成分及其使用剂量的深入研究，明确其防治的机理。最后还要对银杏叶提取物中银杏酚酸等有毒成分进行严格的控制，以确保服用安全。总之，随着研究工作的深入发展，银杏叶提取物在预防和治疗老年痴呆症方面将有着广阔的前景，这将为银杏产业的可持续发展提供科学依据。

参考文献

[1] Spectroscopic investigation of *Ginkgo biloba* terpene trilactones and their interaction with amyloid peptide Aβ(25－35)

Spectrochimica Acta Part A: Molecular and Biomolecular Spectroscopy, Volume 69, 2008, 1213 – 1222
Jiangtao He, Ana G. Petrovic, Sergei V. *et al.* USA

[2] Amyloid precursor protein metabolism is regulated toward alpha – secretase pathway by *Ginkgo biloba* extracts
Neurobiology of Disease, Volume 16, Issue 2, 2004, 454 – 460
Francesca Colciaghi, Barbara Borroni, Martina Zimmermann *et al.* Italy

[3] A comparative study in rodents of standardized extracts of Bacopa monniera and *Ginkgo biloba* Anticholinesterase and cognitive enhancing activities
Pharmacology Biochemistry and Behavior, Volume 73, Issue 4, 2002, 893 – 900
Amitava Das, Girja Shanker, Chandishwar Nath *et al.* India

[4] *Ginkgo biloba* special extract EGb 761® in generalized anxiety disorder and adjustment disorder with anxious mood: A randomized, double – blind, placebo – controlled trial
Journal of Psychiatric Research, Volume 41, Issue 6, 2007, 472 – 480
H. Woelk, K. H. Arnoldt, M. Kieser, R. Hoerr, Germany

[5] Clinical efficacy of *Ginkgo biloba* special extract EGb 761 in dementia of the Alzheimer type
Journal of Psychiatric Research, Volume 31, 1997, 645 – 655
K. Maurer, R. Ihl, T. Dierks, L. Frölich, Germany

[6] The Ginkgo Evaluation of Memory (GEM) study: Design and baseline data of a randomized trial of biloba extract in prevention of dementia
Contemporary Clinical Trials, Volume 27, Issue 3, 2006, 238 – 253
Steven T. DeKosky, Annette Fitzpatrick, Diane G. Ives, *et al.* USA

[7] Safety and Efficacy of a *Ginkgo Biloba* – Containing Dietary Supplement on Cognitive Function, Quality of Life, and Platelet Function in Healthy, Cognitively Intact Older Adults
Journal of the American Dietetic Association, Volume 107, Issue 3, 2007, 422 – 432
Joseph J. Carlson, John W. Farquhar, Ellen DiNucci, *et al.* USA

[8] 新华网 2008 年 6 月 17 日报道“英国一研究质疑银杏提取物治疗痴呆症效果”。

[9] Ginkgo for elderly people with dementia and age – associated memory impairment: a randomized clinical trial
Journal of Clinical Epidemiology, Volume 56, Issue 4, 2003, 367 – 376
Martien van Dongen, Erik van Rossum, Alphons Kessels *et al.*, The Netherlands

[10] Evidence for toxic effects of alkylphenols from *Ginkgo biloba* in the hen's egg test (HET)
Phytomedicine, Volume 8, Issue 2, 2001, 133 – 138
G. Baron – Ruppert, N. – P. Luepke, Germany

银杏营养贮藏蛋白的分离纯化技术研究

贾韶千① 吴彩娥② 杨剑婷 徐文斌

（南京林业大学森林资源与环境学院，南京 210037）

摘要：对银杏枝条中的营养贮藏蛋白质进行提取，所得蛋白提取液经硫酸铵分级沉淀，透析，然后采用 DEAE – Cellulose 52 离子交换层析和 Sephadex G – 200 葡聚糖凝胶层析对银杏营养贮藏蛋白进行分离纯化，得到目标蛋白，经 SDS – PAGE 分析，该蛋白分子量为 32. 24KDa。

关键词：银杏；营养贮藏蛋白质；分离；纯化

The Study on Isolation and Purification of Proteins in *Ginkgo biloba*

Jia Shaoqian Wu Cai'e Yang Jianting Xu Wenbin

Abstract: Extract vegetative storage protein from branches of *Ginkgo biloba* L. , protein extracts was Precipitated with different saturation gradients of ammonium salpahte, dialysis, ion exchange chromatography(DEAE – Cellulose 52) and gel chromatography(Sephadex G – 200) were performed, and obtained the target protein, SDS – PAGE showed the molecule of the protein was 32. 24KDa.

Key words: *Ginkgo biloba*; Proteins; Isolatien; Purification

营养贮藏蛋白质(vegetative storage protein，简称 VSPs)是许多落叶树种越冬期间贮藏氮的主要形式。银杏营养贮藏蛋白质主要存在于枝条的皮层和木质部中；当年生枝条含量高于 2 年生枝条，皮层的含量高于木质部。银杏营养贮藏蛋白质的动态变化分为积累和降解两个阶段，5 月份随着新梢伸长及新生叶片的形成，新梢开始积累营养贮藏蛋白质，在生长季节贮藏蛋白质含量不断增加，在 12 月份含量达到最高，在整个越冬期间一直保持高含量水平，直到翌年春季芽萌发时，贮藏蛋白质迅速降解、转移再利用，满足新梢生长发育的要求[1,2]。

---

① 贾韶千(1983 –)，女，山东日照人，南京林业大学在读博士，主要从事经济植物资源加工利用及其安全控制研究。E-mail：qian12358@163. com；

② 吴彩娥(1963 –)，女，山西平陆人，博士，教授，博士生导师。研究方向为食品工程新技术及食品活性物质分离纯化。E-mail：sxwucaie@163. com。

已有学者对银杏营养贮藏蛋白质进行细胞学观察和一些生化性质的测定[2-5]，并对银杏营养贮藏蛋白质进行了准确定位，确定银杏营养贮藏蛋白质的分子量主要为32KDa和36KDa[1]，但并未对这两种分子量的蛋白进行分离，以及进一步结构鉴定。本文研究了分子量为32KDa银杏营养贮藏蛋白质的分离、纯化技术，为进一步进行结构鉴定提供了基础。

1 材料与方法

1.1 材料

1.1.1 试验材料

试验材料选自南京林业大学树木园内，成龄银杏的1~2年生健壮枝条。枝条皮层经液氮研磨成粉末，石油醚脱脂，备用。

1.1.2 试验试剂

石油醚；三羟甲基氨基甲烷（Tris）；盐酸；硫酸铵；氢氧化钠；DEAE-Cellulose 52；Sephadex G-200；SDS-PAGE试剂；低分子量标准蛋白。

1.1.3 试验仪器及设备

层析柱、智能紫外检测仪、自动部份收集器，紫外可见分光光度计，冷冻离心机，电泳仪，GelDoc 2000凝胶成像系统，BS210S天平。

2.2 试验方法

1.2.1 试验方案

银杏枝条经液氮研磨，石油醚脱脂，经Tris-HCl缓冲液（TBS）浸提得到的蛋白粗提液，经硫酸铵分级沉淀、透析，然后进行离子交换层析和葡聚糖凝胶层析，得到目标蛋白。

1.2.2 白果蛋白粗提液的制备

银杏枝条经液氮研磨，用石油醚以1∶5（m/v）的比例混匀，4℃脱脂。脱脂后的粉末用0.2mol/L、pH值7.8的Tris－HCl缓冲液（TBS）以1∶10（m/v）的比例混匀，4℃浸提24h。浸提液过滤，得到的滤液5000rpm、4℃离心30min，得到的上清液为蛋白粗提液。

1.2.3 硫酸铵分级沉淀

分别量取白果蛋白粗提液50ml，分别加入不同量硫酸铵，使饱和度分别达到20%、40%、60%、80%、100%，4℃静置6h后5000rpm、4℃离心30min，测定上清液的蛋白含量；在此基础上，选择两个饱和度的硫酸铵进行沉淀，以便在一定程度上缩小目标蛋白的范围，但要注意减少蛋白的损失。量取50ml蛋白粗提液在离心管中，先加入硫酸铵使硫酸铵饱和度为20%，充分溶解后4℃静置6h，5000rpm、4℃离心30min，弃去沉淀，收集上清液备用；上清液量体积后，再加入硫酸铵粉末，此时硫酸铵饱和度达80%，同上操作，得沉淀。沉淀分别用少量0.01mol/L TBS（pH值8.0）溶解，置于透析袋中，用相同的TBS 4℃透析，$BaCl_2$检测硫酸铵[6,7]。

1.2.4 DEAE-Cellulose 52或Sephadex G-200上柱

预处理好的DEAE-Cellulose 52或Sephadex G-200先用0.01mol/L的TBS（pH值8.0）洗涤平衡，真空脱气，装入层析柱，注意尽量不要混入气泡，轻轻敲击柱子赶出气泡，开启蠕动泵，用0.01mol/L的TBS（pH值8.0）200ml缓冲液平衡柱子，流速0.5ml/min，直到流出液在280nm的吸光度低于0.05。

1. 2. 5　上样

调整上样蛋白液的浓度为 20mg/ml，上样量 10ml，用滴管吸取上样液，在 DEAE-Cellulose 52 或 Sephadex G-200 层上方轻轻沿柱壁环绕滴下。

1. 2. 6　洗脱

1. 2. 6. 1　DEAE-Cellulose 的洗脱

采用 NaCl 浓度的分段洗脱，流速 0. 5ml/min，分管收集洗脱液，5ml/管。色谱柱 1. 6cm ×50cm。色谱工作站 280nm 检测。分管收集的洗脱液在 280nm 测定吸光度。

1. 2. 6. 2　Sephadex G-200 的洗脱

经 DEAE-Cellulose 52 分离得到的目标蛋白再用饱和度为 100% 的硫酸铵沉淀，所得沉淀用 0. 01mol/L 的 TBS(pH 值 8. 0) 透析后，调整浓度为 10mg/ml，取 1ml 上样洗脱，洗脱液为 0. 01mol/L 的 TBS(pH 值 8. 0) 缓冲液，洗脱速度为 0. 25ml/min，4ml/管。分管收集的洗脱液在 280nm 测定吸光度。

1. 2. 7　SDS-PAGE 方法

SDS-PAGE 采用分离胶 15%、浓缩胶 4. 4%，上样量 20μl，浓缩胶内稳定电流 10mA，分离胶中稳定电流 20mA。考马斯亮蓝染色法采用考马斯亮蓝 R250-甲醇-冰乙酸染色过夜，甲醇-冰乙酸脱色 3h，蛋白呈蓝色。以低分子量标准蛋白为 Marker。

1. 2. 8　蛋白含量的测定

采用 Bradford 法[8]。

1. 2. 9　蛋白分子量分析

采用 Gel Doc 2000 凝胶成像系统及 Quantity One 分析软件，根据 Marker 分析计算。

2　结果与分析

2. 1　硫酸铵沉淀结果分析

不同饱和度硫酸铵沉淀后，测定上清液蛋白浓度，结果见表 1。由表 1 可见，20% 饱和度的硫酸铵沉淀后上清液中蛋白浓度较高，说明所沉淀蛋白量较少，80% 饱和度硫酸铵的上清液中蛋白浓度仅为 1. 76mg/ml，说明大部分蛋白质被沉淀。

表 1　不同饱和度硫酸铵对蛋白沉淀的影响

硫酸铵饱和度(%)	蛋白原液	20%	40%	60%	80%	100%
上清液蛋白浓度(mg/ml)	9. 35	9. 06	8. 92	4. 28	1. 76	0. 85

故试验选择对蛋白原液采用硫酸铵饱和度一次沉淀(0% ~20%)和二次沉淀(20% ~80%)两段进行沉淀分离，两次沉淀后上清液 SDS - PAGE 结果见图 1。

蛋白粗提液中可见多条蛋白带；一次沉淀后的上清液蛋白浓度仍较高，SDS - PAGE 结果也显示，该上清液的蛋白条带较多。而经过二次沉淀后上清液蛋白的大部分蛋白已被沉淀。说明本试验中采取 20% ~80% 饱和度的硫酸铵沉淀法，可浓缩蛋白质，并减少目标带的损失，同时可去除部分杂质[9]。

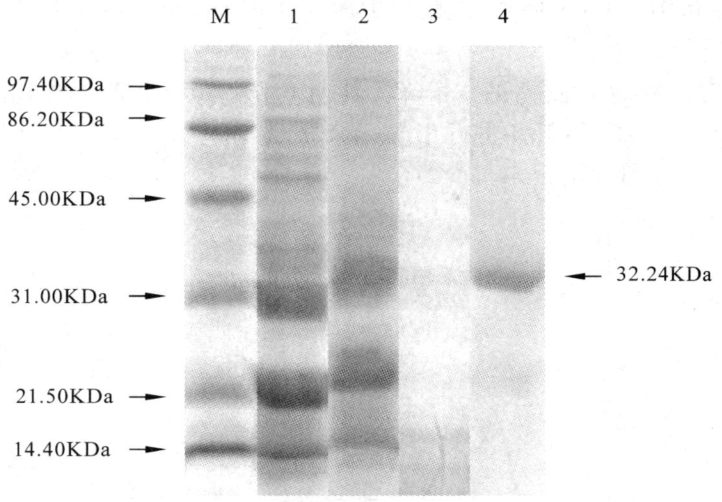

图1 白果蛋白 SDS - PAGE 结果

其中：M：低分子量标准蛋白；1：蛋白原液；2：$(NH_4)_2SO_4$ 饱和度 20% 沉淀后的上清液；3：$(NH_4)_2SO_4$ 饱和度 80% 沉淀后的上清液；4：目标蛋白

2.2 DEAE - Cellulose 层析结果分析

2.3.3 DEAE - Cellulose 层析结果

在洗脱液离子浓度选择试验的基础上，分别对 NaCl 浓度为 0.08mol/L（200mL）- 0.2 mol/L(200mL) - 0.4 mol/L（200mL)洗脱程序，可得到 3 个明显分开、大小明显的峰，分别为Ⅰ、Ⅱ、Ⅲ(图2)。

对各收集管在 280nm 测定。而 SDS - PAGE 的考马斯亮蓝染色结果表明，Ⅰ有 7 条明显的条带，分子量分别为 22.54KDa，29.36KDa，32.24KDa，33.86KDa，35.01KDa，45.85KDa 和 80.01KDa。确定提取 32.24KDa 分子量的蛋白，故取Ⅰ进行 Sephadex G - 200 层析。

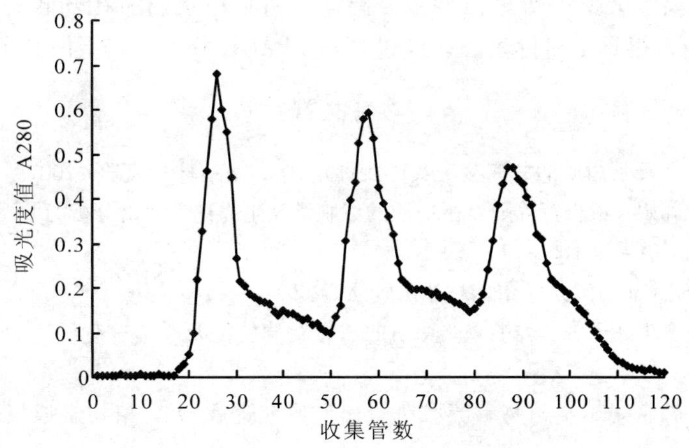

图2 DEAE - Cellulose 52 洗脱曲线

2.4 Sephadex G - 200 层析结果分析

葡聚糖凝胶色谱层析的原理是根据分子量大小来分离蛋白，考虑到某些带电荷的蛋白可能被凝胶所吸附，0.01mol/L 的 TBS 洗脱液中加入 0.01mol/ml 的 NaCl，以保证大部分蛋白被洗脱下来[10-13]。

洗脱曲线表明，A280 检测共见 3 个峰，其中第 1 个峰和第 2 个峰未能明显分开，第 3 个峰较高大，峰形也对称。取峰 3 进行 SDS-PAGE 的考马斯亮蓝染色，结果发现，见 1 条明显的蓝色条带，分子量分别为 32.24KDa。

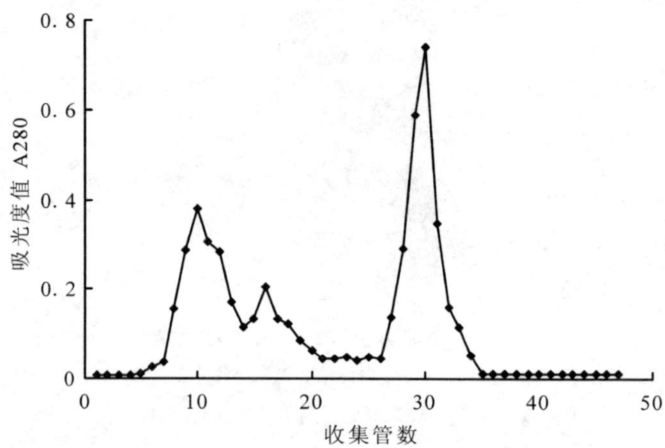

图 3 Sephadex G-200 洗脱曲线

2.5 蛋白的分子量

据 SDS-PAGE，应用 Gel Doc 2000 凝胶成像系统及 Quantity One 软件分析，纯化的蛋白分子量为 32.24KDa。

3 小结

本研究对银杏枝条里的可溶性蛋白进行提取，经硫酸铵分级沉淀、透析，然后经 DEAE-Cellulose 52 弱阴离子交换层析进行初步分离，再将目标蛋白所在峰收集，经 Sephadex G-200 葡聚糖凝胶层析，得到了目标蛋白，经过 SDS-PAGE 分析，该蛋白分子量为 32.24KDa。

参考文献

[1]郭红彦. 银杏营养贮藏蛋白质的分离鉴定及特性研究[D]. 南京林业大学，2007.

[2]彭方仁，王改萍，郭娟. 银杏营养贮藏蛋白质的细胞学及生物化学元素分析[J]. 南京林业大学学报(自然科学版)，2006，30(4)：109-113.

[3]曹福亮. 中国银杏志[M]. 北京：中国林业出版社，2007：1-13.

[4]郭娟，彭方仁，黄金生. 银杏营养贮藏蛋白质的超微结构特征及季节变化[J]，电子显微学报，2002，21(2)：141-145.

[5]彭方仁，郭娟，徐柏森. 木本植物营养贮藏蛋白质研究进展[J]. 植物学通报，2001，18(4)：445-450.

[6]王镜岩，朱圣庚，徐长法编著. 生物化学(第三版)[M]. 北京：高等教育出版社，2002.

[7]黄文，谢笔钧，王益，等. 白果蛋白的分离、纯化、理化特性及其抗氧化活性研究[J]. 中国农业科学，2004，37(10)：1537-1545.

[8]Bradford, M. M.. Rapid and sensitive method for quantitation of microgram quantities of protein utilizing princi-

ple of protein - dye binding [J]. Analytical Biochemistry, 1976, (72): 248 - 254.

[9] Vassilios Raikos, Rasmus Hansen, Lydia Campbell, *et al.* Separation and identification of hen egg protein isoforms using SDS - PAGE and 2D gel electrophoresis with MALDI - TOF mass spectrometry [J]. Food Chemistry, 2006, (99): 702 - 710.

[10]牛卫宁，郭霭光. 银杏种仁中抗菌蛋白的纯化及性质[J]. 西北植物学报，2003，23(9)：1545 - 1549.

[11] Kexue Zhu, Huiming Zhou. Purification and characterization of a novel glycoprotein from wheat germ water - soluble extracts [J]. Process Biochemistry, 2005, (40) : 1469 - 1474.

[12] Simpson R. J. Purifying Proteins for Protecmics: A Laboratory Manual [M]. New York: Cold Spring Harbor Laboratory Press, Cold Spring Harbor, 2004.

[13]牛卫宁，郭霭光. 银杏种仁中抗菌蛋白的纯化及性质[J]. 西北植物学报，2003，23(9)：1545 - 1549.

银杏种仁中银杏酸的提取及组分研究*

吴彩娥① 潘红梅 范龚健 杨剑婷 贾韶千 李婷婷
（南京林业大学森林资源与环境学院，江苏南京 210037）

摘要：【目的】检测银杏种仁中银杏酸的含量并鉴定其组分，为银杏制品中银杏酸的检测及品质控制提供技术指导。【方法】以单因素试验为基础，采用正交试验设计优化白果中银杏酸的提取条件，并通过 HPLC 对其组分进行初探。【结果】对银杏种仁中银杏酸提取量影响的主次顺序是乙醇浓度 > 料液比 > 提取时间，最终确定的最佳提取条件为乙醇浓度 85%，提取时间 12h，料液比为 1∶12.5；本实验所用的银杏种仁中至少含有 5 种银杏酸。【结论】在本试验确定的最佳提取条件下，能比较彻底地提取分离银杏种仁中的银杏酸；试验结果可以为银杏制品中银杏酸的检测及品质控制提供技术支撑。

关键词：银杏种仁；银杏酸；提取；组分

Study on Extraction and Compositions of Ginkgolic (*Ginkgo biloba* L.) Acids

Wu Cai'e① Pan Hongmei Fan Gongjian Yang Jianting Jia Shaoqian Li Tingting
(College of Forest Resources and Environment, Nanjing Forestry University, Nanjing 210037)

Abstract:【Objective】It is in order to determine ginkgolic acid content and compositions, and provide technical for the detection of ginkgolic acids and quality control of ginkgo products.【Method】Based on the results of single factor experiments, the orthogonal experiment was designed to optimize extraction conditions, and the compositions of ginkgolic acids in ginkgo seeds were detected by HPLC.【Result】The effect of factors on the extraction was in the order as follows, ethanol concentration, the most important one, and then ratio of liquid to material and extracting time. The optimum conditions defined at last were ethanol concentration 85%, extraction time 12h, ratio of liquid to material 1∶12.5. There were at least five monomers in ginkgolic acids compositions which were in accordance with standard samples.【Conclusion】The ginkgolic acid was extracted completely from ginkgo seeds under the best conditions ascertained in the experiment. These results could offer a technological support for the detection of ginkgolic acids

---

* 基金项目：教育部博士点基金资助项目(200802980004)

①吴彩娥，教授，博士生导师。研究方向为食品活性物质分离纯化及食品安全控制研究。E-mail：sxwucaie@163.com。

and quality control of ginkgo products.

Key words: Ginkgo seeds; Ginkgolic acids; Extract; Compositions

银杏(*Ginkgo biloba* L.)为裸子植物门银杏纲银杏植物，为一科一属一种的特殊植物，是我国特有的古老珍贵树种之一。银杏种仁(俗称白果)具有很高的食用和药用价值[1]，研究表明，银杏种仁中除了含有60%～70%淀粉，10%～20%蛋白质、2%～4%脂肪以及0.8%～1.2%胶质(均为占干重)外，还含有黄酮、内酯等活性成分[2]。银杏酸(ginkgolic acids，GA)是一类广泛存在于银杏叶和外种皮中的6-烷基或6-烯基水杨酸的衍生物，烃基侧链中含有双键数目为0至3。这类化合物具有很大范围的生物活性[3～5]，对很多酶及微生物有抑制作用[6,7]，被认为是对人类有致敏特性的一类成分[8]，有害人体健康，对如何提取银杏酸进行研究可为银杏酸含量确定提供技术基础。Helke Hecker[9]，Koch[10]和Ahlemeyer[11]等研究表明，银杏酸有细胞毒性，引起变态反应、非免疫毒性以及诱导有机体突变和致癌的可能性。Lepoittevin等[12]通过豚鼠的过敏试验也发现了银杏酸是主要的过敏原。“银杏有毒”，生食或过量食用会引起过敏反应，甚至导致死亡，目前普遍认为是由于银杏中的银杏酸所致。对银杏产品主要成分的规定中，国际上认可的是银杏提取物标准(EGB761)的规定，即黄酮含量达24%，萜内酯含量达6%，而银杏酸含量应低于5μg·g^{-1}干重[13,14]。但前人对银杏酸的各项研究主要集中在银杏叶及银杏外种皮中的银杏酸上[15～20]，研究结果表明银杏叶及外种皮中银杏酸主要有5种，烃基侧链分别为$C_{13:0}$、$C_{15:1}$、$C_{17:2}$、$C_{15:0}$、$C_{17:1}$。针对银杏种仁中银杏酸的研究较少，仅有仰榴青等(2004)[21]的一篇报道，主要以HPLC法测定银杏种仁中银杏酸含量，表明银杏种仁中含有5种银杏酸，烃基侧链分别为$C_{15:1}$、$C_{17:2}$、$C_{15:0}$、$C_{17:1}$，还有一种作者推测为$C_{17:3}$。而对于银杏种仁中银杏酸的提取及脱除的方法未见资料报道。银杏种仁在中国产量大、食用多，近年来已有大量进入商品化生产，受到人们的青睐。但是银杏种仁产品加工生产的标准化未能建立健全，银杏种仁中银杏酸含量没有相关标准和规定，生产过程中没有严格控制，其产品中“致敏性”成分——银杏酸的含量严重超过国际上对银杏酸含量的认可标准，存在食用安全疑问。本文对银杏种仁中银杏酸的提取进行全面深入的研究，采用溶剂浸提法对银杏种仁中的银杏酸提取条件进行优化，并对其银杏酸的种类和结构进行分析，旨在为银杏种仁品质控制提供技术支持。

1 材料和方法

1.1 主要材料与试剂

鲜银杏种仁：购自江苏泰兴(大佛指)。

银杏酸标准品：总银杏酸，上海顺勃生物工程有限公司，纯度≥98.5%。

试剂：乙腈、甲醇、三氟乙酸为色谱纯，乙醇、石油醚等其他试剂为分析纯。

1.2 主要仪器

旋转蒸发装置：金叶牌RE－52型，上海亚荣生化仪器厂

电热真空干燥设备：上海实验仪器厂有限公司

高效液相色谱仪：Agilent 1200，美国安捷伦公司

1.3　试验方法

1.3.1　银杏酸的提取工艺

鲜银杏种仁→干燥(低于60℃)→磨粉→过60目筛→水分含量测定→溶剂浸提→抽滤→旋转蒸发→石油醚萃取→蒸干石油醚、甲醇溶解定容→待测。

将经过挑选去杂的鲜银杏种仁在低于60℃的温度下烘干，磨粉过60目分样筛，并测定干粉水分含量，用试验设计的溶剂浸提一定量银杏粉，一定时间后将提取液滤出，并将浸提的溶液蒸发得到浸膏，用石油醚萃取浸膏中的目标成分，将石油醚蒸干，用甲醇溶解并定容到一定体积，待 HPLC 测定。

1.3.2　单因素试验

精确称取10g银杏粉，按工艺流程操作，采用单因素试验考察浸提时不同提取溶剂、溶剂浓度、浸提时间、浸提料液比对白果中银杏酸提取效果的影响，每组试验重复3次，得到的粗提样品通过 HPLC 检测，考察各因素水平对银杏酸提取量的影响，并确定较佳提取水平。

1.3.3　正交试验

为确定银杏种仁中银杏酸在溶剂常规提取下的最佳条件，本文在单因素试验结果确定较佳因素水平的基础上，对提取工艺条件进行正交优化试验，选用 $L_9(3^4)$ 正交表，对乙醇浓度、浸提时间、浸提料液比3因素进行组合试验，试验因子水平如表1。

表1　正交试验因子水平表

Tab. 1　Factors and levers in the orthogonal experiment

水　平	因　素			
	A 乙醇浓度(%)	B 提取时间(h)	C 料液比(m/v)	空白
1	80	10	1:7.5	1
2	85	12	1:10	2
3	90	14	1:12.5	3

1.4　测定方法

1.4.1　银杏酸的测定

Agilent Technologies 1200 Series；流动相为乙腈:0.5%三氟乙酸 = 85:15；

VWD 检测器，检测波长310nm[22,23]；流速1.0ml · min^{-1}；柱温35℃。

以甲醇溶解标样，配制标准液浓度分别为0.03、0.05、0.1、0.2、0.3、0.4mg · ml^{-1}，并用0.45μm有机滤膜过滤，在上述 HPLC 色谱条件下测定，得到色谱峰面积与银杏酸质量浓度关系的回归方程：$S = 12912\ C - 30.506$，$R^2 = 0.9995$，其中 S 表峰总面积，C 表示总银杏酸浓度，R 为相关系数。

1.4.2　银杏种仁中银杏酸提取量的计算

$$X = \frac{C \times V}{m(1 - W)} \times 1000$$

式中：X——白果中银杏酸提取量，μg · g^{-1}干重

C——测定得到的银杏酸浓度(根据 HPLC 法确定的标准曲线计算得到)，mg

· ml^{-1}

V——甲醇定容的体积(ml)

m——每组试验所称取的白果粉质量(g)

W——白果粉含水率，本试验中含水率为9.27%

1.5 数据分析

应用DPS v3.0统计软件进行试验设计及数据统计与分析；采用Duncan's新复极差多重比较(SSR法)对数据进行差异显著性测验；采用Microsoft Excel 2003绘图和数据处理。

2 结果与分析

2.1 浸提溶剂对银杏酸提取量的影响

由图1可见，以85%乙醇浸提银杏粉，经12h浸提后银杏酸提取量平均达到114.58μg·g^{-1}，显著高于其他4种浸提溶剂的提取量。经85%甲醇浸提的银杏酸提取量显著高于同条件下环己烷、正己烷和石油醚的提取量。经环己烷、正己烷和石油醚浸提的银杏酸提取量差异不显著。因此本试验选用乙醇作为提取银杏种仁中银杏酸的提取剂。

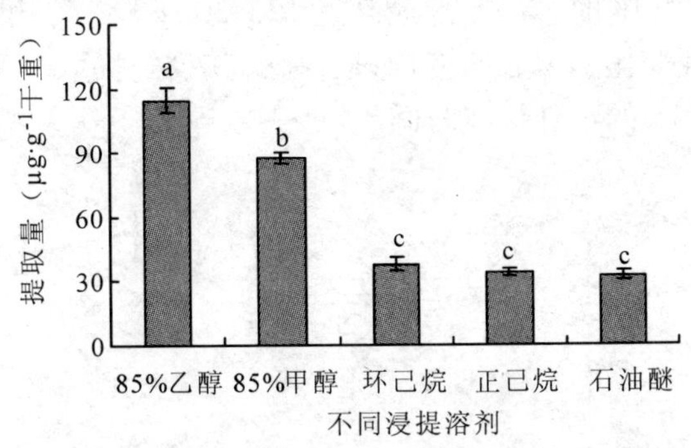

图1 不同溶剂提取下银杏酸提取量的比较

Fig. 1 Comparison of ginkgolic acids content extracted with different solvents

(料液比1:10(m/v)，常温，浸提12h。)

注：图中不同字母表示在0.05水平下差异显著，以下同理。

2.2 乙醇浓度对银杏酸提取量的影响

乙醇浓度对银杏酸提取量有显著影响，随着乙醇浓度提高，银杏酸提取量先增多后减少(图2)。当乙醇浓度为90%时，提取量平均为123.05μg·g^{-1}，乙醇浓度为85%时，提取量略低于90%为117.98μg·g^{-1}，经显著性检验可知85%和90%乙醇提取两者间并不存在显著差异，而这两者均显著高于其他4个乙醇浓度下的提取量。因此本试验选用85%乙醇作为提取银杏种仁中银杏酸的提取剂。

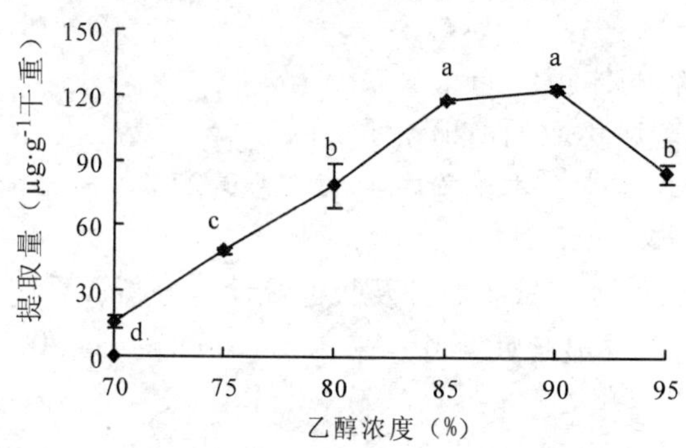

图 2　乙醇浓度对银杏酸提取效果的影响

Fig. 2　Effect of alcohol concentration on ginkgolic acids content

（料液比 1∶10(m/v)，常温，浸提 12h。）

2.3　浸提时间对银杏酸提取量的影响

银杏酸的提取量随着时间的延长变化平缓(图 3)，当提取时间较短时，提取量间不存在显著差异，当提取时间达 12h 时，提取量最高达 122.30μg · g^{-1}，继续延长提取时间提取量与 12h 时比较没有显著性变化，但后两者均显著高于其较短提取时间。因此本试验选用 12h 作为提取银杏种仁中银杏酸的最佳提取时间。

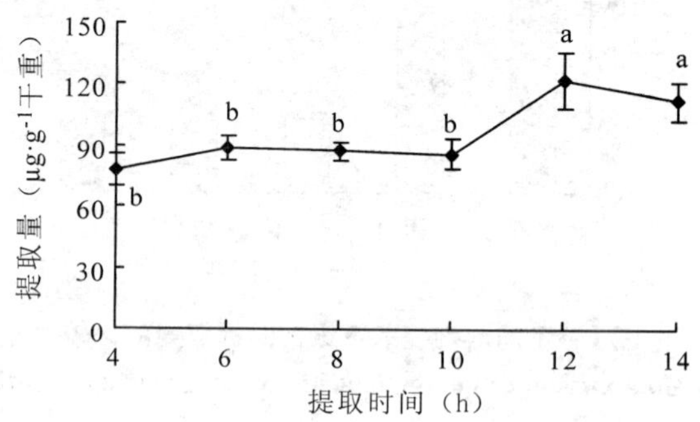

图 3　提取时间对银杏酸提取效果的影响

Fig. 3　Effect of extraction time on ginkgolic acids content

（85% 乙醇，料液比 1∶10(m/v)，常温浸提。）

2.4　料液比对银杏酸提取量的影响

银杏酸的提取量随着提取溶剂的增多而增大(图 4)。当溶剂量较低时，提取量较少，且在溶剂量较低范围内，随着溶剂量增多银杏酸提取量有大幅提高；当料液比达到 1∶10 时，提取量达 115.66μg · g^{-1}，之后提取量变化平缓，料液比 1∶10，1∶12.5 及 1∶15 下的提取量不存在显著差异，但后三者提取量显著高于前三者。因此本试验选用 1∶10 作为提取银杏种仁中银杏酸的最佳料液比。

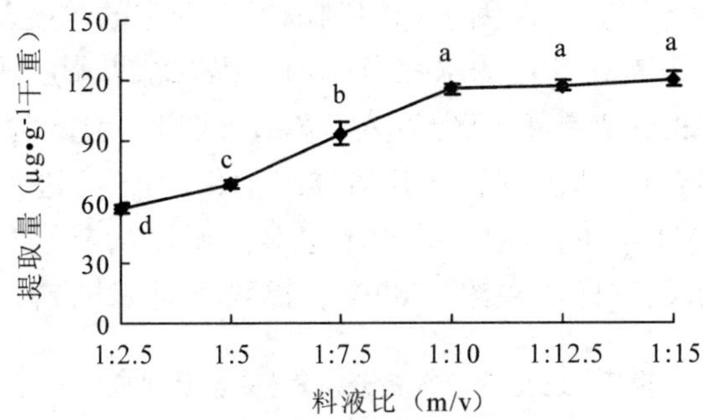

图 4　料液比对银杏酸提取量的影响

Fig. 4　Effect of ratio of liquid to material on ginkgolic acids content

（85%乙醇，常温浸提 12h）

2.5　正交试验

正交试验结果及方差分析分别如表 2、3。

表 2　银杏酸提取 $L_9(3^4)$ 正交试验结果

Table 2　The result of $L_9(3^4)$ orthogonal experiment

试验序号	因素				银杏酸提取量（μg · g^{-1} 干重）
	A 乙醇浓度（%）	B 提取时间（h）	C 料液比（m/v）	空白	
1	1(80)	1(10)	1(1∶7.5)	1	67.25
2	1	2(12)	2(1∶10)	2	98.62
3	1	3(14)	3(1∶12.5)	3	84.91
4	2(85)	1	2	3	138.82
5	2	2	3	1	148.44
6	2	3	1	2	133.46
7	3(90)	1	3	2	121.80
8	3	2	1	3	111.08
9	3	3	2	1	144.66
K_1	250.78	327.87	311.79	360.35	
K_2	420.72	358.14	382.1	353.88	
K_3	377.54	363.03	355.15	334.81	
K_1	83.59	109.29	103.93	120.12	
K_2	140.24	119.38	127.37	117.96	
K_3	125.85	121.01	118.38	111.60	
R	56.65	11.72	23.44	8.51	

表 2 中极差 R 显示：$R_A > R_C > R_B$，可见 3 个因素对银杏种仁中银杏酸提取量影响的主

次顺序是 A > C > B，由表 3 可知，A 因素即溶剂浓度在选定的浓度范围内对银杏酸提取量的影响达到显著水平，其余因素在选定的水平范围内对提取结果影响不显著。由表 2 各因素水平提取量均值可见，最佳的工艺参数组合为 $A_2B_3C_2$，这与 9 组试验得到的最佳组合 $A_2B_2C_3$ 不吻合。故将理论最佳组合（$A_2B_3C_2$）和试验最佳组别（$A_2B_2C_3$）进行对比试验。结果表明组合 $A_2B_3C_2$ 提取量与组合 $A_2B_2C_3$ 的提取量差异不显著。所以从节约时间的角度考虑，选择最佳的工艺参数组合为 $A_2B_2C_3$，即乙醇浓度 85%，提取时间 12h，料液比 1∶12.5。

表 3　正交设计方差分析表（完全随机模型）

Tab. 3　Variance analysis table of orthogonal design

变异来源	平方和	自由度	均方	F 值	$F_{0.05(2,2)}=19$
A	5201.79	2	2600.89	44.25	*
B	241.79	2	120.90	2.06	
C	838.94	2	419.47	7.14	
空白（误差项）	117.55	2	58.78		
总和	6400.08				

2.6　银杏酸组分研究

根据确定的 HPLC 检测条件检测 85% 乙醇提取后的银杏酸粗提物，所得图谱（图 6）与总银杏酸标准品的 HPLC 图谱（图 5）比较，可以看到粗提物中有 5 个峰可与标准品中的 5 个目标峰一一对应，由此得出：本试验所取的银杏种仁中至少含有 5 种银杏酸，烃基侧链分别为 $C_{13:0}$、$C_{15:1}$、$C_{17:2}$、$C_{15:0}$、$C_{17:1}$（按出峰顺序）。

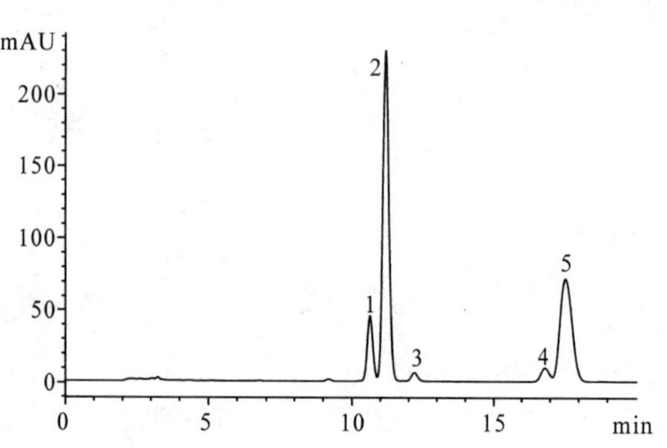

图 5　银杏酸标准品的 HPLC 图谱

Fig. 5　HPLC graph of ginkgolic acids standard sample

（其中 1～5 的烃基侧链分别为 $C_{13:0}$、$C_{15:1}$、$C_{17:2}$、$C_{15:0}$、$C_{17:1}$）

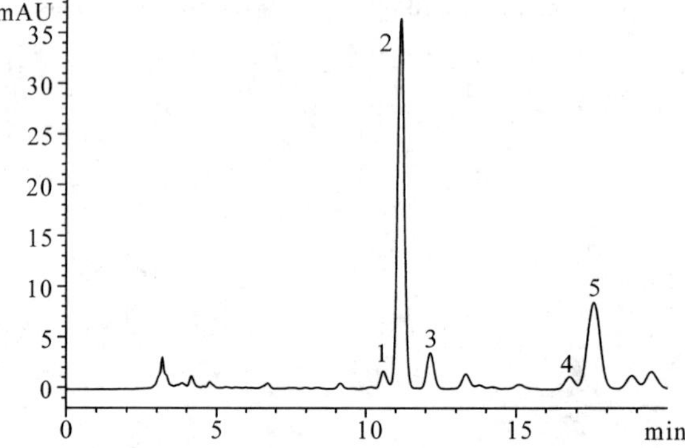

图 6　85%乙醇提取的银杏酸 HPLC 图谱

Fig. 6　HPLC graph of ginkgolic acids extracted with 85% ethanol

3　讨论

国内外关于银杏酸的研究已有相关报道，但多基于银杏外种皮和银杏叶中银杏酸，国际上针对银杏提取物中银杏酸的含量也制订了相关标准。但是关于银杏种仁（即白果）中银杏酸研究仅有仰榴青等[16]的一篇报道，主要测定了银杏种仁中银杏酸的种类和含量。

前人对银杏外种皮、银杏叶以及银杏果仁中银杏酸的研究多集中在其测定方法、分析鉴定及生物活性上，对银杏酸的提取及脱除的方法未见资料报道。本文在前人对银杏外种皮及银杏叶中银杏酸相关研究的基础上，探讨银杏种仁中银杏酸的较佳提取及检测方法。试验对提取溶剂、溶剂浓度、提取时间以及料液比进行单因素试验，通过方差分析得到较佳的水平，最终以正交优化确定最佳参数组合，结果表明对银杏种仁中银杏酸提取量影响的主次顺序是乙醇浓度 > 料液比 > 提取时间，最终确定的最佳提取条件为乙醇浓度 85%，提取时间 12h，料液比为 1∶12.5。银杏种仁中银杏酸样品以 HPLC 检测，结果表明本试验所用的银杏种仁中至少含有 5 种银杏酸，烃基侧链分别为 $C_{13:0}$、$C_{15:1}$、$C_{17:2}$、$C_{15:0}$、$C_{17:1}$，与前人研究的银杏外种皮及叶中银杏酸种类一致[10~15]，但与仰榴青等[16]对银杏种仁中银杏酸种类（$C_{15:1}$、$C_{17:2}$、$C_{15:0}$、$C_{17:1}$、$C_{17:3}$）的研究结果稍有差异。本文的 85% 乙醇提取的银杏酸 HPLC 图谱中还有未知的小峰，有待于进一步分析确定是何种成分。

4 结论

银杏种仁营养价值高，药食兼具，在国内产量很大，多年来被广大民众所看好，无论民间餐桌还是高档酒席常可见其身影。鉴于银杏酸负面效应及其与银杏种仁药用食用广泛性的抵触，深入对银杏种仁中是否含有银杏酸以及银杏酸含量的多少进行研究具有重大意义。在本试验确定的最佳提取条件下，能比较彻底地提取银杏种仁中的银杏酸，为准确测定银杏种仁中银杏酸含量奠定基础，为银杏种仁产品的质量控制提供技术支撑。

参考文献

[1] Victor S, Sierpina, M. D. , Bernd Wollschlaeger, M. D. , Mark blumenthal. *Ginkgo biloba*[J]. American Family Physician, 2003, 68(5): 923 - 926.

[2] Hui Zhang, Zhang Wang, Shi Yingxu. Optimization of processing parameters for cloudy ginkgo (*Ginkgo biloba* L.) juice[J]. Journal of Food Engineering, 2007, 80: 1226 - 1232.

[3] 杨小明，陈钧，钱之玉．烷基酚酸的生物活性研究进展[J]．中草药，2003，34(5)：附 5 - 6.

[4] 方静，谭卫红．来自银杏提取物的抗肿瘤化合物的研究进展[J]．生物质化学工程，2008，42(5)：56 - 60.

[5] 李中新，孙绪艮．银杏酚酸及其防治农业害虫研究进展[J]．山东农业大学学报(自然科学版)，2007，38(4)：654 - 656.

[6] 庄江兴，邱凌，钟雪，等．银杏酸 GA_1 对酪氨酸酶和黑色素瘤细胞的作用[J]．厦门大学学报(自然科学版)，2009，48(1)：103 - 106.

[7] 姜晓明，赵献军．银杏外种皮提取物对霉菌的抑制作用[J]．西北农业学报，2007，16(6)：30 - 33.

[8] 杨剑婷，吴彩娥．白果致过敏成分及其致敏机理研究进展[J]．食品科技，2009，34(6)：282 - 286.

[9] Helke Hecker, Reiner Johannisson, Egon Koch, Claus - Peter Siegers. In vitro evaluation of the cytotoxic potential of alkylphenols from *Ginkgo biloba* L. [J]. Toxicology, 2002, 177(2 - 3): 167 - 177.

[10] Koch E. , Jaggy H. , Chatterjee S. S. . Evidence for immunotoxic effects of crude *Ginkgo biloba* L. leaf extracts using popliteal lymph node assay in the mouse. International Journal of Immunopharmacology, 2000, 22(3): 229 - 236.

[11] Ahlemeyer B. , Selke D. , Schaper C. , Klumpp, S. , Krieglstein J. . Ginkgolic acids induce neuronal death and activate protein phosphatase type - 2C[J]. European Journal of Pharmacology, 2001, 430(1): 1 - 7.

[12] Lepoittevin J. - P. , Benezra C. , Asakawa Y. Allergic contact dermatitis to *Ginkgo biloba* L. : relationship with urushiol[J]. Archives of Dermatological Research, 1989, 281: 227 - 230.

[13] Laura L, Boles Ponto, PhD, Susan K. *Ginkgo biloba* Extract: Review of CNS Effects[J]. Annals of Clinical Psychiatry, 2003, 15(2): 109 - 119.

[14] J. V. Smith, Y. Luo. Studies on molecular mechanisms of *Ginkgo biloba* extract[J]. Appl Microbiol Biotechnol, 2004, 64: 465 - 472.

[15] 仰榴青，吴向阳，陈均等．银杏酸的分光光度法测定[J]．分析化学研究报告，2004，32(5)：661 - 664.

[16] 吴向阳，仰榴青，陈均．高效液相色谱法测定银杏叶提取物及其制剂中银杏酸的含量[J]．药学学报，2003，38(11)：846 - 849.

[17] 倪学文，吴谋成．RP - HPLC 测定银杏外种皮中银杏酚酸的含量[J]．食品工业科技，2006，(11)：174 - 176.

[18] 尹秀莲．银杏外种皮中银杏酸的分离技术研究[D]．镇江：江苏大学，2003.

[19] 成亮，楼凤昌．银杏外种皮中银杏酚酸的研究概况药学进展[J]．2004，28(5)：209 - 213.

[20] 谭卫红．银杏叶烷基酚的化学研究[D]．南京：中国林业科学研究院林产化学工业研究所，2001.

[21] 仰榴青，吴向阳，陈均．HPLC 法测定白果中银杏酚酸的含量[J]．药物分析杂志，2004，24(6)：636 - 639.

[22] Jingren He, Bijun Xie. Reversed - phase argentation high-performance liquid chromatography in phytochemical analysis of ginkgolic acids in leaves from *Ginkgo biloba* L. [J]. Journal of Chromatography A, 2002, 943 (2): 303 - 309.

[23] 朱拓，陈国庆，虞锐鹏，等．甲醇溶液吸收光谱与荧光光谱的研究[J]．激光技术，2005，29(5)：470 - 472.

白果蛋白质提取工艺研究

李莹莹① 吴彩娥② 杨剑婷 贾韶千 徐文斌

（南京林业大学森林资源与环境学院，江苏南京 210037）

摘要：本研究采用单因素和正交设计的方法，以料液比、提取时间、提取液浓度、提取液 pH 值为考察因素，研究白果蛋白质提取的最佳工艺条件。结果表明：在以 pH 值 8.5，0.15 mol/L 的 Tris－HCl 溶液作为提取液，料液比 1∶20，提取时间 4h，所得白果蛋白质提取率可达到 75.01％。

关键词：白果；蛋白质；提取；正交试验

Study on The Extraction of Protein from Ginkgo Seed

Li Yingying Wu Cai'e Yang Jianting Jia Shaoqian Xu Wenbin

(College of Forest Resources and Environment, Nanjing Forestry University, Nanjing 210037, China)

Abstract: Based on single factor experiments and orthogonal design, the optimum extracting condition of ginkgo seed protein was studied through in this paper. The ratio of solid to liquid, extraction time, Tris – HCl liquor concentration, and pH value were considered as the impact factor on the content of ginkgo seed protein. The results showed the optimum extracting condition was determined as follows: pH 8.5, extraction time 4h, ratio of solid to liquid 1∶20 and Tris – HCl liquor concentration 0.15mol/L. At this condition, the highest extraction rate reached 75.01%.

Key words: Ginkgo seed; Protein; Extraction; Orthogonal experiment

银杏为裸子植物门银杏纲银杏植物（*Ginkgo biloba* L.），为一科一属一种的特殊植物，是我国特有的古老珍贵树种之一[1]。银杏种实去掉肉质外种皮后的种核部分俗称白果。白果富含淀粉、蛋白质和脂肪等营养物质，以及银杏酸、白果酚、五碳多糖、胆固醇等功能成分[2]，自古以来被当作养生延年的上品，而现代已成为传统的出口产品。初步研究显示，

---

① 李莹莹（1984－），女，黑龙江牡丹江人，南京林业大学在读硕士，主要从事经济植物资源加工利用及其安全控制研究。E-mail：njliyingying@yahoo.com.cn；

② 吴彩娥（1963－），女，山西平陆人，博士，教授，博士生导师。研究方向为经济植物资源加工利用。E－mail：sxwucaie@163.com。

白果具有高效广谱杀菌作用和耐缺氧、抗疲劳、延缓衰老等保健治疗功效。

白果中含有 8.7% ~13.4% 的蛋白质(不同品种有差异)，其氨基酸组成丰富、合理，属于优质蛋白，近来更有研究显示，白果药食兼备的特性及其保健功能与其蛋白质成分有着紧密联系，但现今对白果蛋白质的研究较少，且尚处于初始阶段。Uwe Jensen 等在 1989 年从白果中分离出一种类似豆球蛋白的物质[3]。黄文等在 2002 年采用盐溶法提取白果中的蛋白质，并进行了抗生物氧化动物实验，表明白果蛋白具有体外抗氧化作用和抗生物氧化的作用[4]。可见白果蛋白是白果的重要营养素。

白果蛋白中以清蛋白(GAP)和球蛋白(GSP)为主，醇溶蛋白、碱溶蛋白和复合蛋白含量很少，活性试验结果表明 GAP 的抗氧化活性远高于 GGP[5]，且清蛋白为水溶性蛋白。本试验采用 Tris - HCl 溶液从白果中提取高活性蛋白质，并对提取工艺进行研究。为更好地开发与利用白果资源，奠定一定的理论基础。

1 试验材料与方法

1.1 试验材料

白果：泰兴大佛指。

实验试剂：三氨基甲烷、氯化钠、盐酸均为分析纯。

1.2 试验仪器

TU - 1800PC 紫外可见分光光度计，电子天平，冷冻干燥机，PHS - 25 型 pH 计。

1.3 试验方法

1.3.1 蛋白质提取率单因素试验

1.3.1.1 提取液浓度对提取率的影响

分别取 Tris - HCl 浓度 0.1mol/L、0.15mol/L、0.2mol/L、0.25mol/L、0.3mol/L，以 pH 值 8.0，料液比 1∶10，4℃恒温下提取 4h，适当搅拌。3000r/min 离心 10min，取上清液测定蛋白质含量。

1.3.1.2 提取液 pH 值对提取率的影响

配制 pH 值 6.5、7.0、7.5、8.0、8.5、9.0 的 Tris - HCl(0.2 mol/L)，以 1∶10 的料液比，在 4℃恒温下提取白果蛋白质，提取时间为 4h，适当搅拌。3000r/min 离心 10min，取上清液测定蛋白质含量。

1.3.1.3 料液比对提取率的影响

分别采用料液比 1∶5、1∶10、1∶15、1∶20、1∶25、1∶30，以 pH 值 8.0，0.2mol/L Tris - HCl，4℃恒温下提取 4h 提取白果蛋白质，适当搅拌。3000r/min 离心 10min，取上清液测定蛋白质含量。

1.3.1.4 提取时间对提取率的影响

提取时间分别取 2、4、6、8、10h，以 Tris - HCl 溶液浓度 0.2mol/L，pH 值 8.0，料液比 1∶10 ，4 ℃ 恒温下提取 4h，适当搅拌。3000r/min 离心 10min，取上清液测定蛋白质含量。

1.3.2 正交实验设计

根据单因素试验结果，选择提取液浓度、提取液 pH 值、料液比、提取时间进行四因素四水平 $L_{16}(4^5)$ 正交试验设计。

1.4 测定方法

蛋白质含量采用 Bradford 的考马斯亮蓝 G－250 法测定[5]。

$$白果蛋白质提取率(\%)=\frac{提取液中蛋白质含量}{提取所用材料中蛋白质含量}\times 100\%$$

1.5 数据分析

采用 Excel 2003 进行回归和相关分析，用 DPS 统计软件进行方差分析。结果以平均值±标准误表示。

2 结果与分析

2.1 单因素实验

2.1.1 提取液浓度对提取率的影响

由图1可见，在 Tris－HCl 浓度为0.05～0.15mol/L 的范围内，随着 Tris－HCl 浓度的提高，蛋白质提取率不断升高，当 Tris－HCl 浓度为0.15 白果蛋白质的提取率达到最高。当提取液浓度再逐渐增加时，蛋白质提取率不断下降。可能是浓度进一步提高时，离子的水和作用，降低了蛋白质的溶解度[6]，从提高蛋白质提取率及节约溶质用量两方面考虑，选择0.15mol/L 的 Tris－HCl 溶液为白果蛋白质的提取液。

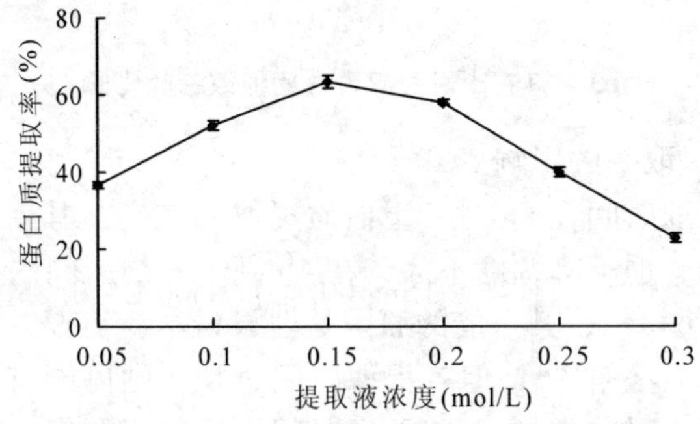

图1 提取液浓度对白果蛋白质提取率的影响

2.1.2 提取液 pH 值对提取率的影响

当提取液 pH 值由6.5逐步升高到9.0时，白果蛋白质提取率随 pH 值的增高增大(图2)，此规律在 pH 值7.0～8.5之间更为明显。但当 pH 值继续增加时，提取率增加减慢，这是由于碱可以使白果的结构变疏松，还会打破蛋白质分子间的部分氢键[7]，从而促使淀粉

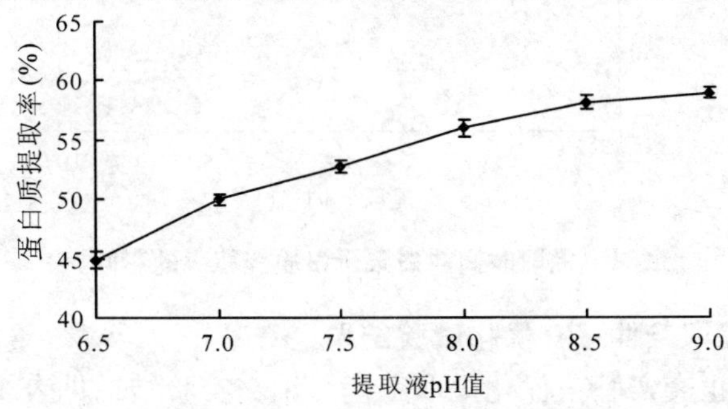

图2 提取液 pH 值对白果蛋白质提取率的影响

和蛋白质分离，增加了蛋白提取率。但是，过强的碱性环境，会使蛋白质变性和水解，增加美拉德反应程度，使蛋白质颜色变黑，商用品质降低；强碱还易引起赖氨酸等发生交联，产生有毒物质[8]，所以，提取白果蛋白质的提取液 pH 值应控制在 8.5 左右。

2.1.3 料液比对提取率的影响

随着料液比的增大，原料与提取液接触面的增大，蛋白质越容易渗透到提取液中，提取率相应增大[9]。从图 3 看出，当提取液的料液比从 1∶10 上升至 1∶20 区间时，白果蛋白质的提取率不断升高，料液比达到 1∶20 时提取率最高。当料液比继续升高时，提取率基本趋于稳定，略有下降，考虑到食品工业生产过程中，料液比太大会增加水分和溶剂的用量，也增大后续干燥处理的负担，提高了产品成本，故认为选取料液比 1∶20 进行提取比较适宜。

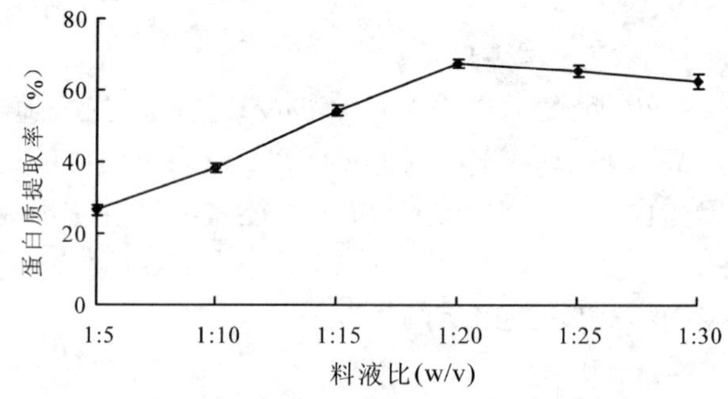

图 3 料液比对白果蛋白质提取率的影响

2.1.4 提取时间对提取率的影响

从图 4 中可看出，提取时间在 4h 时，蛋白质提取率较高，其后随着提取时间的进一步增加，蛋白质提取率下降，但下降幅度不大，在 4h 到 10h 的区间内，提取率从 64.6% 下降到 61.2% ，下降比率为 5.6% ，其可能的原因是白果粉本身需要一定的溶胀时间，充足的溶胀时间利于蛋白质的分离溶解[10]，但若提取时间过长，则可能有部分蛋白质出现凝聚沉淀，与不溶物质一起在离心时除去了[11]，而且时间加长也会加大生产成本，所以综合各方面因素，认为浸提时间选 4 ~6h 比较合适。

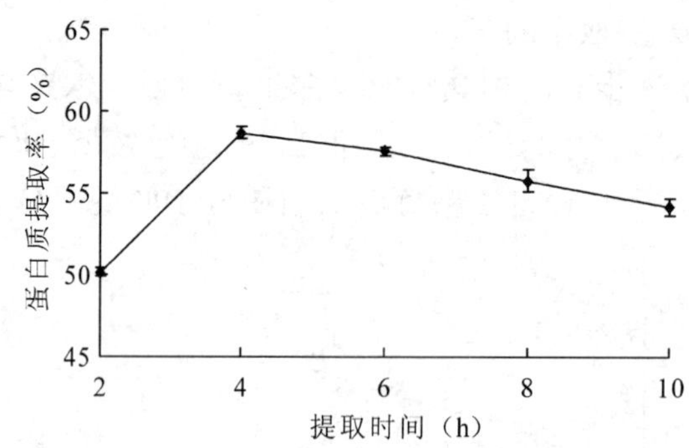

图 4 提取时间对白果蛋白质提取率的影响

2.2 白果蛋白质提取条件正交优化试验结果

在单因素基础上作正交实验，优化提取工艺。正交实验结果见表 1。

表 1　正交实验结果

序号	料液比(W/V) A	提取时间(h) B	提取液浓度(mol/L) C	提取液 pH 值 D	空列 E	蛋白质提取率(%)
1	1(1:10)	1(2)	1(0.10)	1(7.0)	1	30.23
2	1	2(4)	2(0.15)	2(7.5)	2	39.55
3	1	3(6)	3(0.20)	3(8.0)	3	35.70
4	1	4(8)	4(0.25)	4(8.5)	4	41.27
5	2(1:15)	1	2	3	4	64.11
6	2	2	1	4	3	50.11
7	2	3	4	1	2	52.49
8	2	4	3	2	1	55.68
9	3(1:20)	1	3	4	2	70.90
10	3	2	4	3	1	69.44
11	3	3	1	2	4	60.01
12	3	4	2	1	3	63.51
13	4(1:25)	1	4	2	3	55.37
14	4	2	3	4	4	65.85
15	4	3	2	1	1	66.01
16	4	4	1	3	2	50.21
K1	146.75	220.61	190.56	212.09		
K2	222.39	224.96	233.18	210.59		
K3	263.86	214.20	228.13	219.46		
K4	237.45	210.68	218.57	228.30		
k1	36.69	55.15	47.64	53.02		
k2	55.59	56.23	58.29	52.64		
k3	65.96	53.55	57.03	54.87		
k4	59.36	52.67	54.64	57.07		
R	29.28	3.57	10.65	4.42		

选取料液比(A)、提取时间(B)、提取液浓度(C)、提取液 pH 值(D)4 个因素，以白果蛋白质的提取率为指标，优化出白果蛋白质的最佳提取条件，从试验结果(见表 1)可以得出：影响白果蛋白质提取率的因素显著(R 值)次序为：A > C > D > B，即料液比对白果蛋白质的提取率影响最大。

表 2 方差分析

变异来源	自由度(df)	平方和(SS)	均方(S^2)	F 值	F = 0.05	F = 0.01	显著水平
A	3	1894.11	631.37	19.61			*
B	3	30.68	10.22	0.32			
C	3	271.46	90.49	2.81	9.28	29.50	
D	3	49.36	16.45	0.51			
误差	3	96.60	32.20				
总和	12	2342.22					

表 2 方差分析结果表明：料液比为影响白果蛋白质提取过程的显著因素，提取时间提取液浓度、提取液 pH 值为不显著因素。

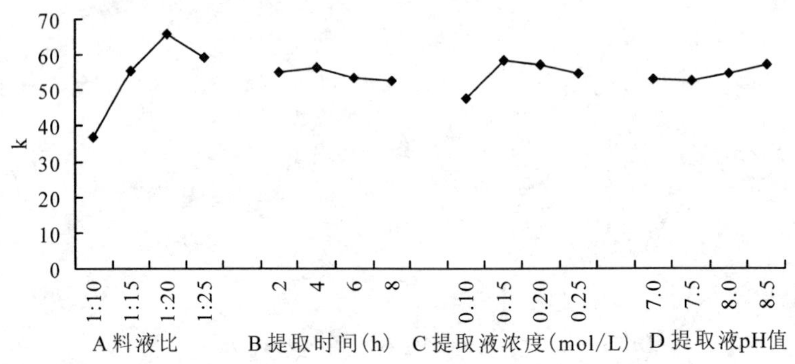

图 5 各因素效应曲线图

由图 5 可推断最佳提取条件应为 $A_3B_2C_2D_4$，即料液比 1∶20，提取时间 4h，pH 值 8.5，0.15mol/L 的 Tris – HCl 为白果蛋白的提取条件为最优组合。本研究以此条件作验证试验，得到样品蛋白质提取率为 75.01%。正交试验中组合 $A_3B_1C_3D_4$ 的蛋白质提取率为最大值为 70.90%，而 75.01% > 70.90%。因此，以 pH 值 8.5，0.15 值 mol/L 的 Tris – HCl 溶液作为提取液，料液比 1∶20，提取时间 4h，为白果蛋白质的最佳提取条件。所得白果蛋白质提取率可达到 75.01%。

3 结论

通过方差分析可知在本试验范围内，各因素对白果蛋白质提取率作用大小依次为：料液比 > 提取液浓度 > 提取液 pH 值 > 提取时间。Tris – HCl 溶液提取白果蛋白的最佳工艺为：pH 值为 8.5，0.15mol/L Tris – HCl 溶液，料液比 1∶20，提取时间 4h，白果蛋白质的提取率达到 75.01%。

参考文献

[1] 钱丙炎. 银杏的功效[M]. 邳州：邳州市银杏科学研究所编，2008：1 – 11.

[2] 林睦就，张云跃. 我国银杏遗传变异研究之二——种仁营养成分和无机元素含量的变异[J]. 林业科

学，2002，38(2)：157－161.

[3] Uwe Jensen，Heike Berthold. Legumin－like proteins in gymnosperms[J]. Phytochemistry，1989，28(5)：1389－1394.

[4] 黄文，谢笔钧，凌志群，等. 白果蛋白抗氧化研究[J]. 食品科学，2002，23(6)(增刊)：144－148.

[5] 牛卫宁，郭霭光. 银杏种仁中抗菌蛋白的纯化及性质[J]. 西北植物学报，2003，23(9)：1545－1549.

[6] 许亚平，林俊兵. 蛋白质提纯研究进展[J]. 天津化工，2006，20(4)：9－11.

[7] 张相年，赵树进，李超. 蛋白分离技术的应用和进展[J]. 中国药业，2006，15(2)：72－73.

[8] 蔡金星，刘秀凤，常学东，等. 蚕豆蛋白质提取分离及其物化性质研究[J]. 食品工业科技，2007，28(10)：142－144.

[9] 李顺灵，严有兵，李向珍. 食用菜籽蛋白的提取分离及其应用研究[J]. 食品工业科技，2007，14(3)：12－14.

[10] 王廷华，邹晓莉编著. 蛋白质理论与技术[M]. 北京：科学技术出版社，2007.

白果蛋白质提取及 SDS - PAGE 分析*

吴彩娥[①]　李莹莹　杨剑婷　贾韶千　徐文斌

（南京林业大学森林资源与环境学院，江苏南京　210037）

摘要：以白果为原料，采用不同的原料处理及蛋白质提取方法，运用单因素和正交设计的方法，以料液比、提取时间、提取液浓度、提取液 pH 值为考察因素，研究白果蛋白质提取的最佳工艺条件，并对提取的白果蛋白进行 SDS - PAGE 凝胶电泳分析。结果表明：经过冷冻干燥处理的白果采用 Tris - HCl 提取法获得的白果蛋白含量较高；Tris - HCl 法提取白果蛋白的最佳工艺为：pH 值 8.5，0.15mol/L Tris - HCl 溶液，料液比 1∶20，提取时间 4h，白果蛋白质的提取率达到 75.01%。白果蛋白 SDS - PAGE 分析表明，白果蛋白中约含 13 条亚基，主要为 21KD 和 32KD 的两种亚基，白果蛋白的亚基主要集中在 31～100KD，占亚基总数的 77%。

关键词：白果；蛋白质；提取；SDS - PAGE

The Extraction and SDS - PAGE Analysis of Protein in Ginkgo Seed

Wu Cai'e　Li Yingying　Yang Jianting　Jia Shaoqian　Xu Wenbin

(College of Forest Resources and Environment, Nanjing Forestry University, Nanjing　210037, China)

Abstract: Based on single factor experiments and orthogonal design, the optimum extracting condition of ginkgo seed protein was studied through in this paper. The extracted ginkgo seed protein was identified by SDS - PAGE gel electrophoresis. The ratio of solid to liquid, extraction time, Tris - HCl liquor concentration, and pH value were considered as the impact factor on the content of ginkgo seed protein. The results showed the optimum extracting condition was determined as follows: pH 8.5, extraction time 4h, ratio of solid to liquid 1∶20 and Tris - HCl liquor concentration 0.15mol/L. At this condition, the highest extraction rate reached 75.01%. The result of SDS - PAGE electrophoresis showed that ginkgo seed protein had thirteen subunits, and the subunits of 21KD and 32KD were the main protein. The molecular weight of ginkgo seed protein were chiefly between 31KD to 100KD, and they contained 77% of the total ginkgo seed protein.

---

* 基金项目：教育部博士点基金项目(项目号：200802980004)。

①吴彩娥(1963 -)，女，山西平陆人，博士，教授，博士生导师。研究方向为经济植物资源加工利用。E-mail：sxwucaie@163.com。

Key words：Ginkgo seed；Protein；Extraction；SDS－PAGE

银杏为裸子植物门银杏纲银杏植物（*Ginkgo biloba* L.），为一科一属一种的特殊植物，是我国特有的古老珍贵树种之一[1]。银杏种实去掉肉质外种皮后的种核部分俗称白果。白果富含淀粉、蛋白质和脂肪等营养物质，以及银杏酸、白果酚、五碳多糖、胆固醇等功能成分[2]，自古以来被当作养生延年的上品，而现代已成为传统的出口产品。初步研究显示，白果具有高效广谱杀菌作用和耐缺氧、抗疲劳、延缓衰老等保健治疗功效[3]。白果中含有8.7%～13.4%的蛋白质（不同品种有差异），其氨基酸组成丰富、合理，属于优质蛋白，有研究显示，白果药食兼备的特性及其保健功能与其蛋白质成分有着紧密联系，但现今对白果蛋白质的研究较少，且尚处于初始阶段。Jensen 等[4]在1989年从白果中分离出一种类似豆球蛋白的物质。黄文等[4]在2002年采用盐溶法提取白果中的蛋白质，并进行了抗生物氧化动物实验，表明白果蛋白具有体外抗氧化作用和抗生物氧化的作用。除此之外，杨剑婷等[5]研究认为白果中的贮藏蛋白可能具有致敏性，从而影响白果的加工利用，可见对白果蛋白质的研究，对白果的有效利用有着重要的意义。

SDS－PAGE（十二烷基硫酸钠－聚丙烯酰胺凝胶电泳）在蛋白质的量化、比较及特性鉴定中是一种经济、快速、重复性好的方法。本实验以白果为原料，对白果蛋白质的提取方法及工艺条件进行了研究，并运用 SDS－PAGE 法对白果蛋白进行了分析，在此基础上建立了适宜白果蛋白提取和 SDS－PAGE 的一套方法。以期为白果的品种纯度检测和加工利用等研究提供参考和理论依据。

1　试验材料与方法

1.1　材料与试剂

白果：泰兴大佛指。

SDS－PAGE 凝胶电泳所用试剂　sigma 公司；其他试剂均为国产分析纯。

1.2　仪器与设备

TU－1800PC 紫外可见分光光度计；冷冻干燥机；PHS－25 型 pH 计；DYY－6C 型电泳仪；

DYCZ－24D 垂直板电泳槽；BIO－RAD 电泳自动成像仪；BIO－RAD Quality one 单向电泳分析软件；高速离心机。

1.3　原料处理及蛋白质提取

1.3.1　原料处理

冻干处理：新鲜白果于－20℃真空冷冻干燥，研磨过筛，石油醚脱脂；

烘干处理：新鲜白果于 30 烘箱中烘烤 12h，研磨过筛，石油醚脱脂。

1.3.2　白果蛋白质提取

1.3.2.1　Tris－HCl 法

参照谷瑞升等[6]的方法。取脱脂后 3 种样品各 1g，加入 10ml 的 0.2mol/L Tris－HCl 缓冲液（pH 值 8.0），4℃浸提 6h 后于 4℃，以 4000r/min 离心 15min，取上清液测定蛋白质含量。

1.3.2.2　盐溶法

参照黄文等[7]的方法。取脱脂后三种样品各 1g，加入 10ml 的 0.14mol/L NaCl 溶液，4℃浸提 6h 后在 4℃，以 4000r/min 离心 15min，取上清液测定蛋白质含量。

1.3.2.3　磷酸缓冲液提取法

取脱脂后三种样品各 1g，加入 10ml 的 0.05mol/L，pH 值 8.0 磷酸缓冲液(含 0.1mol/L KCl，2mmol/L EDTA)，4℃浸提 6h 后在 4℃，以 4000r/min 离心 15min，取上清液测定蛋白质含量。

1.3.2.4　三氯乙酸(TCA)/丙酮提取法

参照 Damerval 等[8]的方法。取脱脂后 3 种样品各 1g，加入预冷的 2 倍体积三氯乙酸(TCA)/丙酮溶液(含 10% TCA、0.07% β－巯基乙醇)，充分混匀后，在 －20℃静置 1h，4℃、15000r/min 条件下离心 15min。离心后去掉上清液，保留的沉淀用预冷的丙酮(－20℃)(含 0.07% β-巯基乙醇)悬浮，在 －20℃冰箱内浸提过夜。次日，在 4℃、15000r/min 条件下离心 10min，去上提液，留沉淀，再加入经预冷的丙酮进行浸提，1h 后相同条件离心，弃上清液，收集沉淀。沉淀在 30℃恒温烘箱中烘干。取干粉加入一定比例(1∶10)的蒸馏水溶解，溶解后以 4000r/min 离心 15min，取上清液测定蛋白质含量。

1.4　白果蛋白质提取工艺的确定

1.4.1　单因素试验

在其他条件一致时，提取液浓度采用 0.1、0.15、0.2、0.25、0.3 mol/L Tris－HCl 五个水平，提取液 pH 值采用 6.5、7.0、7.5、8.0、8.5、9.0 Tris－HCl(0.2mol/L)六个水平，料液比采用 1∶5、1∶10、1∶15、1∶20、1∶25、1∶30 六个水平，提取时间采用 2、4、6、8、10h 五个水平，分别进行单因素试验。

1.4.2　正交试验设计

根据单因素试验结果，选择提取液浓度、提取液 pH 值、料液比、提取时间进行四因素四水平 $L_{16}(4^5)$ 正交试验设计。

1.5　蛋白质的测定

可溶性蛋白含量应用 Bradford 法[9]，牛血清蛋白为标准蛋白，考马斯亮蓝 G250 染色，做标准曲线方程为 $Y=8.2134X+0.0214$，$R^2=0.9985$。

提取材料中蛋白质含量：微量凯氏定氮法[10]。

$$\text{白果蛋白质提取率}(\%)=\frac{\text{提取液中蛋白质含量}}{\text{提取所用材料中蛋白质含量}}\times 100\%$$

1.6　SDS－PAGE 凝胶电泳

采用 DYY－6C 型电泳仪进行不连续双垂直板聚丙烯酰胺凝胶电泳。将白果蛋白提取液与样品缓冲液(pH 值 6.8、0.5mol/L Tris－HCl 缓冲液 2.0ml、无水丙三醇 2.0ml、20% SDS 2.0ml、0.1% 溴酚蓝 0.5ml、β-巯基乙醇 1.0ml、去离子水 2.5ml)按 1∶1 的比例混合，100℃煮沸 5min，离心，上样 20μl，分离胶浓度 12%，浓缩胶浓度 3.9%。开始电流 10mA，进入分离胶后 20mA，电泳时间：2.5～3.5h。考马斯亮蓝 R－250 染色，过夜，放入脱色液中脱色，直至胶片背景蓝色完全透明状，BIO－RAD 电泳自动成像仪拍照，蛋白质分子质量运用 Quality one 软件进行分析。

1.7　数据分析

数据采用 DPS(version 3.01)统计软件进行统计分析，设置显著水平分别为 $P<0.05$ 及 P

<0.01。所有试验设3次重复，结果均为平均值，以平均值±标准误表示，并进行方差分析和Duncan检验。

2 结果与分析

2.1 原料处理及蛋白质提取方法的确定

对于不同处理的白果用4种提取方法获得的白果蛋白质的含量，如图1所示。原料白果中总蛋白含量经凯氏定氮法测定为10.82g/100gDW。由图1可知，对于冻干处理的白果原料，4种提取方法得到的白果蛋白质的含量相差较大，以Tris－HCl法得到的蛋白质的含量最高，达到5.82mg/ml，其次是TCA/丙酮提取法、磷酸缓冲液提取法、盐溶法。经多重比较，4种提取方法得到的蛋白质含量之间差异达到极显著水平($P<0.01$)。对于新鲜白果及烘干处理的白果，Tris－HCl法得到的蛋白质的含量也略高于其他3种提取液，且差异显著($P<0.05$)。所以本实验采用Tris－HCl法为白果蛋白的提取方法。从图1可以看出，对于Tris－HCl法提取的3种处理白果的蛋白质含量，经多重比较，冻干处理的白果经过提取获得的蛋白质的含量显著高于烘干处理及新鲜白果($P<0.01$)，可能原因是，冷冻干燥在低温、低压下进行，物料的干燥在冻结状态下完成，与其他干燥方法相比，物料的物理结构和分子结构变化极小，且其内部形成多孔的海绵状[11]，有利于蛋白质的溶出。

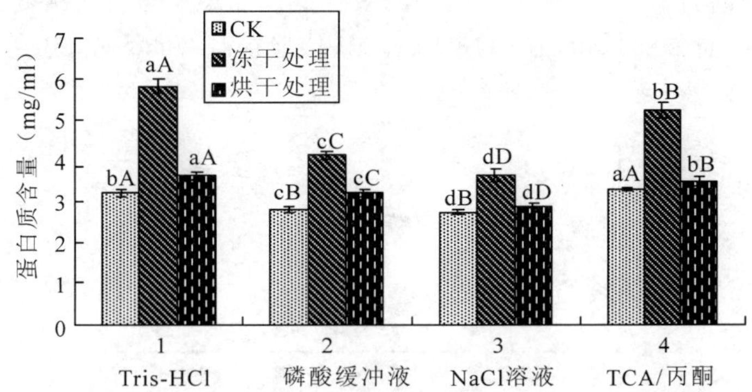

图1 原料处理方式及不同提取方法对白果蛋白质的含量的影响

Fig. 1 Effect of material treating methods and extraction methods on theyield of ginkgo seed protein

（图中字母相同表示无显著差异 No significant different is indicated by the same letter.）

2.2 单因素实验

2.2.1 提取液浓度对提取率的影响

由图2可见，在Tris－HCl浓度为0.05～0.15mol/L的范围内，随着Tris－HCl浓度的提高，蛋白质提取率不断升高，当Tris－HCl浓度为0.15白果蛋白质的提取率达到最高。当提取液浓度再逐渐增加时，蛋白质提取率不断下降。可能是浓度进一步提高时，离子的水和作用，降低了蛋白质的溶解度[12]，从提高蛋白质提取率及节约溶质用量两方面考虑，选择0.15mol/L的Tris－HCl溶液为白果蛋白质的提取液。

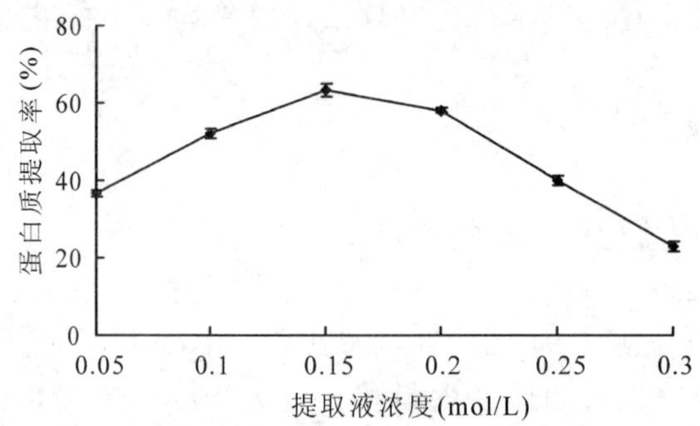

图 2 提取液浓度对白果蛋白质提取率的影响

Fig. 2 Effect of extract concentration on the yield of ginkgo seed protein

2.2.2 提取液 pH 值对提取率的影响

当提取液 pH 值由 6.5 逐步升高到 9.0 时，白果蛋白质提取率随 pH 值的增高增大(图 3)，此规律在 pH 值 7.0 ~ 8.5 之间更为明显。但当 pH 值继续增加时，提取率增加减慢，这是由于碱可以使白果的结构变疏松，还会打破蛋白质分子间的部分氢键[13]，从而促使淀粉和蛋白质分离，增加了蛋白提取率。但是，过强的碱性环境，会使蛋白质变性和水解，增加美拉德反应程度，使蛋白质颜色变黑，商用品质降低；强碱还易引起赖氨酸等发生交联，产生有毒物质，所以，提取白果蛋白质的提取液 pH 值应控制在 8.5 左右。

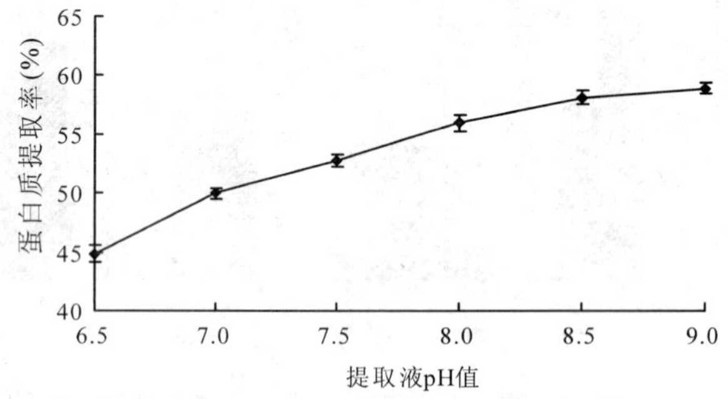

图 3 提取液 pH 值对白果蛋白质提取率的影响

Fig. 3 Effect of extract pH value on the yield of ginkgo seed protein

2.2.3 料液比对提取率的影响

随着料液比的增大，原料与提取液接触面的增大，蛋白质越容易渗透到提取液中，提取率相应增大[14]。从图 4 看出，当提取液的料液比从 1∶10 上升至 1∶20 区间时，白果蛋白质的提取率不断升高，料液比达到 1∶20 时提取率最高。当料液比继续升高时，提取率基本趋于稳定，略有下降，考虑到食品工业生产过程中，料液比太大会增加水分和溶剂的用量，也增大后续干燥处理的负担，提高了产品成本，故认为选取料液比 1∶20 进行提取比较适宜。

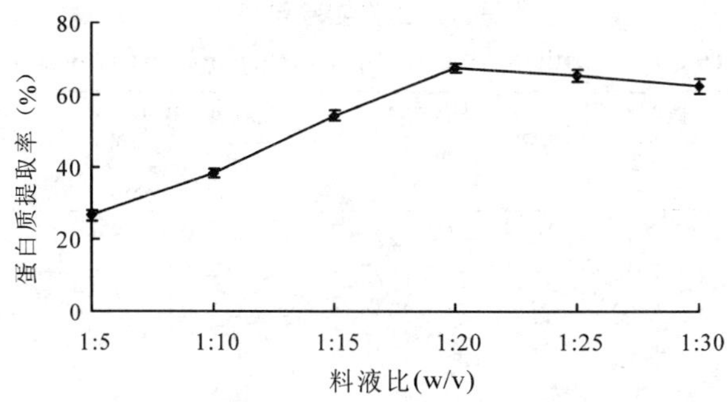

图 4　料液比对白果蛋白质提取率的影响

Fig. 4　Effect of ratio of solid to liquid on the yield of ginkgo seed protein

2.2.4　提取时间对提取率的影响

从图 5 中可看出，提取时间在 4h 时，蛋白质提取率较高，其后随着提取时间的进一步增加，蛋白质提取率下降，但下降幅度不大，在 4h 到 10h 的区间内，提取率从 64.6% 下降到 61.2% ，下降比率为 5.6% ，其可能的原因是白果粉本身需要一定的溶胀时间，充足的溶胀时间利于蛋白质的分离溶解[15]，但若提取时间过长，则可能有部分蛋白质出现凝聚沉淀，与不溶物质一起在离心时除去了，而且时间加长也会加大生产成本，所以综合各方面因素，认为浸提时间选 4 ~6h 比较合适。

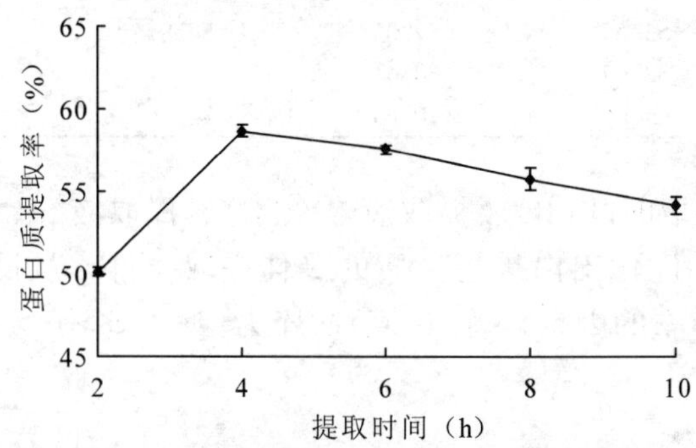

图 5　提取时间对白果蛋白质提取率的影响

Fig. 5　Effect of extraction time on the yield of ginkgo seed protein

2.3　白果蛋白质提取条件正交优化试验结果

在单因素基础上作正交实验，优化提取工艺。正交实验结果见表 1。

表 1　正交实验结果

Tab. 1　Results of the $L_{16}(4^5)$ orthogonal array design

试验号	料液比 (W/V) A	提取时间 (h) B	提取液浓度 (mol/L) C	提取液 pH 值 D	空列 E	蛋白质提取率 (%)
1	1(1:10)	1(2)	1(0.10)	1(7.0)	1	30.23
2	1	2(4)	2(0.15)	2(7.5)	2	39.55
3	1	3(6)	3(0.20)	3(8.0)	3	35.70
4	1	4(8)	4(0.25)	4(8.5)	4	41.27
5	2(1:15)	1	2	3	4	64.11
6	2	2	1	4	3	50.11
7	2	3	4	1	2	52.49
8	2	4	3	2	1	55.68
9	3(1:20)	1	3	4	2	70.90
10	3	2	4	3	1	69.44
11	3	3	1	2	4	60.01
12	3	4	2	1	3	63.51
13	4(1:25)	1	4	2	3	55.37
14	4	2	3	4	4	65.85
15	4	3	2	1	1	66.01
16	4	4	1	3	2	50.21
k1	36.69	55.15	47.64	53.02		
k2	55.59	56.23	58.29	52.64		
k3	65.96	53.55	57.03	54.87		
k4	59.36	52.67	54.64	57.07		
R	29.28	3.57	10.65	4.42		

选取料液比(A)、提取时间(B)、提取液浓度(C)、提取液 pH 值(D)4 个因素，以白果蛋白质的提取率为指标，优化出白果蛋白质的最佳提取条件，从试验结果(见表 1)可以得出：影响白果蛋白质提取率的因素显著(R 值)次序为：A > C > D > B，即料液比对白果蛋白质的提取率影响最大。

表 2　方差分析表

Tab. 2　Analysis of variance

变异来源	自由度 (df)	平方和 (SS)	均方 (S^2)	F 值	F = 0.05	F = 0.01	显著水平
A	3	1894.11	631.37	19.61			*
B	3	30.68	10.22	0.32			
C	3	271.46	90.49	2.81	9.28	29.50	
D	3	49.36	16.45	0.51			
误差	3	96.60	32.20				
总和	12	2342.22					

表 2 方差分析结果表明：料液比为影响白果蛋白质提取过程的显著因素，提取时间提取液浓度、提取液 pH 值为不显著因素。

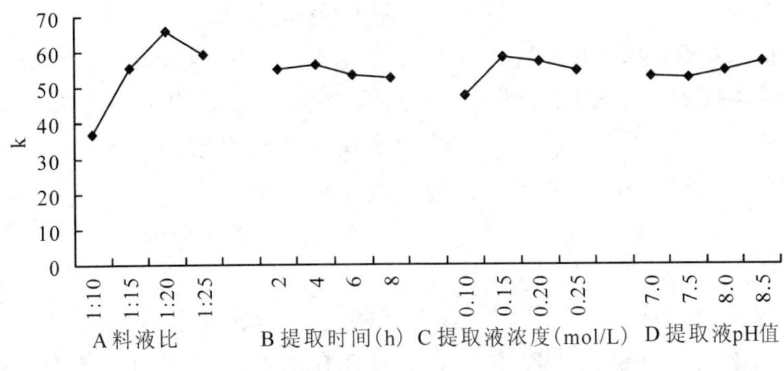

图 6 各因素效应曲线图

Fig. 6 Curve graph of each factor effect

由图6 可推断最佳提取条件应为 $A_3B_2C_2D_4$，即料液比 1∶20，提取时间 4h，pH 值 8.5，0.15 mol/L 的 Tris－HCl 为白果蛋白的提取条件为最优组合。本研究以此条件作验证试验，得到样品蛋白质提取率为 75.01%。正交试验中组合 $A_3B_1C_3D_4$ 的蛋白质提取率为最大值为 70.90%，而 75.01% >70.90%。因此，以 pH 值 8.5，0.15mol/L 的 Tris－HCl 溶液作为提取液，料液比 1∶20，提取时间 4h，为白果蛋白质的最佳提取条件。所得白果蛋白质提取率可达到 75.01%。

2.3 白果蛋白质亚基分布及其分子质量

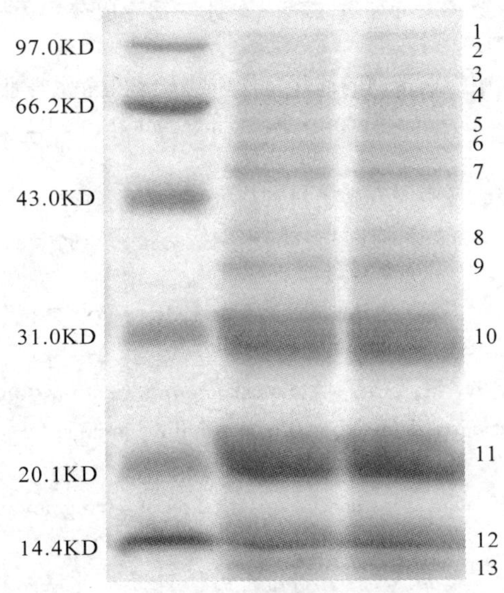

注：M 为标准蛋白；1，2 为白果蛋白

图 7 白果蛋白的 SDS－PAGE 图

Fig. 7 SDS－PAGE separation of ginkgo seed protein

对白果蛋白提取液进行 SDS－PAGE 凝胶电泳，白果蛋白的亚基分布如图 7，染色后白果蛋白质条带清晰可见，染色程度越深，说明含量越高，反之越低[16]。从白果蛋白的 SDS－PAGE 图及其亚基分布谱图可以看出，白果蛋白所含亚基数约为 13 条，亚基的分子质量范围为 10～100KD，其中，白果蛋白亚基的最大分子质量为 99.2KD，最小的为 13.1KD；亚基10、亚基11含量最高，其次为亚基7、亚基9及亚基12。白果蛋白的亚基主要集中在31～100KD，占亚基总数的77%，其余亚基集中在13～22KD范围内，可见白果蛋白多以大分子的结构存在。综上所述，白果蛋白经SDS－PAGE分析后得到了很好的分离效果，蛋白质带表现出了良好的多态性。白果中蛋白种类丰富，主要存在分子质量为21KD和32KD的2种亚基，10余种含量略低的其他蛋白亚基，大分子亚基较多。

3　结论

经过冷冻干燥处理的白果采用Tris－HCl提取法获得的白果蛋白含量较高，显著优于其他处理。通过单因素及正交试验，经方差分析可知在本试验范围内，各因素对白果蛋白质提取率作用大小依次为：料液比 > 提取液浓度 > 提取液pH值 > 提取时间。Tris－HCl法提取白果蛋白的最佳工艺为：pH值为8.5，0.15mol/L Tris－HCl溶液，料液比1∶20，提取时间4h，白果蛋白质的提取率达到75.01%。采用Tris－HCl提取法提取的白果蛋白经SDS－PAGE分析，得到了很好的分离效果，条带清楚，背景清晰。Tris－HCl提取法适于白果蛋白的SDS－PACE分析。白果蛋白中约含13条亚基，主要为21KD和32的2种亚基，白果蛋白的亚基主要集中在31～100KD，占亚基总数的77%。

参考文献

[1] 钱丙炎. 银杏的功效[M]. 邳州：邳州市银杏科学研究所编，2008：1－11.

[2] 林睦就，张云跃. 我国银杏遗传变异研究之二——种仁营养成分和无机元素含量的变异[J]. 林业科学，2002，38(2)：157－161.

[3] 牛卫宁，郭霭光. 银杏种仁中抗菌蛋白的纯化及性质[J]. 西北植物学报，2003，23(9)：1545－1549.

[4] Uwe Jensen，Heike Berthold. Legumin－like proteins in gymnosperms[J]. Phytochemistry，1989，28(5)：1389－1394.

[5] 杨剑婷，吴彩娥. 白果致过敏成分及其致敏机理研究进展[J]. 食品科技，2009，34(6)：282－286

[6] 谷瑞升，刘群录，陈雪梅，等. 一种省时高效的木本植物蛋白双向电泳分析方法[J]. 北京林业大学学报，1999，21(5)：7－10.

[7] 黄文，谢笔钧，王益，等. 白果蛋白的分离、纯化、理化特性及其抗氧化活性研究[J]. 中国农业科学，2004，37(10)：1537－1545.

[8] Damerval C，De Vienne D，Zivy M，*et al.* Technical improve-ments in two－dimensional electrophoresis increase the level of genetic variation detected in wheat seedling proteins[J]. Electrophoresis，1986，7(1)：52－54.

[9] Bradford，M. M.. Rapid and sensitive method for quantitation of microgram quantities of protein utilizing principle of protein-dye binding [J]. Analytical Biochemistry，1976，(72)：248－254.

[10] 中国预防医学科学院标准处. 食品卫生国家标准汇编(4)[M]. 北京：中国标准出版社，1998.

[11] 章斌，李远志，肖南，等. 香蕉片真空冷冻干燥工艺研究[J]. 农产品加工，2009，(3)：142－145.

[12] 许亚平，林俊兵. 蛋白质提纯研究进展[J]. 天津化工，2006，20(4)：9－11.

[13] 张相年，赵树进，李超. 蛋白分离技术的应用和进展[J]. 中国药业，2006，15(2)：72－73.

[14] 蔡金星，刘秀凤，常学东，等. 蚕豆蛋白质提取分离及其物化性质研究[J]. 食品工业科技，2007，28(10)：142－144.

[15] 李顺灵，严有兵，李向珍. 食用菜籽蛋白的提取分离及其应用研究[J]. 食品工业科技，2007，14(3)：12－14.

[16] 王廷华，邹晓莉编著. 蛋白质理论与技术[M]. 北京：科学技术出版社，2007.

不同方法测定白果中氰化物的研究

吴彩娥① 杨剑婷 贾韶千 李彦 谢楠

（南京林业大学森林资源与环境学院，江苏南京 210037）

摘要：食用白果可引起中毒或过敏反应，有报道认为是其中氰化物所致。为了测定白果中的氰化物含量，以苦杏仁为对照，采用普鲁士蓝法、苦味酸试纸法、硝酸银滴定法，通过定性和定量方法测定白果果肉及其胚、胚乳中的氰化物含量。结果表明，3 种方法均未能检测到供试白果样品中氰化物的存在。该结果可为白果的安全性及其食用提供理论依据。

关键词：白果；氰化物；测定

Determination of Cyanides in Ginkgo Seed by Different Method

Wu Cai'e Yang Jianting Jia Shaoqian Li Yan Xie Nan

Abstract: Ginkgo seeds can cause food poisoning or an allergic reaction, it is reported that the reason is the cyanide that ginkgo contains. In order to determine cyanide content of ginkgo seeds, bitter almonds were used as a standard of comparison in this experiment. Prussian blue method, picric acid test paper method and titration with silver nitrate were taken. To sum up, cyanide content of whole ginkgo seeds, embryo of the seeds, and endosperm of the seeds had been determined using qualitative and quantitative methods. The results showed there was none cyanide in the seeds samples measured by three kinds of approaches. The conclusion can be regarded as the theory basis of safe consumption of ginkgo seeds.

银杏(*Ginkgo biloba*)是我国的古老珍贵树种之一，为一科一属一种的特殊植物，我国广泛种植，产量占全世界的 70%。它是一种多用途的经济树种，集食品、药材、木材、化妆品等原料和环境美化、绿化为一体[1]。银杏种子俗称白果，为可食用部分，含较多的碳水化合物，其次为蛋白质、脂肪，还含有丰富的维生素、微量元素等，近年来，在白果的内胚乳中，分离出两种核糖核酸酶，故白果具有较高的营养价值[4]。

由于其营养丰富，自古以来被当作养生延年的上品，而现代已成为传统的出口产品。据

① 吴彩娥(1963－)，女，山西平陆人，博士，教授，博士生导师。研究方向为食品工程新技术及食品活性物质分离纯化。E-mail：sxwucaie@163.com。

传统中医记载，白果主要药用功效为敛肺气、定喘嗽、止带浊、缩小便，有治疗哮喘、咳嗽、白带、白浊、遗精、淋病、便频等作用[5]。现代研究也表明，白果具有明显的抑制结核杆菌生长的作用；其中的羟基酚类具有抗癌和抗菌作用；白果蛋白具有抗衰老、抗疲劳、耐缺氧的作用；白果还能能防治皮肤病，促进人体表皮细胞生长，延长表皮细胞寿命[6]，故白果已成为除食品外医药、化妆品等的重要原料[2]。

但是，生食或食用加热不透的白果达到一定量时，可能发生急性中毒，出现恶心、呕吐、腹泻等胃肠道症状，严重者还会死亡[3]。大量学术研究资料显示引起白果不安全的因素主要是银杏酚酸[11,12]；也有一些国内资料认为白果中含有氰化物，但这方面的资料甚少，李晓莉等采用吡啶盐酸联苯胺比色法，测得湖北随州产白果中氰化物(以氢氰酸计)含量为0.08mg/kg[3]。张锋伦[9]测定龙眼白果中氢氰酸含量较高为0.521μg/g（FW），大佛指白果中氢氰酸含量最低，为0.233μg/g（FW）。董立鉴[10]报道采用碳酸钠溶液处理新鲜的白果种子，可彻底脱除白果中所含的氰化物；但根据上述资料所采用的测定方法，这些氰化物含量如此小的数据值得商榷。所以有必要明确白果中是否含有氰化物及其含量，这对于全面了解白果的特性及其产品的安全控制具有重要意义。

世界上约有2500种以上的植物含有氢氰酸[13]，他们在植物体内以甙的形式存在[14]，如分布于木薯、亚麻子以及白三叶草中的亚麻苦甙，存在于苦杏仁、黑樱桃、大果西番莲等中的苦杏仁甙[15]以及野樱皮甙。杏仁中含苦杏仁甙及苦杏仁酶，内服后，苦杏仁甙可被酶水解产生氢氰酸和苯甲醛，普通1g杏仁约可产生2.5mg氢氰酸。氰甙本身并没有毒，但其进入人体后在β-葡萄糖甙酶的作用下水解产生剧毒的氰化氢，氰化氢能迅速地被血浆吸收和输送，它能与铁、铜、硫以及某些化合物中(在生存过程起重要作用)的关键成分相结合，抑制细胞色素氧化酶使之不能吸收血液中的溶液氧，当这些酶不起作用时，就会导致细胞窒息和死亡。其作用极为迅速，在含有很低浓度(0.005mg/L)氰化氢空气中，很短时间内就会引起人头痛、不适、心悸等症状；在高浓度(>0.1mg/L)氰化氢的空气中能使人在很短的时间内死亡；在中等浓度时2~3min内就会出现初期症状，大多数情况下，在1h内死亡[16]。氢氰酸经口鼻吸入致中毒，液体可经皮肤及眼结膜吸收致中毒。人口服的最小致死量为0.3~3.5mg/kg体重[17]。

目前，国内外对含氰植物的组织中总氰化物含量的测定方法有很多报道，其采用定性、定量方法测定氰甙的含量，其原理都是将氰甙等氰化物水解，而通过检测水解释放出的氢氰酸或葡萄糖的量来实现的。

本实验通过定性和定量测定，以生的苦杏仁为对照，采用不同的方法测定白果及其胚、胚乳中的氰化物，以期明确白果中氰化物的存在与否及其含量，为白果的安全性及其食用提供理论依据。

1 材料与方法

1.1 实验材料及试剂

实验所用白果为‘大佛指’，产于江苏泰兴，收获后于(0±1)℃贮藏，果实含水量52.33%；苦杏仁购自南京市金陵大药房，2008年产自新疆，含水量3.24%。

实验用试剂：硫酸亚铁($FeSO_4$)，氢氧化钠(NaOH)，硫酸(H_2SO_4)，盐酸(HCl)，磷酸二氢钾(KH_2PO_4)，氨水，碘化钾(KI)，硝酸银($AgNO_3$)，酒石酸(2,3-二羟基丁二酸)，无水乙醇，碳酸钠(Na_2CO_3)，苦味酸，均为分析纯，除苦味酸为汕头市西陇化工厂生产外，其余均为购自南京化学试剂公司。

1.2 普鲁士蓝法

称取苦杏仁5g，白果全果、白果胚及白果胚乳均为8g，置于冰浴中研磨成粉末状或浆状，置于三角锥瓶中，依次加入蒸馏水20ml混合均匀。取定性滤纸一张，在其中心部位滴加新配制的20% $FeSO_4$溶液2滴和10% NaOH溶液1滴，接着往三角瓶滴加5滴10% H_2SO_4，立即将滴有$FeSO_4$溶液和NaOH溶液的滤纸覆盖在三角瓶上，并使滤纸上湿痕对正瓶口，然后将三角瓶在酒精灯下缓缓加热，使瓶内蒸汽与滤纸上湿痕充分接触，加热30min。观察滤纸的颜色变化。

1.3 苦味酸试纸法

苦味酸试纸的制备：取定性滤纸剪成长7cm、宽1cm，入饱和苦味酸的乙醇溶液中浸泡5min取出，在室温中阴干，储存于干燥塑料瓶备用。

称取苦杏仁5g，白果全果、白果胚及白果胚乳均为8g，置于冰浴中研磨成粉末状或浆状，置于三角锥瓶中，依次加入蒸馏水20ml混合均匀向其中加2g固体酒石酸，立即塞上悬有苦味酸试纸的胶塞，置于50℃水浴中恒温30min，观察试纸条的颜色变化。

1.4 硝酸银滴定法

参考中华人民共和国国家标准豆类配糖氢氰酸含量的测定(GB/T 15665－1995)。称取20g试样，精确至0.1g，置于1000ml凯氏瓶中，加入50ml水和10ml 2%(W/V)的磷酸二氢钾溶液，塞紧瓶口，充分混匀，将其放在38℃培养箱中水解12h。将水解后的试样，置冰浴上冷却20min，加入80ml水和一滴(消泡作用)，立刻将凯氏瓶连接到蒸馏装置，使冷凝管下端浸入盛有20ml氢氧化钠溶液的锥形瓶液面下，通入蒸汽进行蒸馏，收集100~150ml馏出液。取下锥形瓶时，冲洗冷凝管末端，将馏出液转移到250ml容量瓶中，定容。移取两份100ml馏出液分别置于2个锥形瓶中，加2ml 5%(W/V)的碘化钾溶液和1ml 6mol/L的氨溶液，混匀，在黑色背景衬托下，用0.004mol/L的硝酸银标准溶液滴定，直至出现持续浑浊沉淀为终点。用蒸馏水代替馏出液作为空白试验。

氰化物含量的计算按以下公式：

$$X = C \times (V - V_0) \times 54 \times \frac{250}{100} \times \frac{1000}{m}$$

式中：X——样品中氢氰酸的含量(μg/g)；

C——$AgNO_3$标准滴定液浓度(mol/L)；

V——滴定样品所用$AgNO_3$的体积(ml)；

V_0——滴定空白所用$AgNO_3$的体积(ml)；

54——1mol $AgNO_3$滴定液1ml相当于氢氰酸的量(mg)；

m——样品质量(g)。

2 结果与分析

2.1 普鲁士蓝法测定白果中氰化物

普鲁士蓝法测定白果中氰化物的定性分析结果如图1所示。

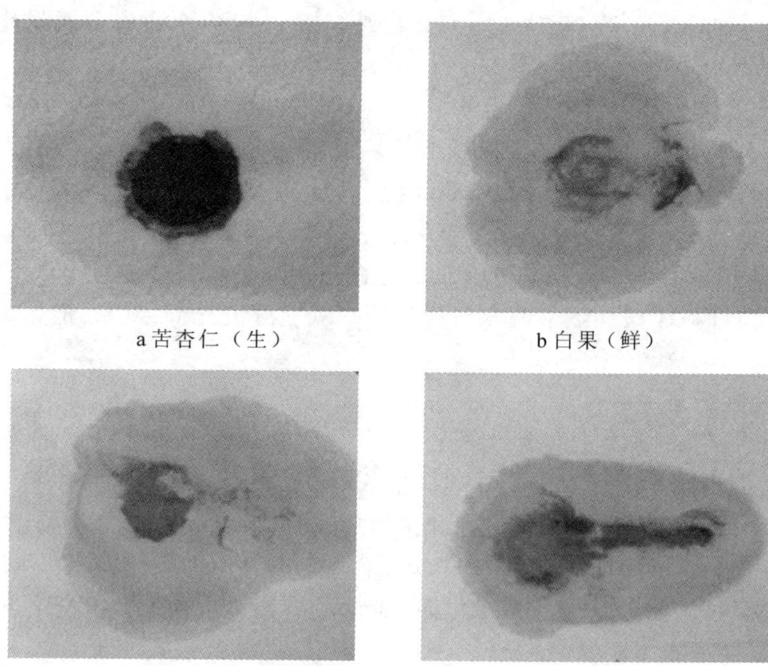

a 苦杏仁（生）　b 白果（鲜）

c 白果胚（鲜）　d 白果胚乳（鲜）

图 1　普鲁士蓝法测定白果中氰化物的结果

蒸馏之前滤纸仅为水浸湿状，蒸馏过程中不同处理出现不同的颜色变化。苦杏仁组的滤纸在加热 8min 就开始出现丝状亮蓝色，随着加热时间的延长，丝状亮蓝色面积迅速增大，相互连在一起呈现片状亮蓝色，到加热 30min，苦杏仁组的滤纸上的全部湿痕变成蓝色(图 1a)，说明苦杏仁中有氰化物的存在。白果全果、白果胚及白果胚乳的三个组别中，随着继续加热，滤纸上的水浸状湿痕变为淡黄色，继而淡黄色逐渐加深，变为深黄色，但一直未见如苦杏仁组的亮蓝色出现，有些处理出现黄绿色(如 1b、1d)，但这些颜色出现在滤纸与三角瓶口的接触处或三角瓶口外，且颜色与苦杏仁组的颜色不同，故认为该颜色不是氰化物所致。此方法从定性上判断供试白果中无氰化物检存在。

2. 2 苦味酸试纸法测定白果中氰化物

苦味酸试纸法测定氰化物的反应中，若试纸条变成紫红色，为氰化物反应阳性，若不变色表示阴性或低于最低检出灵敏(0. 04mg/L)。

由图 2 可见，在蒸馏 3min 时，苦杏仁组的滤纸条就开始变为鲜红色，随着蒸馏时间的延长，红色逐渐加深，到蒸馏 20min 红色加深至肉眼判断不变色，呈现深红色，直至蒸馏末(30min)，苦杏仁的苦味酸试纸条呈现深红色(如图 2a)；而白果全果、白果胚及白果胚乳的试纸条从蒸馏开始到结束，滤纸条均为原来的黄色，无任何颜色变化。该检测方法可用来定性测定食品中氰化物的存在，供试白果中没有检到氰化物的存在。

图 2　苦味酸试纸法测定白果中氰化物的结果

（a：苦杏仁；b：白果全果；c：白果胚乳；d：白果胚）

2.3　硝酸银滴定法定量测定白果中氰化物含量

通过硝酸银滴定法测定苦杏仁中氢氰酸含量为 216.81mg/kg。而在滴定过程中，白果、白果胚乳及白果胚的滴定情况几乎与空白一致（见表 1），故认为其中不含氢氰酸或氢氰酸含量无法检出。

表 1　不同样品中氢氰酸的含量

待测物质	苦杏仁	白果	白果胚	白果胚芽	新采摘白果
氢氰酸含量（mg/kg）	216.81	—	—	—	—

3　讨论与结论

3.1　不同测定方法的比较分析

普鲁士蓝法检测灵敏度高，常作为氰化物的确证检测方法，广泛应用于植物中氰化物的检测中[22]。该法的原理是含有氰化物的物质在强酸作用下生成 HCN，HCN 与 Fe^{2+} 结合生成 $[Fe(CN)_6]^{4-}$，$[Fe(CN)_6]^{4-}$ 再与 Fe^{3+}（来自 $FeSO_4$ 中 Fe^{2+} 被空气氧化的产物）生成蓝色的 $Fe_4[Fe(CN)_6]_3$，即普鲁士蓝。陈文华等（2007）应用普鲁士测试斑点形成法，测得标准物氰化钾的检出极限是 150μg/L 或 2.3μm。在本实验中，苦杏仁组的滤纸在加热 8min 就开始出现亮蓝色，但是 3 个白果组加热 30min 都没有该现象，根据上述氰化钾的检出极限（150μg/L），可推断白果的 3 个组别中的氢氰酸含量至少是低于 4.7mg/kg（鲜重）。

苦味酸试纸发也是定性快速检测氰化物的常用方法。氰化物遇酸产生氢氰酸，氢氰酸与苦味酸钠作用生成红色异型紫酸钠。赖玲扬等用苦味酸试纸法快速检验水中氰化物，认为方法简单，操作方便、快速，半个多小时可得出结果，该法检出灵敏度可达 0.04mg/L，若水样经蒸馏和浓缩，灵敏度可达 0.008mg/L[23]。林玉桓[25]在生产杏仁饮料中，采用苦味酸试纸检测其杏仁饮料，未发现滤纸条上出现棕红色，认为该饮料不含氢氰酸，是安全的。在本实验中，推断 3 个白果组别中氰化物含量应该低于 1.25mg/kg(鲜重)。

硝酸银滴定法也是国标法(GB/T 15665 - 1995)豆类——配糖氢氰酸含量的测定，其原理是豆类中配糖体氢氰酸经水解后，进行水蒸气蒸馏，蒸出的氢氰酸被碱液吸收，以碘化钾作指示剂，用硝酸标准溶液滴定氢氰酸，银离子首先与氢氰酸根离子络合反应，形成可溶性络合物$[Ag(CN)_2]^-$，到达终点时，多余的硝酸银与碘离子反应，生成持续浑浊沉淀，指示终点，以消耗硝酸银标准溶液的用量，计算氢氰酸的含量。由于该方法不涉及剧毒品氰化钾标准样，因此也常应用于研究中氰化物的定量测得，但适用于分析液浓度在 1mg/kg 以上。本实验中，此法测得苦杏仁中氢氰酸含量为 216.81mg/kg，但是白果组的样品都未能测到，可推断白果组中氰化物含量可能低于 12.5mg/kg(鲜重)，故未能检出。

综合本实验应用的植物种子中氰化物测定的 3 种方法，苦味酸试纸法反应最为迅速，颜色变化非常明显、清晰，且操作简单，适用于生产和研究中的快速定性检测。普鲁士蓝法的颜色变化也比较明显，只是在滤纸和三角瓶口接触的地方容易有黑蓝色出现，该颜色虽异于普鲁士蓝，但给实验结果的判断，特别是样品中氰化物含量较低情况下的测定造成影响。硝酸银法作为国标方法安全易操作，但其检测灵敏度较低，且滴定终点的判断较为微妙，需经过多次滴定来确定。

此外，在研究和应用中，测定氰化物还有其他方法。比色法的灵敏度较高，其分析液浓度下限为 0.02mg/kg。但该法需要氰化钾标准品作为标准样，由于该样品为剧毒品，所以该方法在分析测定应用中受到限制。邓绍平等(2008)采用巴比妥酸—异烟酸比色法(检测限为 0.1mg/kg)测定苦杏仁中的总氰化物含量为 330mg/kg，但沸水煮 15min 后，总氰化物含量降低 98%(7.3mg/kg)。而李晓莉等采用吡啶盐酸联苯胺比色法，测的湖北随州产白果中氰化物(以氢氰酸计)含量为 0.08mg/kg[3]。氰离子选择电极法也是一种定量测得方法，其原理为在 pH 值 12、0.1mol/L 的硝酸钾介质中，氰离子浓度在 $10^{-1} \sim 10^{-6}$mol/L 之间，电位值与氰离子浓度负对数呈线性关系，可以求出样品中氰化物的含量。其分析浓度范围为 0.05 ~ 10mg/kg。Yeoh 等采用 β - 葡萄糖甙酶电极法测得木薯属的 18 种植物的亚麻苦甙含量为 24 ~ 395mg/100g，认为方法既简便可靠又不需要分光光度计法中所需要的有毒化学物质，可以在 15 ~ 20min 内检测出亚麻苦甙的含量，且最低检出限为 0.1mol/L。

3.2 白果中氰化物存在与否的分析

白果中氰化物的存在与否及其含量存在争议。中国作为白果的主产地，食用白果的历史较长，其引起的中毒事件也较频繁，即使食用十几粒即能引起中毒，而煮制过的白果摄入过多也会引起中毒，该现象与杏仁中毒相似，因此一些报道认为白果中毒主要是氰化物引起的。但查阅国外文献，均认为白果的不安全主要是其中的银杏酚酸类物质或 4-MPN 引起，未见关于白果氰化物的报道。陈鹏等(1989)应用离子计和标准加入法测得发芽白果中氢氰酸的含量为 5.23mg/kg，辐照处理可使之降低 10 倍左右；张峰伦等应用硝酸银滴定法测得白果中氢氰酸含量为 0.233 ~ 0.521mg/kg（鲜重），李晓莉等采用吡啶盐酸联苯胺比色法，测的湖北随州产白果中氰化物(以氢氰酸计)含量为0.08mg/kg[3]，这两种方法的结果均低于检测方法的检出极限，数据有待于商榷；而董立鉴专利报道白果中氰化物含量为32mg/kg左右，经其专利方法处理后的氰化物含量降到0.1mg/kg以下，但未给出其测定方法，而且数据与报道数据差别较大。但在本研究中，通过普鲁士蓝法、苦味酸试纸法及硝酸银滴定法，没能测到白果中氰化物。说明白果中不含氰化物，或者可能由于检测方法的灵敏度所限无法检出。

3.3 结论

本文应用普鲁士蓝法、苦味酸试纸法、硝酸银滴定法3种方法对白果及其胚和胚乳中氰化物进行了检测，3种方法均未发现白果及其胚和胚乳中有氰化物存在。由此可以推断，食用白果过敏或者中毒是由其他原因造成，具体的过敏或中毒机理尚需进一步研究。

参考文献

[1]徐丽华，赵利昌．白果的药用价值探讨[J]．山东医药工业，1997，16(4)：47-48.

[2]宋淑华．浅谈白果的临床应用[J]．中国民间疗法，2003，11(11)：44-45.

[3]李晓莉，胡敏．白果及澄清型白果饮料中营养成分及有毒成分分析[J]．湖北农业科学，1997，5：59-61.

[4]檀艳红．白果的合理应用[J]．中医中药，2007，1：51.

[5]章小兵，宋淑媛，汪淑珍．话白果[J]．黑龙江中医药，1994，(3)：51-52.

[6]黄文，谢笔钧，王益．白果的研究和开发利用[J]．湖北林业科技，2002，3：41-42.

[7]饶术成．药食两相宜[J]．东方药膳，2006，(2)：40-41.

[8]三采文化编．药物养生事典[M]．汕头：汕头大学出版社，2005，4.

[9]张锋伦，郑群雄，吴素玲，等．江苏地区不同品种白果的品质分析[J]．江苏农业科学，2008，(4)：230-232.

[10]董立鉴．一种白果脱毒方法[P]．中华人民共和国：ZL96107461.2，2000.

[11] Teris A. van Beek. Chemical analysis of *Ginkgo biloba* leaves and extracts [J]. Journal of Chromatography A, 2002, 967: 21-55.

[12]杨剑婷，吴彩娥．白果致过敏成分及其致敏机理研究进展[J]．食品科技，2009，(5)：

[13] F. R. Mizutani, S. Hirota. A. Aman, *et al.* Changes in cyanogenic glycoside contents and /3-cyanoalanine synthase activity in flesh and seeds of Japanese plum (*Prunus salicina* Lind L.) during development[J]. J. Japan. Soc. Hort. Sci. 1991, 59: 863-867.

[14] E. Swaina, E. Jonathen. Poulton. Utilization of amygdalin during seedling development of Prunus serotina[J]. Plant Physiol. 1994, 106: 437-445.

[15] 李科友，史清华，朱海兰，等．苦杏仁化学成分的研究[J]．西北林学院学报，2004，19(2)：124-126.

[16] A. Femenia, C. Rossello, A. Mulet, *et al.* Chemical Composition of Bitter and Sweet Apricot Kernels[J]. J. Agric. Food Chem., 1995, 43: 356-361.

[17] 朱蓓薇．pH值不同的浸泡液对杏仁脱苦去毒的影响[J]．食品工业科技，1993：3-6.

[18] 格鲁什科著．工业废水中有害无机化合物[M]．北京：化学工业出版社，1984.

[19]B. E. Van Wyck. The taxonomic significance of cyanogenesis in Lotononis and related genera[J]. Biochemical Systematics and Ecology, 1989, 17(4): 297-303.

[20] M. Rezaul Haque, J. Howard Bradbury. Total cyanide determination of plants and foods using the picrate and acid hydrolysis methods[J]. Food Chemistry. 2002, 77: 107-114.

[21] H. H. Yeoh, T. Tatsuma, N. Oyama. Monitoring cyanogenic potential of cassava: the trend towards biosensor development[J]. Trends in Analytical Chemistry, 1998, 17(4): 234 - 240.
[22] 李琼芳，莫海洪．简易法鉴定青饲料中的氰化物[J]．中国饲料，2006，11：33 - 37.
[23] 赖玲扬．苦味酸试纸法快速检验水中氰化物[J]．净水技术，1997，60(2)：37 - 39.
[24]邓绍平，邝嘉萍，钟伟祥，等．香港食用植物中氰化物含量及加工过程对其含量的影响[J]．中国食品卫生杂志，2008，20(5)：428 - 431.
[25]林玉桓．杏仁氢氰酸的去除及饮料生产.
[26]陈文华，张春梵，陈朝钦，等．普鲁士蓝测试斑点形成法的氰化物中毒检体快速检测．家畜卫试所研报，2007，42：11 - 20.
[27] Natural Toxins in Food Plants. Available from URL: http://sc.info.gov.hk/gb/www.cfs.gov.hk/english/programme/programme_ rafs/programme_ rafs_ fc_ 01_ 17_ report.html, 05 - 07 - 2007; 12 - 05 - 2009.

白果蛋白过敏动物模型的试验研究*

吴彩娥[①] 杨剑婷 李莹莹 贾韶千 范龚健 潘红梅

（南京林业大学森林资源与环境学院，江苏南京 210037）

摘要：【研究目的】为明确白果蛋白是否具有致敏性，试验对白果蛋白致敏的小鼠模型进行了研究。【方法】以 Tris-HCl 缓冲液为阴性对照、卵白蛋白为阳性对照，设置白果蛋白低剂量组和高剂量组，每隔7d 经口灌胃致敏 1 次共 3 次，末次致敏 7d 后腹腔注射激发，致使小鼠过敏。【结果】白果蛋白及阳性对照激发后的小鼠血清产生高水平 IgE 及 IgG 抗体，体外激发小鼠致敏肥大细胞组胺释放率显著高于阴性对照，免疫期间血浆中组胺也显著升高，小鼠肠、肺、肝均见炎症病灶，高剂量处理及阳性对照的肾脏也显炎症细胞浸润。【结论】该模型可用于研究白果蛋白致小鼠发生的 IgE 介导的Ⅰ型过敏反应。

关键词：白果；蛋白；过敏；小鼠；模型

Studyon Animal Model of Allergy Provoked by Ginkgo Kernel Protein

Wu Cai'e Yang Jianting Li Yingying Jia Shaoqian Fan Gongjian Pan Hongmei

(Department of forest source and environment, Nanjing Forest University, Nanjing 210037, P. R. China)

Abstract: 【Objective】Mouse model of allergic reaction induced by ginkgo kernel protein was studied for the allergen assessment. 【Method】Taking Tris-HCl buffer solution as negative control and ovalbumin as positive control, different group of mice were sensitized by two doses of ginkgo kernel protein and controls orally on days 0d, 7d and 14d, and challenged intraperitioneally at 7d after the last sensitization. 【Result】The result showed there were high level of IgE and IgG in ginkgo kernel protein group and positive control group, histamine release rate after challenged in vitro was higher significantly than the negative control. During the immune time, histamine in plasma was increased. There were inflammatory focuses in intestines, lungs and livers in mice treated with thinner dose of ginkgo kernel protein, and also in kidneys of mice treated with thicker dose of gingko kernel protein and the positive control. 【Conclusion】This model may be used to research IgE (Immunoglobin E)-mediated Ⅰ type allergy in mice caused by ginkgo kernel protein.

---

* 基金项目：教育部博士点基金项目(项目号：200802980004)。

① 吴彩娥(1963－)，女，山西平陆人，博士，教授，博士生导师。研究方向为食品活性物质分离纯化及食品安全控制。Tel：025－85427844；Fax：025－85427844；E－mail：sxwucaie@163.com

Key words：Gingko kernel；Protein；Allergy；Mouse；Model

银杏是我国特有的古老树种，其种实去掉肉质外种皮后的部分俗称白果。白果富含蛋白质、脂肪、糖、维生素 C、核黄素等多种营养物质及黄酮、内酯等有效成分，动物试验研究表明，白果具有提高肌体耐缺氧、抗疲劳以及延缓衰老的作用[1]。但据实践经验及临床报道，生食白果或进食太多，会引起过敏反应，即使是煮熟的白果也不能过多食用，儿童对白果更为敏感，临床表现为恶心、呕吐、腹痛、腹泻、烦躁不安、昏迷、抽搐、呼吸困难、瞳孔放大伴随着对光反应迟钝，乃至死亡等[1,2]。目前研究认为导致白果过敏的主要物质是烷基酚类化合物[2,3]，也有 4'-o-甲基吡哆醇(4-0-Methylpyridoxine，MPN)的致敏报道[4]。但对相关资料数据分析表明，白果中可能存在其他过敏原[5]。据 2001 年 FAO/WHO 生物技术食品过敏性联合专家咨询会议(joint FAO/WHO expert consultation on allergenicity of foods derived from biotechnology)的转基因食品潜在致敏性树状评估策略，定向筛选血清学试验和动物模型成为探测未知过敏原的新方法，并明确提出，动物模型是评价转基因作物潜在致敏性的更有决定性的、也更为整体的一种方法[6]。因此，建立合适的动物模型来研究白果蛋白的致敏性具有重要意义。许多动物模型如小鼠、大鼠、猪等已在揭示食品过敏机理方面已有较多的报道[7,8,9]。其中啮齿动物相对来说容易饲养，费用低，试验时间短，方便于研究致敏和激发期不同阶段的过敏反应，广泛应用于食物过敏的研究。与其他动物模型相比，小鼠模型具有明显的优点，特别是体现在高水平 IgE 反应、多样的免疫学和分子学反应物。此外，小鼠和人类之间相似的抗体决定簇也证明小鼠是用于人类食品过敏研究的有效模型[10]。国际生命科学研究院健康与环境科学研究所的蛋白质过敏技术委员会(international life sciences institute，health and environmental sciences institute，protein allergenicity technical committee，ILSI HESI PATC)于 2000 年开始就组织了 4 个试验室研究建立小鼠模型。研究了 4 个不同品种的小鼠(A/J，Balb/c，BDF1，C_3H/HeJ)的模型，可测定已知蛋白是否能诱发可重复性的过敏反应，也可测定人类目前食用的毫无任何过敏信息的蛋白不会引发过敏反应。不同的模型其暴露途径不同(经口灌胃、腹腔注射)、是否应用佐剂不同、暴露的次数和剂量不同、方法的类型(同种的或异种的被动皮肤过敏反应)及检测指标(过敏率、IgG 及 IgE 水平、临床指标、致死率)等均有所差异[11]。但迄今，能有效用于检测食品潜在过敏性、作为食品安全检测工具的动物模型尚未建立，而关于白果蛋白过敏鲜见报道。本研究以卵白蛋白为阳性对照，建立有效的白果蛋白过敏动物模型，为明确白果蛋白的致敏性、揭示白果蛋白致敏的机理提供基础，同时也为预测新型蛋白致敏性的提供方法思路。

1 材料与方法

1.1 试验材料

白果，品种为‘大佛指’，于 2007 年 10 月份购自江苏泰兴。白果去掉外种皮后于 0 ~ 4℃贮藏 7 个月后，含水量 60.33%；去壳冷冻干燥，含水量 6.99%，－20℃贮藏备用。

1.2 试验动物

健康成年昆明种小白鼠，体重(20 ± 2)g，雄性，由南京江宁区青龙山动物繁殖场提供。

1.3 试验试剂

组胺、邻苯二甲醛、卵白蛋白、羊抗小鼠 IgE - HRP、羊抗小鼠 IgG - HRP 均为 Sigma 公司；Percoll 细胞分离液为 Solarbio 进口分装；牛血清蛋白、邻苯二胺(OPD)、3,3-二氨基联苯胺(DAB)，华美公司(中国)；N-苯甲酰-DL-精氨酸-对硝基苯胺盐酸盐(BAPNA)、二甲基亚砜，上海三杰生物技术有限公司。其他均国产试剂。

Hank's 平衡盐溶液(Hank's Balanced Salt Solution，HBSS)：8g/L NaCl，0.4g/L KCl，1g/L 葡萄糖，60mg/L KH_2PO_4，47.5mg/L Na_2HPO_4，调 pH 值至 7.2。

1.4 试验方法

1.4.1 白果蛋白的制备

冻干白果冰浴中研磨，过 40 目筛，粉末用石油醚以 1∶10(m/v)的比例混匀，4℃脱脂，隔 1～2h 搅动 1 次，每隔 24h 更换 1 次石油醚，共更换 3 次。脱脂后的白果粉末用 0.2mol/L、pH 值 7.4 的 Tris - HCl 缓冲液(TBS)以 1∶10(m/v)的比例混匀，4℃浸提 24h，隔 1～2h 搅动 1 次。浸提液过滤，得到的滤液 5000r/min、4℃离心 30 min，得到的上清液经过饱和度 40%～80%的$(NH_4)_2SO_4$分级沉淀，沉淀冻干即为试验所用的白果蛋白。

取白果冻干粉用 TBS(0.2mol/L、pH 值 7.4)配制为 20mg/ml、40mg/ml、100mg/ml、200mg/ml 4 个剂量用于白果蛋白处理组。

1.4.2 小鼠的免疫

成年小鼠分成 4 组，每组 40 只。试验组分为阴性对照组、白果蛋白低剂量组、白果蛋白高剂量组、阳性对照组，具体如下：

阴性对照组：TBS(0.2mol/L、pH 值 7.4)经口灌胃致敏和腹腔注射激发；

白果蛋白低剂量组：20mg/ml 白果蛋白经口灌胃致敏、40mg/ml 白果蛋白腹腔注射激发；

白果蛋白高剂量组：100mg/ml 白果蛋白经口灌胃致敏、200mg/ml 白果蛋白腹腔注射激发；

阳性对照组：卵白蛋白用 TBS(0.2mol/L、pH 值 7.4)配制为 0.5mg/ml 和 1mg/ml 的蛋白液作为阳性对照组。0.5mg/ml 的卵白蛋白经口灌胃致敏、1.0mg/ml 卵白蛋白腹腔注射激发。

每组小鼠均在第 1、7、14d 致敏，第 21d 激发。致敏、激发剂量均为 0.3ml/10g 体重。每次致敏后 1h 取 10 只小鼠眼眶采血；激发后 1h 眼眶采血、取腹腔肥大细胞及采集脏器。

1.4.3 小鼠血清、血浆的提取

豚鼠末次致敏后 40min 眼眶采血。血于室温静置 3h 后，4℃离心(1000r/min，10min)吸取上清液即为血清；室温离心(3000r/min，10min)吸取上清液为血浆。血清、血浆于 -20℃贮藏备用。

1.4.4 鼠血清 IgE、IgG 的测定

采用间接 ELISA 法，白果蛋白用 0.01mol/L、pH 值 7.4 磷酸盐缓冲液(PBS)稀释为 50μg/ml，以之浸泡酶标板板，100μl/孔，4℃过夜，洗涤液(1% BSA、0.05% Tween - 20、0.01mol/L、pH 值 7.4 磷酸盐缓冲液，PBST)洗板 5 次，每次 3min。后用 ELISA 封闭液(0.05% Tween - 20、0.01mol/L、pH 值 7.4 磷酸盐缓冲液，BPBST)200μl/孔封闭，湿盒中 37℃孵育 2h，后同上洗板，加入以 1∶400 比例稀释的待测血清，100μl 孔，37℃孵育 2h，同

上洗涤，加入羊抗鼠 IgG－HRP(稀释度1∶1000)及IgG－HRP(稀释度1∶100)，37℃孵育2h，同上洗涤；加底物OPD于37℃显色30min；加入2mol/L的 H_2SO_4，50μl孔终止反应，在酶标仪(RS232C型酶标仪，美国MD公司)上测量492 nm波长处吸光值，结果以OD492表示。阴性对照用未免疫过的小鼠血清，以PBS为空白对照调零。

1.4.5　小鼠腹腔肥大细胞的收集与分离

小鼠采血后处死，向小鼠腹腔注射5ml HBSS，提起小鼠四肢来回晃动小鼠使腹腔液充分混合，并轻轻按摩小鼠腹部，10min后在腹腔上剪开一个小口，抽取腹腔液2ml，缓慢注入装有2ml淋巴细胞缓冲液的5ml离心管中。离心管于室温下1500r/min离心10min，吸取中间层细胞(肥大细胞)置于另一5ml刻度离心管中，用HBSS定容到4ml，室温1500r/min离心10min，重复2次，最后将细胞悬浮于2ml的HBSS中。

1.4.6　腹腔肥大细胞及血浆中组胺的测定

应用荧光光度法[12]。

组胺标准曲线绘制：准确称取组胺0.0111g，溶于100ml HCl (0.1mol/L)中，取0.1ml，用0.1mol/L HCl稀释到100ml，配制成 10^{-4} mg/ml的组胺母液，冷藏备用。取6支试管，分别加入组胺母液1、0.4、0.8、1.2、1.6、2.0ml，用0.1mol/L HCl分别补充到体积2ml，再向其中分别依次加入4mol/L NaOH 1ml、0.1%的OPT－甲醇溶液0.5ml，混合均匀后放置10min，加入0.6ml HCl (0.5mol/L)终止反应，荧光分光光度计激发波长与发射波长扫描分别为349nm和443nm，在此条件下测定荧光强度并绘制标准曲线。标准曲线为 $CON = 0.008658 * INT^{-1} - 0.4235$，拟合优度99.761%。

腹腔肥大细胞组胺释放率的测定：取不同组别肥大细胞悬液0.51ml，分别加入等体积的Tris－HCl、40mg/ml白果蛋白液、200mg/ml白果蛋白液、1mg/ml卵白蛋白，充分混匀，37℃孵育1h后，于1500r/min离心10min，吸取上清液，加入1ml 0.1mol/L HCl和1ml 4mol/L NaOH、0.5ml 0.1%的OPT甲醇溶液，混匀后放置10min，加入0.5mol/L HCl 0.6ml，于激发波长349nm、发射波长443nm测定组胺含量Hr。另取各组别细胞悬液0.5ml加热煮沸1min后离心，吸取上清液按上述方法测定组胺含量。结果以组胺释放率表示，公式如下：

$$Rr = \frac{Hr}{Ht} \times 100\%$$

式中：*Rr*——释放率(%)；*Hr*——过敏原释放组胺量(mg)；*Ht*——总组胺量(mg)。

血浆中组胺的测定：取血浆0.2ml，加入1.0ml H_2O 和0.4ml 25% (v/v)三氯乙酸溶液，混合均匀后4000r/min离心10min，吸取上清液，加入1g NaCl、4.0ml正丁醇和0.2ml 2.5mol/L NaOH，立即混匀，震荡10min，吸取正丁醇相3.6ml，向其中加入0.1mol/L HCl和1.5ml的正庚烷，震荡5min，弃去有机相，取1.0ml HCl相(含组胺溶液)置于试管中按上述方法测定组胺含量。

1.4.7　腹腔肥大细胞类胰蛋白酶的测定

参考资料[13]，取40μl腹腔肥大细胞液置于1.5ml的TBS (0.1mol/L, pH值7.4)，混合均匀后，加入40μl的BAPNA的二甲基亚砜溶液(20mg/ml)，立即混合均匀后于30℃反应20min，加入0.5ml 30% (v/v)乙酸终止反应，在405nm测吸光度(A)。以反应缓冲液为参比调零，相对酶活力单位采用以下公式计算：

$(A_{待测}/A_{标准}) \times 100$

蛋白质含量以牛血清蛋白为标准蛋白，用紫外分光光度计(280nm)进行测定。

1.4.8 豚鼠脏器的病理切片制作

豚鼠激发后1h，短颈处死后，摘取肝脏、肺脏、肾脏及小肠用福尔马林溶液固定，乙醇梯度脱水，石蜡液包埋，切片，采用常规 HE 染色及甲苯胺蓝染色方法处理，显微镜拍照。

2 结果与分析

2.1 小鼠免疫期间 IgE 和 IgG 的变化

如图1所示，小鼠在白果蛋白和卵白蛋白免疫期间，IgG 及 IgE 有不同程度的升高($P<0.05$)，具有医学统计学意义。免疫末期(第21d)3个蛋白组别的抗体水平都极显著高于阴性对照($P<0.01$)，说明白果蛋白和卵白蛋白经口灌胃或腹腔注射均可诱发小鼠机体产生抗白果蛋白和卵白蛋白的 IgE 和 IgG 抗体。IgG 抗体的产生表明该蛋白具有免疫原性，在此基础上产生的 IgE 抗体说明该蛋白具有免疫反应性，即具有致敏性[14]。

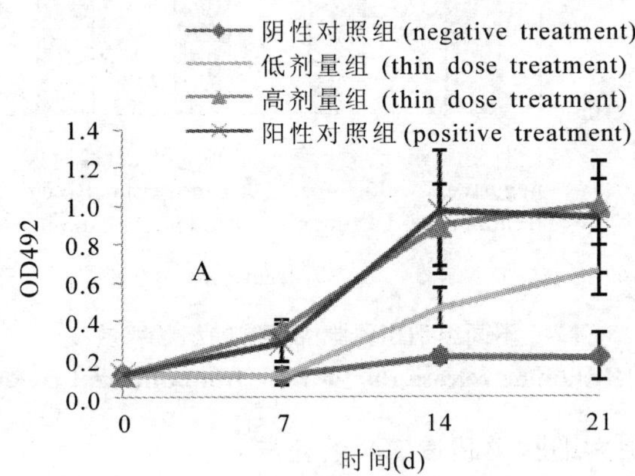

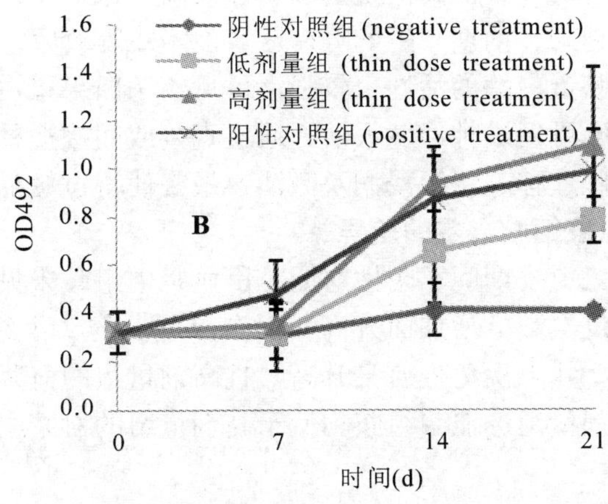

图1 不同组别小鼠免疫期间的 IgE(A)和 IgG(B)

Fig. 1 IgE(A) and IgG(B) of mice from different treatment during immune time

2.2　不同组别小鼠腹腔肥大细胞组胺释放率的差异

小鼠腹腔肥大细胞体外致敏可激活组胺的释放，不同程度的过敏反应，组胺释放率呈现不同的变化，体外致敏作用越强，组胺释放率就越高。白果蛋白高剂量组的组胺释放率极显著高于其低剂量组($P<0.01$)，而阳性对照的组胺释放率极显著高于其他三者($P<0.01$，图2)，说明白果蛋白对小鼠具有致敏作用，且高浓度蛋白比低浓度蛋白的致敏作用强，而卵白蛋白对小鼠的致敏作用比 100mg/ml 的白果蛋白的致敏作用还高。

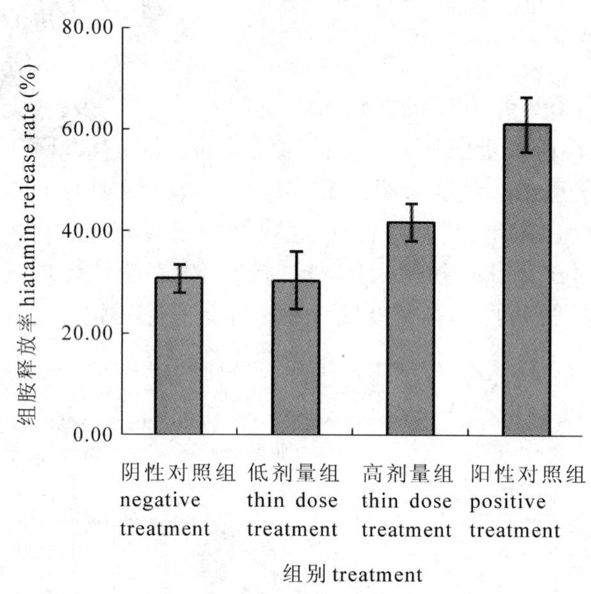

图2　不同组别小鼠肥大细胞的组胺释放率

Fig. 2　Histamine release rate of mice from different treatment

2.3　不同组别小鼠肥大细胞类胰蛋白酶的差异

由图3可知，不同蛋白处理的小鼠肥大细胞类胰蛋白酶活性存在差异。蛋白组的酶活性极显著高于阴性对照组的酶活性，而高剂量的酶活性又高于低剂量组，阳性对照组的酶活性最高，这是因为蛋白浓度越高，前期产生的 IgE 越多，体外致敏后，对肥大细胞中类胰蛋白酶的激发也较多，因而类胰蛋白酶的活性也较强。可见给予白果蛋白后小鼠肥大细胞类胰蛋白酶活性升高，类胰蛋白酶可促进神经肽失活，通过直接或间接途径增加血管通透性，可促使嗜酸性粒细胞等炎症细胞迁移、组织浸润及激活，最终使得过敏症状得以表现。

2.4　不同组别小鼠血浆组胺含量的差异

试验结果表明，在小鼠免疫期间，阴性对照小鼠血浆中组胺未见明显升高，卵白蛋白组的小鼠血浆中组胺均随免疫次数的增加而升高，而白果蛋白的 2 个组别均在第 7d 升高，而第 14d 又有所下降，到第 21d 末次免疫后又升高，且高剂量组的血浆组胺水平与卵白蛋白组的相近。而白果蛋白的低剂量组的血浆组胺均低于高剂量组的血浆组胺。

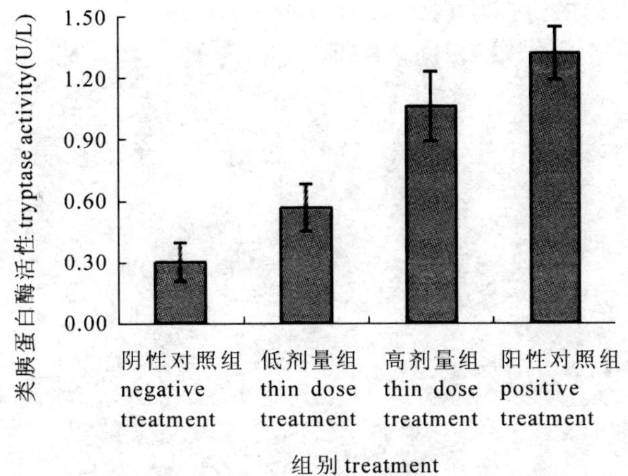

图3 不同组别小鼠肥大细胞的类胰蛋白酶活性

Fig. 3 Tryptase activity of mice from different treatment

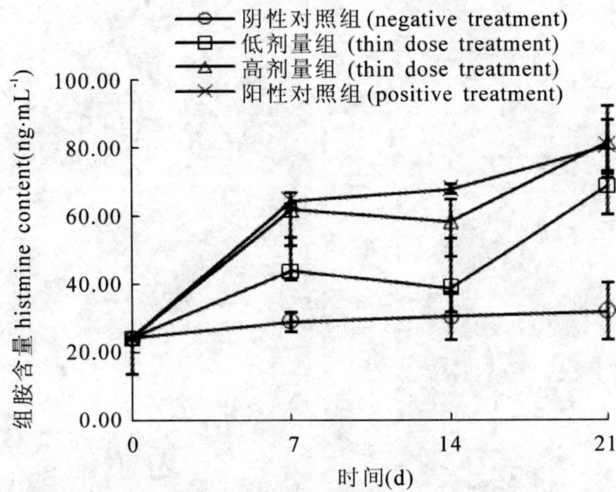

图4 同组别小鼠免疫期间血浆中的组胺含量

Fig. 4 Histamine content of mice plasma during immune time

2.5 过敏小鼠脏器的形态学观察

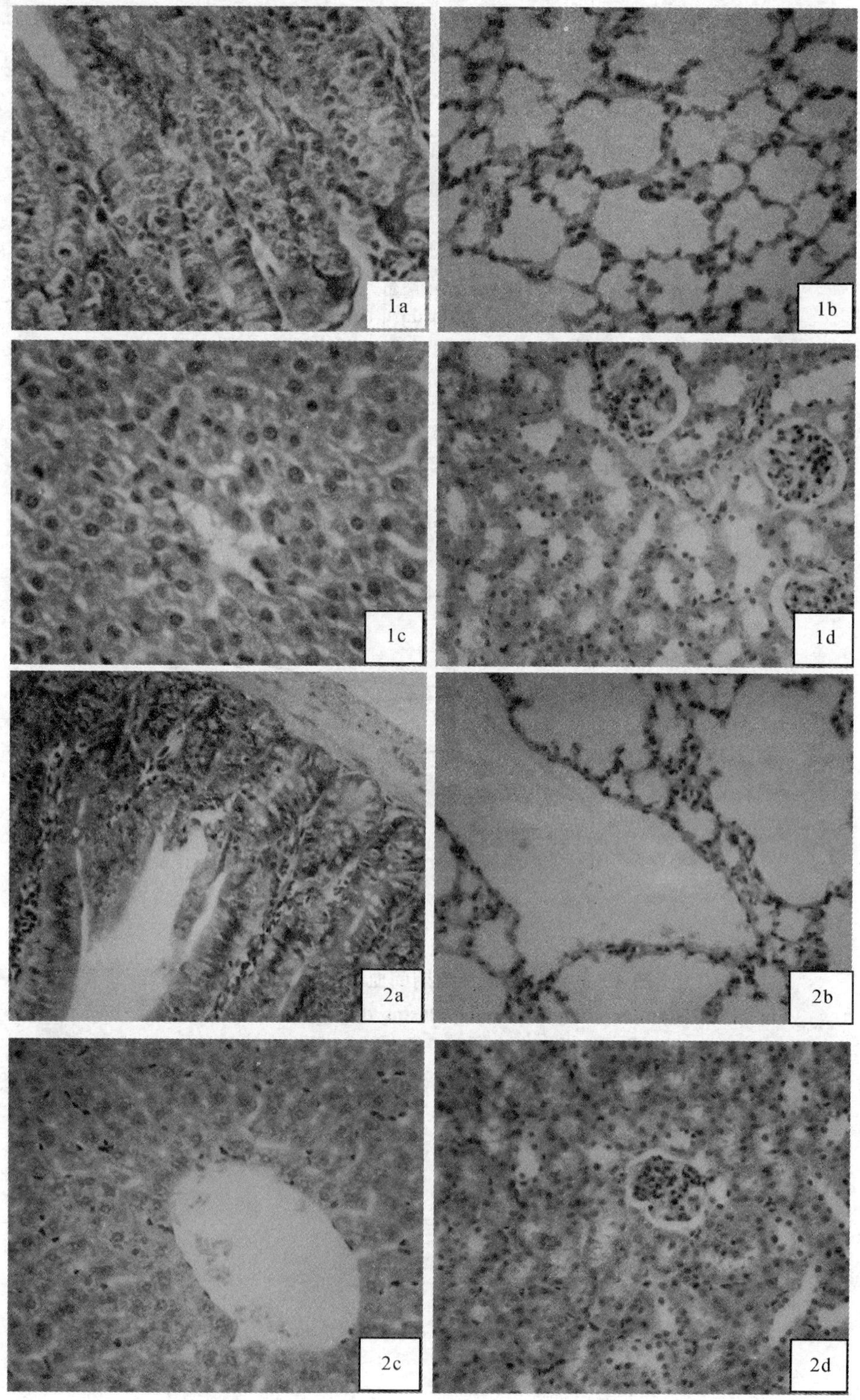

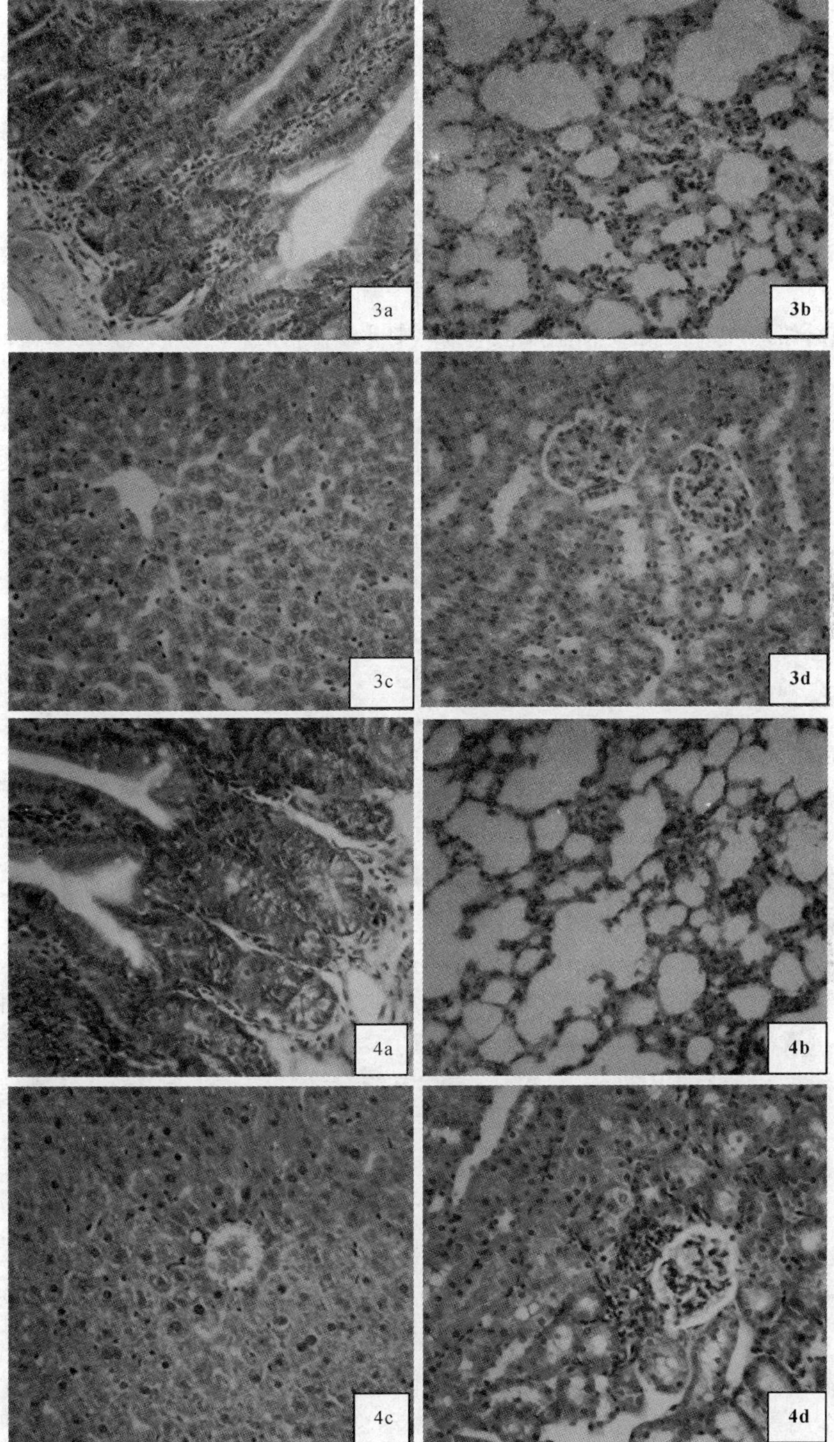

图5　白果蛋白过敏反应小鼠肠(a)、肺(b)、肝脏(c)、肾(d)等组织的病理切片(倍率 10×20)

Fig. 5 Histopathology sections of livers (a), lungs (b), kidneys (c) and intestines (d) from mice of negative control (1), thin dose treatment (2), thick treatment (3) and positive control (4). (Magnification, 10×20)

试验中，阴性对照的小鼠各脏器均呈现正常形态(图 5 中 1a、1b、1c、1d)，而白果蛋白组及阳性对照组的小鼠肝、肠、肺、肾均显不同程度的炎症变化。

肠中的消化酶可将蛋白质分解为氨基酸进入代谢循环。低剂量白果蛋白处理的小鼠肠黏膜间质少量炎细胞浸润(图 5 中 2a)，肺脏多量急慢性炎细胞浸润，间质水肿增生，肺泡充气过度，扩张，支气管黏膜黏液分泌旺盛，周围少量炎细胞浸润(图 5 中 2b)，肝脏细胞轻度水肿，组织间质散在炎细胞浸润(图 5 中 2c)，肾脏形态未见明显异常(图 5 中 2d)。

而高剂量白果蛋白组的小鼠几个脏器的炎症病理特征更为明显，肠黏膜内较多炎细胞浸润(图 5 中 3a)，肝脏组织内多量炎细胞浸润，灶性坏死，肺泡扩张，充气过度(图 5 中 3b)，肺间质纤维增生，并见炎细胞浸润(图 5 中 3c)，肾脏间质有少量炎细胞浸润(图 5 中 3d)。

阳性对照组的小鼠肠黏膜内少量炎细胞浸润(图 5 中 4a)，肺泡扩张，充气过度，肺气肿形成，肺间质多量炎细胞浸润，纤维组织增生，支气管黏膜黏液分泌旺盛(图 5 中 4b)，肝脏轻中度水肿(图 5 中 4c)，肾脏间质有炎细胞浸润(图 5 中 4d)。

这说明白果蛋白作为过敏原在消化的过程中，使得类胰蛋白酶活性升高(图 4)，类胰蛋白酶可促进神经肽失活，通过直接或间接途径增加血管通透性，可促使嗜酸性粒细胞等炎症细胞迁移、组织浸润及激活，导致相关组织、器官发生病变。

3　讨论

新型食品的安全性评价方法，特别是因转基因食品而引起关注的是食品潜在过敏性的监测和评价方法越来越成为研究的热点[15]。应用啮齿动物进行蛋白的潜在致敏性研究取得了一定的进展，动物模型已成为重要的研究手段，但迄今尚未建立起有效的动物模型，故关于模型的特异性、敏感性、重现性等尚需大量研究。

本试验采用小鼠作为受试动物进行研究，免疫期间产生了特异性 IgG 和 IgE，血浆组胺也升高，肥大细胞体外激发可见组胺释放率增加，激发后相关脏器也显炎症细胞浸润，这些均表明小鼠在给予白果蛋白后可能发生了过敏反应。大量资料表明小鼠可用作研究蛋白过敏模型[16]，但也有研究发现常见致敏食物蛋白质 OVA 和 TI 、不常见致敏食物蛋白质 BSA 和无致敏史食物蛋白质 PAP 均可使 BALB/c 小鼠产生过敏反应。认为 BALB/c 小鼠不适合作为食物过敏动物模型[17]。

根据 I 型变态反应的反应机理，食品过敏分为致敏阶段和激发阶段。所以在过敏动物试验中，一般均先对受试动物进行过敏原的致敏，该阶段时间较长，一般在 10d 以上，致敏结束后较短时间(1h ~ 1d)内对其进行过敏原的激发。激发处理的过敏原可据试验需要与致敏阶段有所不同，剂量一般较致敏大，方法也可与前者不同[18]。经口灌胃、腹腔注射、静脉注射、皮下注射等都可用于致敏和激发途径。但食品的过敏是通过消化系统发生的，因此经口灌胃最能真实模拟人对食品的过敏过程，并能去除消化中的干扰因素(如肠道内蛋白失活、消化酶作用等)，也是大多研究食品过敏中动物的致敏方式[19]。腹腔注射则直接将受试物送抵腹腔内，若腹腔内已产生 IgE 抗体，它们很容易桥联启动过敏介质因子的释放，因此在研究中的激发通常采用腹腔注射[20]。本研究也采用低浓度经口灌胃 3 次后高浓度腹腔注射激发，可现相关指标的变化。值得讨论的是佐剂的问题。佐剂可明显提高 IgE 水平、肥大细胞蛋白酶活性、粒细胞数及细胞因子水平等，但也可能会引起假阳性反应，认为为了更接近人对过敏物的摄取过程，最好不用抗体[19]。本试验中未使用佐剂，关于佐剂使用与否仍需进一步研究。

过敏反应以IgE为主介导的变态反应，所以该指标是反应过敏与否的重要标志。试验中，白果蛋白组和卵白蛋白组的小鼠IgE都升高，说明机体产生了大量的IgE，这些IgE结合在肥大细胞表面或血液中嗜酸性粒细胞表面，使得机体处于致敏状态，当再次接触同样的过敏原时，IgE抗体即与过敏原蛋白桥联，引起细胞构象变化，导致肥大细胞脱颗粒释放出介质物质，如组胺、白三烯等，从而引起过敏症状。

组胺是机体活性物质之一，组织中的组胺是以无活性的结合型存在于肥大细胞和嗜碱性粒细胞的颗粒中，以皮肤、支气管黏膜、肠黏膜和神经系统中含量较多。当机体发生过敏反应时，上述细胞脱颗粒，导致组胺释放，本研究也发现免疫过程中小鼠血浆组胺升高，肥大细胞体外激发可致组胺释放出来，这些组胺与其受体结合而产生生物效应，即出现各种过敏症状[21]。近来的研究认为机体内的许多免疫及验证过程中的生理、病理反应也受到组胺的影响[22]。体外致敏的组胺释放可以模拟体内致敏的发生规律，即过敏原再次与已经产生的特异性IgE桥联并与肥大细胞或嗜碱性粒细胞上的高亲和性IgE受体上，从而引发包括组胺在内的炎症物质的释放[23]。释放出的组胺进入血液，使得患者血液中组胺升高。因此，测定患者血浆中的组胺水平可反映机体对组胺的释放情况[24]。

过敏反应在发展过程中还伴随着相关蛋白酶(类胰蛋白酶、类糜蛋白酶等)的释放。体外致敏同样可以导致抗原与细胞内已经产生的特异性IgE结合，模拟体内变态反应酶活性的变化。试验结果显示小鼠肥大细胞类胰蛋白酶活性升高，这是由于贮存于分泌颗粒中的类胰蛋白酶，随着肥大细胞的激活释放到细胞外，促使炎症发生，并能催化相关反应破坏膜的完整性、促进组织的构型重塑，表现出过敏症状[25]，是肥大细胞炎症反应中更具有选择性的标志物。

正常情况下机体胃肠道的非特异性和特异性黏膜屏障系统可以限制完整的蛋白质抗原侵入，而进入肠道的食物抗原与分泌型IgA(SIgA)结合，形成抗原抗体复合物，限制了肠道对食物抗原的吸收，从而直接或间接地减轻对食物蛋白的免疫反应。但一些过敏性体质个体中，因消化道黏膜柔嫩、血管通透性高，消化道屏障功能差，各种食物过敏原易通过肠黏膜入血，发生炎症反应[26]。一些研究发现食物过敏反应中，小肠[27]和肝脏都发生了炎症反应[28]。Scudamore等[29]的研究也表明小鼠经口致敏模拟食物过敏中，其空肠发生超敏反应。炎症反应导致肠道通透性增加[30]，不能被降解的大分子蛋白类过敏原通过门静脉进入肝脏，因而引起肝脏的免疫反应，最终导致肝组织损伤。试验也发现给予过敏蛋白的小鼠脏器发生炎症变化。

4 结论

给予白果蛋白的小鼠免疫期间IgE及IgG水平均升高，而高剂量蛋白处理小鼠的IgE和IgG水平都高于低剂量处理；肥大细胞组胺释放率高于低剂量小鼠的组胺释放率。免疫期间血浆中组胺含量逐渐升高，不同处理组别的组胺含量与给予蛋白的剂量成正比；白果蛋白可致类胰蛋白酶活性升高，且高剂量蛋白处理的小鼠类胰蛋白酶活性高于低剂量处理的；病理切片结果表明，白果蛋白两个剂量处理的小鼠肠、肝、肺均见炎症症状，低剂量处理的小鼠肾脏未见明显病灶，高剂量处理的小鼠肾间质也见炎细胞浸润。综合结果，该小鼠过敏反应模型可用于白果蛋白的过敏性研究。

参考文献

[1] 曹福亮. 中国银杏志[M]. 北京：中国林业出版社，2007：1－35.

[2] Teris A. van Beek. Chemical analysis of *Ginkgo biloba* leaves and extracts [J]. Journal of Chromatography A, 2002, 967: 21－55.

[3] Helke Hecker, Reiner Johannissob, Egon Koch, *et al.* In vitro evaluation of the cytotoxic potential of alkyphenols from *Ginkgo biloba* L. [J]. Toxicology, 2007, 177: 167－177.

[4] Yasushi H, Manami F, Kenji S, *et al.* Rapid analysis of 4'－O－methylpyridoxine in the serum of patients with *Ginkgo biloba* seed poisoning by ion－pair high－performance liquid chromatography [J]. Biological & Pharmaceutical Bulletin, 2004, 27(4): 486－491.

[5] 杨剑婷，吴彩娥. 白果致过敏成分及其致敏机理研究进展[J]. 食品科技，2009，5：35－38.

[6] FAO/WHO. Evaluation of allergenicity of genetically modified foods [R]. Report of a Joint FAO/WHO Expert Consultation on Allergenicity of Foods Derived from Biotechnology, 2001: 22－25.

[7] 向军俭，李小迪，王宏，等. 过敏症豚鼠模型的建立及海虾主要过敏原组分的纯化与鉴定[J]. 食品科技，2006，6：137－140.

[8] 向军俭，张在军，毛露甜，等. 食物过敏原体外激发小鼠致敏肥大细胞组胺释放[J]. 广东医学，2005，26(5)：593－595.

[9] Christal C. Bowman, MaryJane K. Selgrade. Utility of rodent models for evaluating protein allergenicity [J]. Regulatory Toxicology and Pharmacology, 2009, 54(3, S1): S58－S61.

[10] Udo Herz, Harald Renz, Ursula Wiedermann. Animal models of type I allergy using recombinant allergens [J]. Methods, 2004, 32: 271－280.

[11] Karluss Thomas, Sue MacIntosh, Gary Bannon, *et al.* Scientific advancement of novel protein allergenicity evaluation: An overview of work from the HESI Protein Allergenicity Technical Committee (2000－2008) [J]. Food and Chemical Toxicology, 2009, 47: 1041－1050.

[12] 向军俭，陈华粹. 组胺的荧光检测法的研究[J]. 中国医学科学院学报，1981，3(3)：183－187.

[13] 赵杰，高彩荣，王英元. 豚鼠过敏性休克中性蛋白酶活力测定[J]. 山西医药杂志，2008，37(3)：236－237.

[14] Rebecca J. Dearman, Ian Kimber. A mouse model for food allergy using intraperitoneal sensitization [J]. Methods. 2007, 41: 91－98.

[15] F Estelle R Simons, Anthony J. Frew, Ignacio J. Ansotegui, *et al.* Risk assessment in anaphylaxis: Current and future approaches [J]. Journal of allergy Clinimmunology, 2007, 120(1): 52～84

[16] Hatice A, Rémi B, Corinne HG. Murine models for evaluating the allergenicity of novel proteins and foods [J]. Regulatory Toxicology and Pharmacology, 2009, 54: S52－S57.

[17] 吕相征，刘秀梅，郭云昌，等. BALB/c 小鼠食物过敏动物模型的试验研究[J]. 卫生研究，2005，34(2)：211－213.

[18] 乔秉善. 变态反应学试验技术(第2版) [M]. 北京：中国协和医科大学出版社，2002：6－36.

[19] Jonthan D de Jone, Leon MJ Knippels, Janine Ezendam, *et al.* The importance of dietary control in the development of a peanut allergy model in Brown Norway Rate. Methode, 2007, (41): 99－111.

[20] Laurent Pons, Usha Ponnappan, Rene? e A. Hall, *et al.* Soy immunotherapy for peanut－allergic mice: modulation of the peanut－allergic response [J]. Food allergy, dermatologic diseases and anaphylaxis, 2004, 114(4): 915－921.

[21] Bayram H, Devalia JL, Khair OA, *et al.* Effect of loratadine on nitrogen dioxide－induced changes in electri-

cal resistance and release of inflammatory mediators from cultured human bronchialepithelial cells [J]. Journal of Allergy Clinimmunology, 1999, 104(1): 93 -99.

[22] Akdis CA, Blaser K. Histamine in the immune regulation of allergic inflammation [J]. Journal of Allergy Clinimmunology, 2003, 112(1): 15 -22.

[23] Kinet JP. The high - affinity IgE receptor (FceRI): from physiology to pathology [J]. Annual Review of Immunology, 1999, 17: 931 -972.

[24] 邓娅卜，李桂明，兰雁飞. 荨麻疹患者血中组胺的测定及其意义[J]. 中国皮肤性病学杂志，2003，17(1)：16 -17.

[25] Caughey GH. Mast cell tryptases and chymases in inflammation and host defense [J]. Immunology Review, 2007, 217(1): 141 -154.

[26] 李甘地. 病理学[M]. 北京：人民卫生出版社，2001：81 -105.

[27] 纪经智，陈虹，陈岩峰，等. 食物过敏动物模型中小肠的变化[J]. 中山大学学报(医学科学版)，2007，27(4)：426 -429.

[28] 陈虹，陈奋华，纪经智，等. 食物过敏动物模型中肝脏的变化[J]. 免疫学杂志，2003，19(3)：205 -207.

[29] Scudamore CL, Thornton EM, McMillan L, *et al*. Release of the mucosal mast cell granule chymase, rat mast cell protease - Ⅱ during anaphylaxis is associated with the rapid development of paracellular permeability to macromolecules in rat jejunum [J]. Journal of Experimental Medicine, 1995, 182(6): 1871 -1881.

[30] 陈虹，陈奋华，李银涛，等. 食物过敏后肠道通透性的研究[J]. 免疫学杂志，2003，19(2)：140 -142.

银杏产业

安陆市银杏绿化大苗产业化发展思路与探讨

潘小平[1]　陈　俊[2]

（[1] 安陆市林业局，湖北安陆　432600；[2] 安陆市科技局，湖北安陆　432600）

当前，随着时代的飞速发展，银杏产业化发展已进入以银杏文化旅游、银杏种苗产业化和银杏果叶综合经营为主体的市场发展步伐中来。安陆市以西北山区成林成片的古银杏为基础，于2009年9月成功申报了钱冲古银杏国家级森林公园，国家林业局林场许准[2009]31号文件关于准予设立安陆市银杏国家级森林公园的行政许可证，银杏文化民俗旅游和即将在安陆市召开的首届中国银杏节等活动，拉动安陆市银杏产业及相关产业的快速发展。

推进安陆市银杏种苗产业化这一工作，也是推动安陆银杏产业化发展的重要内容，银杏绿化大苗产业化和快速培育等课题是市场非常迫切需求的，是快速打造全国银杏之乡品牌、做大做强银杏产业、造福千秋万代的重要举措。进入新世纪后，北京市把银杏树作为城市绿化生态建设中的主栽树种，全市已种植了近1000万株银杏。随后，上海、大连、厦门、成都、重庆、济南、苏州、武汉等地也把银杏树作为行道树绿化树市树广为种植。近十年的发展，银杏绿化大苗需求有增无减，越来越紧张和迫切，价格也一路飙升。抢抓机遇，发展银杏绿化大苗，是时代进步和银杏产业化发展的共同需求。为此，安陆市银杏研究所为我市发展银杏绿化大苗进行了专题研究探讨，现将产业化发展的思路与对策作一探讨。

1　安陆市银杏绿化大苗产业化发展的时代意义

1.1　多方位促进安陆市新农村建设步伐

1.1.1　经济垒集

安陆市推进银杏绿化大苗产业化按户平均10株8～10cm银杏定植苗计算，全市共有农村户112966户，年平均生长0.6～1.2cm，按平均值0.9cm计算折合年成长率市值200元，每年可为农村垒集资金2200多万元，每户银杏绿化大苗收入可达到2000元。

1.1.2　环境美化

银杏树夏天一片葱绿，秋天金黄可掬，给人以峻峭雄奇、华贵典雅之感，在农村四旁、庭院、坡岗地栽植具有生态环境美化绿化等综合功能。

1.1.3　产业特色

按照一乡一业、一村一品的新农村建设要求，银杏绿化大苗的种植与销售将农业的闲散土地、闲散劳力都集中到发展有特色、周期可长可短的绿色大苗培育上来，形成地方产业特色。

1.2　满足市场日益旺盛的需求

市场始终是产业发展的原动力。随着社会的进步和人们对生态环境、绿化美化的需求，随着城市的不断扩张和对银杏绿化美化不断需求，从新世纪后，银杏绿化大苗越来越成为市场的紧俏商品，从下表可以看出：

银杏绿化大苗价格趋势表 单位：元

年份 价格 胸径	2001	2003	2005	2007	2009
8cm	40	60	80	120	180
10cm	110	140	200	220	450
15cm	1000	1200	1400	1600	1800
20cm	1800	2200	2600	3000	5500
30cm	4000	5500	8000	11000	14000

1.3 带动林业产业结构的调整

发展银杏绿化大苗，将利用现有的林地改造，荒坡荒地、沙滩、苗圃用地、四旁地、庭院用地等，使原有的杂灌林、用材林、次生林的林业结构逐步调整到经营性的经济林、速效性的用材林、生态型的公益林上来。

2 安陆市银杏绿化大苗产业的现状和优势

2.1 自然条件优越

安陆市位于鄂中腹地，为江汉平源、鄂北岗地及大洪山脉结合部，日照充足，气候适宜，年平均气温 15.9℃，无霜期 246d 左右，全年日照时数为 2150h，年降水量 1003 ~ 1120mm。银杏对我市的气候和土壤条件有着广泛的适应性。我市西北部土壤为石灰岩、泥质岩和泥灰岩风化形成的灰石渣土、灰麻骨土和灰泥土。东部丘陵为基性岩、泥质岩以及沙岩风化形成的黄棕土、紫泥土、沙泥土和第四纪黏土，土壤含水适中，pH 值在 6 ~ 7.5 之间，绝大多数土壤是银杏生长最理想的土壤。

2.2 银杏资源丰富

据安陆市银杏资源普查表明，全市共有银杏大树 13586 株，百年以上 4673 株，千年以上 59 株。品种资源相当丰富，主要有圆子、长子、梅核、马铃、佛手五大类，15 个优良单株，形成了具有安陆大白果特色的较丰富的地方品种资源库。2007 年 11 月 20 ~ 21 日，中国林学会银杏分会会长、南京林业大学副校长、教授、博士生导师曹福亮先生和中国林学会银杏分会名誉会长、浙江省林科院研究员林协先生一起到安陆考察银杏，先后考察了王义贞镇钱冲古银杏群落、杨港庭院银杏、星火岗银杏基地、白兆山银杏等，认为钱冲一带古银杏群落是全国古银杏群落中年龄最古老、群体最集中的属全国最大的古银杏群落。银杏种苗资源也相对充足，共有银杏苗圃 1400 多亩，拥有银杏 0.5 ~ 5cm 胸径的苗木 1000 万株。

2.3 技术研究成果丰硕

全市拥有银杏科研单位 13 家，有从事林果专业技术人员 82 人，其中高级职称 40 人，中级职称 160 人，农民技术骨干 2500 多人。安陆市银杏技术研究也成果丰硕，在“银杏早实丰产”栽培技术，叶用银杏丰产栽培技术、银杏育苗、银杏老树改造等项目上共 14 个课题，其中 4 项达到国内同类先进水平，2 项获“湖北省科技进步一等奖”，10 项获“安陆市科技进步”二等奖。

3　安陆市银杏绿化大苗产业化的思路与对策

3.1　整体推进银杏产业化历程

安陆市是著名的全国银杏之乡，不仅古银杏资源丰富，科研成果丰硕，而且通过20多年来安陆市历届市委、市政府的共同努力，现在全市现有银杏基地20万亩，7000万株，年产白果450t，叶3000t，苗500万株，2005年银杏产业产值销售收入达到1.2亿元，形成了钱冲古银杏资源旅游、白兆山银杏旅游、王义贞庭院银杏、星火岗同兴岗银杏基地亮点工程，市内外对我市银杏的发展都给予了极高的评价，银杏之乡的品牌效应正在深刻影响着我市的政治、经济、文化建设各个方面。但是，随着2000年全国性的银杏市场疲软后，我市原有的银杏种植面积、株数、苗木得不到较好的管理和巩固，为此，巩固和发展安陆市银杏发展的成果，将银杏树木的各个管理措施落实到田头地块则是我市银杏发展非常重要的基础工作，利用当前我市林权制度改革的契机，把银杏基地苗圃的产权落实好，要重点引进企业家投资建设安陆市银杏各个方面，鼓励农村大力发展庭院银杏，在城区主要街道、广场、标志性建设上用银杏的生态效益、观赏效益、经济效益美化城乡。

3.2　政策驱动银杏绿化大苗产业化

3.2.1　鼓励农村庭院广植银杏

当前，在基地管理质量不是很高的情况下，庭院银杏表现是管理精细、生长旺盛、经济效益可观的崭新优势。市委、市政府应因势利导，发展庭院银杏，在原有的政策中制订出发展庭院银杏的各种优惠政策和激励机制，宣传庭院银杏典型，引导千家万户发展庭院银杏。

3.2.2　招商引资，鼓励中小企业家投身银杏绿化大苗培育项目

银杏绿化大苗不仅生态效益、绿化美化效益好，而且还是一项中期回报率高的投资项目，建银杏绿化大苗培育基地、面积达50亩以上，总株数达1万株以上成规模型发展，具有非常诱人的前景。我市应在招商引资政策中，宣传支持这一项目的发展，通过政策、宣传和洽谈，使一部分中小企业家投身到银杏产业化中来，全市只要有3~5个规模型银杏大苗培育基地，即能带动整体绿化大苗产业化发展。

3.2.3　鼓励投资人利用农村闲散土地培育银杏绿化大苗

利用农村闲散土地，如坡岗、四旁、水库大坝、公路两旁、菜园、沙滩等地，鼓励投资人发展块状绿化大苗培育，10~1000株不等，这样投资人多了，绿化大苗多规格资源、多渠道培育、多投资主体将带动市场旺盛的需求。

3.3　科技保障银杏绿化大苗产业化

只有科学培育银杏，才能使银杏生长良好达到预期效果。

3.3.1　适地适树

银杏适宜在通气性好，富含有机质的沙壤土、壤土上生长，地势较低、土壤含水量较好、避风向阳的地段上生长旺盛。

3.3.2　科学栽植

栽植时要挖大穴，施足有机肥选择苗木直立，皮色浅，生长旺盛的苗木浅栽，带好根系，回土填实，浇足定根水。

3.3.3　加强管理

每年对银杏绿化大苗要进行3次追肥。3~4月份追施氮肥，6~7月份追施有机肥如人屎尿、猪粪等，11月施复合肥。

功能食品是银杏产业深加工开发的主导

夏建伟　马维新

（江苏同源堂生物工程有限公司，江苏泰兴　225400）

摘要：银杏资源的深加工开发利用相对滞后，银杏资源的深加工开发利用已成为制约银杏产业发展的瓶颈。综合利用银杏果、叶、花粉、外种皮，以功能食品为主导，大力开发具有食用习惯和食用口感的主餐、功能餐、食疗餐，是深化银杏产业发展的首选。以深加工带动银杏产业发展，实现银杏产业效益。本文详细介绍了部分技术含量高、附加值高、有特色的较为前沿的银杏功能食品及其技术方案，意在抛砖引玉，希望读者从中得到启迪和借鉴。

关键词：银杏资源；深加工开发；综合利用；功能食品；技术开发

1　目前银杏资源深加工开发的现状

1.1　银杏资源发展迅猛

银杏为裸子植物，是银杏科银杏属的唯一生存种，距今有1亿~2亿年的历史，故有“活化石”之称。银杏为我国特有的老树种之一，现在世界上其他地区的银杏多是从我国引进的。

银杏在年平均气温在14~18℃、绝对最低气温不低于-20℃的地区均能生长，在我国除黑龙江、吉林、内蒙古、青海、西藏以外，其他地区均有分布，其中大面积集中产区有山东与江苏交界处、江苏、安徽南部、浙江、江西北部、河南、湖南、湖北、广西、四川和辽宁等。银杏树是我国的国宝。我国银杏叶年产量在2万t以上，最近几年来，江苏泰兴、邳州和广西桂林地区等大面积发展银杏采叶园。目前全国的栽培区域还在扩大，并向规模经营发展[1]。

1.2　银杏资源的深加工开发利用相对滞后

我国虽是银杏的原产国，银杏资源占世界的90%左右，但一直以来，我国银杏产业的发展却依赖于原料出口或以粗加工为主[1]，形成不了银杏产业效益。

目前，在银杏资源的利用虽有广泛的应用，如：“三药两品”即：人药（银杏叶胶囊、银杏叶片、针剂等）、兽药（从下脚料提取）、农药（生物农药）、保健品（如银杏饮料、银杏叶茶、银杏酒类、银杏枕头等）、化妆品（去皱、抗衰老）[1]。但规模效益低，对银杏产业的发展还没有形成应有的推动和促进作用。

1.2.1　银杏叶资源深加工开发的现状

国际市场上用银杏叶提取物制造的药物，在德国有Tebonin、Beret、Bokao等，在法国有Tanakan、Ginkor等。这些药片已风靡多年。20世纪60年代开发的产品主要含有从银杏叶中提取的黄酮类化合物，20 世纪 80 年代起发现银杏叶中所含的银杏内酯是血小板活化因子(PAF)的特效拮抗剂，而血小板活化因子是引起哮喘等许多疾病的重要因素。因此之后推出的一些产品除黄酮类成分外还含银杏内酯[1]。

银杏叶的研究开发已成为世界范围内研究开发方面的专家、企业家关注的热点，由于银杏叶一些活性成分具有独特的生理作用和调节功能，世界上大多数国家把银杏叶制剂开发重点放在保健食品中，并取得了一系列重要成果[5]。20 世纪 80 年代以来，国际上对银杏叶提取应用于医药品、功能性食品、化妆品的开发研究相当活跃[2]。

我国银杏叶加工、提取多数企业设备简陋，提取水平低，且生产不规范，进行低水平重复，产品质量达不到国外的水平，在国际上缺乏竞争力[1]。

据资料表明，银杏叶从原料到制剂的附加值为 1∶5∶100(即叶子∶提取物∶药剂)。我国银杏叶制剂的开发始于 20 世纪 70 年代初的“6911”片，用于治疗心血管疾病，但未能生产应用。直到 1989 年以后，我国才有多种新的银杏叶制剂，如“天保宁”、“可络”、“百路达”、“斯泰隆”、“公孙乐”、“银杏叶片”(舒血宁)等，有片剂、有胶囊。但由于对制剂的开发较晚，目前我国的大部分生产厂在制剂的开发方面还停留在国外的二代产品的水平[1]。

我国目前银杏叶在食品上的开发应用大多仅限于简单加工，以茶或袋泡茶及其茶饮料为主，因其固有的苦涩味，市场难于接受，或者取其名而无其效，加工企业市场开拓困难重重。银杏叶相关保健食品的市场开拓更是困难重重，同时由于银杏叶提取残渣的废弃而带来了环保问题。长期以来，我国在银杏叶的开发利用上仅局限于银杏叶黄酮、银杏叶内酯的药用功效，银杏叶提取物、银杏叶黄酮几乎成了银杏叶的代名词，而造成了银杏叶这种良好功能食品原料开发利用上的局限性，造成了银杏叶资源的巨大浪费。

1.2.2　银杏果仁资源深加工开发的现状

银杏果由肉质外种皮、硬质中种壳、膜质内衣、种仁组成。银杏果的硬质中种壳、膜质内衣和含毒果芯严重限制了银杏果的深加工，成为制约银杏果深加工的瓶颈。现在普遍采用的银杏果深加工工艺大多需要剥壳、去衣、分离芯芽，这些工序有的采用人工，费工费时；有的采用特制机械，加工产能收到严重限制，无法大规模生产，不可避免地存在能耗高、工时高、成本高的弊端[13]。

我国银杏果的深加工开发缺乏深度加工手段，银杏食品工业利用率低，产值也很低[1]。甚至有的银杏产品仅仅是做的银杏概念，银杏成分含量极少，银杏消耗率低，这些产品消费者食用后达不到银杏应有的功效，也形成不了银杏深加工产业。

例如：长汀县银杏产业正处于发展阶段，产品加工方法比较简单，产品科技含量低，目前仅卖银杏叶、果等初级产品，缺乏高、精、尖的深加工和拳头产品，市场竞争力差，市场化还有较大差距。在资金投入上严重不足，银杏新技术、新产品、新工艺不能及时开发，科技的先导作用很难在市场竞争中发挥出来[3]。

就拿全国知名的“银杏之乡”泰兴市来说，银杏资源丰富，但银杏深加工产业方面是泰兴市银杏产业化工作的薄弱环节，银杏特色产业的经济优势不明显。泰兴市部分银杏加工企业规模小，工艺落后，现有产品一般是粗加工产品，在银杏系列深加工产品上开发不够[4]。

1.2.3　银杏花粉资源深加工开发的现状

花粉是高品质的功能原料。银杏花粉含有丰富的银杏黄酮、银杏内酯等功效成分，含有可溶性糖和蛋白质等有机养分，含有铝、硼、铬、钙、锶、锌、镁等 20 多种营养元素。银杏花粉对神经系统、心脑血管系统、内分泌系统具有调节作用，具有改善心肺功能、促进脑细胞发育、调节神经平衡等效果。

近几年来对银杏花粉的研究较多，但产品开发滞后。目前虽有银杏花粉“网上产品”，但真正审批上市的产品极少。

1.2.4　银杏外种皮

目前的现状是，研究报道的较多，开发利用的较少，银杏外种皮资源大量浪费。

综上所述，在国家、地方政府的宣传和倡导下，银杏栽培区域不断扩大，得以规模经营发展。但银杏资源的深加工开发利用严重滞后，银杏资源相对“过剩”，价格一跌再跌，种植栽培收益日益跌落。银杏资源综合利用水平低，存在“高产低效益”的现象和资源浪费、产品单一的生产问题[1]，人们对银杏种植栽培已没有了从前的热情和干劲，出现了冷漠盲然情绪，甚至出现了“退杏还田”的倾向。因此，银杏资源的深加工开发利用已成为制约银杏产业发展的瓶颈。

2　银杏资源深加工开发的思路和策略

银杏果实和叶药用治病，始载于明代《日用本草》、《御制本草品汇精要》和《本草纲目》，我国自古以来，就有主用白果入药或食疗，在中药配方中有时用银杏叶代替。银杏作为中药已于2000年收入《中华人民共和国药典》。

2.1　银杏资源的综合利用开发

以深加工带动银杏产业发展，充分利用银杏果、叶、花粉、外种皮，集中开发价廉物美、适销对路、附加值高、有特色的健康安全产品，尽快形成品牌商品和形象产品，同时积极开拓市场、扩大销售，实现银杏产业效益[3]。

2.1.1　银杏叶综合利用开发

银杏叶中含有30余种黄酮化合物和萜类、酚类、微量元素及氨基酸等有效成分，具有降低血清胆固醇、增加冠脉流量、改善脑循环、解痉、松弛支气管和抑菌等生理作用，临床上用于治疗冠心病、心绞痛、脑血管疾病、脑功能障碍、脑伤后遗症和抗衰老均有效果。银杏叶提取物能促进血液循环，改善心血管功能，清除体内超氧离子，预防肿瘤的发生。经临床医学证明，银杏叶提取液有降低血清胆淄醇，升高磷脂，对高血压有一定的降压作用，因而银杏叶的生物活性成分对目前日益普遍的“富贵病”、“文明病”也具有一定的预防和治疗作用[1]。

银杏叶中功效成分主要为银杏黄酮和银杏萜内酯。银杏叶黄酮是血管扩张剂，具有降血脂和抑制脂质过氧化，降低血液中总胆固醇，增高高密度脂蛋白，降低血液黏度等作用，是一种强力的自由基清除剂，显示强的抗氧化作用，对于生物体产生的有害物质具有很强的消除作用，对于动物循环系统，尤其是脑功能改善具有良好的作用；银杏叶萜内酯是血小板活化因子的强拮抗剂，抑制血小板粘附和聚集，防止血栓形成，对抗衰老有独特疗效。此外，银杏叶中还有聚异戊烯醇、银杏叶多糖等功效成分。

银杏叶中蛋白质含量极为丰富，蛋白质组成优于FAO/WHO评分模式，可与大豆蛋白相媲美，十分接近鸡蛋蛋白；银杏叶中维生素C、维生素E、胡萝卜素及钙、磷、硼、硒等矿物质元素含量也十分丰富，超过了一般的水果、蔬菜及可食植物原料；银杏叶中同时含有两类抗氧化剂——营养性抗氧化剂和非营养性抗氧化剂，它们在保护机体不受自由基所致的氧化损伤方面具有十分重要的作用[5]。

银杏叶集营养、保健功能为一体。银杏叶是个宝，银杏叶中既具有保健功效成分，又具有丰富优质的营养成分，它既是一种药品原料，同时也是一种品质优良的天然功能食品。银杏叶资源的综合利用开发，应走向市场更为广阔、前景更为朝阳的天然功能食品及其功能食品基料领域，以摆脱银杏叶资源开发利用上的误区和困境，开发市场广、接受力强、功能显著的银杏叶制品，才能使银杏叶这一宝贵财富尽其所有，“焕发出蓄积已久的光彩，服务于人类的健康和文明”。

2.1.2 银杏果综合利用开发

银杏果又名白果，是我国特有的珍稀果品。银杏果由肉质外种皮、硬质中种壳、膜质内衣、种仁组成。

银杏果在我国有着悠久的食用药用历史，我国人民在长期对银杏果的使用中积累了丰富宝贵的历史经验。据《本草纲目》记载：银杏果具有“熟食温肺、益气、定喘嗽、缩小便、止白浊；生食降痰、消毒杀虫”等药用功能。根据现代医学研究，银杏还具有通畅血管、改善大脑功能、延缓老年人大脑衰老、增强记忆能力、治疗老年痴呆症和脑供血不足等功效，银杏具有抗衰老的本领。除此以外，银杏还具有平皴皱、护血管、增加血流量等食疗作用和医用效果。银杏还可以保护肝脏、减少心律不齐、防止过敏反应中致命性的支气管收缩，还可以应用于对付哮喘、移植排异、心肌梗塞、中风、器官保护和透析。中医素以银杏果仁治疗支气管哮喘、慢性气管炎、肺结核、白带、淋浊、遗精、小儿遗尿以及疮、癣等疾病。

银杏果是营养丰富的高级滋补品，含有多种营养元素：含有粗蛋白、粗脂肪、还原糖、核蛋白、矿物质、粗纤维及多种维生素等成分。现代科学研究表明：每100g银杏果中含蛋白质13.2g，碳水化合物72.6g，脂肪1.3g，且含有维生素C、核黄素、胡萝卜素及钙、磷、铁、硒、钾、镁等多种微量元素和8种氨基酸。

银杏果具有很高的食用价值、药用价值、保健价值，对人类健康有神奇的功效。经常食用银杏，可以滋阴养颜抗衰老，扩张微血管，促进血液循环，使人肌肤、面部红润，精神焕发，延年益寿，是老幼皆宜的保健食品和款待国宾上客的特制佳肴。种仁中的黄酮甙、苦内脂对脑血栓、老年性痴呆、高血压、高血脂、冠心病、动脉硬化、脑功能减退等疾病还具有特殊的预防和治疗效果。

近年来，随着银杏作为地方特色产业在各地推广种植，我国银杏果产量激增。但由于银杏果加工食用复杂，食用方法单一，加工食用不当易导致食物中毒，以及上市集中、不易保存等原因，导致银杏果的销售和消费受到很大的限制。2008年我国银杏果的销售价格从10年前的每千克50元降到每千克5元左右[13]。“中国银杏看泰兴”，2008年泰兴地区银杏果的销售价格仅为每千克3元左右。

现在全国银杏果产量每年已达3万t，随着最近几年栽植的银杏树逐渐进入挂果期，全国银杏果产量还会不断增加[13]。

因此，在当前产、储、销矛盾突出的情况下，加大对银杏果的综合利用深加工开发就是成为解决以上问题的关键[13]。

根据银杏果的食用价值、药用价值、保健价值，银杏果的综合利用深加工开发，应朝着大力开发具有食用习惯和食用口感的主餐、功能餐、食疗餐方向发展。根据银杏果的营养成分，可以加工生产成银杏粉、银杏蛋白粉用于功能食品的配料。银杏果仁中淀粉含量高，可以发酵生产银杏果酒，等等。目前市场上银杏粉、银杏功能饮料以及银杏开心果等休闲食品纷纷出台，但这些产品如同“未断奶的婴儿”一般还没有形成形象产品和品牌商品，市场份额小，产品效益不明显，大部分的银杏深加工企业都还是小规模、低效益，产品档次低、技术含量低、市场占有率低。这固然与银杏深加工开发固有的技术难题和现实困难有关。为摆脱银杏深加工企业的困境，必须首先解决好以下几点：

(1)银杏果的去壳、去衣、去芯能耗高，工时高，成本高的弊端。

(2)银杏果中的银杏黄酮、银杏内酯等成分既是银杏药理活性的基础又是银杏特有苦味的主要来源。由于银杏黄酮和银杏内酯的苦味入口绵长，不能被绝大部分消费人群所接受，因此严重限制了银杏和银杏深加工制品的消费量。因此开发含有较高银杏黄酮和银杏内酯而苦味较低的银杏制品，是扩展具有保健功能银杏制品市场的关键。

(3)银杏中的有毒成分：如银杏酸、银杏酚等对人体有较大毒性，为广大消费者所熟知。现在普遍使用的银杏加工工艺都不能用简便的方法将这些毒性物质除去，因此也限制了银杏和银杏深加工制品的消费[13]。

银杏果虽然具有广阔的开发空间，但要解决好制约银杏果加工和消费的难题，必须寻找全新的加工方法去壳、去衣、去芯，节能降耗降成本；必须在尽可能保留银杏黄酮、银杏内酯等功效成分，确保功能有效的前提下调整口感；必须尽可能除去银杏酸、银杏酚等毒性成分，保障食用安全。

2.1.3 银杏花粉综合利用开发

银杏花粉是银杏雄树的生殖细胞，它含有银杏树的全部遗传信息和生命营养物质，是植物生命的精华。分析研究表明，银杏花粉中含有丰富的黄酮、内酯、多不饱和脂肪酸、可溶性多糖、核酸、维生素 E、G-蛋白质、ATP 酶、DHA、叶酸、牛黄酸及各种氨基酸、酶、微量元素、激素及未知物等，对人体有极高的保健和药用价值，是新发现的重要保健品和药品新资源，具有丰富的营养和广泛的药理作用。

银杏花粉的蛋白质含量较高，且为完全蛋白质，同时不含动物性食品所具有的高胆固醇，符合老年人对高蛋白、低热量、优质的植物性蛋白的营养要求。因此，利用银杏花粉可开发适合于老年人的保健食品及其他保健品，市场前景十分广阔。

2.1.4 银杏外种皮综合利用开发

从银杏外皮中提取银杏酚酸类活性物质而配制成纯植物农药，该农药对人畜无毒，不污染环境，用药后害虫不产生抗药性，对各类蚜虫、蓟马、刺蛾防治效果在90%以上，对菜青虫、甜菜夜蛾等咀嚼式的害虫具有拒食、驱避作用，同时能防止黄瓜霜霉病、炭疽病、银杏枯叶病等真菌引起的病毒[11]。

从银杏外皮中提取银杏多糖，在医药上可用于抗肿瘤药品的开发，如江苏省苏北人民医院曾开发出新康胶囊[扬制剂(1998)0S－001]；在功能食品的开发上用于降血糖、提高免疫力等保健食品的开发。

2.2 银杏产品开发综合发展

银杏资源的开发利用主渠道再深加工开发。

在“三药两品”上要深化品种，开发价廉物美、适销对路、技术含量高、附加值高、有特色的健康安全产品，尽快形成品牌商品和形象产品，同时积极开拓市场、扩大销售，形成规模，实现银杏产业效益。

银杏资源的深加工开发，以功能食品开发为主导。综合开发具有食用习惯和食用口感的主餐、功能餐、食疗餐等功能食品，产品多样化，使得银杏资源真正进入大众家庭的日常三餐，是银杏产业化发展的目标。

2.3　做足药食同源，立足发展餐桌功能食品

银杏作为宝贵的药食同源品，以餐桌食品为载体，根据不同人群食欲、营养和功能需求，开发适宜不同人群的同具食欲、营养和功能的餐桌功能食品，做足药食同源，让银杏走进千家万户的餐桌。

食用方便，外表“中看”适口，内涵营养丰富、功能有效是银杏餐桌功能食品开发的基本要求。

2.4　食用安全是保障

白果酸、氢化白果酸和氢化白果亚酸为烃基取代的水杨酸衍生物。白果酚和银杏酚则分别为烃基取代的苯酚和间苯二酚衍生物，代表银杏的有毒物质，而且在银杏果实中分布最多，是过多食用白果造成中毒的主要成分[2]。

在白果加工品中，可采用炒制方法降低烃基酚类含量，因为烃基在较高温度下能挥发掉，可防止食用时中毒[2]。

2.5　政府推动是银杏产业深加工开发的促进剂

政府推动不仅仅是口号，也不仅仅是产业源头种植上的带动，更为任重而道远的是深加工产业化发展的推动。政府扶持光有优惠政策还不够，还要有切实的措施保障，银杏产业的深加工开发应当说是具有其固有的技术难题和现实困难，政府要有跟踪，实实在在地给企业排忧解难，比方说：资金扶持要确保专款专用；减税免费落到实处；提高政府各职能部门为企业服务的意识和职能；政府宣传也要与市场、企业接轨，不做花样文章，要市场化、企业化；等等。

3　功能食品是银杏产业深加工开发的主导

3.1　功能食品的释义和范畴

1995 年在新加坡召开的国际东西方健康食品会议上，专家们把除有感观功能、营养功能以外，尚具有某些生理活性的食品，称为功能食品(functional food)。功能食品是指具有营养功能、感觉功能和调节生理活动功能的食品。它的范围包括：增强人体体质(增强免疫能力，激活淋巴系统等)的食品；防止疾病(高血压、糖尿病、冠心病、便秘和肿瘤等)的食品；恢复健康(控制胆固醇、防止血小板凝集、调节造血功能等)的食品；调节身体节律(神经中枢、神经末梢、摄取与吸收功能等)的食品和延缓衰老的食品，具有上述特点的食品，都属于功能食品。

功能食品应具有 3 个基本属性，包括：食品基本属性，也就是有营养还要保证安全；修饰属性，也就是具备色、香、味，能使人产生食欲；功能属性，也就是对机体的生理机能有一定的良好调节作用。第 3 点是一般食品所不具备的特性，而功能食品正是这 3 个属性的完美体现和科学结合。这 3 点也是功能食品研究中必须做到的基本要求。

根据功能食品食用对象的不同，可分为两大类。

第一类是日常功能食品，或称谓日常保健用功能食品。它是根据各种不同的健康消费群(诸如婴儿、学生和老年人等)的生理特点与营养需求而设计的，旨在促进生长发育或维持

活力与精力，强调其成分能充分显示身体防御功能和调节生理节律的工程化食品。

这类功能食品包括我国1992年全国食品工业质量标准化技术委员会提出的特殊营养食品，2004年国家修订为特殊膳食用食品(foods for special dietary use)(GB13432－2004)。

近年国内市场开始热起来的是功能饮料，像较早的红牛饮料年销售达8亿元。后来进入中国市场还有其他的外国品牌，如佳得乐、力丽；国有品牌如健力宝A8、娃哈哈康有利、乐伯氏脉动等。这些属于含有维生素、牛磺酸等营养强化剂的饮料。以饮料为载体，较易被消费者接受。此外最近在市场上，大量出现较多的防龋齿和糖尿病人用的无糖食品，如含有木糖醇的防龋齿无糖口香糖，中秋节无糖月饼等，还有低热量食品、满足不同人群需要的特殊功能食品等，其实这些也就是特殊膳食食品。有些功能食品，它自身就含有某些功能成分，并非外来添加，应该是最好的功能食品，如某些粗粮。

第二类是特种功能食品，或称为特定保健用功能食品。它着眼于某些特殊消费群(如糖尿病患者、肿瘤患者、心脏病患者、便秘患者和肥症者等)的特殊身体状况，强调食品在预防疾病和促进康复方面的调节功能，以解决所面临的“健康与医疗”问题。现阶段，全世界在这方面所热衷研究的课题包括抗衰老食品、抗肿瘤食品、防痴呆食品、糖尿病患者专用食品、心血管病患者专用食品、老年护发食品和护肤食品等。

这类功能食品也就是我国现行管理的保健食品(health foods)，国家食品药品监督管理局《保健食品注册管理办法(试行)》公布的保健功能为27项，产品需经国家严格的审批。自1996年我国批准实施《保健食品管理办法》以来，先后审批的国内外保健食品有4000多种，年销售额在200亿～400亿元人民币。

3.2　功能食品是21世纪食品发展的方向

人类对食品的要求，首先是吃饱，其次是吃好。当这两个要求都得以满足以后，就希望所摄入的食品对自身健康有促进作用，于是出现了功能食品。这不仅仅是一种时尚，更重要的是体现了人们消费知识与价值观念的更新。着眼于我们这个世界，空气和水源等污染现象严重加剧，各种恶性疾病(如恶性肿瘤、心脏病、动脉硬化等)发病率上升；与饮食习惯和营养过剩有关的各种富贵病(如肥胖、三高等)发病率上升且趋向于年轻化；人口老龄化，这些事实都刺激着人们更加关注自身的健康。因此，目前国际市场上掀起了一股功能食品的研究与生产热潮，很多专家、学者认为它将成为21世纪的主导食品。

随着我国经济的不断发展，人民生活水平的不断提高，文明病发病率也相应增加。现在我国有糖尿病人3000万左右，有高血脂、高血压病人1亿多，人们对食品的需求不再是“温饱”，而是具有保健作用和营养的功能食品，人们对高档营养功能食品的消费能力也在提升；而另一方面，环境污染、饮食、生活状态的恶化及社会压力等多种因素的产生，都促使消费者更重视健康与养生之道；人口结构的老龄化日渐突出，从另一个角度促使在预防保健上提高花费的消费群不断增长。如此，营养功能食品的发展空间随着科技的进步发展得以不断延伸。因此，科学、健康、发展、追求生命质量已成为21世纪的主题。

当今社会的消费趋势逐渐进入享受消费阶段，享受消费阶段的重要特征就是需求日趋功能化，而营养健康是其大势所趋。我国食品已经进入功能化时代，营养功能食品也已成为潜力、钱力无穷的重要产业，诸如保健酒的兴起、奶粉添加营养元素、液态奶添加铁锌钙、饼干添加铁锌钙与维生素等等就是证明。

就连一向被人认为没有营养的休闲食品，也嗅到了营养健康的味道，开始来凑功能化的热闹，根据不同人群、不同营养健康和口味的需求，加入了不同的营养健康元素的膨化食品不断推陈出新。营养健康、平衡膳食必将成为休闲食品的发展趋势，低热量、低脂肪、低糖的休闲食品也将成为其新产品的开发方向。

在2007年国家《当前优先发展的高新技术产业化重点领域指南》中，国家发改委就已把功能食品列为优先资助重点项目，功能食品包括：辅助降血脂、降血压、降血糖功能食品，抗氧化功能食品，减肥功能食品，扶助改善老年记忆功能食品，功能化传统食品，功能性食品有效成分检测技术，功能因子生物活性稳态化技术[15]。

3.3　功能食品是银杏产业深加工开发的主导

银杏是药食同源品，银杏及其制品对人类各组织器官特别是心脑血管具有平衡、调节、修复、保健之功能，被誉为“血管清道夫”，日、美等国称它为“血管救星”。现代医学研究证明，银杏对调血压、降血脂、增强记忆、改善性功能、防治老年性痴呆症及神经系统疾病有重要作用。银杏种核营养丰富，人称“长寿果”，是延缓衰老、强身健体、养生保健的最佳食品。同时，银杏中还含有一种未知物质——“抗衰老素”，可滋肤葆容，使肌肤红润细腻，少皱纹，是理想的天然绿色美容佳品[7]。

在美国，52%的老人把食用银杏和银杏制品作为延缓衰老和最佳食品，圣诞节必备银杏；在日本，不少人每日必食银杏，大宾馆早餐设有“银杏桂圆汤”；在东南亚国家，华人华侨多有食用银杏的传统习惯，一到节日，大家小户都必备银杏，祭祀、食用或馈赠亲友，宴席上有银果菜，宾客视为尊敬。在国内现在食用银杏者也越来越多，特别是老年人[7]。

我国是银杏的故乡和生产大国，银杏资源占世界的90%左右，市场开发潜力巨大，前景广阔。以功能食品为主导，大力开发具有食用习惯和食用口感的主餐、功能餐、食疗餐，是深化银杏产业发展的首选。让银杏功能食品真正走进千家万户，让银杏这一宝贵财富，真正服务于人类的健康[15]。

4　银杏功能食品开发

我国拥有世界总量90%以上的银杏资源，在研制与开发银杏功能食品中有着得天独厚的条件。下面详细介绍部分技术含量高、附加值高、有特色的较为前沿的银杏功能食品及其技术方案，意在抛砖引玉，希望读者从中得到启迪和借鉴。

4.1　功能食品原料

4.1.1　功能性食品添加剂

食品添加剂是食品工业的灵魂。我国已批准列入GB2760国家使用卫生标准的几百种食品添加剂中，虽然分类中并没有功能性食品添加剂这一标注，但确实有不少兼具生理活性的功能性食品添加剂，它们已经分别列入了保健食品和药物的名单中。例如着色剂红曲（降血脂）、甜味剂甘草甜（改善肝功）和木糖醇（糖尿病辅助治疗），均被列入2002年的药物名单。

很多食品添加剂已成为保健品加工、品质改良不可缺少的原料。具有保健功能的食品添加剂已成为生产保健食品的关键配料。在食品添加剂中，营养强化剂（功能性食品原料）品种越来越多，从氨基酸、矿物质、纤维素、维生素到低聚糖、多肽等多种功能性原料。它们在功能食品中，发挥着各自的功能作用。所以，功能食品的发展离不开新型的食品添加剂。

值得注意的是，我国《保健食品管理办法》的实施，大大提高了保健食品申报注册的门槛，由此将会出现新的动向，未来营养功能食品的异军突起将会取代目前以保健食品为主的发展潮流。实际上在美国、日本等保健品较为发达的国家，营养功能食品才是市场真正的主力军，在营养功能食品的发展潮流中，各类功能性食品添加剂必定会为健康产业增添异彩[15]。

在日本银杏叶提取物主要用作功能性食品添加剂，用来生产预防老年性痴呆的功能性食品[2]。

在我国，银杏叶提取物已大量用于保健食品的功效原料，主要功效成分为银杏黄酮。

从银杏叶、银杏外种皮中，提取、分离银杏黄酮和银杏多糖，可作为功能性添加剂用于功能食品的开发。

另有银杏叶提取物作为营养性抗氧化剂的报道。

4.1.2 功能性食品基料

功能食品中真正起生理作用的成分，称为生理活性成分，富含这些成分的物质则称为功能性食品基料或生理活性物质。显然，这些生理活性物质或功能性食品基料是生产功能食品的关键。研究新型功能性食品基料是功能食品行业持续发展的关键。

(1)脱苦银杏叶及其功能粉体

夏建伟的发明专利(申请号 200410041011)公开了一种脱苦银杏叶制品的制备方法及其制品：银杏叶经生物技术或酶工程技术预处理，并有效脱除有害物质银杏酸，采用现代生物技术提取，采用先进的膜分离技术浓缩、纯化，最大限度地保留了银杏叶中的功效成分、营养物质，保留了银杏叶的清香，提取物经高分子处理剂脱苦脱涩，加工成水溶性脱苦银杏叶提取物，广泛应用于药品、保健食品、营养功能食品，特别适宜于泡腾速溶茶、固体冲剂、口服液、饮料类等制剂的开发；银杏叶提取残渣经技术处理，可作为功能型膳食纤维原料，开发保健功能食品或加工成功能型动物饲料；将脱苦银杏叶提取物与银杏叶提取残渣复配得脱苦银杏叶，广泛应用于脱苦银杏叶茶及饮料，其粉体可作为药品辅料或充填助剂应用于药品的开发，也可作为天然功能型食品原料应于保健食品、营养功能食品的开发。超微破壁粉碎技术的应用，可以加工成脱苦银杏叶的功能粉体，更利于人体的吸收利用。

本技术方案解决了银杏叶提取物因其固有的苦涩味和水溶性差而带来的开发应用上的困难，同时又提出了银杏叶提取残渣的开发利用，解决了长期以来银杏叶提取残渣的废弃而带来的环保问题，采用超微粉碎技术，更利于营养物质的吸收利用，脱酸、脱苦技术的应用以及在食品原料、添加剂领域的开发，使得银杏叶这一宝贵财富开发应用更为广泛，本项目涉及农业资源、环保、生物医药、食品等领域[6]。

(2)银杏粉

杨海麟、夏泽华的发明专利(申请号 200710135514)公开了一种水溶性银杏粉的生产方法：以新鲜的银杏为原料，去壳后银杏种仁加水粉碎，通过沉淀分离分别得到银杏淀粉和去淀粉银杏溶液，银杏淀粉用淀粉酶和普鲁兰酶协同酶解得到银杏淀粉水解溶液，银杏淀粉水解溶液和去淀粉银杏溶液混合后采用均质处理和喷雾干燥，生产无氰化物残留的水溶性银杏粉。水溶性银杏粉保留了银杏香味和营养成分[12]。

李奇峰、王力的发明专利(申请号 200910094025. 1)公开了一种即食银杏粉的生产和食用方法：以新鲜银杏果为主要原料，经清洗，将带壳银杏与一定比例水混合后用匀浆机匀浆，银杏匀浆过筛网过滤，收集不含中、内种皮的纯种仁滤液，纯种仁滤液再经滤纸过滤得银杏粉。银杏粉减压烘干得干银杏粉。干燥后的银杏粉经调味后制得即食银杏粉成品。该即食银杏粉食用方便，将银杏粉用沸水冲调、打芡，此时银杏粉呈凝胶状(类似藕粉)，即可食用。干燥后的银杏粉也可用于各种银杏食品的制作，如银杏饼干、银杏糕、银杏面包、银杏醋等[13]。

江苏同源堂生物工程有限公司在现有银杏粉生产技术的基础上，自行研制开发的银杏粉，在保留银杏黄酮、银杏内酯等功效成分的前提下较好地调整了产品的口感，解决了产品的苦味难题，产品具有银杏特有的清香，并尽可能的除去了银杏酸、银杏酚等毒性成分，保障了产品的食用安全，在市场上已占有一定的份额。

(3)银杏油及银杏油粉

俞建国等人的发明专利(专利号 ZL 200510041408)公开了以超临界二氧化碳从银杏果中萃取分离银杏油的方法：将银杏果烘干粉碎成银杏粉后装入萃取釜内，温度为－10～20℃，开动二氧化碳泵，升压到5～15MPa，二氧化碳送入萃取釜内，经过萃取釜后的二氧化碳进入一级、二级两个串联的分离釜，在温度分别为15～20℃、20～30℃，压力分别为2～3MPa、1～5MPa条件下分离、释放出银杏油，二氧化碳再通过制冷、压缩到贮气罐中，循环萃取7～10h后，停泵、降压，从萃取釜中放出银杏萃余物，从分离釜中放出银杏油。该方法流程短、分离速度快，萃取的银杏油占总量的4%～5%[8]。

夏建伟的发明专利(申请号 200710306211)公开了一种银杏油粉制备方法：以银杏油为原料，在银杏油中可以添加0.1%～1.0%的天然维生素E、采用HLB值为6的混合乳化剂，用量占油脂质量的6%、以大分子包埋剂为壁材、用水量为油脂质量的4倍，在温度为70℃条件下对银杏油进行乳化，制得稳定均一的水乳液。采用旋转式离心喷雾干燥机，对水乳液进行喷雾干燥，制得银杏油粉。该法制得的银杏油粉包埋率90%左右，银杏油含量在40%左右，包埋后银杏油的分散性能良好，提高了产品的溶解性能和贮存稳定性，抗氧化稳定性比银杏油明显提高，在常温下贮藏可达8个月以上。银杏油粉可以作为保健功能食品原料广泛应用于营养食品、保健食品，也可应用于美容护肤化妆品、药品及其辅料等领域[9]。

(4)银杏花粉

当雄花序由青转为柳绿，呈淡黄色时采集最好。采集的成熟花序需经凉花干燥处理，收集花粉。干燥处理方法有风干法和烘干法，在干燥过程中风干法要防止花粉流动飞散，烘干法温度控制在23～25℃。用粉筛把花粉与花柄、花粉囊分开，筛除杂质和花序。把粗花粉破壁加工，再用300目以上的筛子筛选，使之有流动性，以便贮存，破壁率达95%以上，更宜于人体的吸收和利用。可采用微波干燥或80℃干燥两小时，使花粉的相对湿度降到5%以下，这时的花粉完全干燥，呈流动状态。

银杏花粉可以食用，并作为保健食品以及药品、食品、饮料的功能配料，在功能食品行业广泛应用。

4.2 功能食品

国外专利文献报道可添加银杏叶提取物的功能食品有饮料、糖果、酿造酒和保健片等[2]，近年来在美国也出现了含银杏叶提取物的功能饮料。

4.2.1 银杏功能饮料

(1)银杏碳酸饮料

将500g高果糖浆和50g蔗糖溶解在10L蒸馏水中，然后加入2g银杏叶的乙醇提取物，溶解后再加入适量香精，灌装(每瓶100ml)，再充入CO_2，即成碳酸饮料，每瓶含银杏叶提取物 20mg。还可以根据需要，添加酸味剂、维生素等。饮用这种饮料后，使血流障碍引起的长年耳鸣患者的症状得到了减轻，使末梢血管血行不足引起的手脚疼痛、麻木和冰凉感得到了缓解[2]。

(2)银杏非碳酸饮料

切碎干燥的银杏叶，用水煮汁 2 次，合并滤液，将滤液在 0 ~ 4℃的低温冷藏 4h，滤去沉淀，得到银杏叶提出取物。将熬炼过的约为 39 ~ 40°Bx 的优质洋槐蜜与提取液混合，加入柠檬酸，调 pH 值约为 4，然后加入适量防腐剂，灌装、杀菌、冷却后即成。这种饮料为红褐色半透明均匀混浊液，内含总糖 35.7% 、总黄酮 30μg/100ml[2]。

(3)银杏泡腾饮料

夏建伟的发明专利(专利号 ZL200410013952.3)公开了一种速溶泡腾茶饮料及其制备方法：料银杏叶干燥和粉碎并过筛处理；采用水提法或者含有机溶剂提取法提取，如是新鲜原料也可直接破碎分离残渣并取其汁；采用浓缩或回收有机溶剂进行母液浓缩；在 0 ~ 10℃冷藏、粗滤、超滤、包埋转溶、干燥成粉体或浓浆汁并以此为主料与酸崩解剂和部分辅料复配制成颗粒 A，也可先配料再干燥制成颗粒 A；将碱崩解剂和部分辅料复配制成颗粒 B；将颗粒 A 和颗粒 B 分别烘干、整粒，混合得泡腾颗粒茶或者压片得银杏泡腾片茶饮料[10]。

4.2.2 银杏果酒

以银杏、糯米等经发酵生产低酒精度的保健酒。

陈晓春的发明专利(申请号 200710014702)公开了一种银杏果酒的制备方法：以银杏果、银杏叶及大米为原料，经配料、蒸煮、糖化、发酵、压榨过滤、勾兑而成。用本发明方法制备的银杏果酒，既具有饮料酒的口感优势，又具有银杏果特有的香味特征，由于没有经过高温蒸馏，因而还具有银杏果、银杏叶中含有保健功能的有效成分，它不同于其他果酒风格及有效成分含量，也不同于其他方法生产的银杏酒。该酒经过滤外观晶莹剔透，呈淡琥珀色，酒香果香协调清雅，酒体纯净，丰满爽口，绵甜圆润，余味悠长，具有银杏果特有的香气，风格独特、突出，达到优质果酒水平。其主要理化指标：酒精度为 > 6% (m/m)，酸度 0.2 ~ 0.5g/100ml，黄酮甙 > 10mg/L[16]。

4.2.3 银杏营养餐

笔者以银杏、大豆、玉米膨花粉、谷物片为主要原料，经科学配伍加工制成银杏营养方便食品，适合现代人们均衡饮食和完整营养结构的饮食需求以及现代方便即食的快节奏生活方式。

4.2.4 银杏烘烤食品

笔者采用江苏同源堂生物工程有限公司自行研制开发生产的银杏粉，在烘烤食品上大胆实践，研制中试生产了银杏饼干、银杏桃酥、银杏脆饼等产品。产品中添加银杏粉达 10%，产品口感清香适口，细细品尝回味银杏特有的淡淡的苦香，恰到好处，色香味俱佳。

4.2.5 超微食用银杏叶蛋白粉

盛勇等的发明专利(专利申请号 200810147678)公开了一种超微食用银杏叶蛋白粉的制备方法：把银杏叶进行水洗、水浸，然后进行风干，风干至含水量 3% ~15%，经风干处理后的银杏叶用粗粉碎机粉碎至平均粒度小于 100μm，之后用粉碎机粉碎至平均粒度小于 100μm 的银杏叶 35% ~65%，大豆蛋白粉 15% ~25%，支链淀粉 2% ~10%，麦芽糊精 3% ~8%，蜂蜜 5% ~20%，净水 5% ~30%，按质量百分比比例混合，用搅拌机搅拌均匀，搅拌时间为 5 ~ 20min，取出后放入烘箱烘干，烘干温度为 90 ~ 120℃，时间为 15 ~ 30min，随后用超微粉碎机粉碎至平均粒度 5 ~ 30μm。利用本方法可制备出生物利用度好、具有保健作用、食疗效果显著的超微食用银杏叶蛋白粉[14]。

参考文献

[1]夏秀华．银杏叶的开发与利用[J]．安徽农学通报，2008，14(15)．

[2]fuash．天然功能食品添加剂简介．www. food008. com/dispbbs. asp？boardid = 23&Id = 1245.

[3]何仁东．长汀县银杏特色产业培植基地现状及发展对策．全国第十六次银杏学术研讨会论文集[M]．北京：科学技术文献出版社，2008.

[4]黄海燕等．泰兴银杏多元化发展现状与前景．全国第十六次银杏学术研讨会论文集[M]．北京：科学技术文献出版社，2008.

[5]张迪清，何照范．银杏叶资源化学研究[M]．北京：中国轻工业出版社，2000，3.

[6]夏建伟．一种脱苦银杏叶制品的制备方法及其制品．专利申请号 200410041011.

[7]朱明全，丁怀德．银杏与健康．全国第十六次银杏学术研讨会论文集[M]．北京：科学技术文献出版社，2008.

[8] 俞建国等．超临界二氧化碳从银杏果中萃取分离银杏油的方法．专利号 ZL 200510041408.

[9] 夏建伟．一种银杏油粉制备方法．专利申请号 200710306211.

[10]夏建伟．一种速溶泡腾茶饮料及其制备方法．专利号 ZL200410013952. 3.

[11]银杏外种皮提取生物农药项目．邳州市招商管理局．www. pzzs. com.

[12]杨海麟，夏泽华．一种水溶性银杏粉的生产方法．专利申请号 200710135514.

[13]李奇峰，王力．一种即食银杏粉的生产和食用方法．专利申请号 200910094025.

[14]盛勇等．超微食用银杏叶蛋白粉的制备方法．专利申请号 CN200810147678. http：//patent. perday. tv/detail/CN101411386 - 3236415. html.

[15]中国功能食品网．http：//www. functionalfood. org. cn.

[16]陈晓春．一种银杏果酒的制备方法．专利申请号 200710014702.

狠抓科技创新　促进产业提升

——郯城县银杏科技工作30年回眸

张贵平

（郯城县科技局，山东郯城　276100）

摘要： 本文着重概述了自1978年党的十一届三中全会以来，山东郯城县银杏科技工作的发展历程以及取得的主要成就。一是着眼于广大干群科技素质的提高，加大人才培养力度。从基层抓起，开展了勃勃蓬蓬的群众性的银杏科研活动，形成了既有专业科技人员，又有农民群众共同参与的庞大银杏科技网络与队伍，取得了大批优秀科技成果；二是强化科技支撑，创造良好的科技氛围。全县上下相继建起银杏研究会(所)、银杏产业发展中心、银杏生产合作社。大力引进智力，整合资源，延请了多家大专院校、科研单位，建立起专家顾问团。同时，加大科技经费与政策导向，促进了全县银杏科技的整体水平；三是加快科技成果转化，注重科技内在创新，按照栽培科学化、生产专业化、质量标准化、经营市场化和管理法制化的要求，使银杏产业实现了多领域的纵深发展。如今，郯城不仅是银杏生产的大县，也是银杏科技工作的强县。在很大程度上，鉴于银杏科技工作卓越的成绩，被国家科技部授予“全国科技工作先进县”的称号。

关键词： 银杏；科技；成就

山东郯城系全国著名的银杏之乡。有着悠久的银杏栽培史。据考证，早在北魏正光年间即有银杏栽植。鼎盛时期，年产白果50万千克之多。清朝诗人张敬葳游至新村，咏诗曰：“出门无所见，满目白果园。屈指难尽数，何止株万千。根蟠黄泉下，冠盖峙云天。沧桑时多易，古木麻彭年。天物假造化，沂涘有奇观。”每到白果成熟、销售季节，遥望沂河“舟舶填塞，帆桅锚动，舶载特产，下而远售”。新中国成立后，由于社会体制和农村政策的变动，走过了一个漫长而曲折的发展历程。但总体上仍呈稳定发展的态势。1978年党的十一届三中全会的召开，标志着科技春天的来临。至今30年间，我们在县委、县政府的坚强领导与大力支持下，把科技工作放在银杏产业发展的突出位置，努力搞好科技创新平台建设，强化支撑体系。从而实现了银杏产业持续、跨越式的发展。

1　培养科技人才，提高总体素质

自古以来，郯城县虽然倚仗其丰富的银杏资源著称于世。不过只是粗放、简单的劳作。几乎没有太大的科技含量，从而困扰了银杏产业的发展和经济效益的提高。特别是前几年一再受国际市场的冲击与制约，叶、果销售曾一度下跌。我们清醒地看到，不用科技装备、支撑银杏产业，难以打破其产业徘徊不前的局面。而科技的提升在人才。提高人才素质乃重中之重。于是我们大力整合县内、外的科技力量，紧紧围绕银杏产业中各个环节的关键要害技术，以调整产业结构为切入点，加强多层次、多类型的人才培养。特别是中、青年优秀科技人才的培养，形成了人尽其用、人才辈出的生动局面和“创新、创业、创优”的强大银杏科技队伍。

在“科技兴银”战略中，我们努力培养和造就了一大批银杏科技专门人才和许许多多的农民科技专业户、带头户。目前，全县从事银杏产业的专业技术人员已达到53人，其中高级职称的17人。一支强大的银杏科技队伍活跃在全县银杏生产的乡乡村村、园头地块、加工车间、试验室里。每到银杏嫁接、育苗、授粉、病虫防治等生产关键季节，县、乡、村，各级生产加工企业，分别举办各种类型的培训班。多年累计有16万人次，参加了各类技术培训班。为2500名农民技术员颁发了技术证书。新村乡农民禚宝洋一心扑在银杏科技事业上。通过多年实地调查、试验，筛选出七八个优良品种，推广到省内外。被聘任为科技副乡长。农村姑娘王玉芬，凭着一腔不畏艰难的雄心壮志，参与创建了全国第一个“银杏矮、密、早、丰试验园”，被破格提拔为县银杏研究所所长。许多老科技工作者奋力躬身耕耘于银杏科技园地。连年不辍地深入田间地头，为果农讲解银杏生产知识。侯九寰、皇甫桂月等矢志不渝地搞银杏研究，撰写论文、科普文章，录制光盘，著书立说。宋超、杨中峰、李明光等，多年埋头于车间、试验室，研究开发银杏叶提取物、银杏叶口服液、银杏新药等系列产品。青年科技工作者苏明洲、张振学、肖景义、高森、闫长智等，更是全身心地投入银杏科研事业上，常年活跃在生产第一线，与广大果农面对面、手把手地讲解银杏生产技术。农民技术员与专业科技人员优势互补，协同作战，分别被称为银杏科技推广战线上的“正规军”和“野战军”。

2 加强科技支撑、营建创新平台

多年来，我们在围绕银杏科技服务方面主要抓了4项工作：一是从上到下相继建立了银杏研究会、银杏协会、银杏研究所、银杏产业发展中心。作为银杏科学研究与技术推广的中坚力量。在乡、村建有分布广泛的农民自发组织银杏合作社。无论事业单位或群众团体，都从各个层面与角度，进一步加强了推广渠道与力度，大大推动了传统生产经验与现代科学技术的协同发展，促进了科学技术体系的创新；二是引进智力、整合资源，充分发挥大专院校、科研单位人才技术优势，以实现科技资源的最佳组合和效益最大化。先后聘请了山东农业大学、山东大学、青岛科技大学、山东省林科院、山东中医药大学、北京林业大学等10余所大专院校、科研单位的30多名专家、教授，组建了栽培、加工多个技术顾问团，建立了长期的技术合作关系。他们分批、分期来讲学，举办培训班或作为学生的实习基地。例如2007年承担了省科技厅下达的重大科技专项“银杏企业研发中心建设”。2008年我县承担了山东省中药现代化(郯城银杏)示范县建设等重大科研课题。2007年科技局挑头实施了“万亩叶用银杏生产基地GAP认证”工程，山东中医药大学、北京市理化分析测试中心，全力协助我们搞好银杏叶GAP认证工作。成为山东省第二家中药现代化GAP认证项目。现在推广10000亩。从而建立和完善了我县银杏中药现代化发展体系。形成了现代中药研究开发与产业发展的新优势，推动了全县银杏产业持续、健康、快速的发展；三是加大力度，建立、健全了银杏科技信息机制，广泛而深入地开展远程科技教育。以县科技局科技创新热线窗口为载体，建立了“郯城银杏主网页”，随着全县宽带网建设，已有300余农户设有自己的网页。如今，足不出户鼠标轻点，便可学习技术、搜集发布信息，将生意做到国内外；四是加大科技经费投入。历年累计省、市财政、科技厅(局)投入银杏科技专项经费多达500余万元。主要用于银杏关键共性技术创新的开发、科技成果的推广以及有功科技人员的奖励。从而大大激发了广大科技人员的积极性。对全县银杏科技总体水平的提高，起到了明显的推动作用。

3 搞好科技推广，加快成果转化

党的十一届三中全会前，我县银杏科技力量相当薄弱，当时，全县银杏面积2950亩，结果树4.5万株，年产值63.5万元。科技成果一旦转化为现实的生产力，便可产生巨大的经济效益、生态效益和社会效益。为此，我们不仅注重银杏科技计划项目的申报，更狠抓科技成果的转化，使其尽快、尽早变成可应用的生产力。从1978年起，几乎每年都有银杏科研项目列入省、市、县科技计划。1984年“银杏矮化、密植、早期丰产研究”获得成功，填补了国内同类科技项目的空白，打破了千百年来“桃三杏四梨五年，要吃白果六十年”的传统认识。据不完全统计，已推广到全国十余个省、市(自治区)面积达十万余亩。1998年县林业局“银杏种质资源基因库的营建”，对引自国内外的100余个银杏良种，作了生物学特性、丰产性能等多方面的深入探讨与研究。如今，我县已有“银杏快速育苗”、“银杏叶果用良种选育”、“银杏盆景制作技术”、“银杏绿化大苗培育技术”、“银杏叶用园栽培模式”、“生物农药在银杏生产中的运用”、“叶用银杏良种选育”、“反相工业色谱在银杏叶提取中的应用研究”、“银杏中药现代化示范县建设”、“银杏叶用GAP生产规范化栽培”等等20余个银杏科研项目，获得了省、市、县科技计划立项。目前，已有15个项目，通过了专家、教授的鉴定验收，分别达到省内、国内乃至国际水平，荣获省、市科技进步奖、星火奖或专利证书。每获取一项科技成果，我们都召开领导干部、科技人员与果农、加工企业户共同参加的论证会，决定其推广地域、面积、农户、企业，使人们勇于推广、乐于接受。全县银杏栽培、加工、销售的专业户，带头户达3000户。“郯城绿源银杏有限公司”以350万元人民币独家引进的德国“滚筒式燃油干燥加工机械”，集进料、干燥、压捆、打包于一体，所烘干的银杏叶具有色泽好、有效成分损失少、加工环节无污、日产量高(日加工干银杏叶20余t)等特点，产品全部出口欧美市场。“郯城安泰科技有限公司”与“北京金泰医药科技有限公司”，共同研究开发的反相工业色谱醇提取工艺，提高了银杏叶黄酮、内酯的提取率，提高了日产量，银杏叶提取物远销东北、上海、云南等地的大中型制药厂，部分产品销往日本、韩国。“山东仁和制药有限公司”自主研发的银杏口服液、银杏叶胶囊、银杏片剂等，年销售额达到1000万元。郯城啤酒厂研发的银杏啤酒、郯城酒厂研发的酿造型银杏酒，分别获得国家专利。新村乡新村农民禚昌恒，建有银杏采叶园100余亩，建银杏叶烘干厂一处，年加工银杏叶500t，年经营收入80余万元，成为全县知名的银杏叶加工企业。胜利乡赵楼村在20世纪80年代前，根本无银杏栽培。1982年后，全村600亩土地全部栽了银杏。现在户户建小康楼，家家都有电脑上网。成为全省两个文明建设的先进单位。多年来，全县银杏叶、果、苗、盆景、食品、饮品、药品、雕刻、玩具、旅游、文化，多品类、广领域发展，实行基地加农户，产、加、销一体化的经营模式。从而，充分体现了科技在银杏产业中举足轻重的地位。据资料，如今，全县银杏片林面积22万亩，其中采叶园8万亩、结果园12万亩、苗圃2万亩，产果300万千克、产叶1000万千克、定植1400万株。目前，全县已建成投产的银杏叶烘干企业12家、银杏叶茶企业5家、银杏保健用品企业3家、银杏食品加工企业8家、银杏果冷藏企业3家、银杏叶提取加工企业3家、银杏制药1家、银杏酒加工企业3家、银杏叶提取加工企业3家、银杏制药企业1家。银杏加工产业总销售额3亿元人民币。银杏产业年收入突破10亿人民币。较1977年增长了1574倍之多。

我们成绩的取得与全国银杏研究会及广大专家、学者的大力支持与指导分不开的。多年来，省里领导不断来郯城视察、指导银杏生产。1991年3月24日，省人大常委会副主任李晔撰文指出："郯城银杏栽培历史悠久，近年来有重大发展……郯城的经验应推而广之。"1995年3月9日省委书记苏毅然在"大众日报"发表"山东银杏要大发展"的文章，指出："近几年，我多次到郯城的银杏产区进行过调查。在那里，银杏已成为一项重要的支柱产业，成为群众致富奔小康的重要途径。"全国许多县市均走在我们的前头。与他们相比，我们还有许多缺陷与不足之处。最近，县委、县政府做出了"大力发展银杏产业的决定"。其中将科技工作列为今后工作的重中之重。我们将乘这次会议的东风，重新调整战略部署，加大科技投入，深抓全民科技素质的提高，进一步壮大主导产业、龙头企业，决心向广领域、多层次、高效益的目标迈进，使我县的银杏科技工作再上一个新台阶。

近百年郯城银杏市场的变迁

——银杏营销研究之一

侯九寰

（山东郯城县科委，山东郯城 276100）

摘要： 市场的概念不是一成不变的。它随着政治体制的变革和商品经济的发展而变化。本文把近百年的郯城银杏市场分为民国时期、抗日战争与解放战争时期、计划经济时期和改革开放时期等4个时期，从营销体制、特性、功能、规模等多角度、多方位、全面客观地分析了变迁的概况。其间有旺盛高潮期，亦有萧条低迷期。认为，积极发掘、整理银杏营销的历史经验、教训，对当今乃至未来的银杏生产和市场营销均有一定的借鉴作用。

关键词： 银杏；市场；营销

银杏是郯城县农村经济的支柱产业。在漫长的历史长河中，有市场的旺盛期也有不景气的阶段。究其原因，当时的政治体制、经济政策，无不直接影响与制约着它的变迁。众所周知，市场是商品经济的产物，哪里有银杏生产，哪里就有银杏市场。发展银杏生产的最终目的，在于找到市场，卖出好价钱，增加农民收入。因此，从政治经济学的观点，进一步发掘、探讨民国以来至今近百年银杏市场的发展历程，详尽地剖析、诠释市场变化规律、特征，全面总结经验，认真汲取教训，有着重要的历史意义与现实意义。

1. 民国时期

民国时期军阀混战民不聊生，商品经济欠发达。所谓市场仅是买卖两方聚集一起进行产品交换的场所。正如古人所言“日中为市，致天下之民，聚天下之货，交易而退，各得其所”。据新村80多岁的老农禚宝渠回忆，年幼时曾随父亲肩挑着白果去重坊、马头的商行，换来洋布(纱布)、洋火(火柴)、洋油(煤油)。如此，呈现市场的原始状态。及至战乱稍平，才由小到大、由弱到强地发展起来。1930年前后郯城的商业初具规模。最盛时县城有40家、马头有96家商行经销白果。如：源兴城、东增圣、西增圣等颇有名气。农民大都将白果直接送至各商号，换取生活、生产必需品。马头、新村、重坊三乡镇濒临沂河，凭借舟楫之利，自古乃商贾云集要地。给白果的外运带来得天独厚的便利条件。自清代起，所产白果北到京、津，南到淮、扬、苏、杭，均是用船外运的。有“舟舶填塞，帆桅锚动”之描述。民国八年林修竹编纂的“山东各县乡土调查录”中，即把郯城白果列入重要产品。另据民国二十三年出版的《中国实业志》亦有郯城1500包白果销往欧、美之记载。其销售渠道主要通过英、德在上海开设的太古、怡和洋行和美国在天津开设的康宣洋行销往国外各地。

2 抗日战争与解放战争时期

1938年4月，日军侵入郯城，大肆掳掠烧杀。于是，县城、马头等地的商号、民房被抢劫一空。据参加“抗日战争60周年”纪念活动的老人回忆，当时马头镇的聚盛德、丰聚同、于恒顺、西东圣等商号都存有大批白果。甫初，日军还不知道白果可食，随混于其他商品大火焚烧。烟浪冲起树梢高，三天而不绝。后来知道可以食用，便一车一车的外运。日军的侵占使商家纷纷关门停业。从此，白果市场冷落、萧条而一蹶不振。昔日沂河各渡口车辆穿梭、人稠物穰的繁茂景象荡然无存。

1945年日本投降，龙的传人没有团结起来，却陷入了兄弟阋于墙的战火中。在中华人民共和国成立的前三年中，拉锯式的你来我往。银杏产业难以发展，银杏市场更无从谈起。尤其国民党军大肆杀银杏树构筑所谓“木寨”。据港上镇王桥村一老农回忆，村中被杀掉碗口粗以上的银杏树不下千棵。许多百年生银杏一时间被抡于刀斧之下。处于战乱的局面，银杏市场必然受到极大的冲击和破坏。有一年全村产的30万斤白果无法采收，而散落于园地。眼睁睁地看着烂掉。那时无官办的商家。作为鲁南、苏北贸易中心的马头镇，仍保留有宣统三年成立的“商会”，松散地管理着各商号和集市贸易。此期只有少量白果销往南方。据一商号老板称，1947年曾往安徽亳州运白果千余斤，行至徐州西大约30华里处，遭兵匪抢劫，从此再不敢远途经商了。

总之，无论抗日战争时期，还是解放战争时期，在战乱的情势下，农民丧失了种植银杏的积极性，商家也泯灭了经营白果的胆量与信心。使银杏产业未能拓展，银杏市场也几乎不复存在。还应指出的是建国前郯城因工业落后，对白果不做任何加工，使商品结构单一，出口渠道狭窄，仅是洋行购货做转口贸易。

3 计划经济时期

1949年中华人民共和国成立，党和政府大力医治战争创伤。甫初，还维系着个人经营。农民所产白果仍是提篮小卖。苗木多是自产自销或亲朋馈赠，无形成规模市场。1953年开始限制私商，从而进入了计划经济年代。于是各类市场转入正常运行，无论国营商业还是供销商业，都参与了白果的经营。特别是供销社先后成立的“土产杂品公司”、“推销经理部”、“盐业果品公司”等均是白果经销的中坚力量。供销部门在重点产区设立代购站(点)。供销系统广大职工发扬“一条扁担”的创业精神，肩挑车推、走村串巷收购白果。建国的当年就出口白果5.95万公斤。收购数量、价格、销往何地，均由国家统一掌握。20世纪50年代江苏徐州、南京、镇江和河北保定的土产公司均有客户前来购买白果。1955～1978年的23年中(缺1963年)供销部门共收购白果117312担(注：每担50kg)，年均5100担，毫无疑问，供销系统对白果市场的培育和壮大起到了举足轻重的作用。

20世纪70年代初期，县商业局设立“外贸组”(后改称外贸公司)。1976年县府设立“外贸局”。无论机构迭次变更，都大力组织白果的收购与出口。其经营方式实行以直购为主，直购与代购相结合的方式。每年年底，县外贸部门根据货源情况，提前编制次年度的收购计划方案。待国家审批后正式下达计划，再与供销部门签定合同。同时，在港上、新村、重坊等重点产区设立收购网点。然后按计划调拨给青岛等口岸。由外贸部门组织出口。实行管理、收购、调运一条龙。外贸部门积极参与白果的收购与出口，从而拓宽了市场范畴，有力地促进了银杏产业的发展。

此时期的白果基本未进行加工，只是作为资源出口，附加值相当低。材质优良的银杏木材，也仅有樊堰等村承袭清朝以来的玩具工艺雕刻，其产品造型美观、旋艺精湛。出口至美国、日本、韩国、加拿大及东南亚诸国。不过市场销量、产值并不怎么大。

应该特别指出的是，在计划经济这一特定的历史时期，党与国家实行的市场体制和经济政策，有利于银杏市场的稳定运行。然而，后期越来越显现出收购渠道、销售门路的单一化，而不利于进一步激活市 场。甚至在很大程度上抑制、阻碍了市场的拓展。

4 改革开放时期

1978 年经济体制改革的春风，给银杏市场带来勃勃生机。叶、果、苗、接穗、花粉、盆景均竞相走向市场。特别是 1996 年县外贸总公司获得自营出口权后，呈现出前所未有的兴旺景象。

20 世纪 80 年代始有银杏叶销售。浙、湘、皖、沪等地及山东省的临沂、威海等地的制药厂家纷纷来求购叶子。1996 年中、法、德三国合资在新村乡驻地兴建“绿源银杏有限公司”，给当地农产签定了长达 10 年的合同。仅 1998 年就出口银杏青干叶 1494t，创汇 410. 9 万元。银杏叶用于制茶，在国内亦属首创。据不完全统计，新村、胜利、郯城三乡镇，就有 20 多家银杏叶茶加工厂，年加工能力达千吨之多。其中刘道江的华银银杏叶茶、赵楼的佛乐银杏叶茶，都先后出口日本、韩国，效益颇佳。

白果的国内市场一是加工销售。仅县内就有 18 家个体加工厂。主要有罐头、脱水白果、八宝粥、银杏精、银杏露、银杏白酒、银杏啤酒等门类繁多的产品；二是种子销售。在银杏热的年代，种子销售逐年俱增，形成抢购风。年最高销售量达 20 万千克以上。每公斤卖到 60 元以上。销往大半个中国。白果的国际市场开发的主力军是获取自营出口权的县外贸局及其他涉外企业。特别是县外经委不断组织有关乡镇、外贸出口企业、“三资”企业参加“广交会”、“青交会”。1984 年县经协办还在深圳设立窗口，吸引日本、韩国、马来西亚及港、澳、台等国家和地区的客户，为郯城白果及其加工品走出国门迈出了可喜的一步。在日本东京、大阪、神户的大型“量贩”(超市)都能看到来自郯城的白果产品。自改革开放以来至今累计出口创汇约 2000 万美元。

在银杏产业兴旺的年代，苗木、接穗十分热销。形成了以新村为重点的全国集散之地。每到冬春长达两公里的街道两旁布满大大小小各种规格的实生苗、嫁接苗。各地客商熙来攘往、毂击肩摩，进出的车辆络绎不绝，堵塞交通。呈现一苗难求的局面。据县有关部门统计，历年累计外销各种苗木 7 亿株以上，良种接穗达百万根之多。

由于科技进步。果农晓知人工授粉可获取丰收。20 世纪 80 年代初银杏花粉市场悄然兴起。浙江、河南、安徽及山东省的海阳、栖霞、东营、泰安、临沂等地的果农迢迢数百里前来购买花粉。每年的 4 月中、上旬，在新村、重坊、港上一带形成全国少见的花粉市场。曾见王桥村沿街设摊长达二三百米。1989 年春季一个集日交易鲜花序达千余千克。如此繁荣的花粉市场持续了数年之久。

郯城银杏盆景艺术，有着悠久的历史。随着人们物质生活和精神文明的提高，盆景成为现代家庭的必需品。被誉为“立体的画、无声的诗”。吸引了北京、上海、济南、深圳等大、中城市的盆景爱好者慕名而来。椐资料，至 2001 年即销售 10 万余盆。低者 10 多元，高者达千元之多。

纵观近百年的郯城银杏市场，充分说明其变迁主要取决于社会经济发展状况，而经济发展状况又与社会制度和依附于这种制度的社会政策密切相关。从1911年清王朝覆灭成立中华民国，到1949年中华人民共和国诞生，以至2005年“十五”国民经济发展计划末期，历经中国近代史、现代史。其间经过重大政治体制变革和一系列经济政策调整，对银杏市场的兴旺或萧条，无不产生重大影响。因此，从政治经济学的观点，积极发掘、整理银杏营销的历史经验、教训，对当今乃至未来的银杏生产和市场经营均有一定的借鉴作用。

参考文献

1　郯城县地方志编委会. 郯城县志[M]. 深圳：深圳特区出版社，2001.
2　侯九寰等. 银杏栽培[M]. 北京：科学技术出版社，1993.
3　秦士杰. 郯城银杏栽培史考略[G]. 郯城县科委‘银杏栽培资料汇编’(内部资料)，1998.
4　郯城县委办. 郯城县银杏产业发展调查与思考[G].（内部资料)，2004.

当前郯城银杏市场发展概况

——银杏营销研究之二

侯九寰

（郯城县科委，山东郯城　276100）

摘要：本文对20世纪90年代末至今郯城银杏市场进行了详尽地剖析。认为其崛起与兴旺的根本原因一是国家改革开放春风的沐浴；二是广大领导干部、科技工作者的关心与支持；三是银杏经济价值的深度开发。主要表现在销路广、效益高，成为当地农业的可靠支柱。同时，揭示了叶、果、苗积压卖不出去的低迷现象和导致此状况的多种因素。文末，还就如何做大、做强、健康、持续地搞好银杏市场，提出了调整产业内部结构，提高科技含量，积极开拓国内、国外两大市场，加强联合组建产业集团和进一步搞好深加工等一系列的举措。

关键词：银杏；市场；兴衰

市场是银杏产业兴旺与否的试金石。欲知银杏产业发展如何，应由市场来佐证，由效益来体现。因此，认真剖析银杏市场的发展历程、全面总结经验教训是摆在每个关心、支持银杏事业的领导干部、科技工作者和广大农民面前的一个十分严峻的问题。

1　银杏市场的崛起与兴旺

纵观20世纪80年代以前漫长的历史，郯城银杏并未形成市场，更无一定规模的市场。农家所产银杏果、苗或提篮小卖，换取生活、生产的必需品，或亲朋间相互馈赠，无商品价值可言，故其产业经济效益甚微。郯城银杏市场的开始兴起究其原因有3方面，首先是仰承于全国的大气候。1978年党的十一届全会为农村改革开创了新纪元。这一强劲的东风给银杏产业及其市场的发展带来勃勃生机。进入20世纪90年代，全党工作的重点，已全面彻底地转移到实行改革开放、全面促进经济发展的轨道上来。特别是随着社会主义市场经济体制的逐步确立，一系列兴国富民经济政策的大力推行，赋予银杏市场以强大的发展动力与保障；二是各级领导干部、科技工作者中的仁人俊士，成为银杏市场逐步扩大的中坚力量。诸如中国林学会银杏分会的郑德明、陈鹏、林协、宋朝枢、许慕农等专家、教授，多次莅临郯城指导工作。尤其山东省人大常委会副主任李晔，富有远见卓识，从领导岗位上退下来后一心扑在银杏事业上，几十年矢志不渝，多次亲临郯城视察银杏生产。县委、县政府更把发展银杏生产作为振兴当地经济的重要举措，出台了实实在在的优惠政策；三是银杏经济价值的开发，特别是叶子药用价值的开发，起到了龙头带动作用。一向被人们视为柴草的银杏叶子，身价倍增，漂洋过海换来“洋钱”。从此激发了广大农民种植银杏的积极性。物穰货丰，销路畅通。总之，可靠的政治保障、优越的富民政策、先进的科学技术，促进了郯城银杏市场的逐步兴起与壮大。

20 世纪八九十年代，郯城银杏市场呈现出前所未有的兴旺景象。对于白果一是种用，二是加工食品、饮料进入市场。每年 200 万千克的白果、100 多万株的各类各规格苗木销售一空；同时，花粉、接穗、盆景市场悄然兴起。以新村、胜利、重坊、郯城四乡镇为重点形成了国内最大的银杏及其相关产业的集散地。每到交易旺季各地客商纷至沓来，车辆盈门，几乎形成抢购之风，销售到大半个中国。白果及其加工品除重点销售京、浙、豫、湘、皖等省、市外，还销往日本、韩国、美国、新加坡及台湾、香港、澳门等东南亚国家及地区。叶子主要销往法国、德国等制药先进的国家。鼎盛期每千克白果卖到 60 元，每千克青干叶卖到 16 元，不足 10cm 高的小苗卖到 1. 6 元。如此红火的市场持续十年之久。全国著名银杏之乡的新村，3. 6 万人，种植银杏 2. 8 万亩，客户终年不断。有的年份人均收入 3200 元，其中大半来自银杏。据不完全统计，县、乡、村三级从事银杏果、叶、茶经营的家庭、个体有千户以上，新一村有“家家出经理，户户有老板”之说。1990 年 6 月 14 日《大众日报》载：“郯城银杏撑起农业的半壁河山，综合效益达 6. 5 亿元”。由此足见银杏市场兴旺之一斑。

2　银杏市场兴衰之评说

20 世纪末至今的数年中，银杏市场态势如何？有的说坠入低谷一蹶不振。《大众日报》1999 年 10 月 13 日载：郯城镇葛庄农民葛某投资 1. 5 万元，建了 4. 8 亩采叶园，叶子卖不出去的照片。有的则说银杏市场低而不衰，《中国银杏报》2006 年第一期载：胜利乡赵楼村银杏产业从未出现过低迷现象。众说纷纭，各执一词。到底如何实事求是的评价、正确对待这阶段乃至未来的银杏市场，是人们十分关注的一个问题。

2. 1　银杏产业效益低落显而易见

20 世纪八九十年代，鲜叶每千克 5 ~ 6 元、白果每千克 50 ~ 60 元，7cm 粗的苗木每株 150 ~ 200 元。确实令人眼馋心热。然而，20 世纪末、21 世纪的鲜叶价格跌至每千克 1 元、白果每千克降到 7 ~ 8 元，5cm 以下的小苗几乎无人问津。作为银杏叶加工品的黄酮甙销路受阻。昔日许多地方沿街悬挂的招徕客商的五颜六色的牌子相继摘下。一些园片、门市冷落车辆稀少，连旅社、饭店一度客满为患的情景也不复存在。效益是硬道理。卖不出去，必然丧失人们的积极性。不少农户、县直机关租地户忧心忡忡。纷纷毁苗而改种粮食、蔬菜等作物，这是有目共睹的事实。

2. 2　重点乡镇的银杏市场依然旺盛

在人们普遍哀叹银杏市场低迷滑坡的年代，许多专业村、专业户，仍然“咬住银杏不放松”(2003 年 11 月 21 日《临沂日报》)、“抢占制高点发展银杏”(2006 年 5 月 23 日《中国绿色时报》)、“力葆银杏产业活力”(2002 年 3 月 12 日《临沂日报》)。“银杏产业滑坡之年收入大增”(2002 年 4 月 12 日《山东科技报》)。特别是新村乡形成了以银杏果、叶、苗、盆景及系列产品为核心、辐射省内外的强大市场，源源不断地吸引大批客户前来购买。绿源银杏公司与国外签定的供叶合同再次延期，每千克 4 元的青干叶保护价不变。该乡还有两三家个体户的烘干厂，所产叶子确有销路。尝到甜头的农民自然不肯毁苗。尤其是紧紧抓住“迎奥运”，北京等大城市需要大苗(树)这一千载难逢的机遇，粗 10 ~ 20cm 的大苗(树)一年到头热销不冷，而且价格坚挺，呈上升趋势。粗 30cm 的树木卖到 9000 元。据报载，2001 年冬至 2002 年春，全县共售出各规格苗木 500 万株，收入 5000 万元。再者，县各大型银杏银杏叶、果、茶系列产品加工企业，如绿源银杏公司、华银银杏开发有限责任公司、汇丰食品有限公司、天源银杏有限公司、宏伟银杏有限公司、三利银杏制品有限公司等均运行良好，效益可观。在很大程度上成为郯城银杏市场低而不衰的典型代表。可见，重点专业乡、专业村、专业户的银杏产业依然兴旺不容置疑。

3 激活银杏市场的思考

郯城县乃中国重点银杏之乡。如何走出低谷，健康、持续、做大、做强银杏市场，成为广大领导干部和农民群众十分关注的问题。兹将县内仁人志士的意见综述如下：

3.1 调整银杏产业内部结构

昔日一户、一村、一乡或育苗或产果十分单一。抗御自然灾害、适应市场变换的能力差。亟应采取叶、果、苗、盆景、木材并举，多方位、多层次、多模式、多结构的发展方针。港上乡王桥村的银杏树保留中干分层嫁接，做到果、材兼用；重坊镇朱出口村银(杏)、(蔬)菜间作；胜利乡赵楼村苗、叶、茶、果梯次发展，均是良好的范例。如此，可满足不同市场的要求，大大提高其经济效益。

3.2 提高科技含量

众所周知，银杏良种的选育、栽培技术的改进、加工工艺的提高，对银杏产业的发展有一定的推动作用。为此，应继续实施科技“兴银”战略，加大科技投入。每年拿出银杏产值的百分之一，加上吸纳个人、企业的捐赠，国内外引资等，设立银杏科技专项资金，用于银杏产业的科技开发。配备精明强大的科技队伍，加强与大专院校、科研机关的密切结合，组织科技攻关，强化科技推广。用科技装备栽培、加工各个领域。向科技要出路、要效益。

3.3 积极开拓国际、国内两大市场

据资料，银杏系列产品在国内外市场均不饱和，具有广阔的发展空间。在一个相当长的时期内，对国际市场应瞄准韩国、日本、法国、加拿大、新加坡等国家；国内应着力开拓北京、上海、济南、广州、香港、台湾等大城市和地区。积极同他们建立长期、稳定的联系，提供高档产品，实行优质服务。如此，才能使银杏产业健康、有序地发展，永远兴旺发达起来。

3.4 加强联合组建产业集团

近年来，国内外对银杏系列产品的开发不断深入。据资料，国际市场上有德国、法国、美国、日本、韩国、瑞士、瑞典、荷兰等 8 个国家计 29 种产品。国内市场上银杏系列产品有湘、辽、川、京、浙、冀、苏、鲁、闽、黔、皖、桂、粤、沪、鄂、晋、香港、台湾等 18 个地区计 81 种(含与国外合资厂家的产品)。涉及范围之广、品类之多，给我们构成极大的威胁。鉴于本县银杏深加工市场开发起步晚，市场竞争能力差。我们应由县有关部门牵头，联合有关乡镇的企业、厂家，组成银杏产业集团公司，形成产业合力，才能稳固、长久地占领国内外的市场。

3.5 进一步搞好深加工

目前县内银杏叶、果、茶的加工品尚属初级、粗制型，本着“围绕资源上项目，搞好加

工促生产”的方针，应进一步拓宽思路，向高、精、尖产品发展，下游产品发展。例如，银杏外种皮（皮肉）作为化工原料、生物农药的研制。真正做到产品多样化、系列化，高标准、高质量、高效益。争创名牌，申报专利，树立龙头企业，带动产业化经营，此乃赢得市场的根本途径。

郯城县狠抓银杏中药现代化科技产业

侯九寰[1]　邓夫胜[2]　苏明洲[2]

（[1] 郯城县科委，山东郯城　276100；[2] 郯城县林业局，山东郯城　276100）

摘要： 山东省郯城县系国内著名的银杏之乡，其资源十分丰富。为提高银杏产业现代化水平，推进跨越式发展，实现战略转移、模式化创新和系统整合，正在实施省级重大科技创新项目——“中医药现代化科技产业（郯城银杏）示范基地建设”。运行一年来，取得了可喜的成效。本文就其指导思想、基本原则、任务目标、发展重点等方面进行了总结。特别是结合当地情况，就发挥资源优势，坚持以科学发展观为指导，依靠现代科学技术深层次开发银杏药物，提出了若干可行性保障措施。

关键词： 银杏叶；药物；科技；产业

山东省郯城县素以银杏之乡著称，资源丰富。特别是自20世纪80年代起，伴随改革开放的东风，银杏产业得以突飞猛进的发展，成为当地农村经济的支柱产业。为推进其大发展，县委、县政府全面总结经验、教训，实行战略转移，模式创新和系统整合。自2007年起，实施了省科技厅、财政厅下达的“山东省中药现代化科技产业（郯城银杏）示范基地建设”项目。成为该县历史上承担的最大的省级科技项目。

1　指导思想与基本原则

1.1　指导思想

银杏叶是重要的药物原料，具有较高的医药保健价值。近20年来，县白果罐头厂、仁和制药厂、华凌啤酒厂、华银制药厂、金士缘银杏饮品有限公司等国营、民营企业先后开发出银杏药片、银杏口服液、银杏啤酒、银杏罐头等名目繁多的药品、食品、保健品。然而，由于科技含量低、开发规模小、质量档次不高等诸多原因，发展停滞不前，甚至破产倒闭。致使年产1万t的银杏干叶或初加工或未加工直接销售至国内外，其经济效益相当低下。面对此种情况，该县通过这一重大科技项目的实施，最终将形成研究、开发、种植、加工、销售一条龙的银杏产业化体系，促进全县经济的大发展。

1.2　基本原则

1.2.1　市场导向与政策引导相结合

为此，政府大力引导、企业积极参与以共同推进银杏产业化建设。

1.2.2　跨越式发展与持续发展相结合

在项目的实施中，注重保护地野生资源的生物多样性，确保银杏资源的可持续利用和中药产业的可持续发展。

1.2.3　传承和发展、挖潜与创新相结合

在继承和发扬传统、特色和产品优势的同时，全面提升银杏加工品的研发能力和生产水平，打造银杏叶地道药材优势产品和保持企业名牌。

1.2.4　重点突破、点面结合

在统筹做好总体布局的同时，选择 4 ~5 个重点乡镇，10 ~15 个重点企业，加强结构性调查，有侧重、有计划地协调发展。以点带面、辐射周边、推动全局、全力推进示范基地建设的持续、健康、快速地发展。

2　任务目标

2.1　总体目标

在项目建设中，营建药用银杏叶基地 8 万亩，其中 GAP 基地 1 万亩。重点培育初具规模的现代银杏叶原料产业，开发出一批国内急需并符合国际规范标准的银杏叶新药及保健品；建设银杏叶现代化研究、开发体系；完善生产标准规范；培育银杏药物产品加工集团；逐步形成开发、种植、加工、销售一条龙的银杏产业化体系；实现原料生产现代化、规范化，制药工艺流程化，产品质量标准化，品牌系列化，品类集群化，产业规模化，进一步提高郯城银杏叶药物产品在国内外市场的占有率，力争达到年产值 8 亿元，全面提升银杏对 GDP 的贡献率，并带动相关产业的发展，促进全县经济的大发展。

2.2　布局规划

一是以新村、重坊两乡镇为主，带动胜利、港上等乡镇，形成叶用银杏园的重要产区；二是在县城驻地的经济开发区及新村乡建成中药产品加工业为主的第二产业研发区、生产区；三是抓好郯城安泰生物科技有限公司、山东仁和制药有限公司、郯城绿源银杏有限责任公司、郯城安泰银杏有限责任公司等单位，建设现代化银杏药物生产、加工的重点企业，形成国内具有银杏叶制药特色的生产大县。

3　项目建设重点

3.1　搞好银杏叶用良种园区建设

以丰产、适应性强、黄酮甙提取率高为标准，选育 3 ~4 个叶用良种。旨在提供充足、优质的原材料。抓好新村、重坊、胜利等重点乡镇，要求达到 GAP 认证标准。实现良种化、规模化、集约化经营。

3.2　加强银杏叶深加工体系建设

选择基础条件好的银杏叶烘干厂 8 ~10 家，生产线 15 ~20 条；银杏叶提取物加工企业 2 家，生产线 4 条；制药企业 1 家，生产线两条，对其加大资金、技术的投资力度，培育壮大一批现代化加工骨干企业集团，带动县内其他银杏加工企业的发展。

3.3　建立银杏叶药用研发体系建设

以山东省银杏企业研发中心为依托，充分利用现有的设备和力量，打破部门界限，联合相关机构和专业人员，集成县内中药科研力量，研究开发出具有自主知识产权、高水平、市场需求量大的银杏叶新药。借鉴国内外研究开发中药新药的经验，并加以提升。

3.4 抓好创新平台建设

使原料生产基地与加工企业、销售市场密切连接，即基地、企业、农户、销售各个环节的利益相捆。实行定点种植、定向贷款、订单收购、股份合作、保护价收购等方式，促进龙头企业与基地、金融机构、农户之间的产业对接，形成风险共担、利益共享的共同体。

4 保障措施

4.1 加强领导，健全班子，实行企业化管理

县成立以县长为组长，分管县长为副组长和有关部门、有关乡镇负责人为成员的项目建设领导小组，全面负责项目的规划和政策的制订。加强宏观领导，搞好组织协调和监督工作。有关基地建设、良种选育、GAP 认证、新药物开发、产品销售等业务工作，则组建专门班子，并逐项落实到单位、人员。实行项目建设企业化运作。

4.2 加大力度，实行多渠道投资

为确保项目顺利实施以省拨 100 万元、县财政配套 100 万元的科研经费为基础，建立项目科技发展基金。各乡镇、各单位，还要根据自身条件、财力状况、集聚多方面的资源。努力形成政府投资引导、企业投入为主、金融信贷支持、民间自我投资，外商投资参与的多元化的投资格局。

4.3 落实政策，优化环境，确保企业快速发展

首先，在充分利用上级出台的有关发展县域经济、提升民营经济的诸多优惠政策的同时，县委、县政府在土地、财税等方面出台了一系列奖励、扶持的地方政策，进一步营造了快速发展的良好环境。

4.4 加强人才培养与使用，提供坚实有力的智力保障。

采取继续教育、岗前培训、职业教育、定向培养、合作培养等多种形式，有计划地培养和造就一大批精通银杏栽培、药物提取、研发、加工、国际贸易等方面的专业型、技能型及复合型的高素质人才，提高银杏产业从业人员的整体素质。建立优惠待遇、表彰奖励等实实在在的机制，积极营造人尽其才、才尽所用的人才成长的良好环境。

现代银杏还有野化的可能吗？

杨天秀
（西南大学园艺园林学院，重庆　400716）

自20世纪30年代以来，有很多植物学家、果树学家、林学家、植物生理生态学家对野生银杏进行了大量的研究，认为在浙江西天目山有野生银杏，而我国较老的一些研究者，如陈嵘、曾勉、李正理、裴鉴、王伏雄等认为银杏"野生者则绝无"，或没有发现野生的……

在我拜访过的植物学专家中的一位告诉我，在现代自然环境条件下，某个树种的种子自然落地后没有人为的干预，能发芽生长成苗并成长为大树，这个树种可以认定为野生种。就银杏而言，在现代条件下，成年大树的树下是找不到银杏小苗的。所以，现代银杏中是没有野生银杏的。

近10年来有很多地方都报导野生银杏的发现，尤其对浙江西天目山、河南伏牛山、安徽大别山、湖北大洪山和神农架、重庆南川金佛山、湘西雪峰山以及贵州高原等到地发现的银杏植物群落，大多为成年大树或古树，为我国野生银杏的研究提供了充足的资源。如向应海、向群在《贵阳市高坡乡杉坪村古森林残存群落及银杏种群调查——贵州省银杏古森林残存群落考察资料Ⅲ》一文，报告了对贵阳市西南18km处的杉坪村上平寨、下平寨、杉木寨和白果寨的古森林残存群落作的现场调查。该村共有木本植物21种111株，其中银杏56株，幼木25株，青年木10株，成熟木7株，成年木13株。在成年树和成熟树之中，雌株30株，雄株仅2株。这里的幼树有种子萌发于石灰岩裂缝中，呈星点状分布。也有由根蘖苗长成的，它们是顺着喀斯特石沟呈一线排列状生长的。这些由银杏种子萌发生长成的银杏

幼树所处的自然环境条件如下：该村坐落于喀斯特峰丛小盆地边缘，海拔1300m，土种为石灰岩发育成的黄色石灰土，pH呈中性或偏碱性反应。本区气候属典型的中亚热带季风湿润气候。深受东南季风和西伯利亚冷气团的比重制约，表现出明显的冬暖夏凉和春秋气候多变的高原气候特点。年均日照总数为1274.2h，历年日照百分率为29%；年均降水量为1178.1mm，分布不均匀，夏季最多约占46%，春季最少约占28%，最长连续降雨日数27d，最长连续无雨25d。

我曾留心观察过一些雌银杏大树，均未在其树下找到银杏小苗。但在2009年的4月，我去观察一株雌银杏树的开花期时，意外地发现其树下有2株银杏小苗。它们是2007年的种子自然落地后，在2008年春季萌发成苗。在2009年春季萌芽时被我发现，其苗龄应为1年。我根据这棵树所处的微域环境，又在相近的环境条件下找到了另一株雌银杏树，在它的树下有24株这样的小苗。这株银杏树是人工栽培的，距建筑物仅5m多，与其他绿化树种相间种植，高大的有香樟、黄桷兰(白兰花)、桂花，灌木类有茶花、腊梅、小叶女贞等，地被种的是多年生草本植物麦麦冬，还有一些杂草。这些银杏小苗就是从这些麦麦冬种植的空当里长出来的。到10月为止，这些种子经历了2007年到2008年冬季严酷的低温而萌发长成小苗，又经历了2009年夏季70多天35℃以上高温的考验，躲在大树的树荫下活过来了。如果没有人的干预(不去拔草、不把他挖走，也不把其他树移走)，它们应该可以继续生存下去，这能不能算是现代银杏的野化呢?

安陆古银杏资源保护及开发利用

潘小平　刘建军　靳昽
（安陆市林业局，湖北安陆　432600）

安陆市位于湖北省东北部，地处桐柏山、大洪山与江汉平原交汇地带，面积1355km^2。属亚热带季风气候区，气候湿润，雨量充沛，光照充足，境内物种丰富，名木繁多，尤其以银杏树著称，素有"银杏之乡"的美誉。如何做好古银杏资源保护及合理开发利用，将直接关系到市委、市政府提出的"银杏强市，旅游活市"战略的实施。本文结合对安陆古银杏资源现状的实地调查，就安陆古银杏资源保护及开发利用做一简要探讨。

1　古银杏资源现状

1.1　数量

经过实地调查，安陆境内有千年以上古银杏树 59 株，其平均树高 25.4m，平均胸径 1.57 米，平均冠幅 468.5m^2；五百年以上古银杏树 210 株，其平均树高 18.1m，平均胸径 1.12m，平均冠幅 315.2m^2；百年以上古银杏树 4673 株，其平均树高 13.9m，平均胸径 0.83m，平均冠幅 243.5m^2。

1.2　分布

安陆古银杏树主要分布于王义贞镇钱冲、仁和、三冲、观音、花园，孛畈镇的柳林、侯冲、月岭、三里；天然、半天然的古银杏群落 15 个，25 株以上古银杏连片分布的有 36 处，主要生长在土层深厚肥沃、湿润而排水良好的半山腰、山脚、沟边、溪旁、农舍前后。

1.3　品种

安陆古银杏树有梅核、马铃、圆子、佛手等 4 个大类，20 几个品种。其中梅核类占 42.86%，马铃类占 30.6%，圆了类占 12.86%，佛手类占 12.28%。

2　保护与开发现状

2.1　保护情况

目前，安陆市成立了由市长任组长的古银杏树保护领导小组，负责古银杏树保护工作的组织、协调和监督。市人大制订了《安陆市古树名木保护管理办法》，规定对 30 年以上银杏树不准随便移植和砍伐。对于保护范围内的银杏古树，林业部门统一登记造册，统一建档、建卡、编号，并以安陆市林业局和南京林业大学的名义实行挂牌保护。同时，落实了古银杏树管护责任人。2007 年，市政府投资 50 万元，对白兆山顶祖师殿旁李白手植千年银杏加强了保护措施，安装了围栏、避雷针等保护设施，并在山顶新定植 9 株 30 年以上银杏大树。

2.2　开发现状

鉴于针对安陆钱冲古银杏群落在全国古银杏群落中年龄最古老、群体最集中，且是全国最大的古银杏群落，树形各异，有夫妻树、情侣树、子孙树、母子树等极具观赏价值的自然风光等情况，我市在古银杏自然保护小区的基础上，于2008年12月建成湖北钱冲古银杏省级森林公园。2009年8月，市委、市政府对古银杏资源相对集中的“钱冲”和“白兆山”两个景区进行整合，申报建立了“湖北安陆古银杏国家森林公园”。而且，市林业局在几个较大的古银杏群落中投资200余万元，修建了旅游人行步道。同时，安陆市委、市政府引进浙江立强集团投资，对古银杏森林公园进行旅游开发。

2.3 存在问题

一是保护意识淡薄。人们对古银杏树的重要性认识不够，它的利用价值未得到群众认可，他们既无保护意识又无开发利用意识。调查中发现，在古银杏树上乱刻乱划、拴绳挂物、乱搭棚架、堆放物品、拴牛等现象相当普遍；有的居民将千年古银杏树视为“神树”，每到初一、十五在树下烧香，熏坏树干；更有甚者乱刮树皮做药方，严重损害树干，影响树的生长。

二是保护措施及知识欠缺。有些银杏树尽管有保护措施，但所处的环境差，有关部门想对其保护，在大树周边砌水泥围墙，将其根部全部或大部分封住，这样银杏树虽然能避免人为破坏，但古银杏树没有足够的水分和养料，还是死路一条。

三是管理经费严重不足。林业部门没有古银杏树保护管理的专项经费，往往在管理上是处于“想办，无钱办”的境地，乡镇村以及管护人员对古银杏树的抚育管理、除虫灭病、施肥、复壮等日常工作几乎没有；而且，古银杏大树缺少必要的防雷击和树枝辅助支撑措施，非常容易造成主枝或干折断。

四是管理职责不清。对古银杏树的管理和保护缺少专门的机构来执行，部门及乡镇办多头管理，责、权、利不明，好的保护建设及诸多保护措施难以得到有效落实。

3 保护与开发利用对策

3.1 古银杏树的保护

一是经过调查，安陆的古银杏树资源基本适合就地保护措施。因此，应落实古银杏树保护专项经费，加大人力、物力、财力的投入，通过定人、定片、定责任的办法，加强对古银杏树的监督保护；同时，建立较完善的古银杏树管护档案，由专班人员定期检查古银杏树的管护情况。

二是对59株千年银杏树安装避雷针，以防雷击。同时，对当前长势一般或较差的古银杏树，实行科学的抚育管理：改善立地条件，清理树堰周围的混凝土与垃圾杂物，建立护栏；更换表层泥土，加强水、肥管理，促进古银杏树旺盛生长；加强病虫害防治，剪除枯枝，合理修剪树冠等；对有树洞的古树，应及时修补、封涂伤口；建造对树干、树枝的辅助支撑物，防止枝、干折断等。

三是要加强古银杏树保护的宣传、教育、科普工作，让人们充分认识保护和发展古银杏树的重要意义。同时，应引进竞争机制，建立奖惩制度，将古树保护推向社会，引入有资质的绿化公司参与古银杏的保护，使社会力量在保护古银杏树事业中发挥更大的促进作用。

3.2 古银杏树的开发利用

一是对古银杏国家森林公园中极具观赏价值情趣的古银杏树及古银杏天然群落，梅花洞、哪吒洞等天然深洞为主的自然景观，以及村庄、道路和一大批革命遗迹等人文景观进行详细规划，为景区开发建设提供科学依据。

二是对古银杏国家森林公园进行综合开发，让它成为“游客休闲的观光园、植物知识的普及园、银杏产业的展览园、银杏文化的宣传园”。

三是开辟到古银杏国家森林公园的旅游专线，利用古银杏群落、革命遗迹、李白文化等独特自然、地理、人文景观，开展森林旅游、度假、休闲、观光等活动，充分挖掘古银杏树的旅游价值。

四是通过与南京林业大学、银杏分会等联合建立古银杏科研基地，与安陆摄影协会合作建立写生、摄影基地的方式，充分挖掘古银杏资源的经济、文化价值。

五是吸收知名企业对古银杏树或群落进行冠名，一方面充分利用企业的资金来保护古银杏资源，另一方面又可以提高企业的知名度，让古银杏资源和企业两者受益。

参考文献

[1]陈有金. 安陆银杏[M]. 北京：中国林业出版社，2009.
[2]潘小平. 湖北安陆古银杏国家森林公园可研报告.
[3]安陆林业局. 安陆市古树名木调查成果报告.

银杏造园景观设计概论

——兼论银杏景观设计学的建立

闫长智①[1]　侯九寰[2]　高森[3]　孙德华[4]

([1] 山东郯城县林业局，山东郯城　276100；[2] 郯城县科学技术局，山东郯城　276100；
[3] 郯城县新村林业站，山东郯城　276100；[4] 郯城县李庄林业站，山东郯城　276100)

摘要： 银杏是世界遗产，是中国人文有生命的纪念塔，加之冠形美、叶形美、干形美，成为造园景观设计的重要树种。作者着眼于创新，立足于银杏的开发利用，提出了建立"银杏造园景观设计学"的构想。本文对银杏造园景观设计的原则、内容、配置方式进行了理论探讨与初步论说。还就其当今银杏造园景观设计存在状况及发展方向问题，提出了具有前瞻性的设想，建议进一步建立银杏造园景观设计学科，培养造就相关专业技术人才。此及银杏学术界值得研究的课题。

关键词： 银杏；造园；景观设计

银杏独产于中国，是中华民族古老文明的象征，也是人类难以想象的世界自然遗产。在国内外人们心目中具有深远的影响。20 世纪 40 年代文学巨匠郭沫若先生真诚地呼吁"真应该成为中国的国树呀……"。特别是自 20 世纪 80 年代起，大批仁人志士郑重推举银杏为国树的呼声连绵不断，而且一浪高过一浪。有鉴于此，以银杏为主进行造园，坚持科技创新、机制创新和模式创新，以造就国际化、实用型和综合型的优秀银杏园林景观，具有重大的历史意义和深远的现实意义。

所谓银杏景观，就是银杏及其立地环境相互依赖，共同构成的综合体。它是复杂的自然过程和人类活动，在园地淋漓尽致的反映。如今，摆在银杏科技工作者面前的一项重大使命，就是关于新建银杏园的景观设计、分析、规划布局以及现有银杏园林的改造、管理、保护和恢复的问题。值得提出来的是作为一名银杏科技工作者，决不可局限于种、苗、叶、果的栽培、管理、加工利用的研究与技术推广，更应该通过缤纷繁复的银杏科技园林景观设计的艺术表象，触摸人与银杏、人与自然之间深层关系的脉搏，揭开并增深人们对银杏园林的感情。显然，银杏造园，并尽善尽美的搞好景观设计，已经责无旁贷地落到广大银杏科技工作者的肩上。

1　银杏造园景观设计的原则

银杏造园景观设计，要严格做到明确观念、分清纲目、不断创新，特别是要紧紧抓住银杏的生态、形态、特性和当地的自然经济状况以及发展前景。具体说来应遵循以下 4 个方面

---

① 闫长智(1968 –)，女，农艺师，长期从事林业生产技术研究与推广

的原则：

1.1　经济、社会、环境三大效益要紧密结合

银杏叶、果、材用途广，经济价值高，是广大种植户特别是重点产区的种植户主要的收入来源。应把他们能获取较大的经济效益为设计的出发点，并贯彻始终。一旦有了完美的银杏园林景观，定能明显地促进当地银杏加工业、旅游业、商贸业等相关产业的发展，并且带来可观的经济效益。同时，一片颇具规模的银杏园，就是一条有效的防护林体系，对促进生态平衡，抗御自然灾害将产生积极的有利效应。因此，作为银杏造园的景观设计，其经济、社会、环境三大效益同等重要不可偏废。

1.2　紧紧抓住银杏造景之特色

景观，景观，无景岂有人来观。银杏叶片玲珑剔透，春夏一片葱绿，秋天金黄可掬；枝干峻峭雄奇，华贵典雅；果实璎珞精巧，逗人喜悦，是绝好的绿化、美化、彩化树种。例如，折扇形的银杏叶片，清风拂拂疏密，错落相互掩映，景色十分绮丽。至于枝形、冠形、干形也分别有其特点。只有抓住各有特点，方能造出有突出特色的园林。枫树是北京香山一大景象，时至清秋"霜叶红于二月花"，如若再配上金灿灿的银杏则更加艳丽。

1.3　设计多功能、全方位的银杏景观

银杏用途广，要紧紧围绕经营目的，因地制宜的展现银杏的奇特景观。诸如材用园、叶用园、果用园、品种园、花粉园、盆景园、银粮(菜)间作园等，既组成整个园地的宏伟景观，又淋漓尽致地彰显银杏的特色、个性，使其交相辉映，促成更宏大的景观效果。对此，江苏邳州市、泰兴市，山东郯城县等地，创立了良好的典范，积累了宝贵的经验，值得推广与学习。

1.4　紧密结合银杏文化进行景观设计

中国银杏文化学的奠基者赵仁东先生认为："银杏文化是银杏的沧桑历史，树种特征与精神寄托、象征结合相互交融而产生的特定的文化现象，是一笔巨大的精神财富。"因此，包括银杏文学、艺术、美学、饮食、生态等内容，都应一一涉及。诸如山东莒县浮来山定林寺3000余岁的古银杏，浙江天目山"五世同堂"的野生银杏，陕西周至县楼观台宗圣宫、说经台古银杏等等，都具有深邃的文化内涵。古往今来，许许多多的文人骚客，在银杏树上写下了精彩的诗词歌赋。这些都应作为银杏景观设计的重要组成部分，而加以保留与弘扬。

2　银杏造园景观设计树种配置方式

景观设计是指银杏园内空间和物体所构成的综合体，包括植物、道路、建筑物等多种载体，因此设计所涉及的相当宽广。既然是以银杏为主栽树种的景观园，定有其独特的要求。设计师们不仅要全面掌握银杏及其相搭配的乔、灌木树种、草本植物的生物学特性，还要有精深的艺术灵感和创造力。因此，方能使科学和艺术的二维性突显出来。基于自然科学和人文、艺术的要求，其景点、景园的配置方式，主要有以下6种：

2.1　孤植

在空旷的平地或草坪上孤立地栽植一株胸径至少20cm的银杏，以充分表现其气势雄伟、葱茏庄重的形象。如四川都江堰市青城山天师洞祖师殿前、山东泰安市岱庙宋天贶殿前、河南光山县净居寺前等地的银杏，无不为当地塑造了莫大的景观。

2.2 对植

用两株或两丛银杏分别按一定的轴线对称栽植。主要用于大型号建筑物的附近或出入口、石阶旁等处，起烘托主景的作用。如北京潭柘寺毗卢阁前乾隆皇帝钦封的帝王树和配王树。如此，使寺庙显得十分雄伟庄严。

2.3 行列植

即按一定的株行距沿道路两旁或环绕塘成行显得比较整齐和富有气魄。例如，北京西直门外大街、南京中山陵广场的银杏。规模大的行列栽植，还可适当的点缀些月季、迎春、木槿、碧桃等花卉、灌木，则更加雅致得体，令人欣快。

2.4 丛植

即把不同类型的银杏，诸如塔形树冠与圆锥树冠、彩叶与斑叶、嫁接与实生的，分别自然地组合在一起，使之数量不等、大小不一、姿态不同。例如，北京市公主坟街心花园、山东郯城县人民广场的银杏，从而创造出了一种和谐的自然美。

2.5 混植

即银杏与其他树种规划或不规划的混交。适栽于广场四周和草坪边缘。这是景观设计中常用的技艺。如与枫类树种星点搭配，深秋金黄色的银杏与“霜叶红于二月花”的枫树交相辉映，其自然景色便显得格外妖娆；如与柿子树、山楂、海棠等树种配置，于夏末秋初之时，给人以秋风乍起、硕果累累的丰收之感。如江苏邳州市港上镇的“天下银杏第一园”的景观。

2.6 群植

即将较大数量的银杏，按一定的构图方式栽在一起，形成小面积的银杏层林作为主景，并以此为基础，造成上下、内外分明，错落有致的若干层次。深秋层林尽染，流金溢彩，宛如铺展在蓝天之下的巨幅油画。例如，浙江诸暨市五泄风景区的银杏。

3 小结与讨论

3.1 正确处理银杏造园景观设计观念目标的“三元”

游憩行为、景观形成、环境生态是景观规划设计观念目标的“三元”。迄今，我国许多专家、学者对此“三元”的理解、诠释不尽相同，甚至差别甚大。笔者认为全面的景观规划设计应包含“游憩状态、景观形态、环境生态”三个方面的规划与设计。无论数千公顷银杏旅游区发展蓝图，还是一个银杏景点的策划，虽然规模、层次、深度有所不同，但都必须将上述观念目标的“三元”作为基本内容予以考虑。所不同的是三者的比重、深度不同而已

3.2 培养造就一批银杏造园景观设计师

银杏造园景观设计学是一门关于银杏及银杏园地的合理利用、如何利用和科学管理的学科。欲设计运转良好、深具创造性，恰当并且具有吸引力，达到高层次景观，建议中国银杏研究会设立专业委员会、部分大专院校开设相关课目。全面培养、造就一批高级专业技术人才，相关单位颁发资质证书，然后走上社会开展扎实、有效的银杏景观设计工作。

3.3 银杏造园景观设计要多学科、广领域共同参与

众所周知，银杏景观设计学是涉及多学科、广领域的一门新兴学科。其设计人员除应全面谙熟银杏栽培学、银杏文化学、银杏经济学的知识与技术外，还应基本了解植物生态学、观赏树木学、花卉栽培学、土壤学、城市规划学、建筑学以及宗教文化等等相关知识。在编

制设计规划与实施管理中，认真听取有关科技人员、社会工作者的意见。如此，方能使景观设计更臻于完善，获取更加良好的设计效果。

3.4　银杏造园景观设计要立足于艺术性

从事该项工作，不仅要大量掌握、灵活运用自然科学知识，更要有博大精深的艺术创造力。从多角度、多渠道提高创造力。目前，社会上对于银杏造园的认识尚有欠缺。还仅仅停留在一般栽植的概念与阶段。必须指出，只有粗浅栽培技术、不熟悉造园知识者，绝不会搞出高品位的景观设计。

参考文献

[1]侯九寰等．银杏生产实用技术[M]．北京：中国科学技术出版社，1998.
[2]曹福亮．中国银杏[M]．南京：江苏科学技术出版社，2002.
[3]赵仁东．银杏文化[M]．北京：中国文联出版社，2006.

中华之瑰宝　群树之桂冠

——荐崇国树与银杏产业

李 建 林①

（略阳县老科协，陕西略阳　724300）

我国古树名木品种多，佼佼者首推银杏（*Ginkgo biloba* L.），俗称白果树，又名鸭脚树、鸭掌树、公孙树等。北宋时期，群宦百官以其果实奉献皇帝，皇帝品赏后大加赞扬，因果壳白如银，果形似杏，遂赐名“银杏”。因其叶恰似鸭掌，得名“鸭脚树”（《苑陵集》）。传说：中华民族的祖先轩辕黄帝，复姓公孙。为表达银杏树高大挺拔，雄伟苍劲，寿命绵长，寿龄可与中国有文字记载的历史相比，古人和植物学家为银杏取名“公孙树”。也有说：银杏在自然生长状态下，需40年左右才能开花结果，“公植树，孙得果”，故名“公孙树”的美名（《汝南圃史》）。因果壳白色，俗称“白果”（《日用本草》）。此外，在许多古籍和史志中称谓：灵眼（《太仓州志》）、佛指甲（《浙江通志》）、佛手柑（《一握坤舆》）及史前树、飞蛾树、仁杏、风果、白银、鸣果、玉果等名称。

大约在一亿年以前，银杏目植物并非单科一种，而是拥有许多科、属、种一大类群。在古代漫长的岁月里，历经沧桑，几遭劫难，保存下来的只有银杏孑遗一支了。

根据古代植物化石资料分析：大约在三亿年以前，古生代二叠纪早期，裸子植物中的银杏类，开始适应当时陆生气候条件而逐渐崛起。到了中生代三叠纪，包括银杏在内的裸子植物获得空前的繁荣昌盛，组成了浩瀚无际，遍布大地的茂密森林。进入中生代侏罗纪，在我国的南部、非洲南部、南美洲和澳大利亚等地区，银杏植物有极其繁盛的20多个种类，是银杏植物的“黄金时代”，种类繁多，如同当时生活在陆地上的恐龙一样，处处可见。

在从白垩纪向新生代过渡时期，地球上气候骤然变冷。到了地质年代第四纪，辽阔的大地产生巨大的冰川，植物群发生了重大变化，适者生存，不适者灭亡。世界各地的银杏树碧绿葱茏，茂密生长的地方，现在只能看到考古学家发掘出来的银杏遗体化石和印痕了。据《蒲类春秋》记载：我国新疆木垒县发现银杏化石，这是我国少见的存有大面积银杏化石的地区，这对于研究亿万年前的植物结构、古气候、古地貌，特别是对研究银杏的起源与演化史，具有非常重大的价值。

说来也怪，据地质学家和地理学家研究，古代亚洲部分地区，不像欧洲和美洲等地区那样被冰川大片覆盖，气候也没有那么酷冷。我国华北、华中和华南等地，只受到局部寒冷气候的影响。生长在这些地区的一些银杏树，战胜这一劫难，或多或少地得以幸存下来。全世界惟有我国号称“天然植物园”的浙江省天目山，海拔500～1000m的幽深峡谷里，仍然保留

① 李建林　略阳县老科协理事，略阳县银杏协会技术顾问，1963年毕业于南京林业大学，原略阳县林业站、森防站站长，高级工程师。

着原始野生银杏的后裔——野生银杏混交林。它们渡过了漫长的岁月，在自然界饱经风霜，战胜酷劫，繁衍生息，傲然独存，称为东方“活化石”。

银杏是裸子植物中最古老的孑遗树种，誉为树木中的“元老”、“祖师爷”，植物界的“大熊猫”，是我国特有树种，被列为国家二级保护珍贵植物。

银杏是植物界里劫后余生的“孤儿”。在我们祖先经过几千年的精心培育之下，它的子孙繁荣昌盛。秦汉时期，银杏在大江南北已有广泛种植，宋代银杏遍及全国，它们生长在庙宇古刹之中，耸立于坛丘之间，植于园林胜地、民间庭院之内，形成独特的景观。寺庙僧尼们视银杏为“圣树”，将其果敬为“佛果”。

据文史资料考证：我国最早记载银杏的古籍为公元四世纪晋代左思撰写的《吴都赋》提到的，“平仲树，实如白银”，白银就是银杏。

历代许多文人墨客写下许多赞颂银杏的文章和诗篇。宋代著名文学家欧阳修在诗中，叙述银杏引种京都(开封)时的情况：“鸭脚生江南，名实未相浮。绛囊因入贡，银杏贵中州。……公卿不及识，天子百金酬。岁久子渐多，累累枝上稠。主人名好客，赠我比珠投”。这里说的银杏开始被人认为奇树异果，人人珍爱，连皇帝都以昂贵的价钱购买它，种植在宫廷花园里，供观赏消遣。有钱的人将白果当作珍贵礼品，贡献皇帝和馈赠亲友。但过了不久的时间，银杏却是“今已遍中国，篱根及墙头”。宋代诗人欧阳修诗曰：“鹅毛赠千里，所重以其人。鸭脚虽百个，得之诚可珍”。

银杏全身是宝，实属果珍材良。银杏种仁营养丰富。据测定：100g 鲜白果仁，含蛋白质 6.96g、用脂肪 1.18g、糖 38.20g、磷 89.74mg、铁 2.79mg，还含多种维生素、白果酸、白果醇、白果酚等药用成分。煨、炒、炖、煮均可食用。制做蜜饯、罐头、羹汤、银杏牛奶、银杏可乐、银杏酒、银杏茶、银杏营养粉、银杏胶囊、银杏果品皆宜。每逢过年过节，人们喜欢吃的“八宝饭”、“八宝粥”，银杏就是其中一宝。用银杏加糖炖煮，略加糖渍桂花，软糯香甜，味道鲜美，余味隽永。宋代诗人杨万里《咏银杏诗》：“深灰浅火累相遭，小苦微甘韵最高；未必鸡头如鸭脚，不妨银杏伴金桃”。山东孔府膳肴中有一道名菜为：“诗礼银杏”，风味别致，脍炙人口。

银杏广泛用于食品和饮料工业，是我国传统出口外贸商品，远销欧美、东南亚各国及港澳台等地区，深受消费者青睐，颇负盛名。

银杏种子是一味中药材，元代吴瑞《日用本草》、明代李时珍《本草纲目》、清代张璐璐《本经逢源》等医药书籍，都记载银杏的药用价值：有敛肺益脾、止咳化痰、止带浊、缩小便之功能。主治痰多喘咳、赤白带下、慢性淋浊、遗尿、尿频、尿急等症。

自 20 世纪 80 年代，国内外有关专家，先后对银杏叶的化学成分进行深入、系统地分析和药理试验，发现用银杏可提黄酮类糖甙和萜烯内酯等多种药用化合物。经过大量的临床研究表明，这些化合物具有降低血液胆固醇含量，使已经硬化的血管恢复弹性，扩张血管，改善心脑血液供应，促进微细血管血液循环。提高末梢血管血液流量，促进造血干细胞增殖，防止因血液不畅而引起的各部分器官功能衰退，解除痉挛，降低血压，延缓衰老等功效。

据现代医学研究分析证明：银杏叶富含黄酮类糖甙、萜烯内酯及抗氧化物质。用银杏叶做原料，我国现已研制生产出的银杏黄酮类药品主要有：梯波宁、天保宁、百路达、银可络、舒血宁、舒心宁、银杏天宝、冠心酮、脑安、华宝通、斯泰隆、地奥血康、抗栓宁等10 余种，用于治疗心脑血管疾病。对血液胆固醇含量过高、高血压、高血脂、各种自生性贫血症、心绞痛、头痛等症，医疗效果显著，已进入国内、国际医药市场，反映良好。据世界医药权威机构发布的信息：银杏叶提取物制剂，将成为21世纪人类治疗心脑血管病的主要药物。利用银杏叶还可生产抗菌剂、抗癌剂、解毒剂、美容剂等药物，以提高人体免疫力、防病、美容、抗衰老有特殊功效，使人精力充沛，并能有效地预防高血压、糖尿病、心脑血管疾病，被称为21世纪保健药品、食品、饮料、护肤美容化妆品等。

银杏外种皮的提取物，对多种植物病菌有抑制作用和良好的杀虫效果，是研制新一代无公害农药的原料。目前，我国已有产品上市。

银杏木材优良，纹理细腻而通顺，材质轻而软，富有弹性和韧性，干缩性小，易干燥，不翘、不裂、不变形，无虫蛀，易切削加工，刨面光滑，有光泽，油漆和胶粘性良好，耐腐蚀，经久耐用。最适宜制作X射线散光板、纺织印花滚筒、网球拍柄、机模、雕刻、工艺品、风琴键盘、车工制品，如玩具、棋子等，也适用制作文化用品，如铅笔杆、毛笔杆、绘图板、仪器盒、木尺、测尺，以及高档家具及豪华建筑室内装修等。据说：宋代皇帝的坐椅，元朝大臣早朝手持的朝笏，还有南宋岳飞为江苏泰兴"延佑观"题字用的匾额，均选用精良的银杏木做成的，寓意朝政永世不衰。

银杏又有良好的生态效益，涵养水源、保持土壤、防护农田、美化环境、调节气候、净化空气，抗病虫、抗辐射、防污染，这对促进人民身体健康，落实科学发展观，实现经济、生态和社会效益可持续发展具有重要意义。

随着科学的发展和研究不断深入，人们对银杏认识将进一步加深，开发利用的领域将进一步拓宽，水平将进一步提高。在高科技条件下，银杏系列产品的开发前景良好，大有可为。银杏这一独具价值的古老物种，一经与现代科技相结合，必定会对人类的健康发挥巨大的作用。

千年人代惊弹指，独有参天鸭脚存；人生易老天难老，多植银杏留子孙。在此，我要向发展留坝、略阳，乃至全汉中市银杏产业，付出艰辛努力、作出巨大贡献的主要领导，原略阳县委书记，现任汉中市人大副主任、中国林学会银杏分会理事徐登奎先生怀有崇高的敬意！说一声：谢谢！

银杏用途广，价值高，是集果用、药用、材用、绿化观赏于一体，寿命长，结果时间长，综合效益高。银杏叶、果仁是制作食品、药品、化妆品、保健品的高档原料。银杏在江苏、山东等产区已成为振兴农村经济的支柱产业。

秦巴山区是银杏最佳适生区。汉中20世纪90年代以来已发展银杏30多万亩，仅略阳县就栽了10万亩，留坝县玉皇庙一个乡发展了5000亩。栽植早的银杏已陆续挂果，经济效益日趋显现。镇巴县赤南乡龙坪村，一株植于唐代的千年银杏，每年可产白果800kg，人称"千年白果王"。略阳县园艺站茶技人员利用银杏幼嫩芽叶资源，采用现代科学技术，结合传统制作原理，研制成银杏茶，通过了由汉中科委组织技术评审，与会的茶学、药师、心脑血管等方面的专家，一致认为：该茶清香浓郁，滋味醇爽适口，汤色浅黄明亮，品质上乘。产品经农业部茶叶质量监督检验测试，质量安全。2001年荣获汉中市政府科技进步二等奖，现已进行批量生产。

就目前来讲，汉中市银杏栽植虽具有一定规模，但与形成区域经济的要求，差距还很大，还需继续大力发展。在沿江大河两岸营造银杏林带，营造银杏大道，发展都市银杏，发展生态银杏的旅游景点及银杏庭院经济，用银杏营造汉中秀美山川。增强银杏产业化发展意识，高度重视发展银杏产业建设。要把发展银杏产业当作政府工作的重点来抓，当作农民脱贫致富的支柱产业来抓，一届接着一届抓，坚持不懈。以此，进一步推进农业产业结构调整步伐，改变传统农业生产模式，推动农业转型发展，实现农业持续、快速、健康发展。对银杏叶、种仁、外种皮及种壳进行综合利用，深度开发，打造汉中银杏品牌，努力开创汉中银杏产业的新局面。大力发展银杏产业，实现经济生态双赢。

近年来，社会各界对尽快确定银杏为国树的呼声日益高涨。已引起国家和有关部门的高度重视。评选国树，对于丰富人们的精神文化生活，激发各族人民的爱国热情，增强民族的凝聚力，振奋民族精神，增强民族自豪感具有重要作用。

国树，是一个国家之推崇，民族之象征。评选国树，对于宣传森林知识，弘扬民族精神，提高全民生态意识，具有积极的现实意义。通过国树评选，可以进一步发掘国树蕴藏的丰富的文化内涵，促进社会主义精神文明建设。此刻，国树外在形象和浓厚的文化内涵，体现着中华民族的高度情操和可贵品质。评选和确定国树，有利于寄托民族的思想情感，提高国民生态文明意识，在全社会形成关注森林，崇尚人与自然和谐相处的良好氛围，使中华民族的精神进一步发扬光大。

世界上已有130多个国家确定了国树。而我国尽管拥有“世界园林之母”的盛誉和源远流长的历史文化的泱泱大国，五千年文明，足以让国人自豪，让世界瞩目。长期以来却没有选定象征和体现本民族精神的国树。早在20世纪60年代，我在母校南京林业大学学习时，马大浦、陈植、叶培忠等一批著名专家教授，曾利用各种方式呼吁尽快确定我国的国树。此后，关于推选国树的呼声从未间断。

银杏扎根于中华民族的沃土，更深深扎根于华夏儿女的心中。越来越多的国民认识到，银杏是中国形象的代表，是中华民族的品格和精神的象征。它亘古孑遗，不离不弃，钟情莽莽神州，并繁衍复兴，再度走向世界，象征着华夏儿女的爱国情怀和中华民族百折不挠，历经万劫而不灭的意志和精神。银杏树高大挺拔，傲立苍穹，象征着中华民族的铮铮铁骨和宁折不弯的英雄气概。银杏硕果累累，惠及万世的无私情怀，又象征着中华民族友邻万邦的君子之风。无怪乎郭沫若先生早在1942年就盛赞银杏的品格和精神，称之为“东方的圣者，中国人文的有生命的纪念塔”。首推银杏为中国的国树。作为植物界的“活化石”，千年古银杏，不仅在气候学、地质学、植物学等学科方面有着重要的科研作用，而且以其独特的有效医药成分，非凡的经济价值和广泛社会效果，越来越受到世人的青睐。

民心所向，众望所归。受国务院委托，国家林业局安排中国林学会进行了国树评选初选。根据专家们推荐，将银杏、水杉、珙桐、国槐、杜仲、侧柏、樟树列为国树候选树种。国树评选标准有四：一是属中国特有或原生中国，在我国具有较广泛的分布，在世界上有较大的影响；二是外观漂亮，深受国民喜爱；三是具有丰富的文化内涵，反映某种民族精神；四是物种明确，不引起混淆。

银杏完全具备国树的四个标准：

一、银杏原生中国，中国特有，在我国分布广，在世界影响大，中国是银杏第一故乡。英国《简明大不列颠百科全书》记载：“银杏原产中国，被称为东方“活化石”，似无野生者，在中国庙宇、园林自古就有栽培，……”。这说明，中国是国际社会公认的银杏原产地。分布广泛，东自江、浙、闽、台，西抵西藏昌都，新疆天山脚下；南自两广、云贵及海南诸岛，北达沈阳、丹东、鸭绿江畔，纵横跨越全国各地。不论平原、丘陵、海岛和山地，不论酸性、中性、碱性土壤，银杏子孙遍布神州，具有国树广泛性。银杏作为象征中国古老文明的友谊之树，在世界许多国家安家落户，并受到世人珍爱。银杏作为友好使者，成为中国人民和世界人民友谊的桥梁。

中国是世界银杏资源中心和生产大国。银杏资源占全世界90%以上，白果产量占全世界85%左右，银杏叶产量占全世界70%以上，白果出口贸易数量占全世界80%左右，银杏产业在全世界独占鳌头，处于举足轻重的地位。

二、外观漂亮，深受国人喜爱。银杏是高大乔木，主干性强，端正挺拔，树形美观，生长旺盛，病虫少，寿龄特高，有“树中之王”的美称。炎夏绿荫蔽日；晚秋果实累累，一片金黄。叶形古朴奇特，有许多叉状并列的叶脉，叶柄长，犹如一把把打开的小巧玲珑的折扇。又像一只只肥大的鹅掌。叶色多变化，春来翠绿莹洁，夏至青葱浓郁，入秋金光灿灿，临冬随风悠悠飘逸。采拾几片银杏叶夹于书中作书签，既清香雅致，又可除书内蠹虫。银杏树深受人们钟爱，用银杏树绿化城乡、美化园林、点缀风景，绚丽多彩，令人赏心悦目、心旷神怡。

三、具有丰富的文化内涵，体现民族精神。千年以上的古银杏，在神州大地上处处可见，它们是中国历史的见证者，人文纪念塔，被称为“老古董”、“活文物”。象征着中华民族的铮铮铁骨和不折不挠、历经千辛万苦、万劫不灭的意志和精神。

介绍几株和中国名人及名胜古迹有关的古银杏。旅游胜地：四川灌县青城山天师洞轩辕殿旁，有一株参天耸立的银杏古树，据说是汉代道教祖师张陵手植。仰首目测，树高数10m，伸臂丈量，树粗足有5围。树旁立有古碑，上面刻着：状如虬怒，势如蠖曲。姿如凤舞，气如龙蟠。垂乳欲滴，状如玉笋。苍翠四荫，雅若图卷。文化古迹：河南济源王屋山下紫薇宫前，有株古银杏，雄伟挺拔，刚健质朴，肃穆壮丽，生机勃勃。树高35m，树粗9m有余，树冠似华盖翠幡，巍峨嶙峋，浓荫盖地1000m^2，每年奉献白果500～700kg。革命圣地：延安市有株千年古银杏，据《延安府志》记载，植于唐代天宝元年（公元742年）。见证人间苦难，受过战斗的洗礼，英姿尚存。文人遗迹：陕西蓝田鹿苑寺文香馆遗址，有株银杏树，高26m。据县志记载，是唐代诗人王维手植。医圣遗迹：陕西城固老庄镇一株古银杏，相传为战国时期著名医学家扁鹊手植。被当地老百姓誉为“白果仙”。诗圣遗迹：陕西略阳青泥河小学院内，有两株古银杏，一雌一雄，人称“夫妻树”。相传唐朝乾元二年（公元759年）诗人李白由长安至四川，途经青泥河（原名青泥岭）亲手栽植。现树高28m，胸径3.1m，长势健壮。历史人文迹地：山东莒县浮来山。有一株银杏耸立定林寺大殿前，树高25m，树粗周长15.7m，需11个成年人手拉着手，才能将树干抱合。经测定，树龄3100多年，是迄今世界上寿龄最高的树木，有“天下银杏第一树”美称。它历经沧桑，鬣干鳞甲，依然生机盎然，枝叶茂盛，形如一把巨伞，绿荫盖地1100多m^2。阳春绽花，金秋献果，可谓奇观异景，令人流连忘返。据《左传》记载：早在公元前715年（鲁隐公八年），鲁国国君鲁隐公与莒国国公莒子，曾在这株银杏树下盟会。（今日莒县，古称莒国，公元前1016年是莒国都城）。公元1645年（清顺治二年），莒县太守陈全国在这株银杏树下刻石立碑，赋诗赞曰：“大树龙盘会鲁侯，烟云如盖笼浮丘。形分瓣瓣莲花座，质比层层螺髻头。史载皇王已廿代，人经仙释几多流。看来今古皆成幻，独子长生伴客游”。把银杏古树的巍巍雄姿和沧桑身世描绘得惟妙惟肖，历历在目。上述银杏古树充分体现丰富的文化内涵和民族精神。

四、银杏在植物分类学上是独树一帜，归类于种子植物门→裸子植物亚门→双子叶植物纲→银杏目→银杏科→银杏属→银杏种。为现存种子植物中最古老的种类之一。中国银杏是全世界银杏家族中，遭冰川劫后余生的“孤儿”，仅存一科一属一种和几个变种。迄今，世界上还没有找到它的近缘亲属。银杏评为国树，物种明确，不存在品种混淆。

银杏作为国树的标准不仅条条具备，而且独领风骚。

根据银杏的生物学特性、银杏的悠久历史、银杏的多功能价值、银杏的丰富文化内涵、银杏的优秀品格和超凡风采，银杏对人类的巨大贡献，恩泽万世的奉献精神，赢得国人对银杏的深厚感情。银杏是我中华民族值得骄傲的一颗璀璨的绿色宝石。把银杏作为国树，是人民的共同心声，当之无愧。银杏戴上国树的桂冠指日可待！银杏产业蒸蒸日上。佼佼银杏今胜昔，锦花烂漫待明天。

实现银杏产业可持续发展
要坚持一个中心　面向两个市场
做强三大产业　依靠四条保证

彭怀远

（来安县科协，安徽来安　239200）

银杏原产中国。我国是银杏资源大国，栽植面积、苗木总数、白果和干青叶总产量，均居世界第一位。但作为一个产业来抓起步较迟，加上世界金融危机的冲击，使我国银杏产业，受到了严峻的挑战。怎样实现银杏资源的高效利用与银杏产业的可持续发展？我认为：应当坚持一个中心、面向两个市场、做强三大产业、依靠四条保证。

一个中心：以经济效益为中心。要千方百计增加农民种植银杏的收入，增加银杏企业的效益，增加银杏科研人员的报酬。这是银杏产业可持续发展的内在动力和根本保证。

两个市场：即国内市场和国际市场。当前，我们要扩大内需，以国内市场为主，迎接世界金融危机的挑战。同时，要针对国外市场的变化，参与国际市场的竞争，使我国银杏产业跻身于世界经济之林。

三大产业：即银杏种植产业、银杏医药(保健)产业、银杏文化产业。这三大产业，是我国银杏产业的重点。在有条件的地方，可建立“农户、科技、企业”三结合的“银杏合作社”或“银杏产业集团”，实行基地在农户，开发在科技，流通在企业。做到有统有分、统分结合，形成合力，创造名牌，持续发展。

四条保证：（1）政策保证：坚持贯彻落实科学发展观，用好、用活、用足党和政府的政策。特别是各项惠农政策，调动农民种植银杏的生产积极性。依靠领导重视，帮助银杏企业和科研单位，在产业化进程中遇到的困难和问题，使我国银杏产业持续健康发展。（2）科技保证：“科学技术是第一生产力”。要以优质为目标，全面提高银杏产业标准，与国际银杏产品质量接轨。外商对银杏叶中黄酮含量的标准，由原来的24%，提高到29%～30%，并增加了银杏苦内酯含量必须在6%以上的新标准。我们必须用先进的科学技术，从银杏栽培入手，选用黄酮内酯含量较高的银杏品种，实行无公害、无污染栽培，培育出优质高产的银杏采叶园，以适应市场的需求。（3）资源保证：特别是要保证利用好我国银杏古树资源，优化配置，实行银杏产业可持续发展。据不完全统计，我国百年以上银杏古树有30多万株，千年以上的银杏古树有近300株，2000～3000年银杏古树有65株。它们以古老、神奇、卓绝、精美而著称于世。我们要以银杏古树资源为依托，开发以银杏文化产业，实行“文化搭台，银杏登台，群众看戏。”开展以银杏为题材的文艺创作，出版银杏书刊，发表银杏古诗词歌赋，出版银杏画册、小说，兴办银杏文化旅游区等等。要与“关心下一代工作委员会”合作，发展银杏产业，造福子孙后代。

（4）资金保证：要使银杏产业可持续发展，应舍得投入。资金欠缺怎么办？可采取三个一点：银杏企业投入一点，向银行借贷一点，向政府申请一点。钱要用到发展银杏产业的刀刃上，要“以钱生钱”产生经济效益，让银杏产业，蒸蒸日上，越办越好。

银杏文化

第一棵银杏引种到欧洲的历史透视

曲祚民

（国务院国资委、石化离退休干部局，北京　100723）

摘要：银杏是举世闻名的孑遗树种。首株银杏到欧洲落户，是世界瞩目之大事，是促进东西方银杏文化交流的壮举。但是，这株银杏从何时何地引种的，是种实种植，还是苗木栽植？是德国植物学家肯普弗所为，还是另有路径？这一划时代的行动，却没有任何历史文献记载，一般人文资料不少，众说不一。即使有些资料，也不足为信。近300年来，一直是个未解之谜。笔者对国内外许多史料分析透视后，初步揭示的谜底是：第一棵银杏树，由肯普弗后期从中国引进的实生苗，在乌得勒支植物园盆栽成功，再行移植的。本文为一得之见，以期提供一个新视角，仅供参考。

1　引种的途径主要有两个方面

1.1　肯普弗种实种植说

即肯普弗当年从日本带回的种实，在欧洲种植的。持这种观点的较多，日本的史料也有此类说法。这个理论似乎容易被人接受。但笔者不敢苟同。理由如下：

肯普弗从日本回到荷兰的时间是1693年10月。及时将银杏种子种下，这是不容置疑的。但是没有发芽。因为返程的帆船，是经南非好望角到浩瀚的大西洋，北经英吉利海峡至荷兰。航线太长，海上经过酷夏秋冬，整整一年之久，种实发芽率将是很低的。再者，他携带的是上一年的种子，就更不能发芽了。

现代欧洲文献公认的银杏引种到荷兰的时间为1730年前后。如果肯氏种植成功，到1730年，树龄已37年了，必定长成较高大的树了，与1730年才种植的说法显然不符。

1.2　从日本引种树苗说

1.2.1　肯普弗从日本引种树苗

此说与时间相悖，那就是1694年种植，比1730年早36年。即与种实种植说同理不能成立。

1.2.2　荷兰1730年从日本引种树苗说

此种可能性是有的。但既然银杏种植在乌得勒支市植物园，正规植物园名木引种都是有记载的。然而，英文、德文网都检索不到。

此外，即使引进了苗木，也难保种活。“树木从中国和日本引进第一个到达欧洲港口，在18世纪，不知道有多少没有发芽，经过长期海上航行或者陆路运行……”（美国，斯蒂芬，1992）。

2 肯普弗从中国引进的实生播种苗说

这是笔者研究了日本电视台“朝日系列”，2005 年 11 月播放的“素な宇宙地球号”有关银杏的历史，又参考巴达维亚史料，加以综合分析，所得的一孔之见。简述如下：

2.1 银杏为首选树木

肯普弗回到欧洲，定居荷兰阿姆斯特丹。为生计、为著书立说，无暇顾及其他。忙到 1700 年冬，买了别墅，有自己的小院子了，成家了。况且，书也编得有眉目了，第一篇记述银杏的文稿已完成。他自然想到院子里应种点花木了，当然首选树木应是欧洲从未见过的东洋奇木——银杏为佳。

2.2 银杏苗木不宜舍近求远

肯普弗认为，从日本引种树苗太遥远。在船上一年，常有风暴。强烈颠簸，弄得人仰物翻，海水泼进，苗木难活。

他知道中国有银杏，期望从中国引种。可是几经周折，荷兰船几次到中国大陆没有搞到树苗。正如美国斯蒂芬先生所说“中国和日本基本上是封闭西方世界。园艺探险也受到很大限制。所以，很少有机会获得亚洲种质”。肯普弗就委托一位朋友，到印度尼西亚的巴达维亚(现在的雅加达)想办法。这里是当年肯氏由此乘商船去日本的起锚地。他知道此城有华侨居住，与中国福建、浙江有贸易船只往来，贩运土特产等。

朋友拜托一位华商，费时一年多，高价买到一株银杏苗木。苗木到货已是 1710 年了。肯普弗悲喜交集，在老年丧女、伤心欲绝的日子里，仍然意识到，栽植在小院中不妥。应该让欧洲人都有机会一睹东方传奇植物之丰采。再者，此地冬季漫长而阴冷，不利于幼苗过冬御寒。

正值乌得勒支植物园在大量收集引种稀缺花木。肯博士骑马行程百里，将珍贵种苗送去。指导他们仿照日本盆栽法进行培育，也即钵植栽培。冬季放到橘子栽培温室中，小苗长得很旺。20 个春秋过后，1730 年春，再移植到植物园中。

大师的博大襟怀是十分感人的。因而被西方一位作家誉为“肩载世界历史使命的肯普弗”(艾迪生，1974)。他的伟大精神，同银杏树一样，将长留人间。

3 雄树嫁接，挂果喜人

日历翻到 1880 年，欧洲各地的银杏进入全盛期。近半个世纪，欧美学者、游客等，到乌得勒支植物园参观者络绎不绝。关于银杏树是否结果一系列问题，询问不断。后来才发现是一株雄树。影响了人们对它的亲近。经过周边国探访，凡有银杏树者，皆为雄株。一时茫然。被称为欧洲一片男性树。

1814 年瑞士一位植物学家，在日内瓦引种的银杏中发现了第一株雌性银杏树。1830 年，乌得勒支植物园雄株银杏在距地面 10m 处向上嫁接一雌枝。若干年后结实。有趣的是每到秋季，树叶变黄，雄树叶很快落光，雌枝上扇形黄叶和稀疏的种实清晰可见，十分逗人。

银杏原是全欧洲未知的植物。肯氏的代表作《回国奇观》汇集的数百种植物中，银杏为第一奇观。银杏原产于中国。自从 18 世纪引种到欧洲，它装点了西方的秋天。以独树一帜的丰采，使各国游客大饱眼福。它是继郁金香成为荷兰的象征之后，又一亮丽景观。后来，乌得勒支植物园因迁走另建，该树毅然挺立原地，神态自若、潇洒飘逸地喜迎游人贵客。

银杏成为东方植物传播的一个里程碑。

参考文献

[1]イチョウ银杏原始高木と薬用植物．神話と文学と芸術 学術出版有限会社シュトゥットガルト、1994年刊学术出版公司，斯图加特 16－19.

[2]“首脑会议汉科，当代世界街头领主”．日本「週刊新潮」2009 年 7 月 2 日．

[3]Two of the oldest Ginkgos outsie Asia are in Europe. 亚洲以外的最古老的两棵银杏树在欧洲．

[4]ref－38「生きた化石」イチョウの歴史(这个“参考 38－1”的朝日系列电视台 2005 年 1 月“素な宇宙地球号”，内容主要部分).

[5]美国・斯蒂芬．探索园林观赏植物．1992.

[6]レポーター：堀憲昭　世界の町から”長崎”を考える(2)2001 年．

[7]赵文红．1619～1928 年间巴达维亚华人社会的民事审判程序初探．华侨华人历史研究，2007，03.

[8]荷兰东印度公司时代巴达维亚蔗糖业的中国人雇工——《南洋问题研究》1982 年 02 期．本文献来源于 CNKI.

[9]郭善基．中国果树志・银杏卷[M]．北京：中国林业出版社，1993：13－14.

[10]劳凌．引入欧洲第一棵银杏树[J]．植物杂志，1996，3：61.

银杏西传第一人及“银杏描述”的研读

曲祚民
（国务院国资委、石化离退休干部局，北京　100723）

300余年前，德国一位年轻学者肯普弗有幸远涉重洋，东渡日本，意外地发现了西方科学界认为早已灭绝了的银杏树等珍奇植物。不久，他成为把银杏引到欧洲的第一人，在我国植物界早已知晓。然而，人们对于这位被誉为“东方植物的猎人”、“大旅行家”、“大博物学家”的东西方文化交流的伟大使者及其著作了解甚少。特别是《回国奇观》一书中第5章，关于银杏等28种中日植物的描述与介绍，在我国尚未见有译本，也未见有研究成果报道。作者查阅了国内外大量文献资料，经多年学习研究，受益匪浅。本文侧重阐述肯普弗的银杏传奇经历，对他用拉丁文撰写的“银杏描述”进行试译与解读。意在作学术研讨，也是抛砖引玉。再过两年，便是《回国奇观》出版300周年，相信我国学术界、银杏学会等相关单位有新的研究成果问世。以示更好的纪念。

1　向往中国，却东渡日本的传奇人物

1651年9月16日，恩格尔贝特·肯普弗(Engelbert Kaempfer)·出生于德国中部列摩戈一位教会牧师家里，自幼便受到良好教育。在大学攻读医学时，由于兴趣广泛，偏爱外国语，亲近植物，热心旅游。他读大学从本国，经荷兰、芬兰到瑞典，系游学式的。后来又经莫斯科，到波斯(伊朗)谋生。因此，见多识广，奠定了以后成为博物学家的坚实功底。在一次植物课上，老师讲述了中国明代的《本草纲目》，使他第一次受到中草药的启蒙，更激起了探索华夏文明古国的期盼，他认为“中国及印度最高贵的宫廷”是古文明的象征。为此，他毅然地作了荷兰东印度公司的雇员(主任医生)，随商船作贸易才有可能东渡，先后去了印度和印度尼西亚，还没深入考察，突然接到任务，扬帆日本。1689年10月启航。在路经中国大陆外海时，只能默默地遥望。

1690年9月23日，船抵达日本长崎港。江户时代，长崎是日本唯一对中国与荷兰开放的门户。一踏上东方岛国，被安排住进封闭式的大客栈，名曰“出岛”，实则是限制外国人的孤岛，事事保密。即使如此封闭艰辛，但他从不放弃。因为荷兰与日方商贸，回报十分丰厚，东西方文明交流也日益重要。

肯普弗是承担特别任务的荷兰访日使节团成员，在一年的海上航行中，他做了相当的准备。要全面访问亚洲最东端的神秘之星，是难得的历史机遇。岛上，荷兰人建有自己的商馆，是驻外机构。为感谢日方这一特许经济交往。商馆长率队，每年一次携带大批礼物，长途跋涉去江户(东京)拜见幕府将军(天皇前身)，史称“江户参府”。随员都是挑选的各类人才，肯普弗以高级医生兼秘书随行。不是荷兰人，能得此重用，正是天降大任于斯人也。

拜谒一般定在春天。距此仅有4个月时间。西方与东瀛文化差异很大。肯普弗日夜挑

灯，苦学日文、地理、博物、民俗等知识，不敢有一点松懈。幸好，为便于双方联络，日方给肯普弗配一位联络人兼翻译今村先生，日称“通词”。真可谓如虎添翼。肯普弗以渊博的学识和人格魅力，又教授他西医，两人很快结成朋友，进而成为其忠实的协力者。

2 长崎寺庙，意外地邂逅了第一棵银杏树

深秋的长崎，温降叶飘。肯普弗为了解市区方位，伺机登上商馆最高处。他用高倍望远镜捕捉市景。突然，一大片黄灿灿的树冠映入眼帘，新奇的美景，令他惊叹不已。急找今村先生询查，得知那是日本名刹——大音寺的银杏树，此树为全市最大的高木，高 20 余米。日本人看惯了的树木，西方人竟刮目相看，大有相见恨晚之感。但日方有禁令，不能进入市区，只好压抑住前去探访的冲动。

可是，就这一瞥，肯普弗开始走进银杏世界，进而成为银杏树的发现者、最初记述者、最早的著作出版者、欧洲第一棵银杏树的引种者。自此，被漫长历史尘封的嘉木，终见天日，一举名扬天下。

翌年 2 月初，“江户参府”出发之前，肯普弗要求访问佛教僧侣，而去了大音寺。院内的银杏树，叶已落尽，有些光秃。但挺拔粗大的树干，他抱了又抱，摸了又摸，久久不忍离去。300 余年的古银杏，竟有了西方知音。邂逅此树，日本有史料称该庙宇是可纪念的相遇地。后来，长崎人在附近为他立了一座纪念石碑。

这支“朝圣”队伍，由日本人带路，夜宿日行，人疲马乏地赶路，一个月来到江户城。休整参观一周后，3 月底，受到了日本当局高规格的谒见。

在肯博士身上，体现了日耳曼民族酷爱绿色的天性，日本列岛大千植物世界，惹得他着迷心醉。返程时已春暖花开，他非凡的外事才干和大师之风，又通晓多国语言，结交了各界人士，赢得了异国人的信赖与鼎力协助，途中，“通词”等朋友主动带他观赏奇花、异草、名树，采集了大量标本，又多次品尝了白果菜肴。

5 月 7 日回到长崎。路经大音寺，银杏树已枝繁叶茂，嫩绿小扇叶向行人招手。肯氏展开画本，匆匆完成一副速写。半年来，他看了樱花等百余种植物，银杏是他最爱。从此，他与银杏结下了不解之缘。回到住所，肯博士扎进资料堆里不能自拔。“行百里者半九十”，他深知考察任务还相差很远。机遇又来了：荷兰方面希望他留下来，明年再度参府。这正中他的下怀。两次“朝圣”之旅，走遍了半个列岛，与日本学者广泛接触，进行学术交流。获得了政治、地理、医药、动植物、物产、语言等方面大量第一手资料，记录的植物 400 余种。他哪里知道，其中有很多源于中国。

在日逗留两年了，已到归期。肯普弗装了几箱资料，登上返程航船。1693 年 10 月，到达最后一站——荷兰首都阿姆斯特丹。翌年，10 载游子凯旋归来，终于回到了他深深怀念的祖国和家乡。

3 命运多舛，第一部著作艰难问世

在第二故乡定居下来，有四大任务。首先是为生计开一诊所，试用东洋医学(主要是中国的针灸)和药草；二是写出一篇高水平的论文；三是进行重点专题研究；四是著书出版。后三项一个比一个难。肯普弗雄心不减当年，整理分析繁杂资料，很费时费力。日本的文献资料就相当多了，还要加上考察伊朗的大量博物学札记。肯普弗计划编 4 部书。除了《江户

参府旅行记》旅行文学之外，其他书都是科学研究专著，银杏等众多植物，都要做实质性分析研究，这是一项浩大的工程。

独自一人连续打了几年的疲劳战，他的健康状况欠佳，朋友劝其成家，生活好有人照料。他用积蓄买了一栋小别墅。1700 年，肯氏 49 岁娶了一位富家 16 岁女郎。婚姻不幸，增加了无尽烦恼。弄得他常常顾此失彼。接着，相继有三位子女出世。娇小姐不会持家，二女一男先后在 3 岁、7 岁和 5 岁暴病而亡。对年过半百老学者的打击是巨大的、致命的。但他抹干了眼泪，抱病多年，坚持编撰一部大书。1712 年，近千页的著作：异国的魅力——《回国奇观》(Amoenitatum Exoticarum) 在他的故乡德国，倾囊自费出版。《回国奇观》执笔同时，《日本志》草稿《今日的日本》即将脱稿，1716 年，65 岁便与世长辞，真令人惋惜。后经朋友帮助整理编排，10 年后才得以出版。肯普弗被称为早期访日最出色的科学家。他的著作被译成英、法、俄、日、荷等多国文字，广泛流传于欧洲各国及日本，影响颇大。

4 “银杏描述”，初步解读与评价

《回国奇观》第五卷植物卷最具特色，文图并茂，推出 200 余种植物。其中有 28 种作了重点介绍，附有作者描绘的十分逼真的形态图。用拉丁文写的 5 篇，其中，我国最关注的银杏，转之如下：

杏銀 *Ginkgo*, vel *Gin an*, vulgò *Itſjò*. Arbor nucifera folio Adiantino.
Kkk kk 2 Libe-

812 *Amœnitatum exoticarum Faſciculus V.*

Liberali Juglandis vaſtitate exſurgit; *Caudice* dotata longo, recto, craſſo, ramoſo; cortice cinereo, ob vetuſtatem ſcabro & lacunoſo; Ligno levi, laxo, infirmo; *medullâ* molli, fungoſâ. Folia utcunque alternatim ſurculos occupant, eodem loco ſingula vel plura (3, 4). *Pediculis* incertæ inter pollicarem & palmarem longitudinis, supernè compreſſis, in folii ſubſtantiam extenſis. *Folium* ex anguſto brevi principio in figuram Adiantini folii trium vel quatuor unciarum amplitudine expanditur; fronte orbiculatâ, inæqualiter ſinuoſâ, crenâ mediâ altè diviſum, tenue, planum, læve, ex glauco viridans, autumnô in rubidum luteſcens, virgulis tenuiſſimis ſtriatum, fibrarum ac nervorum exors, utrâque facie æquali, baſi supernè concavâ. Julos vere adulto fert ex faſtigii ſurculis pendentes longiuſculos, polline refertos. *Pediculo* unciali, carnoſo, craſſo, ex ſinu foliorum enato inhæret *Fructus*, exactè vel in oblongum rotundus, pruni Damaſceni facie ac magnitudine, ſuperficie verrucoſâ in luteum languente; cujus pericarpium carnoſum, ſuccoſum, album, valde auſterum, nuci incluſo firmiſſimè adhæret, à quo nux liberari, niſi putrefactione & agitatione in aquâ, prout Areca Indica, non patitur. Nux proprio vocabulo *Ginnaù* dicta, piſtaceæ nuci (ei præſertim, quam Perſæ vocant *Bergjès Piſtàï*) ſimilis, ſed ferè duplo major eſt, figurâ lapidis Apricotii, putamine ligneo tenui, fragili, albicante; *nucleum* laxè continens album, non dividuum, amygdali dulcedinem cum auſteritate exhibens, carne duriuſculâ. Nuclei à prandio adſumpti, coctionem promovere, ac tumentem ex cibo ventrem laxare dicuntur: unde nunquam ex menſâ ſecundâ ſolennis convivii omittuntur. Ingrediuntur nuclei fercula varia, priùs coctione vel frigendo ab auſteritate liberati. Proſtant nuces mediocri pretio, videlicet libra una Belgica, duobus circiter argenti drachmis.

Fi

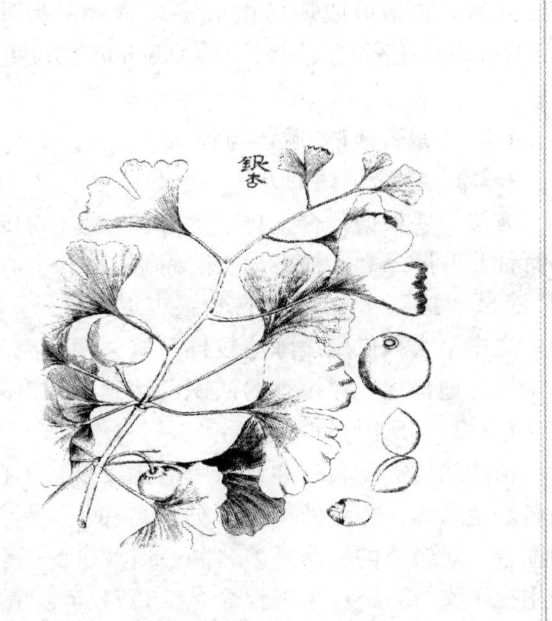

左边是《回国奇观》811 页银杏(拉丁文本)；右边是 813 页(银杏插图)

拉丁文通用于国际植物命名。肯普弗用拉丁文写的植物解说，难译难解，难保有失准确。笔者主要依据日文、荷兰文和英文本的自动翻译稿，译出初稿，再请人校正。中文初译稿如下，敬请斧正。

4.1 银杏描述

银杏树叶与铁线蕨属植物，有类似的叶子外形。它像核桃树之高木。有一长、直、粗的树干和繁茂的树枝，老树有灰色粗糙的外皮与裂痕。它的木材轻、柔韧，没有非常的抗性，其“骨髓”是软质的，吸水强。叶子交替生长在树枝上，单个或多个(三个或四个)簇生在一起，他们的茎是一英寸多长，挤在顶端和延伸叶子。叶在开始时很小，然而，经过短暂时间，达到三四英寸，从而广泛地变为酷似铁线蕨属的羊齿叶。其外缘弧形，不规则切口和中心的深裂，它很薄、光滑、无毛、深绿色，秋天变为黄色，再转变成红棕色。它的神经般叶脉细小精巧。在开始时，叶片缺口，两个裂片是相同的。

在暮春时节，银杏树悬挂雄花芽与许多柳絮状花粉，成为一个像小猫尾巴似的花序。这是一个强的茎，(与叶柄相同的集束达到一英寸长)，雌树垂悬着果子，果子多肉，它是圆形或椭圆形，其具有的形状和 1 Damaszener 杏子大小，又参差不齐。随着时间的推移，表面变成黄色。果子外面，裹有黏浆状物质，它种皮是肉质的，多汁，其白色坚硬层，非常忠实地包围果仁，使之不能出来，可使它在水中 fruitcoat 衰变、腐烂，然后挤压出果仁，像处理槟榔的实。

银杏被称为银果或白果，它类似波斯人说的开心果。不过，几乎大一倍。它有一个杏核的外观，而且拥有薄、脆、淡白的 woodish 壳；它是松散的、无特定结构的内核，像混合了苦味的甜杏仁，有非常不愉快的味觉。

饭后吃该核果，能促进消化，并且减少食物造成的胀肚。因此，他们从来没有忘记，在一个丰盛大餐时也要配有果仁。果仁还可以作为辅料，制作一些菜肴。在经过烹煮，去除了苦味之后，再焙煎或烧烤做成多样食物。另外，果仁是相当廉价的：一个荷兰镑(约 480 克)的费用，比利时人用大约两 Drachm(德拉克马) 的钱(约 7.5 克银币)。

（德国 · 肯普弗，1712）

4.2 “银杏描述”解读与评价

4.2.1 银杏记述的方法

方法主要根据银杏生物学形态和特性，加以描述。首先，抓住干枝叶果的形态。银杏重要特征是叶脉二裂。作者用“不规则切口和中心的深裂”表述得当。关于种实，他分“核果”与“液果”两类。“记述”里自然银杏定为核果。同时，他很注重银杏及其他植物的食用与药用。文中银杏种仁用法陈述较详。这一切，充分说明其观察植物的严密，理解植物的深刻。首次简短地描述，对银杏的认识已达到了相当高的水平。

4.2.2 分类与命名

植物的种类、名称和专门用语比较复杂。在整备植物资料时，肯普弗即进行科学分类和命名。他认为，传统的植物分类和名称不大科学。日本的植物名往往是汉名与和名(日语)的读音，对银杏的称谓是多名制，造成了此树名称有点混乱。肯普弗根据银杏的汉音，第一个用拉丁文“*Ginkgo*”为银杏命名。1771 年，植物分类学家，现代生物分类学奠基人林奈研究了这个银杏属名和标本，认为分类和命名有创新，采用了肯氏的学名，又补加 *biloba* 为其种名。再加上命名人名。自此，银杏双名法学名一锤定音，有了统一语言，国际通用至今。因此，肯普弗被誉为近代植物学分类体系的先驱，日本现代植物分类学第一人，也是提出银杏学名的第一人。

此外，由于调查不深和研究程度限制，这篇记述有一些不足之处：文中有雄花表述，而没有雌花的记载，没有提及银杏的起源与原产地，也没有讲白果的药用价值。其实，肯博士学医学时，对药学很重视。可惜在日本期间，没有看到李时珍的《本草纲目》(已传到日本半个多世纪)，只好把中国的茶及大豆医药作用加以介绍。

4.3 “银杏描述”的重大价值

4.3.1 发现被认为早已灭绝了的银杏树意义深远

幸存的银杏，“是达尔文进化论一个难得的实证者”(李星学，1983)。19世纪古植物学家西沃德说：“它是一棵乾坤树，其中蕴藏着无限古老的奥秘”。更多的科学家把银杏列为研究对象。从银杏的侏罗纪遗风到现代造福人类，研究成果喜人。尤其20世纪中期，银杏叶的药学研究与应用，首先在德国和欧洲取得了突破。近30年来，银杏叶制剂风靡全球。

4.3.2 第一部银杏著作问世，开创了银杏传播与研究应用的新纪元

《回国奇观》出版之日，正是欧洲近代科学隆盛之时。许多有识之士，对东方科学的兴趣高涨着。该书对欧洲和日本的学术界及思想界带来了很大影响。18世纪初，欧洲有代表性的思想家康德、伏尔泰、孟德斯鸠、歌德等，都是肯博士的学生，喜欢读他的新著，并对银杏开始喜爱与关注，由此引出歌德那首著名银杏诗的佳话，使银杏文化迅速传向世界。

4.3.3 作为东方植物学和博物学的旗手，后继者接踵而来

在肯普弗之后，欧洲主要著名学者瑞典的茨恩贝格(1743~1822)、德国的西博尔德(1796~1866)相继随荷兰访日使节团去日本考察植物与博物，林奈也派弟子赴日本探索。后来者的业绩比先辈又进了一步。银杏植物画更真切，银杏药学及种植方法有新的认识，促进了欧洲和日本园艺的发展。西方植物园和庭院，纷纷以引种银杏名木为荣。银杏分布版图迅速扩大到北美等地。

4.3.4 遗产无价宝，功勋铭史册

肯普弗故后，其未完书的原稿、手迹、日记，采集的410件植物标本，银杏种子，植物画等收集品，包括简述传入日本的中国柿子、樟树、板栗、金橘、花椒、大豆、石蒜、山茶花及针灸等资料，交由外甥代为保管。被英国一位识者、收藏家买去，后来捐赠伦敦大英博物馆收藏。此后出版肯普弗的书及有关资料，也汇集馆中。这些文献资料，有重要的研究价值。世界众多国家的学者前往学习考察。有一次部分展品拍卖，报价骤升，价格高得惊人。

欧洲和日本研究“肯普弗热”持续了2个多世纪。银杏是民族的，也是世界的。各国学者普遍关心，潜心研究。出版关于肯普弗的书籍20余部，涉及银杏方面的论文以百万篇计。

5 结语

历史不会忘记创造者。300余年来，一些国家和地区，缅怀、纪念、学习肯氏先贤之情，此起彼伏。纪念会和展览会多次举行。2007年5月，在林奈诞辰300周年之际，日本天皇应邀到伦敦作演讲时，对肯普弗的贡献给予了高度的评价。若干年来，到荷兰的各界人士、学者和旅行者，大都争取到乌得勒支市，参观他种植的那棵大银杏树。中国林学会银杏分会顾问、北京大学李正理教授，20世纪80年代访问荷兰时，专程前往观瞻。

这位没有到过中国的友人，始终没有忘记中国。他向日本人学习了大量中国语汇。为鼓

舞斗志，以汉字写下“坚不留”作为自己的励志铭。在编排印书时，植物名都配有他横写的汉文。还撰写了关于中国艾灸的论文，收录到1727年出版的《日本志》中。大师把中华文明带给世界，功不可没，我们将永远铭记着他。

银杏的海外传播历史——基于分子证据

赵云鹏[1] 闫小玲[1] Juraj Paule[2] Marcus A. Koch[2] 傅承新[1]①

([1]浙江大学生命科学学院植物系统进化与生物多样性实验室，国家濒危野生动植物种质基因保护中心，濒危野生动植物保护遗传与繁育教育部重点实验室，浙江杭州 310058；[2]University of Heidelberg, Institute of Plant Science, Department of Biodiversity and Plant Systematics, Im Neuenheimer Feld 345, D-69120 Heidelberg, Germany)

摘要：“活化石”银杏是地球上最神秘、也是人们最熟悉和感兴趣的植物之一，但是人们对银杏的进化历史和传播历史知之不多。前文我们利用 cpDNA 序列变异和 nuDNA AFLP 分子标记技术，证实了银杏在中国的 2 个冰期避难所(野生分布地)——中国西南地区和东部天目山，本文我们通过增加海外银杏的样品，结合前文数据，重点探讨韩国、日本、欧洲、北美银杏大树的传播历史。研究结果表明，历史上银杏是由中国直接或经由韩国多次传播到日本，而且很可能是由于人类活动携带传播的。AFLP 数据显示，最早引种到欧洲和北美的银杏(如 1720s Kaempfer 引到荷兰的银杏)均聚集在一起，遗传上与韩国的一棵银杏最相似，从而产生了一个新问题：普遍认为 Kampfer 从日本引种到欧洲的第一棵银杏是否确实来自日本。多次传播和异交方式使海外银杏群体仍维持了较高的遗传多样性，但由于相对较小的基因库(gene-pool)，所以 AFLP 片段数比避难所群体的少，且没有特有等位基因。

植物传播历史是植物学家感兴趣的话题之一。自哥伦布发现美洲大陆和 18 世纪中叶以来全球贸易的盛行，许多生物(如银杏)随人类贸易跨大陆传播。18 世纪早期，第一棵银杏传入欧洲。德国医生和植物学家 Engelbert Kaempfer(1651~1716)受荷兰东印度公司的资助，于 1690~1692 年访问日本，1691 年发现了银杏树，并在其著作《可爱的外来植物》(Amoenitatum Exoticarum)中首次(1712 年)对银杏的形态进行了描述。据说他从日本带了一些银杏种子回荷兰乌得勒支(Utrecht)，栽于 1730 年的欧洲第一棵银杏据信是这些种子萌发的种苗。

银杏是公认的“活化石”，是裸子植物银杏科现存的唯一物种(Traula, 1967, 1968; Harris, 1874; Uemura, 1997; Zhou, 2003)。其个体寿命较长、雌雄异株，世界上现存最古老的银杏树龄估计 1000~3000 年(He *et al.*, 1991)。在野外，银杏的自然传播者是豹猫(*Felis bengalensis*)或者獾类等食肉动物，银杏肉质种皮腐烂的气味可能吸引这些食肉动物前来取食(Jiang *et al.*, 1990; Del Tredici *et al.*, 1992)。在自然群落中很少观察到银杏幼苗，其发生可能需要充足的生存空间和光照(Del Tredici *et al.*, 1992; Xiang *et al.*, 2000, 2001, 2003, 2006, 2007)。

1730 年之后，更多的银杏被引到欧洲和美国：比利时 Geetbets(1730 年由 95 名传教士从中国带来)，法国 Anduze(1750 年)，意大利帕多瓦(1750 年)，捷克 Slavkov(1758 年)，英

① 通讯作者：傅承新，E-mail：cxfu@zju.edu.cn

国邱园(1762 年)，奥地利维也纳(1770 年)，克罗地亚 Daruvar(1777 年)，德国 Harbke(1781 年)，法国 Montpellier(1788 年)，美国费城(1784 年，北美第一棵银杏)(http://www.xs4all.nl/~kwanten/more.htm)。这些银杏全部为雄株，第一棵雌株的记录是在瑞士日内瓦，1814 年其接穗被嫁接到法国 Montpellier 植物园的一棵雄株上，并结出了欧洲第一批银杏种子。此外，还有一些此类的嫁接记录，如在奥地利维也纳植物园。随后的 2 个世纪中，银杏不断地从日本(也可能是中国)传播到欧洲和北美。

西方植物学家一直认为，野生银杏很可能已经灭绝，现存银杏是人类栽培繁殖保留下来的(Sargent, 1897; Wilson, 1914, 1919; Del Tredici *et al.*, 1992)。尽管目前趋于公认中国有银杏的残遗群体，但中国(尤其是华东天目山)是否有真正的野生群体尚存争议(Del Tredici *et al.*, 1992; Lin & Zhang, 2004)。我们最近关于银杏分子亲缘地理学的研究结果提供了一些答案(Gong *et al.*, 2008)。叶绿体 DNA(cpDNA)序列变异分析表明，更新世冰期使银杏形成了 2 个避难所：中国西南和东部西天目山。cpDNA 和 AFLP 结果支持天目山银杏是第二个避难所银杏后代形成的野生群体的观点。海外银杏 cpDNA 的变异大大降低，在韩国和日本的银杏中我们只检测到 2 种 cpDNA 单倍型，一种是广布单倍型，也是中国银杏最常见的单倍型，一种则只存在于日本茨城的样品中，但这种特有单倍型是由前者衍生的。这是支持银杏从中国到韩国和日本多次传播观点的第一个证据(Gong *et al.*, 2008)。一般认为，13 世纪末 14 世纪初银杏从中国传入日本(Satoh, 2002, 2003)，Tsumara & Ohba(1997)认为，银杏传入日本的时间为镰仓时代和室町时代(1192~1573 年，中国南宋至明朝年间)。天目山及附近地区在这个时期有频繁的人类文化和农业活动，而僧侣在寺庙周围栽种银杏的历史也大约在 1500 年左右，这些事件和时间与银杏传入日本的时间相符。中国关于人类活动对银杏影响的记载至少在 1000 年以上(Li, 1956; Del Tredici, 1991)。

因此，本文旨在为欧洲银杏的传播历史提供分子证据。我们利用 AFLP 和 cpDNA 序列分析技术，(1)验证历史上银杏从中国到韩国和日本多次传播的观点；(2)探明欧洲和北美最古老银杏的遗传来源；(3)提供传播地和原产地银杏群体遗传变异比较的数据。

必须指出的是，对于准确揭示银杏的传播历史而言，我们的数据还远不够全面，但是我们期望我们的这项工作能促进这方面进一步的研究。

1　材料与方法

1.1　群体取样

本文共分析了 13 个群体 145 个个体的银杏样品：中国 92 个、韩国 11 个、日本 18 个、欧洲 14 个、美国 10 个，包括了海外最古老银杏的多数个体。我们前期关于银杏亲缘地理学的工作已分析了国内样品和部分国外样品，本文补充了韩国、日本和美国材料的 AFLP 分析以及欧洲样品的 cpDNA 分析。

1.2　DNA 提取和 AFLP 分析

采用改良 CTAB 法提取总 DNA(Gong *et al.*, 2008)，用 Precellys 24 磨样机(德国 Bertin 公司)研磨硅胶干燥的叶片，分离缓冲液中加 2 单位/管的 RNA 酶，70% 乙醇 DNA 絮状沉淀 2 次，用 50μl TE 缓冲液溶解沉淀。用 NanoDrop ND - 1000 分光光度计(Peqlab 公司)定量 DNA 浓度，稀释终浓度为 100ng/μl。

Tab. 1 Accession data of *Ginkgo biloba* from Eastern Asia, Europe and North America for AFLP analysis (DBH = trunk diameter at breast height)

No.	Code	Origin	Sex	cpDNA – type	Remarks
	SW China				
1 ~ 7	ES1 ~ 7	Enshi, Hubei		D, E	Voucher No. GW2004ES173 (HZU)
8 ~ 15	JF1 ~ 8	Mt. Jinfo, Chongqing		A, B, E	Voucher No. FG2003JF135 (HZU)
16 ~ 24	PX1 ~ 9	Panxian, Guizhou		D, E	Voucher No. QL2002PX104 (HZU)
25 ~ 33	SP1 ~ 9	Shanping, Guizhou		E	Voucher No. GW2004SP183 (HZU)
34 ~ 41	WC1 ~ 8	Wuchuan, Guizhou		C, D, E	Voucher No. GD2001WC011 (HZU)
	Central China				
42 ~ 46	DH1 ~ 5	Mt. Dahong, Hubei		E	Voucher No. GY2002DH021 (HZU)
47 ~ 52	GX1 ~ 6	Lingchuan, Guangxi		D, E	Voucher No. GD2001GX001 (HZU)
53 ~ 59	SX1 ~ 7	Songxian, Henan		E	Voucher No. GY2002SX067 (HZU)
	East China				
60 ~ 66	CX1 ~ 7	Changxing, Zhejiang		E, G	Voucher No. YG2005CX037 (HZU)
67 ~ 72	TC1 ~ 6	Tancheng, Shandong		E	Voucher No. GY2001TC080 (HZU)
73 ~ 80	TM1 ~ 8	Mt. Tianmu, Zhejiang		E, F, I	Voucher No. CC2006TM301 (HZU)
81 ~ 88	TX1 ~ 8	Taixing, Jiangsu		E	Voucher No. GY2001TX057 (HZU)
89 ~ 92	WY1 ~ 4	Mt. Wuyi, Fujian		E	Voucher No. GY2001WY094 (HZU)
	Japan				
93 ~ 94	TSU1,2	Tsukuba University, Ibaraki	?	E,H	≈34years
95 ~ 96	TSU3,4	Tsukuba, Ibaraki	♀	E,H	≈34years
97	TOK1	Korakuen Park, Okayama	?	E	girth = 4. 5m, height = 20m
98	TOK2	Ishigamimae, Ome City, Tokyo	♀	E	girth = 7. 1m, height = 25m
99	TOK3	Nakagamityo, Akishima City, Tokyo	♀	E	≈400years, girth = 6. 5m, height = 22m
100	TOK4	Iyamachi, Fuchu City, Tokyo	?	E	girth = 6m, height = 18m

（续）

No.	Code	Origin	Sex	cpDNA – type	Remarks
101	TOK5	Hiramachi, Hachioji City, Tokyo	♂	E	≈800years, girth = 7m, height = 30m
102	TOK6	Ooi, Shinagawa – ku, Tokyo	♂	E	≈800years, girth = 6. 5m, height = 25m
103	TOK7	Motoazabu, Minato – ku, Tokyo	♂	E	≈800years, girth = 10m, height = 25m, the largest one in Tokyo
104	FUK1	Ikazuchi Shrine, Maebaru City, Fukuoka	♀	E	≈800years, girth = 6. 5m, height = 25m
105	FUK2	Jinguin, Kawara Town, Tagawa – gun, Fukuoka	♀	E	≈1000years, height = 40m, girth = 6. 2m
106	FUK3	Eigen-ji Temple, Nougata City, Fukuoka	♀	E	≈450years, with chichi, girth = 4. 5m, height = 18m
107	FUK4	Okitama Shrine, Nougata City, Fukuoka	♂	E	≈600years, with chichi, girth = 6m, height = 20m
108	FUK5	Bank ofOnga River, Kiyase, Nougata City, Fukuoka	♂	E	≈600years, with chichi, girth = 6m, height = 20m
109	FUK6	Ohara Shrine, Onga-gun, Fukuoka	♂	E	≈600years, girth = 6. 9m, height = 15m, 2 trees
110	FUK7	Hananoki-zeki, Nougata City, Fukuoka	♂	E	≈1000years, with chichi, girth = 17. 6m, height = 28. 4m
	Korea				
111	KOR1	Won ri, Cheongdo-eup, Cheongdo-gun, Gyeongsangbuk-do	♀	E	≈800years, DBH≈1. 8m, height≈28m
112	KOR2	Churyang-ri, Daedeok-myeon, Gimcheon-si, Gyeongsangbuk-do	♀	E	≈400years, DBH≈1. 1m, height≈37m
113	KOR3	Seongdang-ri, seongdang-myeon, Iksan-si, Jeollabuk-do	♀	E	≈500years, DBH≈1. 0m, height≈15m
114	KOR4	Nongso-ri, Okseong-myeon, Gumi-si, Gyeongsangbuk-do	♀	E	≈400years, DBH≈1. 9m, height≈21. 6m
115	KOR5	Joryong-ri, Daedeok-myeon, Gimchon-si, Gyeongsangbuk-do	♀	E	≈500years, DBH≈1. 8m, height≈28m
116	KOR6	Hapyeong-ri, Maejeon-myeon, Cheongdo-gun, Gyeongsangbuk-do	♀	E	≈450years, DBH≈1. 2m, height≈27m
117	KOR7	Daejeon-ri, Iseo-myeon, Cheongdo-gun, Gyeongsangbuk-do	♂	E	≈400years, DBH≈1. 4m, height≈29m
118	KOR8	Jangsu-dong, Namdong-gu, Incheon	♂	E	≈800years, DBH≈1. 4m, height≈30m
119	KOR9	Sungkyunkwan Univ, Myeongnyun-dong, Jongno-gu, Seoul	♂	E	≈400years, DBH≈1. 2m, height≈21m
120	KOR10	162 Gyesan-dong, Gyeyang-gu, Incheon	♀	E	≈500years, DBH≈1. 6m, height≈25m
121	KOR11	Mahyeon-ri, Gongdeok-myeon, Gimje-si, Jeollabuk-do	♀	E	≈650years, DBH≈1. 5m, height≈15m
	Europe				
122	EUF2	Montpellier, Jardin des Plantes, France	♂	E	ca. 1788, girth = 2. 8m

（续）

No.	Code	Origin	Sex	cpDNA - type	Remarks
123	EUF3-1	Anduze, La Bambouseraie Prafrance, France	♂	E	ca. 1750, girth <4.88m, height≈30m
124	EUF3-2	Anduze, La Bambouseraie Prafrance, France	♂	E	Unknown age, but height >30m, ≈255years
125	EUG1-1	Botanical GardenJena, Germany	♂	E	1792 ~ 1794, Goethe-Gingko, Height = 21m
126	EUG3-2	Hannover, Royal Park Herrenhausen, Germany	♂	E	1826
127	EUG3-3	Hannover, Royal Park Herrenhausen, Germany	♂	E	1843
128	EUG3-4	Hannover, Royal Park Herrenhausen, Germany	♂	E	1826
129	EUI1-1	Padova, Hortus Simplicium, Padova University, Italy	♂	E	1750
130	EUN1	Harderwijk, Stadspark, Academiestraat, Netherlands	♂	E	said to be planted in 1735 by Linnaeus
131	EUN3-2	Utrecht, De Oude Hortus, Lange Nieuwstraat, Netherlands	♂	E	ca. 1730, maybe the oldest Gingko outsideAsia
132	HBV1	Vienna University, Austria	♂	E	ca. 1770, basal branches, not grafted
133	HBV2	Vienna University, Austria	♂	E	ca. 1770, basal branches, grafted on HBV1 by Joseph von Jacquin
134	HBV4	Vienna University, Austria	♂	E	ca. 1886
135	HBV5	Vienna University, Austria	♂	E	ca. 1886, grafted
	N. America				
136 ~ 141	NY1 ~ 6	New York Botanical Gardens	♂	E	60years
142	PHI1	TheWoodlands Cemetery, Philadelphia, Pennsylvania	♂	E	ca. 1784, the oldest one in US
143	PHI2	Original Harvard University Botanical Garden, Boston, Massachusetts	♂	E	ca. 1850
144	PHI3	Original Harvard University Botanical Garden, Boston, Massachusetts	♀	E	ca. 1850
145	PHI4	Mount Auburn Cemetery, Boston, Massachusetts	♂	E	1901

AFLP 分析采用 Gong *et al.* (2008)基于 Vos *et al.* (1995)的改良方法。预扩增引物为 *Eco*RI - AC、*Mse*I - CC，6 个选择性扩增引物对为：*Eco*RI - ACG (TET) /*Mse*I - CCTG、*Eco*RI - ACG (FAM) /*Mse*I - CCAG、*Eco*RI - ACG (HEX) /*Mse*I - CCAA、*Eco*RI - ACG (TET) /*Mse*I - CCAC、*Eco*RI - ACG (FAM) /*Mse*I - CCTA、*Eco*RI - ACC (HEX) /*Mse*I - CCTG。引物对用 3 种不同的荧光染料标记(2μl TET，2μl FAM，5μl HEX)进行多重检测(multiplexing)，用 ddH_2O 稀释 30 倍，取 6μl 加 0.2μl ET - ROX 550。95℃变性 2 min 后，在 MegaBase 500 自动测序仪(Amersham Biosciences)上检测。原始数据用 Genemarker V1.6 软件(SoftGenetics LLC)进行条带统计和编码 0/1 矩阵。

测序仪每次分析 48 个样品，6 个标准样品(Gong *et al.* 以前分析过的样品)和 1 个重复样品，统计方法的稳定性和重复性。

Fig. 1 Distribution of ginkgo accessions and populations analysed herein. For details refer to Table 1.

1.3 cpDNA 序列分析

CpDNA 序列扩增所用的总 DNA 同 AFLP 分析，扩增 cpDNA *trn*K IGS 和 *trn*S - *trn*G IGS 序列。扩增和测序方法见 Gong *et al.* (2008)，GeneralAmp 9700 PCR 仪，94℃预变性 5min，35 个扩增循环[94℃变性 1min，52℃(*trn*K IGS 序列)或 58℃(*trn*S - *trn*G IGS 序列)退火 30 s，72℃延伸 2min]，72℃延伸 10min，最后 4℃保存。扩增产物经试剂盒(Quiagen 公司)纯化后，用 PCR 引物和 DYEnamic ET Terminator 循环测序试剂盒(Amersham Biosciences)进行循环测序，测序样品用 10μl 上样液溶解，MegaBace 500 测序仪(GE 公司)。

1.4 数据分析

用 AFLPDAT 软件(Ehrich, 2006)计算群体内多样性指标 F_T(总片段数)、poly%(多态性片段比例)、F_{PP}(群体特有片段数)、F_{PR}(地区特有片段数)。基因多样性以 Nei's 遗传多样性为表征。用 WINAMOVAversion 1.55（Excoffier *et al.*，1992）的 AMOVA 分析群体间遗传变异的分级结构，变异的显著性水平基于1000次置换。网状分析用 SplitsTree 4（Huson & Bryant，2006）的 neighbour-net 方法计算，计算方法基于未校正的 *p* - 距离。相比常用的树状图，网状图的优点在于可以看出由于趋同进化、网状进化、杂交等引起的可能不一致的信号。用 MVSP vers. 3.1（Kovach Computing Services，Anglesey，Wales）进行主坐标分析（PCoA），pairwise Euclidian distance 法。群体结构同时用 STRUCTURE vers. 2.2 软件（Pritchard *et al.*，2000）、BAPS 3.2 软件（Corander *et al.*，2003，2004，2006）的 genetic admixture analysis 分析。K 值 =2 ~5，每个 K 值运行 10 次，burn - in 周期 2×10^4、1×10^5 重复，参数选择：no admixture model、uncorrelated allele frequencies。最适 K 值（1 ~ 10）用 R-script Structure-sum（Ehrich，2006）计算。根据计算结果 K 值最大可能性为 2 ~5，运行 BAPS，每次运行 3 次重复。对新增样品进行 CpDNA 序列分析，鉴定单倍型（Gong *et al.*，2008）。

2 结果

2.1 AFLP 的重复性和准确性

用6对选择性引物对 145 个供试银杏个体的 AFLP 分析共产生 109 条可重复的条带，条带大小 75 ~ 500 bp，其中 85 条具多态性（77.98%）。所有试验的平均重复准确率为 98.93%，因此条带统计的平均错误率低于 1.1%。与前文试验的重复性和准确性也达到了 99%。因此，本文新增的数据可以前文发表的数据结合一起分析。

2.2 cpDNA 结果表明海外银杏有限的基因流

除了 2 个日本个体的 cpDNA 单倍型为 H 外，其他所有海外银杏个体均为单倍型 E（表 1）。我们前文的结果表明，单倍型 H 是直接从 E 衍生而来，而且没有在其他地方检测到。单倍型 E 在中国银杏中广泛存在，是最广布的单倍型。银杏 cpDNA 被认为是母系遗传，因此我们可以推测海外银杏是以种子的形式传播出去的。同时，因为海外银杏中未检测到稀有和避难所特有的单倍型，所以海外银杏的种源很可能不是来自于 2 个 cpDNA 遗传多样性中心（即其避难所），而是来自避难所附近或中国其他地区（比如寺庙附近）。

Tab. 2 AFLPs diversity of analyzed ginkgo samples

populations	F_T	poly%	F_{PP}	F_{PR}	gene diversity
SW China	99			2	
1. ES	90	23.85	2		0.104
2. JF	87	21.10			0.076
3. PX	85	22.93			0.078
4. SP	88	22.02			0.088
5. WC	89	21.10			0.085
Central China	94			1	
6. DH	85	20.18			0.101
7. GX	87	20.18			0.098
8. SX	85	17.43	1		0.078
Eastern China	99			0	

（续）

populations	F_T	Poly%	F_{PP}	F_{PR}	gene diversity
9. CX	89	22. 94			0. 093
10. TC	80	6. 42			0. 027
11. TM	90	24. 77			0. 103
12. TX	86	13. 76			0. 044
13. WY	84	17. 43			0. 096
Japan	89			0	
14. TSU	78	33. 94			0. 182
15. TOK	83	14. 68			0. 060
16. FUK	87	28. 44			0. 118
Korea	89			0	
17. KOR	89	41. 28			0. 123
Europe	84			0	
18. EUR	84	19. 27			0. 068
North America	84			0	
19. NY	82	13. 76			0. 059
20. PHI	82	30. 27			0. 171

2. 3 AFLP 数据显示海外银杏的遗传多样性下降

与 cpDNA 结果类似，AFLP 分析也表明海外银杏的遗传遗传多样性下降(表 2)。中国群体共有 99 条条带，日本和韩国均为 89 条(90%)，欧洲和美国均为 84 条(85%)。同时，只在中国群体中观察到特有条带，而在其他海外银杏中均没有。

2. 4 AFLP 数据表明海外银杏仍维持较高的遗传多样性

在地区水平上(欧洲、美国、日本、韩国、中国)，海外银杏的遗传多样性并没有大幅度降低(表 2)。这可能与银杏雌雄异株可维持较高水平的杂合度有关，或者与银杏极长的个体寿命有关。虽然我们的 AFLP 数据不能做全部杂合度的假设，但前人对银杏的等位酶分析已经表明了其较高水平的杂合度(Tsumara & Ohba，1997)。这就可以解释 AMOVA 分析显示银杏分布在地区内和群体内的遗传变异分别为 83. 7% 和 72. 6% ($p < 0.001$)(表 3)。

Tab. 3 Analysis of molecular variance (AMOVA) of all analyzed samples of *G. biloba* based on the AFLP data

source of variation	df	sum of squares	variance of components	percentage of variation	F_{ST}
among regions	6	163. 446	1. 09429	16. 30 * *	
within regions	138	775. 478	5. 61940	83. 70 * *	
Total	144	938. 924	6. 71369		0. 16299 * *
among populations	19	339. 393	1. 81224	27. 42 * *	
within populations	125	599. 531	4. 79625	72. 58 * *	
Total	144	938. 924	6. 60849		0. 27423 * *

注：* *，$P < 0.001$

2.5 网状分析、PCoA、遗传分配分析揭示了日本银杏的多次传入事件和欧洲、美国银杏的寡次传入事件

网状分析结果(图 2)与遗传多样性分析一致(表 3)。AMOVA 结果表明，群体或地区内多样性水平较高。网状图内部节点很少，呈现一个未完全分开的星状结构，说明群体间或地区间的遗传分化较小。从网状图可以看出(1)韩国样品散布在中国样品中，且分布在 3 个位置；(2)日本样品则散布在网状图的多个位置；(3)欧洲样品聚集在一起，与一个韩国样品和几个中国样品(尤其是华中的)最接近，然后接近中国西南避难所的样品；(4)部分美国样品与欧洲样品聚在一起，还有部分(费城样品)与日本和韩国个体聚在一起。

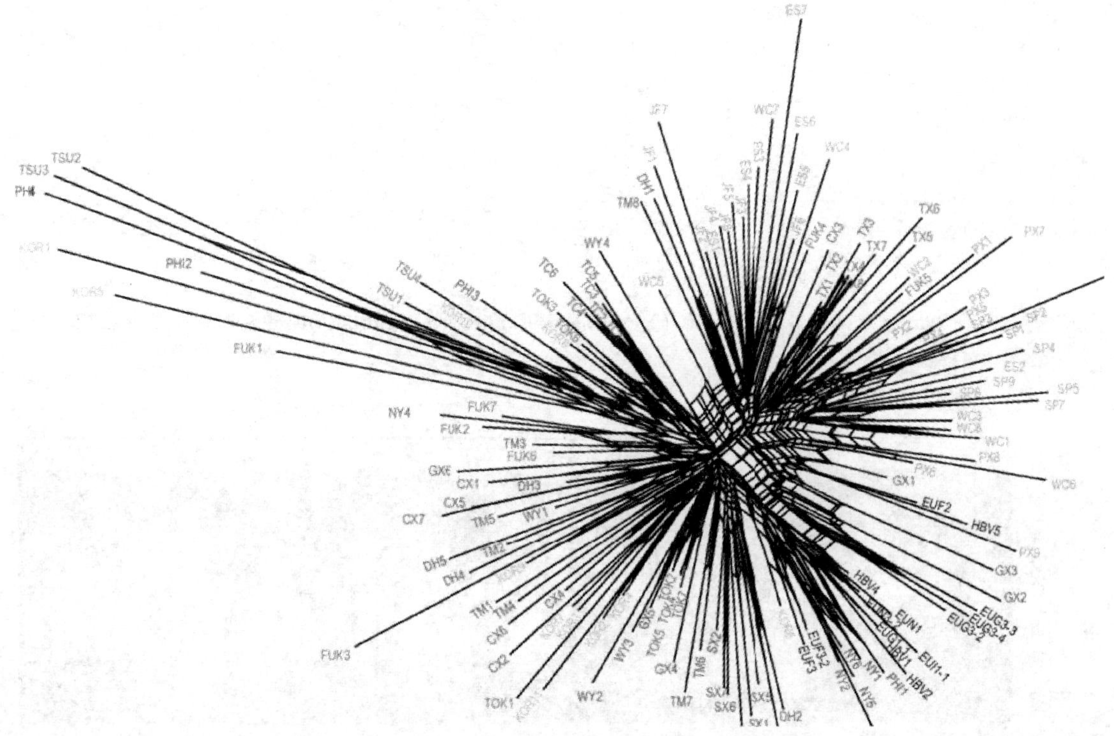

Fig. 2 Phylogenetic relationships inferred using the distance-based neighbour-net method as implemented in SplitsTree 4. Accession codes follow Table 1 (red: Eastern China; violet: Central China; orange: Southwestern China; green: Japan; blue: US; light blue: Korea; black: Europe).

PCoA(图 3)可以突出显示网状分析可能引起的假象。前 3 条坐标轴共解释 24% 的观察变异量(轴 1：10.3%；轴 2：7.1%；轴 3：6.4%)。分析结果与网状分析基本一致，美国的大多数个体与欧洲材料非常接近，而且费城个体有的也与欧洲材料聚在一起，有的则与日本、韩国材料聚在一起。

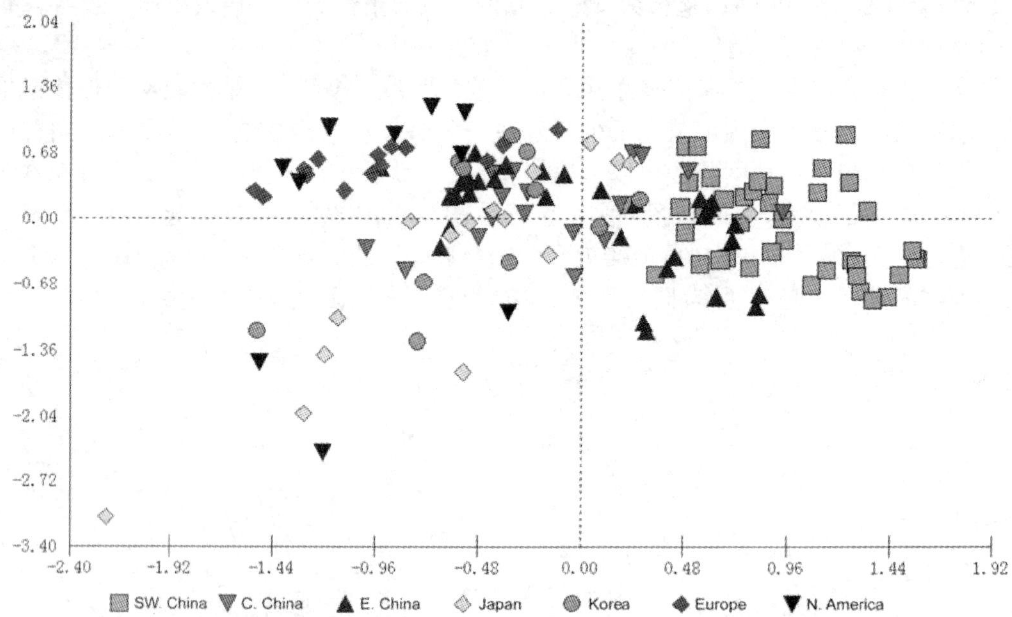

Fig. 3 Principal coordinate analysis (PCoA) using pairwise euclidian distances between individuals genotypes

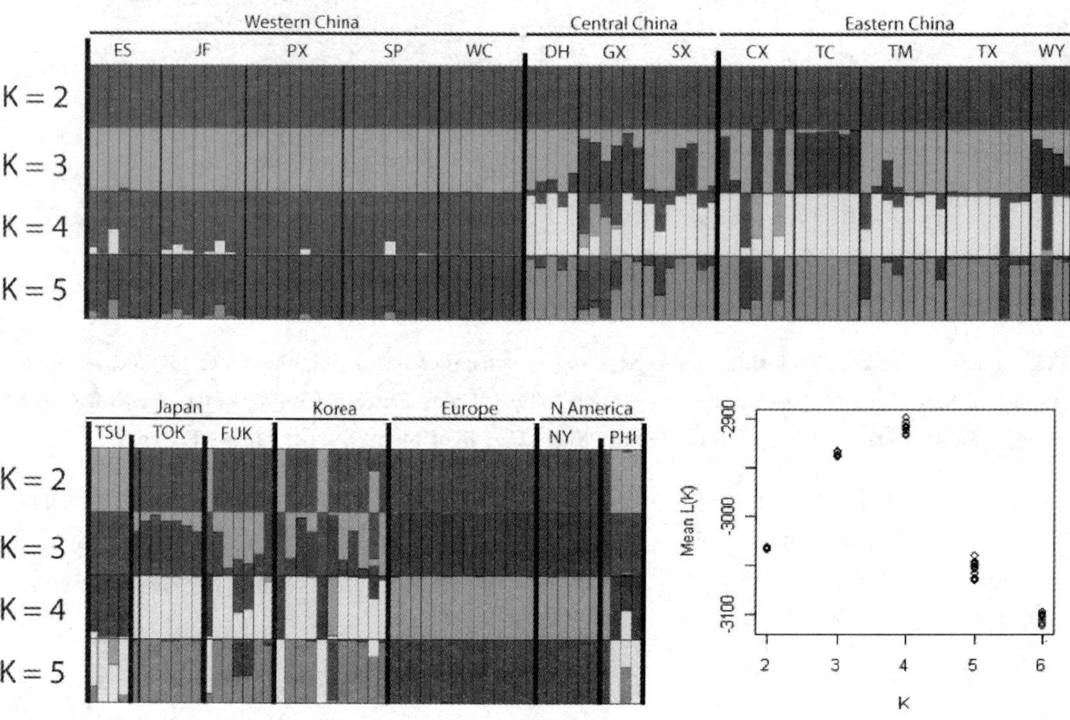

Fig. 4 Population structure examined by genetic admixture analysis using the programs STRUCTURE with K ranging from 2 to 5 (K equals the number of recognized genetic clusters). The likelihood of Ks ranging from 1 to 6 using the R-script Structure-sum (Ehrich, 2006) are shown demonstrating K = 4 with the highest likelihood.

Structure 分析与 BAPS 分析结果一致，显示了最清楚的遗传多样性分配式样。K 值等于 recognized genetic cluster，最适 K 值 =4。中国西南群体显著区分于其他群体和个体。东部和中部群体出现了相似的分化，可以明显看出冰期后(甚至是人类主导的)从东部往中部的迁居结果。日本个体与中国中部/东部群体相似，或与韩国某些个体接近，表明日本银杏从中国的多次传播历史。有意思的是，(1)有 1 个韩国个体(KOR6)的基因型与来自中国东部长兴(CX)的 1 个个体相似，而日本个体中没有检测到该基因型；(2)韩国有 2 个个体(KOR1，KOR5)的基因型与日本材料(TSU，FUK1)相近，而中国个体中没有检测到该基因型。这些结果证实了从中国经由韩国再到日本的传播路线。全部欧洲样品和多数美国样品具有相同的基因型，但没有在日本材料中观察到该基因型。美国费城银杏与韩国、日本材料最接近，且无法再进一步分配，只有 1 个个体(PHI1)与欧洲的银杏聚在一起，PHI1 栽于 1784 年，是美国最古老的银杏。

3 讨论

迄今关于海外银杏进化历史的研究仍不多见。作者所知最全面的但又没有详细论述和完全发表的工作是日本学者对银杏 mtDNA *nad2* 内含子序列的分析(Satoh & Hori，2004；Satoh *et al.*，2002，2003)，他们分析了胸径大于 2m 的中、日、韩银杏大树，共鉴定 18 个 mtDNA 类型，日本 300 个个体具有 14 种类型(其中 7 种特有)；韩国 58 个个体 4 种类型(无特有类型)；中国 20 个个体 11 种类型(4 种特有)。该研究对中国样品的采样不足使结果的准确性存在较大偏差，因此我们可以假设：(1)如果增加中国样品量，则 mtDNA *nad2* 内含子序列类型会大量增加；(2)日本的特有类型很有可能也存在于中国银杏中(Satoh，2009 个人通讯)。但是如果我们标准化上述数据(即 mtDNA 类型数/总共分析的个体数)，则结果与 cpDNA 结果完全一致。总之，本文的结果支持日本银杏从中国直接或经韩国多次传入的观点。我们期望，下一步的研究能完全解决银杏的海外传播问题。

Wang *et al.* (2006)利用 AFLP 技术分析了银杏观赏品种的遗传多样性，他们共分析了 21 个取自欧洲、美国和中国的样品，结果显示遗传多样性与地理分布并不一致。因为过去 200 年间不断有人将银杏从中国和日本引种到西方，使西方银杏遗传多样性呈现复杂、网状的分布式样。Wang *et al.* 的结果还显示，欧洲和美国品种(14 个样品)的遗传多样性比中国品种(7 个样品)大约高 10%(以多态性条带比例为指标)。我们的结果与此类似，与中国原产地相比，欧洲 18 世纪引入的银杏大树显示了非常高的遗传多样性(表 2、表 3)。

前人关于银杏遗传变异的研究集中在探讨其在中国避难所(Shen *et al.*，2006)，利用多种分子标记分析(Gong *et al.*，2008)美国东部 RAPD 多样性。现有的结果如 Kuddus *et al.* (2002)、Wang *et al.* (2006)仍非常初步，难以下比较大、可靠的结论。但是很明显上述研究中的海外银杏是栽培的，也就是由人类传播的，这些海外群体的 nuDNA 遗传多样性都很高。然而相比避难所的银杏，海外银杏的 cpDNA 遗传多样性很低(Gong *et al.*，2008)，表明海外银杏是从有限的基因库中引种到不同国家的。这个结果与我们的分析结果相吻合，多数遗传变异分布在群体内，而不是群体间(表 1、表 2，图 1、图 2)。用 AFLP 标记分析的银杏群体的遗传分化程度($F_{ST}=0.27$，表 3)与双亲遗传标记分析的松柏类植物或树木相当，如多种风媒传粉的树木 $F_{ST}=0.054\sim0.3$(Newton *et al.*，1999)、银杉(*Cathaya argyrophylla*)$F_{ST}=0.22$(Wang & Ge，2006)等。较之核 DNA，母系遗传的分子标记显示 cpDNA 的遗传分化更小($F_{ST}=0.35$, Gong *et al.*, 2008)。一般基于 cpDNA 的遗传分化系数值会较高($F_{ST}>0.6$)(Newton *et al.*, 1999; Petit *et al.*, 2005)。但是这种矛盾很可能与银杏的进化历史和繁育体系有关。广布单倍型 E 的广泛分布和特有单倍型的有限分析，表明了群体间的遗传分化较小。

本文的 AFLP 数据尚不能对具体银杏大树之间的亲缘相关性提出较大的结论，但是至少我们可以提供一些有趣的信息。奥地利维也纳植物园的一棵银杏雄株(HBV1)栽于 1781 年，1819 年 Joseph von Jacquin 在该树上嫁接了来自雌株的枝条(Jacquin, 1819)，这个实验展示了银杏枝条的性别不会因嫁接而改变。类似的嫁接在许多地方多次重复过，其结果都是相同。但是我们并不确定维也纳植物园这个雌性嫁接枝条是否还在，因此我们分析了这棵银杏树上被认为是原先那个嫁接枝的样品(HBV2)，但分析结果表明 HBV2 与 HBV1 相同，因此 HBV2 不可能是那个嫁接的枝条。维也纳大学标本馆(W)保存有采自原先嫁接枝的标本，可供我们进一步分析。

较高水平的遗传变异再加上严格的异交使重建银杏传播历史变得尤为复杂，这在我们分析采自纽约植物园、树龄约 60 年的银杏时尤其明显。这些树与欧洲的银杏大树更接近(图 3、4)，它们很可能来自欧洲或日本，其遗传变异水平与欧洲银杏大树相当。

4　结论

本文结果表明，银杏是通过多条途径(直接从中国或经由韩国)、多次传播到日本。欧洲和北美最古老的银杏来自日本，但是其代表基因型很可能从中国经由韩国到达日本，再传到西方。cpDNA 和 ALFP 数据表明，冰期后 2 个避难所发生大规模群体扩张的可能性很小。所有供试的银杏群体都显示了相似的、较高的遗传变异水平，反映了其异交的繁育系统和人类传播对银杏遗传变异分配的高度影响。

致谢:

感谢欧洲有关单位和个人帮助采集银杏材料和提供其栽培历史和繁殖方式的信息(见表 1)，感谢在银杏样品采集和野外调查过程中给予大力帮助和支持的同行和朋友：天目山国家级自然保护区赵明水总工、浙江省林业科学院林协研究员、重庆市药用植物研究所谭杨梅高工、日本九州大学 Tetsukazu Yahara 教授、韩国生物科学与技术研究所 Joongku Lee 研究员。哈佛大学阿诺德树木园 Peter Del Tredici 教授和中国科学院南京地理与古生物所周志炎院士热情提供信息、意见和建议，日本德岛大学 Masaya Satoh 教授慷慨分享其 mtDNA *nad2* 数据和研究结果，谨致谢意。本研究受 973 项目(2007CB411600)和国家自然科学基金(30670139)资助。

参考文献

[1] Corander J., Marttinen P. & Mätyniemi S. Bayesian identification of stock mixtures from molecular marker data [J]. Fishery Bulletin, 2006, 104: 550-558.

[2] Corander J., Waldmann P., Marttinen, P. & Sillanp, M. J. BAPS 2: enhanced possibilities for the analysis of genetic population structure[J]. Bioinformatics, 2004, 423, 20: 2363-2369.

[3] Corander J., Waldmann P. & Sillanp, M. J. Bayesian analysis of genetic differentiation between populations[J].

Genetics, 2003, 163: 367 - 374.

[4] Del Tredici P. ginkgos and people: a thousand years of interaction[J]. Arnoldia, 1991, 429, 51: 2 - 15.

[5] Del Tredici P., Ling H. & Yang G. The ginkgos of Tian Mu Shan[J]. Conservation Biology, 1992, 6: 202 - 209.

[6] Doyle J. J. & Doyle J. L. A rapid DNA isolation procedure for small quantities of fresh leaf tissue[J]. Phytochemical Bulletin, 1987, 19: 11 - 5.

[7] Doyle J. J. 1991, DNA protocols for plants: CTAB total DNA isolation. Pp. 283 - 38 293 in: Hewitt G. M. & Johnston A. (eds.), Molecular Techniques in Taxonomy. Springer - Verlag, Berlin, Germany.

[8] Ehrich, D. AFLPdat: a collection of R functions for convenient handling of AFLP data[J]. Molecular Ecology Notes, 2006, 6: 603 - 604.

[9] Ehrich D., Gaudeul M., Assefa A., Koch M. A., Mummenhoff K., Nemomissa S.. IntraBioDiv consortium, & Brochmann, C. Genetic consequences of Pleistocene range shifts: contrast between the Arctic, the Alps and the East African mountains[J]. Molecular Ecology, 2007, 16: 2542 - 2559.

[10] Excoffier L., Smouse P. E. & Quattro J. M. Analysis of molecular variance inferred from metric distances among DNA haplotypes: applications to human mitochondrial DNA restriction data[J]. Genetics, 1992, 131: 479 - 491.

[11] Evanno G., Regnaut S. & Goudet J. Detecting the number of clusters of individuals using the software STRUCTURE: a simulation study[J]. Molecular Ecology, 2005, 14: 2611 - 2620.

[12] Gong W., Chen C., Dobes C., Fu C. X. & Koch M. A. Phylogeography of a living fossil: Pleistocene glaciations forced *Ginkgo biloba* L. (Ginkgoaceae) into two refuge areas in China with limited subsequent postglacial expansion[J]. Molecular Phylogenetics and Evolution, 2008, 48: 1094 - 1105.

[13] Harris T. M. The fossil flora of Scoresby Sound, East Greenland 4: Ginkgoales, Coniferals, Lycopodiales, and isolated fructification. Meddelser om Gronland, 1874, 112: 1 - 176.

[14] He S. A., Yin G. & Pang Z. J. 1997. Resources and prospects of *Ginkgo biloba* in China. Pp. 37 - 383 in: Hori T., Ridge R. W., Tulecke W., Del Tredici P., Trémouillax - Guiller J. & Tobe H. (eds.), *Ginkgo biloba* - A global treasure. Springer Verlag, Tokyo, Heidelberg, New York.

[15] Huson D. H. & Bryant D. Application of phylogenetic networks in evolutionary studies[J]. Molecular Biology and Evolution, 2006, 23: 254 - 267.

[16] Jacquin J. F. Ueber den Ginkgo. Carl Gerold, Wien, 1819.

[17] Jiang M., Jin Y. & Zhang Q. A preliminary study on *Ginkgo biloba* in Dahongshan region., Hubei[J]. Journal of Wuhan Botanical Research 1990, 8 (2): 191 - 193. (In Chinese)

[18] Kuddus R. H., Kuddus N. N. & Dvorchik I. DNA polymorphism in the living fossil *Ginkgo biloba* from the Eastern United States[J]. Genome, 2002, 45: 8 - 12.

[18] Li H. L. A horticultural and botanical history of ginkgo[J]. Bulletin Morris Arboretum, 1956, 7: 3 - 12.

[19] Lin X. & Zhang D. H. Analysis of the origin of ginkgo populations in Tianmu Mountains[J]. Scientia Silvae Sinica, 2004, 2: 28 - 31 (in Chinese with an English abstract).

[20] Newton A. C., Allnutt T. R., Gillies A. C. M., Lowe A. J. & Ennos R. A. 1999. Molecular phylogeography, intraspecific variation and the conservation of tree species[J]. Trends in Ecology and Evolution, 1999, 14: 140 - 145.

[21] Petit R. J., Duminil J., Fineschi S., Hampe A., Salvini D. & Vendramin G. G. Comparative organization of chloroplast, mitochondrial and nuclear diversity in plant populations[J]. Molecular Ecology, 2005, 14: 689 - 701.

[22] Pritchard J. K., Stephens M. & Donnelly P. Inference of population structure using multilocus genotype data

[J]. Genetics, 2000, 155: 945 - 959.

[23] Sargent C. S. Notes on cultivated conifers, I. Garden and Forest, 1897, 10: 390 - 391.

[24] Satoh M., Satoh Y., Ogura N. & Hori T. Polymor phism of mitochondrial DNA of *Ginkgo biloba* in Japan[J]. Journal of Plant Research, 2002, 115 (Supplement): 44.

[25] Satoh M., Satoh Y., Amou H., Shibahara R. & Hori T. DNA polymorphism in old trees of *Ginkgo biloba* in Japan[J]. Journal of Plant Research, 2003, 116 (Supplement): 46.

[26] Satoh M. & Hori T. 2004. DNA Polymorphism in old trees of *Ginkgo biloba* in eastern Asia. Poster abstract P22. International symposium on Asian plant diversity and systematics (July 29th - August 1st, 2004), National Museum of Japanese History, Sakura, Chiba Pref., Japan.

[27] Shen L., Chen X. Y., Zhang X., Li Y. Y., Fu C. X. & Qiu Y. X. Genetic variation of *Ginkgo biloba* L. (Ginkgoaceae) based on cpDNA PCR RFLPs: inference of glacial refugia. Heredity, 2005, 94: 396 - 401.

[28] Traula H. Evolutionary trends in the genus *Ginkgo*. Lethaia, 1967, 1: 63 - 101.

[29] Traula H. The phytogeographic evolution of the genus *Ginkgo* L.. Botaniska Notiser, 1968, 120: 409 - 422.

[30] Tsumara Y. & Ohba K. The genetic diversity if isozymes and the possible dissemination of *Ginkgo biloba* in anicent times in Japan. 1997, 159 - 181 in: Hori. T., Ridge R. W., Tulecke W., Del Tredici P., Trémouillax - Guiller, J. & Tobe H. 528 (eds.), *Ginkgo biloba* - A global treasure. Springer Verlag, Tokyo, Heidelberg, New York.

[31] Uemura K. Cenozoic history of Ginkgo in East Asia. 1997. 207 - 221 in: Hori. T., Ridge R. W., Tulecke W., Del Tredici P., Trémouillax - Guiller J. & Tobe H. (eds.), *Ginkgo biloba* - A global treasure. Springer Verlag, Tokyo, Heidelberg, New York.

[32] Vos P., Hogers R., Bleeker M., Reijans R., van de Lee T., Hornes M., Fritjers A., Pot J., Peleman J., Kuiper M. & Zabeau M. AFLP: a new technique for DNA fingerprinting[J]. Nucleic Acids Research, 1995, 23: 4407 - 4414.

[33] Wang H. W. & Ge S. Phylogeography of the endangered *Cathaya argyrophylla* (Pinaceae) inferred from sequence variation of mitochondrial and nuclear DNA[J]. Molecular Ecology, 2006, 15: 4109 - 4122.

[34] Wang L., Xing S. Y., Yang K. Q., Wang Z. H., Guo Y. Y. & Shu H. R. enetic relationships of ornamental cultivars of *Ginkgo biloba* analyzed by AFLP techniques[J]. Acta Genetica Sinica, 2006, 33: 1020 - 1026.

[35] Wilson E. H. Plantae wilsonianae. Harvard University Press, Cambridge, Massachusetts, 1914.

[36] Wilson E. H. The romance of our trees - II, the ginkgo[J]. Garden Magazine, 1919, 30 (4): 144 - 148.

[37] Xiang Y., Xiang B., Zhao M., & Wang Z. A report on the natural forest with *Ginkgo biloba* population in West Tianmu Mountains, Zhejiang Province[J]. Guizhou Science, 2000, 18 (1 - 2): 77 - 92.

[38] Xiang Z., Zhang Z. & Xiang Y. Investigation of natural *Ginkgo biloba* population on the Golden Buddha Mountains of Nanchuan, Chongqing[J]. Guizhou Science, 2001, 19 (2): 37 - 52.

[39] Xiang Z., Tu, C. & Xiang Y. A report on Ginkgo resources in Panxian county, Guizhou province[J]. Guizhou Science, 2003, 21 (1 - 2): 159 - 174.

[40] Xiang B., Xiang Z. & Xiang Y. Investigation of wild *Ginkgo biloba* in Wuchuan County of Guizhou, China[J]. Guizhou Science, 2006, 24 (2): 56 - 67.

[41] Xiang B., Xiang Z. & Xiang Y. Report on wild *Ginkgo biloba* in Qianzhong altiplano[J]. Guizhou Science, 2007, 25 (4): 47 - 55.

[42] Zhou Z. Y. Mesozoic Ginkgoaleans: phylogeny, classification and evolutionary trends[J]. Acta Botanica Yunnanica, 2003, 25: 377 - 396 (in Chinese with English abstract).

浅论银杏的民族精神

唐孟杰[1]　朱明全[2]　丁怀德[3]

（[1] 汉中市水利局，陕西汉中　723000；[2] 汉中市林业局，陕西汉中　723000；
[3] 汉中职业技术学院，陕西汉中　723000）

摘要： 银杏为中华国宝，民族精神是中华之魂。以人观树、以树论人，相互印证、反复对比，可以看出银杏的文化内涵极为丰富，她代表中华民族的精神广泛而深刻，概括起来，最主要的有以下几个方面：

一、尊宗敬祖，爱我中华的精神；

二、不畏强暴，敢于抗争的精神；

三、乐于奉献，造福人类的精神；

四、以和为贵，亲邻善友的精神；

五、朴实无华，求真务实的精神。

关键词： 银杏；民族；精神

银杏，亦称“平仲”、“白果树”、“公孙树”，是植物宝库中的珍品。她在地球上度过了一亿七千多万年的漫长岁月，在遭逢距今200多万年前新生代第四纪巨大冰川毁灭性浩劫后，世界各地的银杏惨遭陨灭，唯独我中华银杏得以幸存，一科一属一种繁衍至今，不仅茂生于黄河两岸、大江南北，而且跨出国门，走向世界，造福人类。英国伟大的生物学家、“进化论”的奠基人达尔文称银杏是“历史的遗产”、“活化石”；德国古植物学家赛沃德赞银杏为“历史的精华，永恒的标志，是人类难以想象的自然遗产，是解读大自然奥秘的里程碑”；我国近代著名作家、历史学家、考古学家、古文字学家郭沫若先生，1942年5月23日在重庆《新华日报》上著文，赞颂银杏是“东方的圣者”、“中国人文的有生命的纪念塔”，并倡议银杏为中国的国树。1986年，我国园林学家、植物园艺学者曾联名给全国人大常委会写信，建议将银杏定为“国树”，1993年以来我国一些专家学者，特别是近几年“两会”期间，更有不少人大代表、政协委员联名提出银杏为“国树”的议案，得到全国人大常委会的重视。

以人观树，以树论人，相互印证，反复对比，可以看出银杏的文化内涵极为丰富，她代表中华民族的精神广泛而深刻，概括起来，至少有以下几个方面：

1　尊宗敬祖，爱我中华的精神

中国是有5000年文明历史的国家，是多民族团聚的地方，炎黄是我们的始祖，爱我中华，团结统一是我们民族精神的精髓。自古至今，为了民族的团结、中华的昌盛，成千上万的仁人志士，不惜抛头颅、洒热血献出宝贵的生命。迁移至世界各地的华侨华人，他们不忘尊宗敬祖，心系祖国、保持民族气节，与祖国同命运、共呼吸，喜乐共享。中国是世界上银杏资源最丰富、分布最广泛的国家。据不完全统计，全国 21 个省(自治区)和 4 个直辖市的 300 多个县区市均有银杏古树的分布，约 30 多万株，其中千年以上的 500 余株，500 年以上的 1500 余株，这正像人口众多的中华民族生长在这神州大地上。银杏以中华民族的祖先轩辕氏复姓公孙命名，正寓意着中华民族的精神。中国银杏的生存发展史如同中国的悠久历史，根底深厚，源远流长。浙江西天目山深谷丛林中至今尚存有银杏原生种群。山东莒县浮来山上有株古银杏相传为商代所植；陕西城固县老庄镇徐家河村有株古银杏相传为战国时名医扁鹊所栽；四川省都江堰市青城山天师洞前一株古银杏相传为东汉道教始祖张天师(道陵)种植；河南卫辉市狮豹头乡罗圈山坡上有一株古银杏，传说赵匡胤在这上拴过马；延伸到近代，在河南省铁铺乡何家冲村前有一株古银杏，距今已有 800 年，1934 年 11 月 16 日，红 25 军北上抗日时，曾在这里整队出发，被人们称为“红军树”；河南永城市西南李寨乡曾楼村有株古银杏，树龄 1300 年，1940 年 3 月中国人民抗日军政大学四分校成立于此，彭雪枫将军在此讲过课，故名“抗大古银杏”，这标志中华银杏和中华的民族精神是相融的。传播到朝鲜、韩国、日本、芬兰、法国、德国、美国及世界各地的中华银杏，千百年来，一直保持着中华银杏气质和风采。

2　不畏强暴，敢于抗争的精神

中华民族几千年来，外患不断，特别是从 1840 ~ 1842 年的鸦片战争始，先后在中国发生的中法战争、八国联军、甲午战争以及日本发动的全面侵华战争，对中国是一次又一次强暴的浩劫。不管当时腐败政府如何软弱无能，但广大的中华各民族的人民，敢于抗击侵略者的英勇精神始终不减。八年抗日战争终于取得胜利。中华银杏的抗逆性极强，全身有顽强的遗传基因，能抗病虫、抗风火、抗污染、抗寒暑、甚至抗核辐射等。她历尽人间沧桑，经受了种种险恶考验，雷电击不垮、烈火烧不死、冰川灭不绝。美国在广岛投下原子弹，数十万人生命毁于一旦，唯独侨居在爆炸现场的中华银杏倔强生存，至今仍枝繁叶茂，果实累累。这些雄辩地证明，银杏具有中华民族铮铮铁骨，不畏强暴，藐视一切强敌和困难，敢于抗争，勇往直前，夺取胜利的英雄气概。银杏不惧狂风暴雨，经受雪霜冰冻，仍然昂首挺胸，岿然不动、坚守岗位、尽职尽责，竟像中华民族自强不息屹立于世界之林。

3　乐于奉献，造福人类的精神

银杏是多功能、多效益、长效益的名贵树木，具有经济、生态、历史、科研、文化、旅游等多种价值，造福于人类。产业化开发的前景，犹如中华民族的前途，是美好而广阔的。关于银杏的历史、科研、文化价值，前有英国生物学家达尔文、德国古植物学家赛沃德和中国历史和考古学家郭沫若先生的结论和评价，这里着重谈谈银杏的经济、生态、旅游价值和社会效益。银杏叶、外种皮、种核(白果)和花粉价值很高。近代研究表明，银杏种核(白果)及银杏叶制剂在治疗心脑血管疾病、小儿腹泻、痤疮疽瘤慢性淋浊、遗精尿频等方面功效显著；银杏叶是抗血栓、抗衰老、抗癌变、防心脑血管疾病、防老年痴呆和提高智商、增强免疫力的天然药物；银杏外种皮可制成多种生物农药，用于杀虫、灭菌、除草等领域；银杏花粉可开发制成延缓皮肤衰老的化妆品以及防治肿瘤、心血管疾病的药品和保健品。所以，银杏全身是宝。银杏树冠大根深叶茂，对防风固土、保护农田、涵养水源、调节气候、防暑防冻、抗火灾与核辐射；净化大气、杀菌消毒；调节心理、怡人神智等功能显著，所以银杏既能改善生态环境，又有旅游价值。银杏乐于奉献、造福人类，正是中华民族精神的象征。

4 以和为贵，亲邻善友的精神

“二人同心，其利断金”(《周易·系辞上》)，“亲仁善邻，国之宝也”(《左传·隐公六年》)，“礼之用，和为贵”(《论语·学而》)，这是我们中华民族在处理人与人、民族与民族、国家与国家关系上的传统美德，一直在发扬光大。中华人民共和国成立后，我国人民在中国共产党领导下，团结统一，和衷共济，为把我国建成民主、文明、富强的国家和维护世界和平而努力。近年更具体提出“亲邻、睦邻、友邻”，与四邻国家和平友好，共谋发展。中国主张世界各国和谐和平相处，共同进步发展。所以，中国的国际威望日益提高，朋友遍天下。通观银杏生长周围，树木花草，繁荣茂盛，和睦相处，看不出相互排斥的现象。陕西省略阳县青泥乡琵琶寺前青泥河小学院内有两株银杏树，一雌一雄，被称夫妻银杏，相传为唐代诗人李白手植于此，在雌株上另生一株桑树，生机勃勃，人们用她每年结的桑葚泡酒喝，强身保健。浙江省新昌县大佛寺有一株古银杏树上，寄生着女贞、桂花、紫檀、樟树，人称“五木同堂”，一年四季花果不断，五彩缤纷的枝叶和累累果实相映成趣，令人陶醉。而银杏树以她博大的胸怀接纳多种树木同居，并用其乳汁哺育着他们健康成长，象征着56个民族共生一个国土和睦相处、同舟共济，共建社会主义的美好家园。银杏作为和平友好的使者，早在六七世纪时就传出国外。据不完全统计，全世界引种银杏的国家已达50多个。在尼泊尔皇家植物园、在加拿大渥太华总督府前、在新西兰克赖斯特彻奇市，有我国前国家主席、总理先后栽植的友谊树——银杏树。

5 朴实无华，求真务实的精神

银杏树体高大，气势雄伟庄重，但不盛气凌人；银杏雄花呈倒垂的柔荑花序状，形色一般，不与其他花卉争奇；雌花颜色与银杏叶相同，不与其他花卉斗艳。银杏抗逆性强，经受雨露阳光，长成参天大树，为人遮阴送爽，从不炫耀张扬。舍己为民造福，从无过分要求。中国是一个泱泱大国，主张国不论大小，一律平等对待；中国也是世界文明古国，对世界的历史文明有重要贡献，中国的宣传从不扩大夸张；中国与各国的经济、文化、科技等各种交流，完全是平等互利双赢的，从不节外生枝、强人所难。如此等等，人树相比，何等相似。除此之外，还有艰苦奋斗、自强不息的精神，清白无贪、洁身自好的精神，都是银杏所特有的，也是人们所敬仰的。总之，银杏集中华民族的一切优秀品质于一身，是其他任何一种树木所无法比拟的。

综上所述，银杏是中华民族精神的象征，人们再三推荐银杏为“国树”，相信戴上“国树”桂冠已是指日可待了。

参考资料

[1]赵仁东编著. 银杏文化学[M]. 北京：中国文联出版社，2006.
[2]董云岚主编. 中华国宝——银杏解读[M]. 福州：海风出版社，2007.
[3]中华传统美德格言编委会编. 中华传统美德格言[M]. 北京：人民教育出版社，2003.

人民期盼尽早确定中国国树
评定国树　首推银杏

彭怀远
（来安县科协，安徽来安　239200）

中国是世界动植物资源大国，并享有“世界园林之母”的美誉。但到目前为止，我国还没有经全国人大正式命名的国树，尽早确定国树，乃人心所向、时代所需。我们企盼尽早确定银杏为中国的国树。

1　郭老首推银杏为中国的国树

我国当代大文豪，郭沫若早在1942年5月，在重庆《新华日报》上发表文章，赞颂银杏是“东方的圣者”，是“中国人文的有生命的纪念塔”，“你是只有中国才有呀，……你是应该称为中国的国树的呀”。因此，银杏作为中国所独有的珍贵树种，称为国树，理所应当。从国外引进的许多名贵树种中，虽有千般好，但不是中国的原种，怎么能当中国的国树呢？

2　全国人大代表力推银杏为中国的国树

早在1994年全国人大八届二次会议上，安徽省来安县全国人大代表刘汉杰同志，联名30多位代表，提出推荐银杏为中国国树的议案。全国人大八届二次会议将此立为455号议案，交林业部处理。1994年5月3日，国家林业部林案[1994]11号文件，正式答复：“你们提出的关于推荐银杏为中华人民共和国国树的建议，是目前见到的最完整，最具体的推荐国树方案。我们将认真研究，妥善处理，争取早日确定我国的国树”。

全国十届人大代表、江苏省泰兴市鞠章网同志，在2003年全国十届人大第一次会议上，联合了36位代表签名，推荐银杏为国树；在2004年全国人大十届二次会议上联合112位代表，提出将银杏立为国树的议案。成为二次会议上联名最多的一份议案，引起《新京日报》、《北京科技报》、《陕西日报》等媒体的高度关注等，北京、江苏、山东等地的广播电台均作了采访和报导，在社会上形成了较大的影响。在2005年首先提出了一份《关于将国树评选工作列入本届人大工作内容》的议案，接着又提出一份将银杏定为国树的建议。国家林业局林案人字【2005】100号文件答复中说：“2003年以来，鞠章网等代表每年都在‘两会’上提出有关国树评选的议案或建议，对推动我国国树评选工作发挥了重要作用。”

3　全国公众投票银杏当选国树支持率99%

2005年9月，中国林学会，在其进行的国树评选公众投票活动中，有近99%的公众主张选择银杏为我国国树，中国林学会，已将此次公众投票结果上报，并提出将银杏定为国树的建议。这次国树评选确定了7个候选树种：银杏、水杉、珙桐、国槐、杜仲、侧柏、樟树等。评选标准(基本要求)：(1)属中国特有。(2)外观漂亮。(3)具有丰富文化内涵，反映某种民族精神。(4)物种明确，不引起混淆。银杏是中国独有，也是最古老的树种之一，与恐龙同时代，被誉为“活化石”。银杏能代表中华民族古老的历史文化，而且生命力强，可作绿化树种。现存最古老的树有数千年。它全身是宝。目前，我国用银杏作绿化树种的县(市)超过2000个。因此，在公众投票活动中，银杏占总票数的98.91%，其他树种只占1.09%。

4 推选银杏为国树乃民心所向

中国银杏研究会会员，浙江省丽水市林业局古稀老人林金银，自2002年2月20日至2008年8月8日，单骑自行车，行程10万公里，计划访问全国2008个县、市，历经千辛万苦，为迎绿色奥运，推选银杏当国树，征集10万人签名，为早日让银杏当上国树而奔走呼号。2005年秋，在中国林学会评选国树活动中，安徽省来安县党政军民学，工、青、妇、科、文等组织发动所属民众、选举国树。银杏树得票第一名。中国林学会银杏分会副会长林协教授，在光明日报，科技周刊发表文章《评定国树，非银杏莫属》。笔者2004年第8期，在《园林花木》发表《银杏——应该戴上国树的桂冠》。2004年9月，中国邳州国际银杏节，发出推选银杏为国树的倡议书，中国银杏研究会成立了推荐银杏为国树的工作委员会，多次发出建议，推荐和呼吁。全国许多地方和民众热情支持银杏当国树，期盼中央早日确定国树，这乃是民心所向，爱我中华的一件大事！

神圣而光荣的千秋伟业

——加入中国林学会银杏分会实践活动回眸

丁怀德

（陕西汉中职业技术学院，陕西汉口　723000）

摘要：通过自己加入中国林学会银杏分会以来的亲身实践，感受圣洁的银杏和为发展这一千秋伟业而辛勤耕耘的银杏人。他们以对国家、对人民的忠诚，为中华民族的伟大复兴，千言万语宣传银杏，千方百计发展银杏，千辛万苦作奉献。

关键词：银杏；银杏分会；银杏人

1　光耀千秋的伟业

银杏是世界上最古老的孑遗植物，被科学家称为“活化石”、“超乎一切的草木之上”。它的生命力极强，抗病虫、抗烟尘、抗风火、抗严寒、抗核辐射，寿命绵长，树龄可达数千年。在第四纪初期，全球气候突然变冷，冰川降临，世界各地的银杏遭到毁灭，唯独中国的银杏历经万劫而不灭，顽强地生存下来，繁衍生息，得以发展。又从中国传播到世界各地，现在已有50多个国家的大地上侨居着中华银杏，为当地人造福，深受其欢迎与爱戴。这是我们中国对人类的又一重大贡献，是中华民族的光荣与骄傲。

银杏是全人类的共同财富。它是多效益、高效益、长效益的复合型树种，既是经济林的明星，又是生态林的佼佼者，其生态效益、经济效益、社会效益高居万树之首。银杏集果用、叶用、材用、花用、绿化、观赏和科研于一体，浑身是宝，文化内涵丰厚，古今中外的文人墨客挥笔泼墨赞咏银杏者层出不穷。全国公众投票的结果，在7个候选树种中，有99%的人拥戴银杏为中国的国树，只有它才能代表中华民族不屈不挠、奋勇自强的爱国主义精神。在中国用银杏入药，治疗疾病的历史已有5000多年。20世纪，科学家和医学家们，经过长期的努力，终于发现了银杏对人健康的巨大潜在价值。利用现代高科技开发出来的银杏叶精制剂，能抗衰老、消除人体自由基，促进微循环、保护神经组织，改善记忆，激活思考力，被人们称为“心脑血管的救星”，北欧人称它为“认识激活剂”。

2　光荣而神圣的使命

为了搞好银杏资源开发利用，更好更快地发展银杏产业，发挥银杏对人类健康、经济发展、社会进步的巨大潜能，全国科技界、知识界、林业工作者的有识之士和离退休的高级领导干部，顺应时代的需要，不失时机地倡导组成了中国林学会银杏分会。

银杏分会既是专业性的科学研究组织，又是民间性的群众团体。会员广泛，遍布全国各地，聚集了60多所大专院校、科研院所的一大批教授、学者和长期从事林业工作及医药企业的专家和热爱银杏事业的志士仁人。

银杏分会成立18年来，不负众望，团结广大会员，高举科学发展，为人类造福的大旗，勤奋工作，勇于探索、深入调查研究，总结推广先进经验、收集传播现代科技信息，普及科技知识。广泛开展国内外的学术交流、开发新产品，拓宽深加工，传承银杏文化，科研成果累累，对服务三农，促进医药工业的创新、保障人民群众的健康、加快银杏产业的提升和发展，推动国树的评选工作……，立下了不可磨灭的功绩。能在其中当好一名会员，从事造福人类的千秋伟业，真是无上光荣，也是一种莫大的幸福。

我特别热爱银杏，不仅是因为它的经济价值大，而且在它身上存在着共产党人为了中华民族的独立、国家的富强、人民的幸福，不屈不挠、英勇奋斗的献身精神和一心为民、一切为民、一生为民的高贵品质。我更热爱从事这一伟大事业的中国林学会银杏分会，因为在它的肩上承载着为中华民族的伟大复兴、为全人类造福的崇高使命。银杏分会内人才荟萃，八仙过海，各显其能，既有全国科技界的知名精英、高级知识分子、大学教授、突出贡献的专家，也有基层科技推广人员、科技示范户。有搞尖端研究的，也有搞栽培种植的、医药加工的，还有离退休干部、银杏爱好者。我由朱明全同志介绍加入了银杏分会，成为一名会员。此后，又加入了汉中市银杏研究会，为名誉会长。

通过参加银杏学术研讨会和银杏分会年会、有幸结识了许多名人、教授、专家、学者。他们不但知识渊博、才华横溢、业绩辉煌，而且热爱祖国，忠诚银杏事业的科学态度，奉献精神、人格魅力给了我很大的教益，读了银杏分会的会刊、学术论文集、银杏专著，使我增加了新的知识，对银杏的认识不断提高，对银杏事业的感情越来越深，自觉性越来越高，成了我和老伴离退休后，继续践行入党誓言，老有所学、老有所为的特殊舞台。现将自己的实践活动回眸如下：

3 千言万语宣传银杏

在原来未种过银杏的地区，特别是北方，许多人对银杏的价值知之甚少或者一点也不了解，祖祖辈辈没听过、没见过、更没吃过银杏。黄陵县有一位在县城工作过的退休干部，儿子为孝敬父母，去外省出差时买了几斤白果，千里路上带回家，希望老人们吃了健康长寿，但由于老人不知道食用银杏的好处和方法，不愿吃、不敢吃，时过几年，直到放干变坏也未食用，这说明推广银杏的工作非常艰巨，任重道远。这就需要加大宣传力度，使更多的人知道种银杏、食用银杏的好处。

要向他人宣传银杏，自己要首先当好学生，我先后花640多元，购买了20本银杏图书，认真阅读，取得发言权，深化宣传效果。

几年来，在图书中、报刊上发表银杏科普文章4篇、银杏新闻报道6篇、银杏诗歌19首、银杏歌曲7首，分别刊登在《中国银杏》、《全国银杏研讨会论文集》、《当代陕西》、《衮雪》、《汉中林业》、《留坝银杏》、《汉中日报》、《汉中老年报》、《汉中民进报》上。许多人知道了银杏的多种价值后，主动找上门要树苗，有求必应，送给他们。有的人看了报上登的“常食银杏健康长寿”一文后，老两口一次在市场上购买了50斤银杏果食用。在老年大学诗文班发动同学写银杏，有7位同学写了16首赞美银杏的诗歌，以“咏银杏诗组”的形式，一次性集中刊登在《汉中老年报》上。

甘当义务推销员，将银杏图书带到陕北推销了4本，满足了爱好者的需求。

为使农民易理解，印象深刻，将图书、报刊上剪辑的文章、图片、信息资料制作成小型展板，在集镇、村庄流动展览，观众达2000多人。同时印发种植和食用银杏的资料500多份，有的人看后还细心收藏起来，长期阅读。

我将山东省林业厅经济林站站长张繁亮同志赠送的银杏栽培技术光盘和银杏分会副会长、泰兴市林业局局长李群同志赠送的泰兴银杏光盘，拿到黄陵县、富县，走村入户，给父老乡亲播放，深受观众的欢迎，使从未见过银杏的人，第一次直观地看到了银杏主产区的祖先们给子孙后代留下的珍贵财富，取之不尽、用之不竭，又学到了栽培银杏的先进技术。富县南道村的丁广应看了光盘后，看到了前景，增强了信心，逢人便讲："这银杏树就是好，用处大。叶子能当茶喝、能制药，银杏果能吃、能治病，木材材质好，病虫害少，好栽、好活、好管理，不打农药、不带套，投资少，收益千年。"他不但栽种了9亩银杏园，学会了银杏嫁接技术，还将自己抚的银杏树苗无偿送给4户人家种植。

许多人问我，怎样才能种好银杏？我以自己的亲身实践告诉他们，心诚则灵。除按照先进的科学技术要求操作外，要有母亲对儿女的爱心，幼儿园老师对孩子的耐心，护士对病人的细心，愚公移山的决心。为了便于观察银杏树的生长情况，在住宅门前栽了几棵银杏树，它不但为我提供了第一手资料，而且成了最有说服力的宣传资料。许多人在我门前第一次看到了银杏开花后，情不自禁地说："过去人常说银杏是晚上开花，看到银杏花，人就死了，这完全是胡说八道的迷信"。汉中电视台报到了这些银杏树的结果画面后，城固县和汉台区的村干部和银杏种植户前来参观。

受汉中市人大常委会副主任徐登奎的委托，起草了《推荐银杏为国树的议案》经朱明全精心修改，以5000字的篇幅充分论证了银杏作为国树的重大意义和深刻的文化内涵，广泛的群众基础，银杏为国树是时代所需，人心所向。2005年3月，由汉中市的全国人大代表田杰带到全国人大十届三次会议上，112人签名，提出1287号议案，成为本次会议代表联名最多的提案。不久，大会秘书处回复代表：此事已引起高层关注，全国人大常委会初议后，要求国务院拿出国树评定的具体方案。此后，国家林业局，中国林学会主持开展了国树评选工作，提出了7个候选树种，我又在《汉中日报》上发表《国树正在热选中》的新闻报道，发动读者积极参加投票。全国进行书面和网上投票的结果，收到选票179万张，银杏得票177万张，占总票数98.91%，其他6个候选树共得票19575张，占1.09%。说明了近99%的公众，主张推选银杏为国树。

看到战国时期的名医扁鹊2200年前，在城固县老庄镇徐家河村植的一株古银杏，被人为地砍枝、锯根、锭钉、堆草垛，损坏严重，痛心疾呼，请市林业局专家现场查看拍照，在《汉中日报》发出《救救这棵古银杏》的呼吁。又由本人执笔撰写了《保护古树名木，功在当代利在千秋》6000字的长文，经朱明全修改后，发表在《汉中林业》上，又联系了5名离退休的领导干部及农林专家签名上书市委，市府领导，引起高度重视。田杰书记、郑宗林副市长作了重要批示，市林业局召集有关部门领导，各县林业局局长和写信的老同志一起，共同讨论制订了《汉中市古树名木管理办法》，由市政府颁布实施后，各县、区都对自己境内的古树名木逐一进行了全面普查，登记造册，拍照建档、挂牌保护。留坝县、佛坪县分别花3万元、10几万元保护一株古银杏。我又向市林业局局长赵全义建议得到采纳后，请汉中日报特刊部主任全军，在该刊开设专栏，每周都有古树名木的文字和彩色照片报导，图文并茂，千姿百态的古树名木光彩照人，形象逼真地展示了绿色汉中的悠久历史和厚重的自然资源，得到广大读者的喜爱和好评。这一活动持续了一年半，增强了人们对古树名木的保护意识，使其更好地为现代化建设服务。

4 千方百计发展银杏

一个人忙忙碌碌了大半辈子，年龄到站，离岗退休，领上养老金，居家休闲，这是党和国家对老干部的关怀。但我们自己不能无所事事，坐享清福，消极养老。而应当牢记党的宗旨，坚持理想信念，发扬优良传统，继续践行入党誓言。做到离岗不离党，退休不退志，有一分热发一分光，做不了大事做小事，干不了多的干少的，为现代化建设增砖添瓦，奉献余热。

我出生于贫苦农民家庭，干了大半辈子三农工作，特别热爱林业，尤其对银杏情有独钟。离休后自找事干，只要能为祖国大地多种一些银杏树，添几份绿色，哪怕只是几棵，也算尽心尽力。和老伴栗如兰(汉中市供销社退休干部)一起培育银杏树苗 16819 株，将其中的 14811 株免费送给了汉中市的 8 个县区、22 个乡镇、39 个村的农户种植；将 17 株送给西安、咸阳、渭南、商洛和河南省新野县的朋友种植。

延安富县是生我养我的故乡。一心想在有生之年，把汉中的银杏引入陕北，给乡亲们多增加一条致富的门路，便将自己培育的 1881 株银杏树苗无偿送给富县、黄陵、洛川、甘泉、子长、延长 6 个县的 11 个乡镇、35 个村的 62 户人家种植。

经过 1972 年至 1995 年的 23 年间，在当地的一次试种，3 次单株试栽全部成活后，与 1996 年春天，帮助富县南道德的丁广应、丁广全、丁怀玉 3 户种植了 14 亩银杏，因为此前陕北无银杏园，所以就取名陕北第一银杏园，意味着今后还会有第二和更多的银杏园出现。

为了把这件惠及千秋万代的大事做实做好，绞尽脑汁，想了许多办法。除动员全家儿孙三代齐参战外，利用各种机会，通过各种渠道，发动各种力量，一点一滴去做，积小成大。黄陵县外事局局长张惠文来汉中出差，就送给他 6 株银杏苗带回去。做医药营销工作的丁小梅来汉中办理业务，请他将 13 株银杏苗带回去。老伴做手术后，老家来了 3 位亲人看她，走时一次带回 1000 多株银杏树苗。咸阳市礼泉县的一位农民第一次来汉探亲，很想要银杏苗，因是夏季难成活，无法带走，便在花盆育了一批树苗，第二次还是在夏天，他来送儿子上财校时，将花盆银杏苗带走，他如获至宝，一路上精心照护，成活后还给汉中的亲人打电话报喜。

2007 年秋，有 4 名延安籍的女青年来汉中职业技术学院学习，组织她们参观，当她们第一次看到果实累累的银杏果挂满枝头时，惊喜不已，深深地迷上了这种珍贵的银杏树，放寒假时送给她们 36 株银杏树苗带回故乡种植，并给她们送了一首打油诗：“汉中职院来学习，带回银杏植故乡，人增知识树长材，同为国家做栋梁。”又给她们每人送了一斤白果，让她们的亲人第一次品尝这种有益健康的长寿果。给每人送了十几份银杏资料，她们的亲人读了以后，又讲给其他乡亲。这些可爱有为的青年，成了我们在陕北推广银杏的宣传员和积极分子。

为保证反季节植树能够成活，我们用花盆和废弃的各种铁桶、塑料桶培育出一批容器育苗，带土移栽，反季节植树，都能成活。

有人喜欢在庭院栽银杏树，由于地方狭小，难栽两颗，我们就采取异性同株的办法，将雌、雄两种接穗嫁接在同一株树上，使其既可自然授粉，又能结果。

和我们住在同一家属院内的退休女干部马新荣受了感染，也爱上了银杏树，学会了育苗、扦插、嫁接，有两株已经挂果，还将亲手培育的银杏树苗送给了河南省的故乡及汉中的五郎庙种植。

5 千辛万苦作奉献

为了把先烈们用鲜血和生命换来的新中国建设得更加美丽，把昔日贫穷的故乡建设得更加富裕可爱，我们这些离退休的老人，更应倍加珍惜来之不易的幸福生活，倍加珍爱这稍纵即逝的夕阳人生，抓紧这最后剩下不多的宝贵时间，尽自己的微薄之力，用最大的努力去为党、为国家、为人民再作一点有益的事，哪怕细而又微，也是值得的。干这些事说起来容易做起来难，尤其是离退下来的人，一无职二无权，不可能指手画脚让他人代劳，事无巨细，样样都得自己亲自动手。

为了育好优质良种壮苗，我们起早贪黑，把家属院荒芜了的土地开垦出大大小小 6 块，合计有一亩地。在基建过后的空地上，开垦很费力，地下到处埋着沙石烂砖，得用十字镐一点一点挖出来，用手一个个将砖石草根拣净，将土块打碎。不论是夏日酷暑，还是寒冷的冬天，头顶烈日，身经风霜，整地、下种、灭鼠、锄草、施肥、浇水，像母亲疼爱孩子那样，精心管护。为了抢时间，争取早出苗，大年三十还在整地，一个正月只在初一、初二、初五休息了 3 天，其余时间都在劳动中度过。在冬天，不等天亮，人们还未起床，就将厕所的十多担大粪尿施入了地内。十几年的田间耕作，穿烂了 3 双解放鞋，有的连续补了 3 次，直到不能再补了，才买新的。

在家属院育苗和在野外大不一样，没有锲而不舍的毅力，是办不成的。全院一百多户人家，小孩一大群，既聪明又淘气，才把地翻好整平，孩子王一声令下，一个个冲进去，你追我赶、打闹踩踏，一仗打完，变成了运动场，又得重翻整地。规劝教育一次，只能管一阵子，只得采取硬措施。第一次打桩绑扎好护栏，小孩用火将绳子烧断；第二次用铁丝扎好，他们又将栏杆推倒；第三次将刺绑在护栏上，又用木棒将刺打掉；第四次栽植一圈长刺的月季花，才彻底解决了问题。

嫁接银杏苗更是细致活路，每株树苗要经过剪断砧木、劈开接口、剪好接穗、削平接穗、绑扎、松绑、解绑、除萌芽等 8 道手续才能完成。

为保证移植成活，每次起苗深挖、挖大，多留须根，少伤主根，挖出后每 10 株扎成一捆，先用湿布将根缠一层增加水分；再用塑料薄膜包一层保湿保温；最后再装进编织袋，保护树芽、树干、树皮。经过精细包装，虽经千里长途运输，树苗的杆、皮、芽仍完好无损，过上十多天解开，树根还是湿的，定植后能全部成活。

往陕北运树苗不容易，因为批次多，数量少，不可能每一次都雇专车，除一部分树苗雇专车一次运达外，凡是随身带的少量树苗，从汉中出发，途中在西安、黄陵县、隆坊镇换乘 3 次车，上下要装卸 8 次，才能抵达。有一次到隆坊镇后，没有去富县南道的车，我背上 20 多株树苗，翻沟步行 20 多里小路才能到家。还有一次雇车运树苗，在户县途中天黑，在司机楼内过了一夜。

为帮建陕北第一银杏园，我曾先后 13 次回陕北。其中有两年各回了两次：2004 年 3 月回去把树栽上后返汉，4 月又将汉中的雄花采集上回去给雌树授粉。2007 年 3 月回去把树栽上后返汉，7 月得悉当地遭受冰雹袭击，9 月回去考察灾情，看到银杏比苹果的抗灾能力强，受灾轻，心中更为高兴。每次出行，儿女们都不放心，他们说："你已是古稀老人了，身患高血脂、脑血栓、白内障、支气管炎，陕北的 3 月气候寒冷，回去后病情加重咋办，路上出了问题咋办?"我回答他们，节令不等人，错过了植树季节，汉中树叶展开了，再带回去栽，很难成活。他们看到我固执己见，也就从劝阻变为支持，给路费、给礼品、雇车、装车。

知足常乐，我们的生活很节俭，也很满足，不穿高档衣服，不乱花钱，在延安城里住 30 元钱的地下室房间，可是在发展银杏上却舍得花很多钱，用在购买种苗、肥料、运输、交通、图书资料、电讯、邮资等方面的费用达数万元，有些好心的亲友说："现在是商品经济，你们搞这不收钱，搞得越多，赔得越多，图了个啥?"我们的回答是：我们能活到今天，为人民、为故乡作点回报是一种幸福，千百万先烈为创立新中国献出了宝贵生命，我们为建设新中国出力花钱是值得的、应该的。

我们干这些事，既有付出的艰辛，也有得到的更多快乐。我们亲手培育的银杏苗送给烈士陵园时，表达了我们对烈士的永远怀念；送给扶贫点上，表达了我们对农民致富奔小康的支持；送给苗寨，为增强民族团结尽一份心意。

有些银杏树栽植在城市的大院，乡村小学、农户门前，既美化了环境，又净化了空气。它吸纳了人们呼出的二氧化碳废气，又释出了对人体健康有益的氧气和微量氰化氢。被人体吸收后，可大大增强抗病能力，降低癌病发病率，展示了银杏的无穷魅力，为增强人民体质，提高生活质量创造了有利条件。

我从报上看到龙江中学的女教师汤霞在《银杏老人丁怀德》一文中写道："我要像他爱护银杏树苗那样爱护我的学生，我要教育学生像银杏树那样，回报人民、回报社会"。我又看到我们培育的银杏树苗由小苗长成了大树，有的已开花结果，回报主人，十分欣慰，感慨万千，有一种成就感、自豪感、幸福感，说不尽的喜悦。正如我和老伴在长期的共同劳动中体会和有感而发的那首打油诗：人民养育我，我要为人民。党恩记心间，终身践誓言。离退种银杏，造福众乡亲。日后离人世，人去大树存。灵魂变银杏，生命在延伸。尸骨化灰烬，白果年年增。活着努力干，死后无遗憾。如今，老伴离开了人世 7 年了，但她种植下的银杏树，还在天天成长，年年奉献，这些树已由一粒粒很小的白果种子长到5m 高了，直径 13cm 以上，已结果多年了，而且还会越长越高，果实也会越来越多。每当我一次又一次地看到这些朝气蓬勃、为民造福的银杏树，我就情不自禁地一次又一次回想起老伴生前的音容笑貌，陷入无尽的思念之中。

尽管陕北的第一银杏园才挂果不久，还没有形成可观的产量凸显出更大的经济效益。但它却从无到有，开了一个好头，迈出了艰难的第一步，每一棵银杏树都是一张贴在黄土地上的活广告，也是一个现身说法的宣传员，它用自己在当地生根、发芽、开花、结果的事实，向人们证明，延安的气候、土壤完全适宜种银杏，在那里开发银杏产业是强国富民的需要，符合科学发展观、前景广阔，大有希望!

我们只做了一点应该做的事，而且还没有完全做好，比起其他贡献大的优秀党员、优秀会员差距还很大。中共陕西省委组织部、省委老干局 4 次授予我"全省优秀离退休干部党员"、"全省老干部发挥作用先进个人"、"全省离退休干部先进个人"，中国林学会银杏分会授予我"优秀会员"。我一定要向其他优秀党员、优秀会员学习，继续努力，多做贡献，不辜负党和银杏分会的期望。

我在从事银杏事业的实践活动中，得到了林协、徐登奎、朱明全、汪贵斌、张繁亮、陈有金、李群、袁觉、赵仁东等同志的大力支持，他们或传授先进技术，或赠送图书资料、光盘，或赠送优良种苗，这些无私的援助是我发展银杏的强大精神动力和重要的物质基础，在我们所种植的每一棵银杏树的身上，都凝聚着他们的大慈大爱，我永远忘不了他们的深情厚谊。